Manfred Bundschuh
Axel Fabry

Aufwandschätzung von IT-Projekten

2., überarbeitete und erweiterte Auflage

Bibliografische Information Der Deutschen Bibliothek
Die Deutsche Bibliothek verzeichnet diese Publikation in der Deutschen Nationalbibliografie; detaillierte bibliografische Daten sind im Internet über *http://dnb.ddb.de* abrufbar.

ISBN 3-8266-0864-X
2. Auflage 2004

Lektorat: Esther Neuendorf
Satz und Layout: mediaService, Siegen
Druck: Himmer, Augsburg

Printed in Germany

mitp

Inhaltsverzeichnis

V Vorwort

V.1 Geleitwort von Professor Alain Abran

Endbenutzer, wenn sie überhaupt einbezogen werden, sagen oft, dass nicht genügend darauf geachtet wird, dass der Umfang der Arbeit ordentlich geschätzt wird.

Wird Aufwandschätzung nicht professionell angewandt, gehen Wettbewerbsvorteile verloren. Wissen ohne Anwendung genügt nicht, um Nutzen aus der Aufwandschätzung zu ziehen.

Aufwandschätzung ist ein Gewinner-Verlierer-Thema und muss professionell durchgeführt werden, um Transparenz, Effizienz und Controlling von IT-Projekten zu ermöglichen. Software-Messung bestimmt, wie erfolgreich IT-Projekte, Prozesse und Produktziele erreicht werden.

Die von den Autoren in diesem Buch vertretenen Thesen sind:

Software-Projekte können akkurat geschätzt werden!

Und ebenso:

Die Aufwandschätzung und die dafür erforderliche Zeit müssen von vornherein geplant werden!

Der erste Schritt zum Gelingen eines Software Projekts ist, sicherzustellen, dass es auf professionelle Art begonnen wird. Dazu zählen nicht nur eine geplante Vorbereitungsdauer, sondern vor allem ***eine professionelle Aufwandschätzung als solide Basis für eine fundierte Planung.*** Projektleiter, die nicht in Vollzeit das Projektmanagement ihrer IT-Projekte kontinuierlich betreiben, riskieren enorme Zeit- und Kostenüberschreitungen.

Akkurate Schätzungen erfordern quantitative IT-Metriken, vorzugsweise toolunterstützt. ***Man kann nicht zur Aufwandschätzung mit Papier und Bleistift zu den Software-Entwicklern gehen, die professionell mit Tools arbeiten.*** Außerdem ersetzt Tooleinsatz häufig den unparteiischen Dritten, wenn

Schätzen mit Verhandeln verwechselt wird (sowohl innerbetrieblich als auch bei Fremdvergabe von Software-Entwicklungen).

Die Verwendung einer Schätzmethode sowie der Einsatz von Schätztools und Schätzmetriken (Kennzahlen, Benchmarking) sind eine »conditio sine qua non« und nach einhelliger Meinung aller Schätzexperten heutzutage weltweit »state of the art«.

Aufwandschätzungen müssen während des Projektfortschritts aktualisiert werden, denn die Software-Metriken sind ***dedizierte Risikoanzeiger*** für das Projektcontrolling und damit hervorragend geeignet für Tracking des Projektfortschritts und Monitoring des Projekterfolgs – also ***Frühwarnsystem-tauglich***!

Feuerlöschen kann aufregend sein, führt aber zum Ausbrennen und hilft weder Feuer zu verhüten, noch signifikante Kosten und Verzögerungen einzusparen. Aufwandschätzung ist eine Chance für Menschen, die des Feuerlöschens überdrüssig sind und ihre Software-Projekte sorgfältig planen und managen.

In diesem Sinne wünsche ich den Anwendern dieses ambitionierten Buchs, dass sie von den darin dokumentierten zahlreichen praktischen Erfahrungen der ***»weltweiten IT-Metrikgemeinschaft«***, die von den Autoren zusammengestellt wurden, lebhaft Gebrauch machen können und damit zur Verbesserung der Software-Entwicklung zu unser aller Nutzen beitragen können. Dieses Buch ist sehr praxisnah geschrieben und versucht, mit wenig Theorie auszukommen. Daher benötigt es kein entsprechendes Etikett, wie manche Vorlesung an der Hochschule, vor der die Studenten ein Plakat angebracht haben mit dem Inhalt »Vorsicht Vorlesungsgefahr«.

Alain Abran,
Director, Research Laboratory in Software Engineering Management,
Université du Québec à Montreal, Canada

V.2 Vorwort der Verfasser

Erklärtes Ziel dieses Buchs ist es, Bewusstsein dafür zu schaffen, dass Aufwandschätzung nicht weniger wichtig ist als die durchzuführende Arbeit. Unser Statement: you can manage what you can measure! In diesem Sinne sind manche Sätze bewusst pointiert formuliert, damit sie sich gut einprägen und als ständiges Handwerkszeug bei der Aufwandschätzung griffbereit sind.

> *Aufwandschätzung ist eine Tätigkeit der rechten Gehirnhälfte. Dort sind Emotionen und Vorstellungskraft, Umgang mit der Zukunft und Unbekanntem veranlagt. Aufwandschätzung kann aber mit der linken Gehirnhälfte bewältigt werden. Dort sind Logik und Erfahrung, Umgang mit der Vergangenheit und Bekanntem veranlagt.*

Das Buch bietet dem Einsteiger in das Thema einen ***Ordnungsrahmen zur Orientierung*** und den Anwendern zahlreiche praktische Informationen zum ***Transfer in das berufliche Umfeld***, gewachsen aus den Erfahrungen jahrelanger Arbeit der Verfasser in der Software-Entwicklung und beim ***nationalen und internationalen Erfahrungsaustausch*** in europäischen IT-Metrikorganisationen.

Kapitel 1 und 2, *Die Schätzproblematik* und *Grundlagen der Aufwandschätzung*, bieten den Einstieg in das Thema »Aufwandschätzung von IT-Projekten« und den Überblick für die Leser, die sich schnell informieren möchten. Der Rest des Buchs befasst sich mit der ***Vertiefung in drei Stufen*** in den Kapiteln:

1. Methoden der Aufwandschätzung, Software-Metriken, sowie Benchmarking von IT-Projekten
2. Die Function-Point-Methode, Function-Point-Zählregeln und -Fallstudien
3. Tools zur Aufwandschätzung

Software-Entwickler fragen immer nach ***Kochbüchern und Rezepten,*** wenn es darum geht, Methoden in das berufliche Umfeld zu transferieren. Deshalb schließt jedes Kapitel wenigstens mit einer ***Zusammenstellung der Kernaussagen (Management Summary)*** für den Leser, der schnell wichtige Informationen sucht, oder aber mit einer ***Liste von wichtigen Internetadressen*** zur Vertiefung in die Thematik. Die Management Summary sollte aber mit Vorsicht benutzt werden, denn in dieser Zusammenstellung sind die Merksätze natürlich aus dem Zusammenhang gerissen. Sie sind auch bewusst in der Reihenfolge belassen, wie sie im Buch auftreten, damit die bunte Mischung anregend wirkt. Ein sachlogischer Zugriff ist über das Inhaltsverzeichnis oder den ***»Findex«*** möglich.

V.3 Bezeichnungen

In der Fachliteratur zum Software-Engineering haben sich viele ***Termini technici*** herausgebildet, die unscharf und sich überschneidend verwendet werden. Daher ist es nicht einfach, den Leser mit dem ihm bekannten Vokabular anzusprechen. Auch viele Synonyme können beim Lesen verwirren. Deshalb ist hier an hervorragender Stelle vorab erwähnt, dass in diesem Buch

- die Bezeichnungen für ***Endbenutzer***, ***Benutzer*** und ***Anwender*** synonym verwendet werden – meist handelt es sich dabei um den ***Auftraggeber des IT-Projekts***
- die Begriffe ***Verfahren*** und ***Methoden*** ebenso wie in der Berufspraxis und der Fachliteratur manchmal synonym gebraucht werden, obwohl bekannt ist, dass Verfahren mit detaillierten Anweisungen (und Standards) ausgestattete (und häufig toolunterstützte) Methoden sind
- die Namen der Projektphasen allgemein gehalten wurden, damit eine bessere Übertragbarkeit auf betriebliche Eigenheiten der Leser möglich ist (so ist ***Fachkonzept*** identisch mit ***Anforderungen***, ***Requirements*** usw. und ***IT-Konzept*** identisch mit ***Detailplanung***, ***Codiervorgaben*** o.Ä., wobei häufig Unterteilungen in grob und fein vorgenommen werden)
- die Tätigkeiten ***Messen*** und ***Zählen*** synonym verwendet werden, ebenso wie die Bezeichnungen ***Größe*** und ***Umfang***, da die Messung des Software-Umfangs durch Zählung von Codezeilen oder funktionalen Merkmalen, wie z.B. Function Points, erfolgt
- die Begriffe ***Anwendung***, ***Anwendungssystem***, ***System*** – wie in der Praxis üblich – das zu entwickelnde Software-Produkt (Schätzobjekt) bezeichnen (der Unterschied zwischen Anwendungssystem und Projekt wird im Kapitel *Die Function-Point-Methode, Umfang der Zählung und Systemgrenzen festlegen*, genau definiert)
- mit der Function-Point-Methode (FPM) – wenn nicht anders angegeben – generell die FPM nach dem internationalen Standard IFPUG Vs. 4.1 (International Function Point User Group) gemeint ist, (siehe Kapitel *Die Function-Point-Methode* bzw. *Varianten der Function-Point-Methode*)
- alle Formen von ***schätzen*** und ***Schätzung*** sich auf die Aufwandschätzung von IT-Projekten beziehen (darüber hinaus ist bei manchen Aussagen eine Verallgemeinerung möglich)
- ***Werkzeug*** und ***Tool*** in allen Formen synonym benutzt werden

V.4 Danksagung

Ein ambitioniertes Buchprojekt wie dieses, das als Hobby neben Familie, Beruf, Vorlesungstätigkeit an der Fachhochschule (abends) und Mitarbeit in Berufsverbänden mit einem halben Jahr Auszeit während zweier Jahre erstellt wurde, erzeugt im persönlichen Umfeld unabdingbar einige Reibungsverluste. Umso wichtiger sind positive Impulse, für die wir uns bedanken möchten:

- vor allem bei unseren Familien, die einige Zeit mit unserer geistigen Abwesenheit und der zeitweisen Belagerung des Wohnzimmers als »Studentenbude« klargekommen sind
- bei einigen guten Managern, die uns den Rücken gestärkt haben bei der Einführung des IT-Metrikprogramms im Unternehmen
- bei einigen ambitionierten Kolleginnen und Kollegen in der Firma, die bereit waren, sozusagen über den Tellerrand hinauszuschauen, und den Zusatzaufwand nicht gescheut haben, zusammen mit uns Erfahrungen mit der Aufwandschätzung anhand ihrer IT-Projekte zu gewinnen
- bei den ebenso ambitionierten Kolleginnen und Kollegen, die in den Berufsverbänden und IT-Metrikorganisationen ungeschminkt über ähnliche Erfahrungen, mit denen sie zu kämpfen hatten, einen lebhaften Erfahrungsaustausch in Gang halten
- bei einigen Vorbildern und ihren Mitarbeitern, die uns auf unserem Weg stets unterstützt haben, allen voran Capers Jones und die Professoren Alain Abran, Reiner Dumke, Eberhard Rudolph, Heinz Schelle
- bei einigen Studentinnen und Studenten, die sich nicht gescheut haben, trotz der hohen Anforderungen ihre praktische Diplomarbeit im Unternehmen in den Dienst der Einführung eines IT-Metrikprogramms zu stellen und dabei aufwendige und komplizierte Untersuchungen großer Datenmengen bewältigt haben

Bergisch Gladbach und Rösrath, im August 2000

V.5 Vorwort zur 2. Auflage

Aufwandschätzung ist immer noch ein Stiefkind des Projektmanagements, obwohl dieses Buch in den letzten drei Jahren überraschend viel Verbreitung gefunden hat und die erste Auflage bereits nach einem Jahr wegen anhaltender Nachfrage unverändert nachgedruckt wurde. Wer aber wegen angina temporis auf Aufwandschätzung verzichtet, läuft Gefahr, Feuer löschen zu müssen. Wer aus Zeitgründen auf Aufwandschätzung und Planung verzichtet, handelt wie ein Autofahrer, der behauptet: »Ich habe keine Zeit zum Tanken, ich muss weiterfahren!« Nur Treibsand-taugliche Projektleiter verzichten auf professionelle Aufwandschätzung.

Die Änderungen im Software Engineering (z.B. Reuse, Objektorientierung, Data-Warehouse-Anwendungen und E-Commerce) legten deshalb nahe, für die Neuauflage die aktuellen Probleme der Aufwandschätzung aus diesen Bereichen zu integrieren. Viele Erfahrungen liegen aus diesen jungen Disziplinen natürlich noch nicht vor. Erwartungsgemäß hat dabei die objektorientierte Welt einen kleinen zeitlichen Vorsprung vor den anderen Entwicklungen.

In der Zwischenzeit ist die Benchmarking-Datenbank der ISBSG (International Software Benchmarking Standards Group) auf über 2.200 Projekte gewachsen. ***Aufwandschätzung wird oft mit Benchmarking gleichgesetzt.*** Deshalb wurden die Ergebnisse aus den ISBSG-Studien bis zum Release 8 vom Januar 2004 in der Neuauflage berücksichtigt und um Zeitreihen angereichert. Sie liefern eine überwältigende Fülle an Anhaltspunkten und einen soliden Fundus von Faustregeln für die praktische Anwendung von Software-Metriken. Nicht zuletzt erlauben sie Standortbestimmungen im Vergleich mit Best-of-the-Class-Unternehmen.

Eine der Entwicklungen aus den letzten drei Jahren ist, dass Capers Jones seine 1984 gegründete Firma Software Productivity Research (SPR, `www.spr.com`) mit dem Tool KnowledgePLAN an die Firma Artemis verkauft hat. Capers Jones genießt inzwischen seinen wohlverdienten Ruhestand.

Von der IFPUG (International Function Point User Group) erschien 2002 ein umfangreicher Sammelband mit Best-Practice-Berichten aus aller Welt, die uns ermöglichten, den Inhalt um praktische Erfahrungen von Experten anzureichern. Dort ist z.B. auf S. 22 f. zu entnehmen, dass 2% der Anwendungsentwickler Function-Point-Spezialisten sind, ebenso 2% Metrikspezialisten.

Schließlich hat sich auch der Metrik-Einsatz in Deutschland weiterentwickelt, so dass Metrikprogramme bei Best-Practice-Anwendern fortgeschritten sind. Die DASMA (Deutschsprachige Anwendergruppe für Softwaremetrik und Aufwandschätzung e.V.) ist in den ersten zehn Jahren ihres Bestehens kontinuierlich auf inzwischen über 60 Mitglieder angewachsen. Die Metrikon-Tagung der DASMA in Zusammenarbeit mit der GI-Fachgruppe Softwaremessung und -Bewertung und jedes zweite Jahr zusammen mit dem IWSM (International Workshop on Software Metrics) führt jährlich die an dem Thema Interessierten aus Europa und teilweise auch aus Übersee zusammen. Und der Diplomarbeitenpreis der DASMA führt zu einem steigenden Bekanntheitsgrad des Themas in der deutschen Hochschullandschaft. Die Metrik-Experten sind nicht mehr ein rein esoterischer Kreis und Projektmanagement-Verbände und -Tagungen berücksichtigen erste Beiträge zum Bereich Aufwandschätzung von IT-Projekten.

Die Akzeptanzproblematik aber hat sich bisher nicht verändert. Tom DeMarco hat die verursachende Grundeinstellung dazu sehr prägnant formuliert: »Messungen kosten eine Stange Geld. Es kommt teuer, sie schlecht durchzuführen, und es kommt noch teurer, sie gut durchzuführen.« Aus unserer Erfahrung können wir hier nur ergänzen: Am teuersten aber kommt es, sie nicht durchzuführen. Der Grund dafür liegt darin, dass sie uns dabei helfen können, die Software-Entwicklung effizienter zu gestalten.

2003 wurde in Schweden eine interessante internationale ESMIT-Studie (Evaluation of Software Metrics in the Design Phase and their Implication on CASE tools) von den beiden Diplomanden Stefanie Löper und Martin Zehle am Blekinge Institute of Technology (`www.softwaremetrics.de`) in Karlskrona, Schweden durchgeführt (siehe auch `www.dasma.org`). Die Rücklaufquote der Umfrage betrug 13% (142 Personen haben die Fragebogen beantwortet). Demzufolge sammeln 21% der Befragten Metriken in der Design-Phase, 47% in anderen Phasen. 37% benutzen Designtools, 18% Metriktools. 83% halten Software-Metriken wichtig für Controlling, 55% halten die Datensammlung für schwierig, 56% die Analyse der Daten. 80% stimmen der Aussage nicht zu, dass Software-Metriken nicht notwendig sind.

Da inzwischen im nicht deutschsprachigen Europa Bedarf an einer Übersetzung des vorliegenden Buchs ins Englische laut wurde, werden drei Kapitel mit Auszügen aus diesem Buch im April 2004 in dem neuen englischsprachigen Buch von Herrn Prof. Dumke, Herrn Ebert, Herrn Schmietendorf und

Herrn Bundschuh erscheinen. Möglicherweise wird einer von uns Autoren auch eine Übersetzung ins Englische in den nächsten Jahren durchführen.

Grundsätzlich sind in allen Kapiteln aktuelle Ergänzungen von den internationalen Tagungen angebracht worden, bis zur europäischen Tagung Ende Januar 2004 in Rom. Ebenso wurde wichtige neue englischsprachige Fachliteratur eingearbeitet, bis hin zu einem Buch, das ebenso wie diese Neuauflage, im April 2004 erscheinen wird. In allen Kapiteln wurden neue Abbildungen eingefügt und insgesamt wurde eine Hand voll Fehler korrigiert.

Für den Kenner der ersten Auflage sind hier kurz die wichtigsten Änderungen zusammengestellt:

Das ehemalige Kapitel 2 wurde in zwei Kapitel geteilt, die beiden Kapitel *Grundlagen der Aufwandschätzung* und das Kapitel *Die Einführung der Aufwandschätzung.*

Ebenso wurde das ehemalige Kapitel 4 in die beiden Kapitel *Software-Metriken* und *Standards und IT-Metrikorganisationen* aufgeteilt.

Auch das ehemalige Kapitel 6 wurde in drei Kapitel geteilt, die beiden Kapitel *Die IFPUG-Function-Point-Methode* und *Varianten der Function-Point-Methode* sowie das Kapitel *Die Anwendung der Function-Point-Methode.*

Das neue Kapitel 3 enthält Ergebnisse einer Untersuchung zu positiven und negativen Aspekten der Software-Messung.

Kapitel 4 enthält einen neuen Abschnitt über die Aufwandschätzung von Wartungsaufträgen.

Kapitel 5 enthält einen neuen Abschnitt über objektorientierte Metriken.

In Kapitel 6 wurde der Abschnitt *Standards* erheblich erweitert.

Kapitel 7 wurde in großem Umfang aktualisiert.

Kapitel 8 erfuhr wohl neben Kapitel 11 und 12 die geringsten Änderungen.

Kapitel 9 wurde erheblich erweitert, besonders der Abschnitt über COSMIC Full Function Points und der über NESMA Function Points.

Kapitel 10 enthält die neuen Abschnitte über aktuelle Entwicklungen im Metrikbereich bei Datawarehouse- und Web-Entwicklungen sowie Betrachtungen zum Thema Reuse.

In Kapitel 13 wurden weitere Tools integriert.

Im Anhang wurden ein weiteres Formular und zwei weitere Checklisten eingebunden sowie das Literaturverzeichnis um viele aktuelle Beiträge ergänzt.

Bedanken dürfen wir uns, wie im ersten Vorwort, bei den gleichen Zielgruppen. Vor allem bei unseren Familien, die wiederum sehr unter unserem Engagement und der kreativen Atmosphäre, die wir um uns verbreitet haben (oder war es Chaos?), gelitten haben. Wichtig war der offene Erfahrungsaustausch unter den Metrikexperten, die sich nicht gescheut haben, auch schmerzvolle Erfahrungen weiterzugeben, die neu hinzukommenden Anfängern helfen können, ihr Schiff besser zwischen Scylla und Charybdis hindurchsteuern zu können.

Wir Autoren hoffen, den ehemaligen und neuen Lesern damit ein wertvolles Handbuch bereitgestellt zu haben, dass ihnen den Zugang zu und den Umgang mit Software-Metriken und Aufwandschätzung von IT-Projekten erheblich erleichtert.

Dipl. Math. Manfred Bundschuh
Sander Höhe 5
51465 Bergisch Gladbach
E-Mail: manfred.bundschuh@dasma.org

Dipl. Inf. Axel Fabry
Talstraße 50a
51789 Lindlur
E-Mail: fabry@cicero-consulting.com

I Die Schätzproblematik

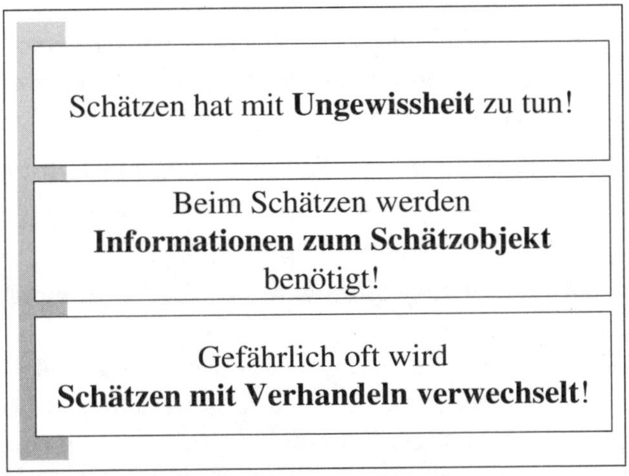

Abbildung 1.1: Die Schätzproblematik

Dies (vgl. Abbildung 1.1) vorausgeschickt, um die Problematik des Schätzens anzudeuten.

Darüber hinaus noch eine Warnung für den Leser:

> *Die Beschäftigung mit dem Thema birgt Suchtgefahren. Jeder, der sich ernsthaft mit dem Thema Aufwandschätzung beschäftigt, wird fasziniert von den Chancen eines sinnvollen Einsatzes von Aufwandschätz-Methoden und -Werkzeugen bis hin zu einer funktionierenden Schätzkultur.*

Vor Beginn jedes IT-Projekts steht die Schätzung von Aufwand, Kosten, Terminen und Dauer als ***Basis für eine fundierte Planung*** sowie eine ***Messung des Projekterfolgs nach Projektabschluss. Schätzungen vor Projektbeginn*** verlangen entsprechende Know-how-Sammlungen aus Bereichen der Unternehmensplanung, wo dann Projektrisiken aus Markttrends und entsprechenden Trendbrüchen sowie Technologie-Entwicklungen und Szenarios mit den Erfahrungen aus Projektportfolios der Vergangenheit benötigt werden. Hierzu gibt es derzeit keine veröffentlichten Untersuchungen am Markt.

Aufwandschätzungen liefern Planzahlen, deren Einhaltung in kontinuierlichem Tracking verfolgt werden kann. Damit ist die Steuerung des Projektumfangs und eine Erfolgsmessung möglich. ***Paradoxerweise wird aber von den Projektleitern bei der Bewertung ihrer IT-Projekte nur wenig gemessen. Durch Messen des Aufwands entwickeln wir ein Bewusstsein für die zukünftige Entwicklung unseres Projekts.***

Insbesondere das ***Nichtbeachten/Zurückweisen vorhandener Erfahrungen*** ist auch an dem Beispiel der ***Aufwandschätzung von IT-Projekten*** hinsichtlich des Tooleinsatzes beobachtet worden:

In einer überraschenden Anzahl von Fällen wurden ***akkurate Aufwandschätzungen***, die mit solchen Tools erstellt wurden, von erfahrenen älteren Mitarbeitern ***zurückgewiesen*** mit der Begründung, dass die Projektdauer zu lang sei.

Durch solche (Fehl-)Verhaltensweisen wird der Projekterfolg oft leichtsinnig verschenkt. Nach einer Untersuchung der ***Standish Group*** von 2003 können 66% aller Projekte als Fehlschlag angesehen werden. Deshalb ist es für den Projektleiter wichtig, sich selbst kritisch zu hinterfragen und von seinen Vorurteilen Abstand zu nehmen. Das ist eine der typischen Eigenschaften eines guten Problemlösers und auch Projektleiters. Auch die folgenden Fähigkeiten eines guten Problemlösers gelten uneingeschränkt auch für ***gute Projektleiter***.

Ein guter Projektleiter kann

- kritisch mit sich selbst und dem bisherigen Projektverlauf umgehen. Er ist fähig zur Selbstreflexion.
- die Betrachtungsebenen wechseln und das Projekt ganzheitlich betrachten.
- mit wenig externen Informationen auskommen, da er selbst Experte ist oder aber Betroffene und Experten in seinem Team integriert hat.
- aus der Vielfalt der Informationen die wesentlichen und notwendigen auswählen. Er ist fähig, komplexe Sachverhalte komprimiert zu betrachten.
- die Ziele klar formulieren. Er verfügt über kommunikative Fähigkeiten, die es ihm erlauben, Ziele auch für andere verständlich darzustellen.
- strukturiert vorgehen und konsequent Entscheidungen treffen. Er verfügt über logisches Denkvermögen und Übersicht, um Zusammenhänge zu erkennen und Informationen richtig einzuordnen.
- Probleme bis zur Lösung bearbeiten. Er kann einmal erworbenes Wissen auch in neuen Situationen verwerten.

Vor allem eine Prämisse erschwert den professionellen Zugang zur Anwendung der Aufwandschätzung, das

Problem: Es fehlen empirische Daten.

Das führt zu einem Schätz-Paradoxon: Schätzungen sind dann gefordert, wenn die Mittel dazu nicht vorhanden sind (bei Projektstart), und wenn man die Aufwandschätzung mit absoluter Genauigkeit durchführen kann (Projektende), dann wird sie nicht mehr benötigt.

Die IT-Aufwandschätzung erfolgt für ein Schätzobjekt, das schon per Definition einmalig ist. Aus diesem Grunde tut man sich in der Software-Branche schwer, die Daten über den Verlauf von IT-Projekten empirisch zu sammeln und auszuwerten. Zudem bedeutet das Sammeln solcher Daten zusätzlichen Dokumentationsaufwand, der nur zu gerne vermieden wird. Die Schätzungen für IT-Projekte können jedoch umso genauer werden, je mehr Schätzerfahrung gesammelt und nachvollziehbar dokumentiert worden ist. Deshalb ist es wichtig, die Daten zu sammeln, wenn sie noch einigermaßen frisch sind.

Ein weiteres Hindernis für eine Methode zur Aufwandschätzung sind zu erwartende Akzeptanzprobleme, insbesondere aufgrund der Erfahrungstatsache:

Eine Methode ohne Toolunterstützung hat nur geringe Überlebenschancen.

Deshalb basieren die folgenden ***Praxiserfahrungen*** *und Beispiele häufig auf dem Einsatz von Tools zur Aufwandschätzung bzw. zur Unterstützung einzelner Methoden. Dabei sind die Autoren auf ihre persönlichen (guten) Erfahrungen mit den ihnen zur Verfügung stehenden Tools Function Point Workbench (FPW) und Checkpoint for Windows (CKWIN)/KnowledgePLAN angewiesen. Die in diesem Buch vorgestellten Erfahrungen lassen sich problemlos auf andere Aufwandschätztools übertragen. So ist die Erwähnung der Toolbezeichnungen nicht als Werbung und Kaufempfehlung für speziell diese Tools anzusehen. Im Kapitel* Tools zur Aufwandschätzung *werden weitere Produkte vorgestellt und Internetadressen, damit sich der Leser selbst informieren kann.*

Die Software-Funktionalität, d.h. der Umfang an Tools, der den Mitarbeitern eines Unternehmens zur Verfügung steht, um ihre Arbeit effektiv und effizient auszuführen, ist heutzutage, neben Zeit und Geld, der dritte Faktor, der jedes Unternehmen antreibt.

Darüber hinaus zeigen unsere Erfahrungen, dass erfolgreiche IT-Metrikprogramme wesentlich von der Einrichtung eines ***Competence Centers*** profitieren. Eine solche Gruppe von Spezialisten bietet u.a. den Projektleitern Service und Nutzen durch:

- Einheitliche Verfahren bei der Aufwandschätzung
- Konsistenzwahrung
- Zentrale und einheitliche Erfassung und Auswertung von Projekterfahrungsdaten
- Bereitstellung von Schätz-Know-how

Die Vor- und Nachteile eines Competence Centers für Aufwandschätzung und IT-Metriken werden im Kapitel *Die Einführung der Aufwandschätzung – Häufig gestellte Fragen* noch einmal gegenübergestellt.

Die wichtigsten Themen der Aufwandschätzung

- ✓ Schätzobjekt
- ✓ Zeitpunkte der Aufwandschätzung
- ✓ Schätzgenauigkeit
- ✓ Schätzfehler
- ✓ Aufwand für die Aufwandschätzung
- ✓ Schätzmethoden
- ✓ Tracking der Schätzungen
- ✓ Schätztools
- ✓ Schätzparameter
- ✓ Schätzehrlichkeit
- ✓ Schätzerfahrung
- ✓ Einführung der Aufwandschätzung
- ✓ Schätzkultur

Abbildung 1.2: Die wichtigsten Themen der Aufwandschätzung

Abbildung 1.2 fasst die wichtigsten Themen der Aufwandschätzung auf einen Blick zusammen. Dazu zählt, dass Informationen über das Schätzobjekt vorhanden sein müssen und dass die Zeitpunkte im Projekt definiert sein müssen, an denen Aufwandschätzungen durchgeführt werden. Die Schätzgenauigkeit muss beachtet und Schätzfehler (Unterschätzung, Überschätzung) müssen vermieden werden. Der Aufwand für die Aufwandschätzung muss geplant werden und die Schätzmethoden müssen bekannt sein. Schätzungen müssen im Projektverlauf verfolgt (tracking) und angepasst werden. Dazu sollten Schätztools eingesetzt und wesentliche Schätzparameter dokumentiert werden. Von den Aufwandschätzern ist Schätzehrlichkeit zu fordern, damit Schätzerfahrung erworben werden kann. Bei der Einführung der Aufwandschätzung darf keines dieser Themen außer Acht gelassen werden, wenn eine erfolgreiche Schätzkultur gehegt werden soll.

In den folgenden Teilen dieses Kapitels befassen wir uns mit den Grundprinzipien und Regeln zur Aufwandschätzung sowie mit der Durchführung der Aufwandschätzung.

1.1 Die Grundprinzipien der Aufwandschätzung

In der Praxis existiert eine Fülle verschiedener Methoden zur Aufwandschätzung von IT-Projekten (siehe Kapitel *Aufwandschätzmethoden*). Davon haben nur wenige eine größere Einsatzbreite erreicht. In diesem Buch wird deshalb von den praktischen Erfahrungen mit der Function-Point-Methode ausgegangen. Diese Erfahrungen lassen sich aber problemlos auf jede andere funktionale Metrik übertragen.

Das vorliegende Kapitel beschränkt sich darauf, ***das generelle Prinzip der gängigsten Verfahren*** deutlich zu machen (siehe auch Kapitel *Grundlagen der Aufwandschätzung*). Dazu zählen die Themen Schätzgenauigkeit, Schätzobjekt, zählen und messen, Dokumentation und das Problem der Altdaten.

Grundsätzlich lassen sich die beiden Hauptaktivitäten beim Schätzen wie folgt aufzeigen:

1. **Messen:** Bestimmen der Größe des Schätzobjekts (Anwendungssystem, IT-Projekt)

   Aber: Was ist das?

2. **Schätzen** von:
   - Aufwand
   - Dauer
   - Anzahl der Mitarbeiter
   - Kosten

   Aber: Auf Basis wovon?

1.1.1 Messen

Insgesamt gilt: Die Größe der Anwendung ist der wichtigste Korrelationsfaktor für Aufwand und Produktivität! Messen ist deshalb das Herzstück der IT-Planung !

IT-Projekte können nicht ohne Messung des Umfangs geschätzt werden. Deshalb wird im vorliegenden Buch stets von Aufwandschätzung mit der vorangegangenen Messung der Größe des Anwendungssystems ausgegangen. Zu den in der Praxis weit verbreiteten »Expertenschätzungen« ist unsere Meinung zwar, dass sie vielleicht besser als gar keine Aufwandschätzung sind (falls sie gut dokumentiert und damit transparent und nachvollziehbar sind), aber nicht dem state of the art im Beruf des Projektleiters entsprechen. Dieses Buch zeigt gerade die besser bekannten Möglichkeiten, die durch IT-Metrikorganisationen und Praktiker weltweit erprobt wurden.

Eine systematische **Expertenschätzung** läuft üblicherweise in folgenden Schritten ab:

- Definition der Projektstruktur und Arbeitspakete sowie Schätzexperten (mindestens zwei unabhängige Schätzer)
- Festlegen der Randbedingungen der Schätzung
- Unabhängige Schätzung des Aufwands für jedes Arbeitspaket durch die verschiedenen Schätzexperten
- Abgleich der Schätzergebnisse und Konsensbildung
- Hinzufügen von Unsicherheits- und Risikozuschlägen sowie Zuschlag für Requirements Creep
- Ermittlung des Gesamtaufwands

Expertenschätzungen liefern oft niedrigere Ergebnisse als Schätzungen, die auf Erfahrungsdaten basieren. Gründe für diese Unterschätzungen sind, dass die Schätzer ihre Produktivität überschätzen und dass hohe Schätzungen auf Widerstände bei Managern, Kunden und Vertrieb stoßen.

Das Messen der Größe der Anwendung kann mit der Entfernungsbestimmung bei einer Reise verglichen werden. Der darauf folgende Schritt, die Aufwandschätzung, entspricht bei diesem Vergleich dann der Auswahl der Reiseroute, des Verkehrsmittels usw. Diese Auswahl liefert damit die notwendigen

Informationen für die Planung von Zeit, Dauer, Aufwand, Kosten und Qualität der Reise ebenso wie die Aufwandschätzung für das IT-Projekt.

Luigi Buglione und Alan Abran beschreiben das SWEBOK (The Software Engineering Body of Knowledge) der IEEE Computer Society und dass darin Software-Messung als Kernelement des Software Engineering verkörpert ist, weil es zu den Entwicklungskriterien des Führers zum SWEBOK gehört und den ganzen Führer durchdringt. Neun der zehn Knowledge Areas des SWEBOK enthalten Referenzen zum Software-Messprozess oder zur Software-Messung. Software-Messung gehört auch zum Level 2 des CMMI-Standards und zum ISO/IEC-Standard 15504 (SPICE).

Abbildung 1.3 zeigt das Grundprinzip des Schätzens: Zuerst wird der Umfang des Schätzobjekts gemessen und damit im zweiten Schritt, unter Verwendung von schätzrelevanten Parametern, der Aufwand geschätzt, der dann auch mit in die Berechnung der Kosten einfließen kann. Dieses Grundprinzip kann nur funktionieren, wenn empirische Daten über Aufwandschätzungen gesammelt werden.

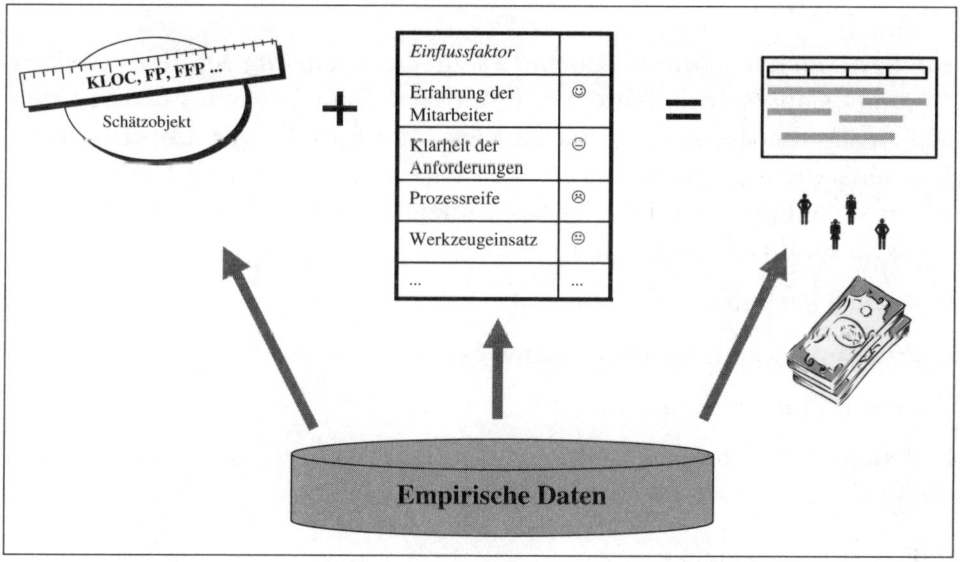

Abbildung 1.3: Grundprinzipien des Schätzens

Das ***Messen*** der Größe eines Schätzobjekts, z.B. eines Anwendungssystems oder Software-Projekts, kann in den unterschiedlichsten Einheiten erfolgen, z.B.:

- Quellcode:
  - Codezeilen (KLOC = Kilo Lines of Code)
- Funktionalität:
  - Function Points (IFPUG = International Function Point User Group, US-amerikanische IT-Metrikorganisation, siehe Kapitel *Software-Metriken*)
  - COSMIC Full Function Points (COSMIC = Common Software Measurement International Consortium, siehe Kapitel *Varianten der Function-Point-Methode, Full Function Points*)
  - Data Points (siehe Kapitel *Varianten der Function-Point-Methode, Data-Point-Methode*)
  - ...

Das Messen der Funktionalität mit Function Points wird im Kapitel *Die Function-Point-Methode* beschrieben.

1.1.2 Schätzen

Auf diesen ersten Schritt aufbauend erfolgt die ***Schätzung*** der für die weitere Planung wichtigen Informationen zu Aufwand, Dauer, Kosten, Mitarbeiteranzahl etc. Da die Größe des Schätzobjekts (Projektumfang) nicht der einzige Parameter für die Schätzung ist, werden für die Schätzung alle Faktoren bewertet, die Einfluss auf die zu bestimmenden Größen haben können. Beispiele für Einflussfaktoren sind:

- Klarheit der Anforderungen
- Erfahrung des Entwicklungsteams
- Reife im Entwicklungsprozess
- Reife in der Technologie
- Plattform
- Programmiersprache ...

Unsere Erfahrung zeigt, dass allein die Verwendung einer anderen Plattform bei der Entwicklung eines Software-Systems Aufwände und Zeitplan stark verändern. Die ISBSG (siehe Kapitel *Software-Metriken, Wichtige IT-Metrikorganisationen, ISBSG*) hat bei einer Untersuchung ihrer Benchmarking-Datenbank festgestellt, dass die Entwicklungsplattform und die Programmiersprache sich am stärksten auf den Aufwand auswirken. Somit ist der Aufwand für ein IT-Projekt nicht nur eine Funktion der Variablen Größe, sondern eine Funktion vieler verschiedener Einflussfaktoren (vgl. Abbildung 1.4).

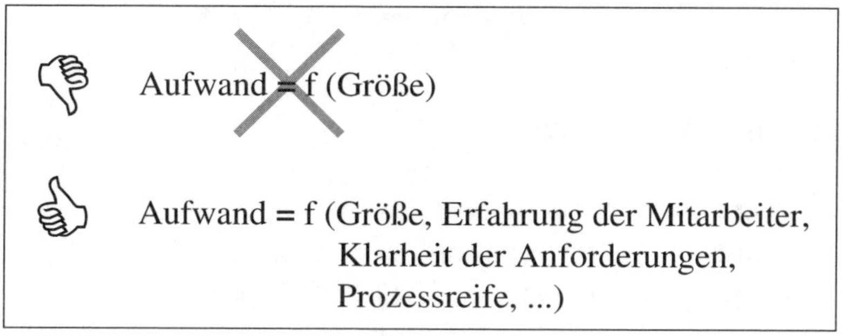

Abbildung 1.4: Aufwand als Funktion vieler Einflussfaktoren

Dies zeigt, dass Messen und Schätzen zwei aufeinander aufbauende, jedoch sauber voneinander zu trennende Aufgaben im Rahmen einer Aufwandschätzung sind.

Für beide Aktivitäten ist das Vorhandensein von empirischen Daten, d.h. Daten von abgeschlossenen IT-Projekten (Altdaten) als Ausgangsbasis ein wichtiges Hilfsmittel (siehe Abbildung 1.3).

Insgesamt muss der Schätzprozess aus der Business-Perspektive vertrauenswürdig sein und die Ergebnisse des Schätzprozesses müssen für die einzelnen Schritte entsprechende Feststellungen dokumentieren, da größere Investitionsentscheidungen darauf basieren. Der gesamte Schätzprozess muss auditierbar sein! Das gilt auch für jeden seiner Teilprozesse. Das Ergebnis des Schätzprozesses kann nicht verlässlicher sein als die Verlässlichkeit jedes seiner Teilprozesse und ist so unzuverlässig wie der schwächste Teilprozess.

Voraussetzungen für die Aufwandschätzung sind folgende fünf Elemente:

1. Ein grundsätzliches Verständnis der fachlichen Anforderungen
2. Die Fähigkeit, den Umfang des Produkts genau zu messen
3. Die Möglichkeit, die Komplexität des Produkts zu bewerten
4. Die Kenntnis des Vermögens der Organisation, Projekte durchzuführen
5. Das Vorhandensein historischer Daten, um die Produktivität einschätzen zu können

Eine praktische Erfahrung von Experten für die Messung von Software-Umfang ist: Wenn Sie Probleme haben, den Software Umfang zu bestimmen, dann sind die fachlichen Anforderungen (noch) nicht klar bzw. nicht eindeutig.

Pragmatische Regeln, die das Bewusstsein für die Schätzproblematik schärfen helfen, fasst Abbildung 1.5 zusammen:

Pragmatische Regeln

- ✓ Je früher Sie schätzen, desto größer ist die Bandbreite der Schätzunschärfe.
- ✓ Jede Schätzung ist genauer als keine Schätzung.
- ✓ Je besser Sie Ihre Schätzungen dokumentieren, desto größer ist Ihre Chance, Erfahrungen im Schätzen zu erwerben.
- ✓ Je mehr dokumentierte Schätzungen zur Verfügung stehen, desto genauer sind Ihre Schätzungen.
- ✓ Halten Sie zur Reduktion der Komplexität die Schätzeinheiten möglichst klein und die Arbeitseinheiten möglichst unabhängig.
- ✓ Vermeiden Sie den häufigen Fehler, den Kommunikationsfaktor im Team als Aufwandstreiber zu vernachlässigen.
- ✓ Denken Sie daran, dass es keine 1:1 übertragbaren Schätzformeln gibt.
- ✓ Schätzung ist kein Selbstzweck, sondern dient lediglich der Entscheidungsfindung.

Abbildung 1.5: Pragmatische Regeln

Eine der häufigsten Fragen, die zu Beginn der Beschäftigung mit dem Thema Aufwandschätzung auftritt, ist die Frage nach der Schätzungenauigkeit.

1.1.3 Die Schätzgenauigkeit

Angaben aus der Literatur zeigen, dass (häufig größere) Software-Projekte den Aufwand oder die Termine um 300 bis 1.500% überschritten haben. Auf Seminaren und Tagungen zum Thema Schätzmethoden wird z.B. eine Abweichung des Ist-Aufwands von der Schätzung um 10 bis 20% (wie man es der Function-Point-Methode – ausgehend von der ersten/frühen Schätzung – nachsagt) oder sogar 30% als Wert für eine sehr gute Schätzung angesehen. Solche Abweichungen haben u.a. ihre Ursache in Parkinsons Gesetz:

Arbeit neigt dazu, alle verfügbare Zeit auszufüllen.

Wie bereits gezeigt, hängt der Aufwand für die Durchführung eines IT-Projekts nicht allein von der Projektgröße ab, sondern von einer Vielzahl von Parametern (siehe Kapitel *Grundlagen der Aufwandschätzung, Anpassen der Schätzung an Projekt-Umfeldfaktoren*). Die Werte für die Mehrzahl dieser Schätzparameter sind zu Beginn eines IT-Projekts unbekannt und stehen erst nach Abschluss des IT-Projekts genau fest. Hierzu gehören u.a. die Personalqualifikation und die Klarheit der Benutzeranforderungen.

Als Folgerung hiervon ergeben sich die zwingend einzuhaltenden Regeln, die in Abbildung 1.6 zusammengefasst sind.

Schätzgenauigkeit

- ✓ Das Ergebnis einer Schätzung ist nie eine absolute Zahl, sondern immer ein Intervall.
- ✓ Die Bandbreite dieses Intervalls hängt mit dem zur Verfügung stehenden Wissen über das Schätzobjekt zusammen.
- ✓ Die Unsicherheit nimmt in dem Maße ab, in dem die Aufwandschätzung »controlled« wird.
- ✓ Generell müssen Fehlermargen angegeben werden
- ✓ Generell muss auf- bzw. abgerundet werden (Stellen nach dem Komma gaukeln eine nicht vorhandene Präzision vor).
- ✓ Stets muss auf mehreren Wegen / Weisen geschätzt werden (z.B. Function-Point-Schätzung plus Expertenschätzung)
- ✓ Stets müssen mehrere Schätzer beteiligt sein.

Abbildung 1.6: Schätzgenauigkeit

Zu den Gründen für die Ungenauigkeit von Schätzungen tragen vor allem die Komplexität von Software und des Software-Entwicklungsprozesses bei sowie die schlechte Qualität von Schätz- und Zeiterfassungsdaten. Vor allem bei der

Zeiterfassung der Mitarbeiter gibt es große Ungenauigkeiten, da häufig Überstunden nicht berücksichtigt werden und unklare Praktiken bei der Weiterverarbeitung im Rechnungswesen der Unternehmen festzustellen sind.

Den Zusammenhang zwischen Genauigkeit der Schätzung auf der einen und dem Wissen über das Schätzobjekt auf der anderen Seite veranschaulicht Abbildung 1.7.

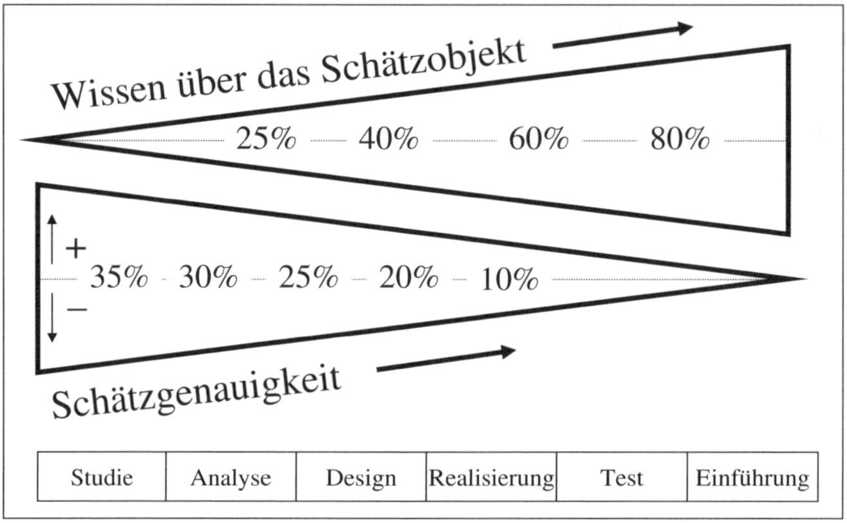

Abbildung 1.7: Schätzgenauigkeit im Projektfortschritt

Das Problem der Schätzgenauigkeit impliziert, dass bei seriösen Schätzungen

- generell Fehlermargen angegeben werden
- generell auf- bzw. abgerundet wird (Stellen nach dem Komma gaukeln eine nicht vorhandene Präzision vor)
- stets auf mehreren Wegen/Arten geschätzt wird (z.B. Function-Point-Schätzung plus Expertenschätzung)
- stets mehrere Schätzer beteiligt sind

Eine Studie des MIT (Massachusetts Institute of Technology) zeigte, dass zertifizierte Function-Point-Zähler mit ca. 9% Genauigkeit die gleiche Anzahl von Function Points ermittelt haben.

Ein weiterer Faktor, der die Genauigkeit von Aufwandschätzungen beeinflusst, ist die genaue Definition des Schätzobjekts.

1.1.4 Das Schätzobjekt

Aufwandschätzung von IT-Projekten setzt mehr oder weniger bekannte Informationen über das Schätzobjekt »IT-Projekt« voraus.

Der Zweck der Aufwandschätzung ist, die Aufwandtreiber unseres Projekts zu verstehen, damit wir bessere Entscheidungen treffen können.

Abbildung 1.8 soll helfen, das Bewusstsein für diese Selbstverständlichkeit zu schärfen, die oft nicht beachtet wird.

Schätzobjekt

- ✓ Aufwandschätzung von IT-Projekten setzt mehr oder weniger bekannte Informationen über das Schätzobjekt »IT-Projekt« voraus.
- ✓ Was Sie nicht messen können, können Sie auch nicht kontrollieren.
- ✓ Je mehr Informationen über das Schätzobjekt vorliegen, desto genauer wird die Schätzung.
- ✓ Je klarer die Zieldefinition des IT-Projektes ist, desto weniger schleichender Funktionszuwachs ist zu erwarten.

Abbildung 1.8: Schätzobjekt

Voraussetzung für dic Schätzung ist, dass vom Schätzobjekt genügend auswertbare Informationen vorliegen, wie z.B.:

- Übersicht über die benötigten Daten (z.B. Objektkatalog oder relationales Datenmodell aus einem Data-Dictionary-System)
- Maskenlayout, Listenlayout etc.
- Schnittstellen (Anzahl, Umfang)
- Abläufe aus Benutzersicht, Dialogablauf, z.B. alle Prozessflussmodelle mit den dazugehörigen Aktivitäten, Use Cases etc.

Soll eine Schätzung durchgeführt werden, bevor diese Informationen vorliegen, so müssen Annahmen zu diesen Punkten getroffen und dokumentiert werden, sonst gerät Schätzen zum Raten. Die Sicherheit, mit der diese Annahmen später eintreffen, beeinflusst die Bandbreite des Schätzergebnisses. Grundsätzlich gilt:

Je mehr Informationen über das Schätzobjekt vorliegen, desto genauer wird die Schätzung.

Wenn wir Aufwand schätzen, befassen wir uns mit den Bestandteilen und Aufgaben des Projekts. Somit ist Aufwandschätzung eine Methode zur Entdeckung von Informationen über das Projekt. Außerdem investieren wir dabei unsere Erfahrung in den Versuch, zukünftige Projektentwicklungen zu verstehen.

Bei der Aufwandschätzung ist häufig das Schätzobjekt nicht bekannt. So ist die erste Aufgabe, die Systemgrenzen festzulegen. Dazu sind einige Zeit und Diskussionen mit dem Auftraggeber erforderlich, die außerordentlich zum Erfolg des Projekts beitragen. Anschließend ist noch mehr Zeit erforderlich, die fachlichen Anforderungen zu ermitteln. Damit kann auf Projektrisiken geschlossen werden, die Aufwand und Zeit beeinflussen können. Erst auf Basis dieser Informationen kann eine profunde Planung erstellt werden. Aber: »Planen ist die Lust der Vernunft« und die Realität hält demgegenüber viele Überraschungen bereit. Ein bekannter, aber häufig nicht berücksichtigter Effekt ist der ***schleichende Funktionszuwachs****, auch Requirements Creep genannt.*

1.1.5 Schleichender Funktionszuwachs (Requirements Creep)

Während der Durchführung eines Projekts verändern sich Anforderungen und Erkenntnisse über das Schätzobjekt. Deshalb ist ein weiterer allen Projektleitern hinlänglich bekannter Effekt der von Capers Jones treffend charakterisierte ***schleichende Funktionszuwachs (Requirements Creep)***.

»Zu den Problemen zählen exzessiver Zeitdruck und eine hohe Rate schleichenden Funktionszuwachses, der ***zwei Prozent pro Monat der Projektlaufzeit*** (Informationssysteme 1,5%, militärische und Systemsoftware 2%, kommerzielle Software 3,5%) während der Entwicklungsdauer überschreiten kann.«

Es gilt die Regel: Requirements sind dynamisch, deshalb muss Aufwandschätzung Routine sein!

Der schleichende Funktionszuwachs steht in einer negativen Rückkopplung zur klaren Zieldefinition Ihres IT-Projekts, das heißt:

Je klarer die Zieldefinition des IT-Projektes ist, desto weniger schleichender Funktionszuwachs ist möglich.

Ein stetiges Tracking der Projektziele und des Projektumfangs ermöglicht dem Projektleiter Transparenz, das heißt, den schleichenden Funktionszuwachs in den Griff zu bekommen. Das impliziert, dass Messungen des Umfangs des Schätzobjekts während des Projektfortschritts mehrmals wiederholt werden müssen.

Das Software Engineering Laboratory (SEL) der NASA weist deshalb in seinem Manager's Handbook darauf hin, dass der ursprünglich geschätzte Aufwand typischerweise während des Projektverlaufs um 40% ansteigt.

In der AXA Service AG wurde bei 38 Function-Point-Zählungen ein durchschnittlicher Requirements Creep von 1,27% pro Monat Projektlaufzeit ermittelt. Die Qualität dieser Aussage ist aber aufgrund der Datenbasis nur als ein grober erster Versuch zu werten.

Wenn das Schätzobjekt klar definiert ist, kann sein Umfang (seine Größe) quantitativ gemessen werden. Häufig geschieht das durch Zählen und Messen funktionaler Einheiten.

1.1.6 Messen und Schätzen

Die beiden Hauptaktivitäten im Rahmen der operativen Aufwandschätzung:

1. Messen
2. Schätzen

sind beides keine einmaligen Vorgänge, sondern müssen kontinuierlich über die gesamte Projektlaufzeit hinweg betrieben werden. Messgrößen sind nicht statisch, sondern dynamisch und entwickeln sich im Zeitverlauf weiter. Nur durch konsequentes Tracking von Zählung und Schätzung können sinnvolle Sollvorgaben für die Projektplanung erzielt werden.

Generell gilt die Prämisse:

Was Sie nicht messen können, können Sie auch nicht kontrollieren.

Messen ist das Mittel, durch dessen Anwendung Organisationen ihr Ziel erreichen können, Software mit vermarktbarer Qualität in beschränkter Zeit und begrenztem Aufwand sowie geplanten Kosten produzieren zu können. Es hilft nicht nur, die Aufwandschätzung zu verbessern, sondern auch die Produktivität und Qualität, woraus dann wieder Risiken qualifiziert werden können. Ohne Messen können Probleme besser verschleiert werden.

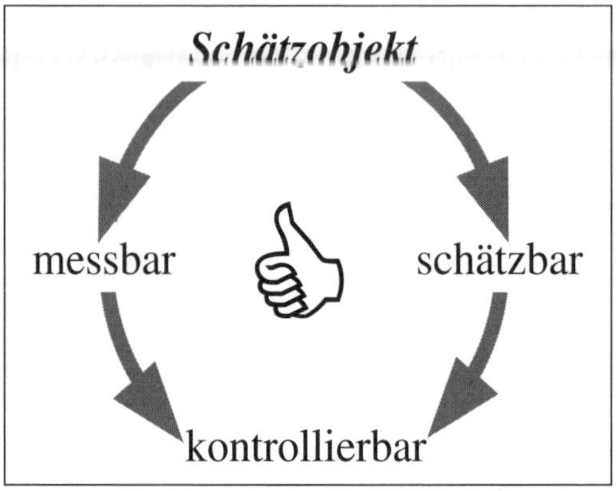

Abbildung 1.9: Zusammenhang zwischen Messen, Schätzen und Kontrollieren

Abbildung 1.9 verdeutlicht Ihnen, dass mangelhafte oder zu späte Information sich auf die Genauigkeit der Schätzung und damit negativ auf die Kontrollierbarkeit auswirkt. Generell gilt:

> *Messen fördert Wissen, denn je besser wir etwas in Zahlen fassen können, umso besser verstehen wir es.*

Um den größten Nutzen aus der Messung von Aufwand gewinnen zu können, sollten folgende Maßnahmen durchgeführt werden:

- Der Ist-Aufwand und Restaufwand für jeden Vorgang im Projekt sollte wöchentlich erfasst werden.
- Die Planung sollte durch gute Grafiken unterstützt werden.
- Plan-Ist-Vergleiche müssen auch veränderten Plänen angepasst werden.
- Das Time Accounting muss korrekt definiert sein (siehe Kapitel *Grundlagen der Aufwandschätzung, Aufwandsinhalt und Time Accounting*).
- Es muss eine Messkultur gelebt werden, damit die Mitarbeiter alle für das Projekt gearbeiteten Stunden erfassen.
- Die Planung muss so detailliert wie nötig, aber so aggregiert wie möglich sein.
- Planung und Messung müssen anhand derselben Ergebnisse erfolgen, um Doppelarbeit zu vermeiden.
- Zeiterfassung darf nur in einem System stattfinden, nicht auf unterschiedliche Weise.

- Den Mitarbeitern muss aufgezeigt werden, wie ihre Aufwandsdaten weiterverarbeitet werden, damit sie professionell arbeiten können.
- Den Mitarbeitern muss bei Abweichungen ein Feedback gegeben werden.

Die Tätigkeiten für das Messen müssen in den Systementwicklungsprozess integriert sein, damit das Messen als Teil des Prozesses und nicht als lästiger Overhead wahrgenommen wird. Dazu müssen entsprechende Rollenbeschreibungen für das Messen und Berichten vorhanden sein. Und die Daten sollten nur dann erhoben werden, wenn sie im Systementwicklungsprozess anfallen und wenn sie für sinnvolle Weiterverwendung (zum Beispiel Berechnung von Metriken) genutzt werden. So können z.B. Function Points bereits am Ende des Fachkonzepts gezählt und für das Change Management mehrfach wiederverwendet werden.

Zwischen Zählung und Schätzung klar zu unterscheiden ist eine der ersten Lektionen, die bei der Einführung eines Schätzverfahrens in einem Unternehmen gelernt wird. Die Zählung von Function Points oder KLOCs bzw. anderen Größen zur Messung des Software-Umfangs liefert eine Ausgangsgröße und notwendige Basis und Voraussetzung, anhand der dann erst eine Aufwandschätzung durchgeführt werden kann. In der Praxis wird das mit folgendem Ausspruch konterkariert:

»So you've got Function Points (KLOC's, ...) – what now ?«

Der Unterschied kann an folgendem ***Praxisbeispiel*** erläutert werden:

In einem Unternehmen waren von ca. 15 Anwendungssystemen (meist Host-basierte Management-Informationssysteme – MIS) die Function Points gezählt worden. Das nächste Anwendungssystem ergab die fünffache Anzahl Function Points wie das größte der vorher gezählten Anwendungssysteme. ***Reaktion des Managements: »Da müsst ihr was falsch gemacht haben!«***

Mitnichten, es war eben kein »normales« MIS wie die anderen, sondern es handelte sich um die zentrale Textverarbeitung, die von allen 70 Anwendungssystemen des Hauses benutzt wurde, mit Tausenden von Outputs. Ebenso wurde bei einem anderen Anwendungssystem festgestellt, dass kaum Eingaben und Ausgaben gezählt worden waren. Wie sich herausstellte, war es gegenüber den anderen Anwendungssystemen das einzige reine Auskunftssystem, wodurch sehr viele Abfragen gezählt wurden. Solche Erkenntnisse über das Anwendungssystem-Portfolio treten häufig bei einer ersten Bestandsaufnahme auf, wenn ein Aufwandschätzverfahren eingeführt wird.

Deshalb ist die Dokumentation von Schätzerfahrungen eines IT-Projekts unverzichtbar, um aus den Erfahrungen der Vergangenheit für die Zukunft zu lernen und die Aufwandschätzung in der Software-Entwicklung verbessern zu können (feed foreward).

Eine seriöse und fundierte Aufwandschätzung bei Software-Entwicklungsprojekten liefert darüber hinaus Kennzahlen, die auch den Software-Entwicklungsprozess transparent, besser messbar, vergleichbar und kontrollierbar machen können. Auch das setzt voraus, dass die Aufwandschätzungen nachvollziehbar dokumentiert sein müssen. Außerdem ist die Messung von Ist-Werten erforderlich, um die Schätzgenauigkeit zu überprüfen und anhand der Abweichungen zukünftige Schätzungen zu verbessern.

1.1.7 Messen des Aufwands

Die Messung von Ist-Werten für die verschiedenen Phasen von IT-Projekten ist ein mächtiges Hilfsmittel zum Lernen, Verstehen und Kommunizieren des Projektstatus. Damit ist es ein Entscheidungsunterstützungssystem par excellence für das Projektmanagement.

Ein Arbeitskreis der DASMA (Deutschsprachige Anwendergruppe für Software-Metrik und Aufwandschätzung e.V., siehe Kapitel *Software-Metriken*) hat folgendes Grundgerüst für die Messung von Ist-Werten als unverzichtbar zusammengestellt:

Zeit	Aufwand/Kosten	Qualität
Größe (Umfang): z.B. Function Points		

Dabei muss der Aufwand nach folgenden Kategorien nachvollziehbar sein:

Erfassung des Aufwands nach Phasen:

- Durchführung der Vorstudie
- Erstellung des Fachkonzepts
- Erstellen eines DV-Konzepts
- Programmierung des DV-Systems
- Durchführen des Systemtestes
- Einführung des Systems

Erfassung des Aufwands nach Tätigkeitsart:

- Fachabteilung/Endbenutzer
- Anwendungsentwicklung
- Systemprogrammierung
- Qualitätssicherung
- Projektmanagement
- Datenmodellierung
- Datenbankmanagement
- Methoden und Systeme
- Netzwerk
- Testabteilung
- Produktionsunterstützung/Rechenzentrum

Abbildung 1.10 bringt die beiden Sichten zusammen:

	Studie	Analyse	Design	Reali-sierung	Test	Ein-führung
Fachabteilung						
Anwendungsenwicklung						
Systemprogrammierung						
Qualitätssicherung						
Projektmanagement						
Datenmodellierung						
Datenbankmanagement						
Methoden und Systeme						
Netzwerk						
Testabteilung						
Produktionsunterstützung						

Abbildung 1.10: Grundgerüst für die Messung von Ist-Werten

Messung und Schätzung sind sehr eng verbunden. Unternehmen, die IT-Projekte messen, verfügen über solide empirische Daten; solche, die nicht messen, müssen mit subjektiven Schätzungen vorlieb nehmen oder sind auf den

Einsatz von Schätztools angewiesen. Beim Einsatz von Schätztools müssen sie aber trotzdem die Ergebnisse mit gemessenen Daten kalibrieren. Deshalb ist Messung wertvoll und Voraussetzung für die Vermeidung von Problemen bei der Aufwandschätzung.

Nach der Definition des Schätzobjekts und der Messung seines Umfangs konnten bereits wichtige Erkenntnisse gewonnen werden, die verdienen, dokumentiert zu werden, damit das erworbene Schätz-Know-how nicht verloren geht.

1.1.8 Dokumentation

Ein dokumentierter Schätzprozess und dokumentierte Aufwandschätzungen sind erforderlich, um Stufe 3 des Reifegradmodells CMMI (Capability Maturity Model Integration des SEI: Software Engineering Institute) zu erreichen (siehe hierzu auch Kapitel *Software-Metriken, Qualität*).

Dokumentation wird vor allem im operativen, aber auch im strategischen Projektmanagement am meisten vernachlässigt (siehe auch Kapitel *Grundlagen der Aufwandschätzung, Dokumentation der Entwicklungsumgebung und Aufwandschätzung*). Der zusätzliche Aufwand, den die Dokumentation im Laufe eines IT-Projekts verursacht, wird sehr oft als Ausrede benutzt, um sie ganz oder teilweise zu unterlassen. Auch hier trifft die für die Aufwandschätzung von Capers Jones getroffene Aussage zu:

> *Wer diese Projektmanagementaufgabe nicht wahrnimmt, handelt grob fahrlässig!*

Die konsequente und vor allem authentische Dokumentation der Projekterfahrungen ist aber eine Notwendigkeit dafür, dass das bei diesem konkreten IT-Projekt erworbene Projektmanagement-Know-how nicht an eine Person gebunden ist und der Organisation unter Umständen verloren geht. Darüber hinaus muss eine effiziente Wissensorganisation (z.B. in Form eines Intranets) dafür sorgen, dass dieses Know-how

- den richtigen (d.h. dazu berechtigten) Personen
- rechtzeitig
- verdichtet und
- problemadäquat ausgerichtet

für die Planung zukünftiger IT-Projekte zur Verfügung steht. Nicht vorhandene Dokumentation der Entwicklungsumgebung und Aufwandschätzung verhindert das Lernen und die Verbesserung der Aufwandschätzung a priori.

Deutlich wird das an dem bereits erwähnten Problem der Altdaten.

1.1.9 Das Problem der Altdaten

In der Praxis zeigt sich häufig, dass fundierte Aufwandschätzungen oftmals weit höhere Aufwände liefern, als in der Vergangenheit in den Unternehmungen eigentlich angefallen sind. Capers Jones stellt jedoch nicht die angeblich zu hohen Aufwandschätzungen in Frage, sondern bezweifelt vielmehr ***die Richtigkeit der historischen Daten***. Es ist keine Seltenheit, dass die erfassten Altdaten oftmals 30 Prozent – teilweise sogar bis zu 70 Prozent – des tatsächlich geleisteten Aufwands gar nicht enthalten. So sind z.B. unbezahlte Überstunden o.Ä. in der Regel nicht mit erfasst worden.

Bei Gesprächen mit Projektleitern werden von diesen in der Regel Aufwandszahlen genannt, ohne Informationen darüber, was in diesen Aufwand mit eingeflossen ist. Vereinfacht lässt sich sagen, dass sich der Aufwand für ein IT-Projekt in einem Großunternehmen aus den folgenden Komponenten zusammensetzt:

- Aufwand für Projektmanagement, Risikomanagement und Qualitätssicherung (»Overhead«)
- Aufwand für Spezialisten (Architekten, Administratoren, Netzwerk-Unterstützung etc.) – auch Entwicklungsteam-Unterstützung genannt
- Aufwand der Entwickler (Analyse, Design, Realisierung, Test) – auch IT-Kernprojektaufwand genannt
- Aufwand des Fachbereichs
- Einführungs- und Wartungsaufwand

Eine typische Ursache dafür, dass die von den Projektleitern geschätzten Aufwände in der Praxis oftmals erheblich unter denen des Competence Centers lagen, ist die Tatsache, dass die Projektleiter nur Projektmanagement- und Entwickleraufwand berücksichtigt hatten, das Competence Center mit einem Tool aber zusätzlich noch den Aufwand für die Fachbereichsbeteiligung sowie Einführungs- und Wartungsaufwand mit eingerechnet hatte. Grundsätzlich gilt:

Eine Aufwandschätzung ohne eine Information darüber, welche Teilaktivitäten in die Schätzung mit eingeflossen sind, ist wertlos!

Ist keine Dokumentation vorhanden oder lässt sich ein Altsystem nicht komplett zählen, so kann die Funktionalität durch das so genannte ***Backfiring*** zumindest approximiert werden (siehe Kapitel *Methoden der Aufwandschätzung, Backfiring*). Hierbei werden aufgrund der Codegröße und der Codekomplexität eines bestehenden Anwendungssystems Rückschlüsse auf dessen Funktionalität gemessen in Function Points gezogen.

Aus der bisher beschriebenen Schätzproblematik können pragmatische Regeln für die Aufwandschätzung abgeleitet werden.

1.2 Regeln für die Aufwandschätzung

Es war schon immer eine Herausforderung, den Nutzen des Messens zu verkaufen. Dass man bisher ohne Messungen ausgekommen ist, wird oft als Killerargunent verwendet, um Metrik-Initiativen zu boykottieren. Deshalb geben wir in diesem Kapitel einige Empfehlungen zu den Themen Grundsätze, To-dos und Not-to-dos, Schätzfehler, Schätzklausur, Schätzehrlichkeit und Schätzkultur sowie Ausbildung zur Aufwandschätzung.

1.2.1 Grundsätze

Eine Schätzung sollte:

- **Wiederholt werden**

  Die Wiederholung einer Schätzung erlaubt auf der Basis genauerer Informationen – und damit besser – zu schätzen. Der Vergleich mit der vorherigen Schätzung liefert darüber hinaus Erfahrungen für zukünftige Schätzungen. Ein kontinuierliches ***Tracking*** der Schätzwerte liefert ein ***Frühwarnsystem für Abweichungen*** und Transparenz über eingetretene Änderungen. Nur bei wiederholten Aufwandschätzungen können Erfahrungswerte für den Requirements Creep gewonnen werden.

- **Auf mehrere Arten durchgeführt werden**

  Der Einsatz mehrerer Schätzverfahren erlaubt den Vergleich von Schätzungen aus mehreren Blickwinkeln und verringert die Schätzungenauigkeit bzw. gibt mehr Sicherheit beim Schätzen.

- **Kritisch hinterfragt werden**

  Grundsätzlich müssen die Parameter einer Schätzung offen gelegt werden, da sie das Schätzergebnis a priori stark beeinflussen. Für Entwicklungen in Client-Server-Umgebungen mit 4GL-Sprachen muss anders geschätzt werden als für herkömmliche Host-COBOL-Systementwicklung; in Großunternehmen anders als in kleinen Firmen mit nur wenigen IT-Mitarbeitern etc. Klar festgehalten werden muss z.B. bei den LOC-Methoden (LOC = Lines of Code), ob Kommentare im Programm mitgezählt werden oder ob beim Einsatz von Generatoren die Generatorbefehle oder die generierten Befehle gezählt werden. LOCs können leicht bei Programmierung in COBOL gezählt werden, aber schlecht bei Programmierung mit Powerbuilder oder VBA (Visual Basic for Applications). Aufwandschätzungen mit LOCs erfolgen spät im Projekt und haben deshalb nur geringen Nutzen für Planung und Schätzung sowie Verfolgung des Projektfortschritts. Generell muss festgelegt sein, wie viele Arbeitsstunden ein Personentag, Personenmonat, Personenjahr umfasst (Time Accounting).

- **Nachprüfbar sein**

  Nur nachprüfbare Schätzungen bieten Vergleichsmöglichkeiten und ermöglichen damit ein ***feed foreward*** (Lernen aus Schätzungen der Vergangenheit für die Schätzung des Zukünftigen).

- **Dokumentiert werden**

  Das Hauptproblem beim Schätzen besteht in nicht vorhandener Dokumentation und damit fehlender Erfahrung über frühere Schätzungen. Je besser und je mehr Schätzungen dokumentiert werden, desto besser kann geschätzt und Erfahrung im Schätzen erworben werden.

Neben diesen Grundsätzen gibt es noch einiges zu beachten, damit Fehlschläge bei der Aufwandschätzung vermieden werden können.

1.2.2 To-dos und Not-to-dos beim Aufwandschätzen

Wie wird die Aufwandschätzung durchgeführt? Um eine einheitliche Gewichtung auf Projektebene zu ermöglichen, muss die Aufwandschätzung durch die Projektleitung erfolgen. Nur so ist gewährleistet, dass etwa der Maßstab der »Komplexität« an allen Aufgaben aller Sachgebiete gleichermaßen ausgerichtet ist.

Das Verfahren der Aufwandschätzung ersetzt nicht die vom Planungsverantwortlichen vorzunehmende Ermittlung der Aufwandgrößen. Es bietet lediglich die Möglichkeit, die subjektive Schätzung an einem einheitlichen Verfahren zu orientieren. Die Projekt-Umfeldfaktoren werden nach der Zählung der Function Points durch den Einsatz eines Tools vom Projektleiter ermittelt.

Parallel laufende IT-Projekte sollten nicht miteinander verglichen werden. Dies führt schnell dazu, die Methode zu manipulieren, um »auf dem Papier« besser zu sein als ein anderes IT-Projekt.

Zwei Ansichten verhindern kontinuierliche Aufwandschätzungen:

1. **Aufwandschätzung wird als gesonderte Aufgabe betrachtet.** Das führt dazu, Aufwandschätzung als weniger wichtig anzusehen, wenn die Prioritäten für die durchzuführende Arbeit höher werden.
2. **Aufwandschätzung wird als Aufgabe betrachtet, die nicht in die eigene Verantwortung fällt.** Das führt dazu, dass Aufwandschätzung vernachlässigt wird, wenn die Person, die damit identifiziert wird, nicht anwesend ist (ein Competence Center ist weit weg vom Ort des Geschehens).

Aufwandschätzung nicht durchzuführen, birgt folgende Risiken:

1. **Fehlendes Know-how**

   Fehlende Kenntnisse über Prinzipien, Methoden, Standards und Tools, um Aufwände besser schätzen zu können.
2. **Vergebene Lernchancen**

   Lernen kann nicht stattfinden, weil die Chancen zum Lernen nicht wahrgenommen werden.
3. **Leiden unter Krisen**

   Die Chancen, durch schlechte (oder keine) Schätzungen in Krisen zu geraten, steigen enorm. Wie bereits im Vorwort gesagt: Feuerlöschen kann aufregend sein, führt aber zum Ausbrennen. Aufwandschätzung ist eine Chance für Menschen, die des Feuerlöschens überdrüssig sind.
4. **Verpasste Chancen**

   Eines Tages wird das Bedauern mehr kosten als das Lernen und Durchführen von Aufwandschätzung gekostet hätte. Dazu genügt bereits ein abgebrochenes IT-Projekt, denn die Kosten für ein fehlgeschlagenes IT-Projekt sind größer als die Kosten für die Einführung eines Aufwandschätzverfahrens, mit dem bessere Grundlagen für die Steuerung der IT-Projekte vorhanden sind und damit das Risiko von Fehlschlägen verringert wird.

Nicht zuletzt sollten Schätzfehler von Anfang an vermieden werden.

1.2.3 Schätzfehler

Die häufigsten Schätzfehler, die in der Praxis vorkommen, betreffen die folgenden Punkte:

- **Voraussetzungen der Schätzung**
  - Die Voraussetzungen und Entscheidungen des Schätzprozesses werden nicht oder unvollständig dokumentiert.
  - Es erfolgt keine Korrektur der Schätzung bei Änderung von Voraussetzungen.
  - Der Leistungsumfang ist nicht festgeschrieben.
- **Planung der Schätzung**
  - Der Aufwand für die Schätzung wird nicht eingeplant.
  - Der Aufwand für Qualitätssicherung und Management wird nicht geplant.
  - Bei frühen Schätzungen erfolgen intransparente und oft willkürliche Zuschläge für Unsicherheit sowie Risiko und schleichenden Funktionszuwachs.
- **Aktualität und Tracking der Schätzung**
  - Die Schätzung wird nicht nach vertretbaren Zeitabständen oder größeren Änderungen aktualisiert (Rückkopplung von Ist-Daten und erneute Schätzung).
  - Die Schätzung wird nicht regelmäßig überprüft.
- **Qualität der Schätzung**
  - Die Schätzung wird nicht von Dritten qualitätsgesichert (formal und inhaltlich).
  - Das Ergebnis der Schätzung wird nicht durch weitere Schätzungen validiert (Zweitschätzung).
  - Der Kommunikationsfaktor wird im IT Projekt nicht berücksichtigt.
  - Speziell bei externer Auftragsvergabe müssen auch die Schätzungen des Auftragnehmers vom Auftraggeber geprüft werden, um unliebsamen Überraschungen vorzubeugen.

- **Politische Schätzungen**
  - Schätzen wird mit Verhandeln verwechselt. Fehlende historische Daten führen oftmals dazu, dass Projektleitern unrealistische Termine diktiert werden.
  - Das Projektvolumen wird offensichtlich/wissentlich/bewusst falsch angesetzt (»frisierte Schätzung«), verbunden mit einer völligen Außerachtlassung von Risiken.
  - Bei vorhandenen Restriktionen des IT-Projekts (z.B. Budget bzw. Terminvorgaben) wird fälschlicherweise oft die Schätzung den Restriktionen angepasst, anstatt Abstriche bei den anderen Primärzielen (Qualität, Funktionalität, Kosten, Zeit) zu machen.
  - Freiwillige unbezahlte Überstunden werden geplant, aber nicht in den Aufwand der Schätzung eingerechnet. (Siehe hierzu auch Kapitel *Grundlagen der Aufwandschätzung, Die Informationsgrundlagen der Aufwandschätzung*).
  - Zielkonflikte ruft insbesondere ein weiterer Erfolgsfaktor nicht rationaler Art für den Projekterfolg hervor, die ***menschliche Eitelkeit***. Dieses Streben nach Erfolg und Anerkennung führt häufig zu Machtkämpfen im Umfeld von IT-Projekten, zu ***Prestigeprojekten***, und dazu, dass der Projektleiter besonders die »politische Lage« im Umfeld seines ***IT-Projekts*** berücksichtigen muss. Die Initiatoren von solchen Projekten suchen sich politische Promotoren, denen es weniger um die Funktionalität als um den »Denkmaleffekt« geht.
  - Die weit verbreitete Einstellung, dass Anwendungen, Software und Hardware im Host-Umfeld teurer sind und demgegenüber Client/Server-Anwendungen (C/S), -Software, -Hardware billig, führt im C/S-Umfeld eher zu Verhandlungen anstelle von Aufwandschätzungen und zu erhöhtem Aufwand für die Überzeugungsarbeit dafür, dass im C/S-Umfeld Ähnliches wie im Host-Umfeld benötigt wird.
  - Die Phase der schön gerechneten Zahlen geht hin bis zur politischen Genehmigung eines Projekts. Danach kehrt die Ernüchterung ein und die Suche nach Risikoträgern geht los.

1.2.4 Überschätzung und Unterschätzung

Darüber hinaus werden insbesondere die in Abbildung 1.11 zusammengefassten Merkmale über- bzw. unterschätzt.

Überschätzung

- ✓ Personalqualifikation
- ✓ Personalproduktivität
- ✓ Auswirkung von Personalaufstockung
- ✓ Produktivität von neuen Tools und Methoden

Unterschätzung

- ✓ Schulungsaufwand
- ✓ Dokumentationsaufwand
- ✓ Aufwand für Fehlerbeseitigung und Qualitätssicherung
- ✓ Kommunikationsprobleme

Abbildung 1.11: Überschätzung und Unterschätzung

In einer 1993 bei 112 Software-Managern in den USA von Lederer und Prasad durchgeführten Untersuchung haben 63% von erheblichen Überschätzungen bzw. 14% von erheblichen Unterschätzungen des Aufwands berichtet. Ähnliches berichtet Heemstra 1992 bezüglich Kostenschätzungen in den Niederlanden: 80% der Projekte unterschätzen Budgets und Dauer im Mittel um 50%. 35% der befragten Unternehmen führten keine formalen Schätzungen durch.

Da Unterschätzung besonders gravierende Folgen hat, sind diese Merkmale im Folgenden erläutert und durch weitere ergänzt.

Unterschätzung von:

- Schulungsaufwand (Lernkurve), insbesondere Schulungsaufbau und erforderlicher Know-how-Erwerb eigener Mitarbeiter bei Einsatz von Externen
- Dokumentationsaufwand – dieser wird am ehesten reduziert, um Kosten zu sparen – was dann langfristig unweigerlich zu späteren Mehrkosten sowie

Qualitätsverlusten führt. Dadurch werden auch vermehrt Kopfmonopole gebildet.

- Aufwand für Fehlerbeseitigung und Qualitätssicherung; speziell bei C/S-Projekten ist ein erhöhtes Qualitätsbewusstsein vorhanden.
- Kommunikationsproblemen bzw. Kommunikationsaufwand, speziell bei Projekten mit besonderer »management attention« (Abstimmungen, Reporting) sowie externen Beratern oder Kunden
- Kosten und Dauer (als Folge der anderen unterschätzten Faktoren)
- Kosten für Hardware: Wenn weniger Hardware als benötigt angeschafft wird, vergrößert dies andererseits die Projektdauer und den Aufwand, u.a. wegen erschwerter Arbeitsbedingungen, erhöhter Fehleranfälligkeit, verringerter Motivation.
- Kosten für Software und Lizenzen sowie Wartungsverträge
- Kosten für externe Programmierung wegen erforderlichen Einbaus in die eigene Systemlandschaft und Spezialanforderungen
- Aufwand für Projektleitung (Genehmigungsverfahren, Teamaufbau, Raum- und Personalbeschaffung, Vertragsverhandlungen, Zeit- und Statusmeldungen) und Projektmanagement (Aufwandschätzung, Projektplanung, Qualitätssicherung, Controlling, Berichtswesen)
- Besonderem Mehraufwand bei C/S-Projekten für Releasewechsel, die dort häufiger als im Host-Umfeld anfallen
- Aufwand für Testvorbereitung, Testdurchführung und Testnachbereitung, speziell für den echten Fachintegrationstest
- Aufwand für Releasevorbereitung und Releasedurchführung incl. Schnittstellen. Insbesondere bei C/S-Projekten sind Releasewechsel (vor allem bei eingesetzter Standardsoftware) sehr häufig. Manchmal fehlen dabei alte Funktionalitäten, was dann zusätzlichen Aufwand erfordert.
- Aufwänden bei Schnittstellen mit anderen Organisationseinheiten oder Projekten
- Erforderlichem Personal im Rechenzentrum durch schleichenden Mehrbedarf an Personal aufgrund von Großprojekten, um diese während der Projektlaufzeit und ebenso die fertig gestellten Systeme später zu betreuen.

In der Praxis werden häufig zwei Faktoren überschätzt: zum einen das ***Personal*** und zum anderen der ***Einfluss von Tools***. Ein IT-Projekt mit 20 statt 10 Mitarbeitern wird nicht zwangsläufig doppelt so schnell fertig gestellt werden. Dies liegt an der unterschiedlichen Qualifikation der Mitarbeiter und an zwangsläufig auftretenden Kommunikations- und Reibungsverlusten bei einer höheren Anzahl von Mitarbeitern. Dies ist schon länger bekannt, wird bei Aufwandschätzungen aber häufig unterschätzt. Hinzu kommt auch noch, dass Software-Entwickler fast immer Optimisten bezüglich ihrer eigenen Fähigkeiten sind. Hieraus ergibt sich dann zwangsläufig eine Unterschätzung des Aufwands für Fehlerbehebung und Qualitätssicherungsmaßnahmen.

Ähnlich viel Optimismus wird meist bei der Einführung von neuen Entwicklungswerkzeugen und Methoden an den Tag gelegt. Hier wird oft vergessen, dass die Produktivität bei der Entwicklung durch den kurzfristigen Einsatz eines neuen Tools kaum gesteigert werden kann. Im Gegenteil: Ein Programmierer mit 20 Jahren Erfahrung in strukturierter Programmierung mit COBOL wird mit Sicherheit nicht auf Anhieb produktiver durch die Verwendung von objektorientierten Analyse- und Designmethoden und einer neuen Entwicklungsumgebung für die Programmiersprache SmallTalk. Der Schulungsaufwand und die Zeit zur Integration von neuen Verfahren und Tools wird immer noch häufig unterschätzt und die Lernkurve ignoriert.

Weltz und Ortmann kommen in einer Studie, die Ursachen für die immensen ***Unterschätzungen*** bei Projektkosten und Projektterminen für Software-Entwicklungsprojekte untersuchte, zu den folgenden Kernaussagen:

- Von den Fehleinschätzungen sind sowohl Unternehmen betroffen, die wenig Erfahrung mit der Software-Entwicklung besitzen, als auch Unternehmen mit langjähriger und ausgeprägter IT-Erfahrung.
- Nur wenige Unternehmen setzten formalisierte, systematische Methoden ein. Ein Beispiel hierfür wäre die Function-Point-Methode in Verbindung mit der Schätzung durch ein Expertensystem und der Integration dieser Maßnahmen in das formalisierte Vorgehensmodell.
- Der weitaus größere Teil schätzt nach der Pi-mal-Daumen-Methode (siehe Kapitel *Methoden der Aufwandschätzung, Pi-mal-Daumen-Methode*). In der Regel wird hier der Mittelwert aus einer Worst-Case-Schätzung und einer Best-Case-Schätzung ermittelt. Ausgangspunkt für diese Schätzungen sind die individuellen Erfahrungen (meist einer) Schätzperson. Verliert die Firma diese Person, verliert sie auch ihr Schätz-Know-how.

- Sowohl in Unternehmen mit systematischen Methoden als auch in denen, die weniger systematisch schätzen, kommt es zu erheblichen Diskrepanzen zwischen Schätzung und tatsächlich erreichten Werten. Die Abweichungen sind allerdings bei den erstgenannten Unternehmen geringer.
- Unternehmen, die systematische Maßnahmen einsetzen, tun dies in der Regel nicht konsequent, das heißt, es wurde zwar zu Beginn des IT-Projekts z.B. mit der Function-Point-Methode die Größe des IT-Projekts bestimmt, jedoch vernachlässigt, dass diese Größe im Verlauf des IT-Projekts im Zuge des so genannten ***Requirements Creep*** beträchtlich schwanken kann. Eine kontinuierliche und periodische Aufwandschätzung über die Gesamtlaufzeit der IT-Projekte hinweg wurde so gut wie nie entdeckt.

David Locke berichtet in einer Untersuchung der Compass-Benchmarking-Datenbank, dass fast alle IT-Projekte unterschätzt wurden. Sie verbrauchten im Durchschnitt ca. 30% mehr Aufwand. Dieser Mehraufwand konnte auch nicht mit einem Requirements Creep von 5% erklärt werden.

> *Als Hauptursache für die teils erheblichen Unterschätzungen wird die Tatsache erkannt, dass häufig statt einer realistischen eine* **politische Aufwandschätzung** *vorgenommen wird. In der Realität wird der Aufwand eines IT-Projekts häufig zu niedrig angesetzt, damit die Initiierung und Durchführung dieses IT-Projekts überhaupt genehmigt wird. Verkehrte Welt: Hier orientieren sich nicht die Entscheidungsfinder an den Aufwandschätzungen, sondern die Aufwandschätzer an den Kriterien zur Entscheidungsfindung. Dies führt schließlich dazu, dass der Aufwand eines IT-Projekts in der Praxis nicht das Ergebnis einer Schätzung, sondern das Ergebnis einer Verhandlung ist.*

Abschließend kann gesagt werden, dass Know-how aufgebaut werden kann, indem Checklisten erstellt werden und dazu Kosten gesammelt werden, die den einzelnen Punkten der Checklisten zugeordnet werden können, z.B. für

- Investitionskosten
- Abschreibungen
- Personalkosten
- Fremdsoftware-Integration
- wichtige Punkte aus den in diesem Kapitel genannten Erfahrungen

Ein weiterer kritischer Erfolgsfaktor für die erfolgreiche Durchführung einer Aufwandschätzung ist eine Schätzklausur.

1.2.5 Schätzklausur

Die Schätzung kann durch mehrere Personen einzeln erfolgen und deren rechnerischer Mittelwert eingesetzt werden. In der Praxis hat sich hingegen eine Schätzklausur bewährt:

Mehrere Personen aus dem IT-Projekt (Teilprojektleiter z.B.) diskutieren zusammen, wie jedes einzelne Schätzobjekt aus Sicht des gesamten IT-Projekts zu bewerten ist. ***Dies führt zu einer von allen Beteiligten akzeptierten Bewertung***, die objektiver ist als der Mittelwert und deshalb nach außen besser zu vertreten ist. Das Ergebnis selbst, so zeigt die Erfahrung, weist nur einen minimalen Unterschied auf.

Ein weiterer Vorteil der Schätzklausur ist, dass bei den Beteiligten das Bewusstsein für die abgeschätzten Unsicherheiten des IT-Projekts geschärft wird und ein gleichmäßiger Informationsstand im Team erreicht wird. ***Eine Schätzklausur ist eine teamfördernde Aufgabe.***

Eine Schätzklausur lenkt den Fokus der Teilnehmer auf die Risiken des Projekts und fördert damit das Risikobewusstsein des Projektteams.

Wird diese Schätzklausur zusammen mit den Endbenutzern durchgeführt, so werden diese zur Mitarbeit und mehr Engagement motiviert und die Benutzerzufriedenheit mit dem Projekt kann gesteigert werden. Das ist ein sehr wichtiges Projekterfolgskriterium.

Sie fördert ebenso die Schätzkultur in einem Unternehmen, denn sie hilft, das Akzeptanzproblem abzuschwächen, indem die Mitarbeiter in Diskussionen einen Konsens erarbeiten. Dieser Nutzen kann meistens in einer nur zweistündigen Schätzklausur mit dem Projektteam erreicht werden.

1.2.6 Schätzehrlichkeit und Schätzkultur

Schätzen ist ein mit Widerstand verbundener Prozess ==> Nicht schätzen wollen, sich nicht festlegen wollen, man wird damit bewertbar. Um diese Akzeptanzprobleme nicht zu unterstützen, darf Aufwandschätzung nicht personenbezogen angewandt werden, sondern stets prozessbezogen bzw. produktbezogen.

Dies wirft die Frage nach der ***Schätzehrlichkeit*** auf:

- Eine Schätzung für den Lenkungsausschuss,

- eine für den Vorgesetzten
- und die richtige für mich!

Projektleiter wollen häufig nicht schätzen, weil sie sich lieber mit der Durchführung ihres IT-Projekts beschäftigen (Projektleiter sind häufig »Macher«). Um dem entgegenzuwirken, kann nur Ausbildung und wiederholte Information über den Nutzen der Aufwandschätzung eingesetzt werden. Ganz klar sehen IT-Projektleiter, dass ihre Zustimmung zu einer Schätzung sie auf diesen Wert festlegt und dass sie an seiner Einhaltung gemessen werden können. Eine mögliche Motivation ist an dieser Stelle, die Einhaltung dieser Zustimmung mit einer Erfolgsprämie zu belohnen.

Andererseits müssen Unternehmen ganz klar Stellung dazu beziehen, ob es sinnvoll ist, Schätzungen vorzunehmen und diese zu manipulieren oder ob Lügen auf Stundenzetteln akzeptiert werden bzw. ob Balkenpläne und Zeitpläne realistisch sein sollen.

> *Nur wenn der Schätzprozess klar definiert ist und transparent vollzogen wird, kann die Schätzehrlichkeit gefördert und damit nachhaltig eine Schätzkultur aufgebaut werden.*

Abbildung 1.12 fasst die wichtigsten Aufgaben zusammen, die bei der Einführung der Aufwandschätzung sowie zu Aufbau, Hege und Pflege einer Schätzkultur durchzuführen sind.

Aufwandschätzung einführen - Schätzkultur hegen

- ✓ Bewusstsein für die Schätzproblematik wecken
- ✓ Einführungsprojekt planen und durchführen
- ✓ Genauigkeit versus Ungenauigkeit beachten
- ✓ Motivation und Akzeptanz fördern
- ✓ Schätzehrlichkeit und Schätzkultur hegen
- ✓ Ausbildung, Information und Partizipation aller Beteiligten
- ✓ Erfahrungsaustausch organisieren

Abbildung 1.12: Schätzkultur

Die Entwicklung einer Schätzkultur verläuft in folgenden Phasen:

1. **Problem**

   Aufwandschätzung wird nicht positiv gesehen.

2. **Bewusstsein**

   Management und Mitarbeiter werden zunehmend aufmerksam auf das Thema Aufwandschätzung, gehen es aber noch nicht systematisch an.

3. **Übergang**

   Übergang von der Betrachtung der Aufwandschätzung als Managementaufgabe zur Teamaufgabe.

4. **Antizipation**

   Übergang von subjektiver Aufwandschätzung zu Messungen und dem Einsatz von IT-Metriken und Tools.

5. **Chancen**

   Positive Vision der Aufwandschätzung, jeder ist dafür verantwortlich.

Eine gute Schätzkultur kann verhindern, dass Management und Projektleiter mit Aufwandschätzungen politische Spiele betreiben und führt zu motivierten und effektiven Mitarbeitern. Schätzkultur bedeutet ebenso eine positive Vision der Aufwandschätzung, die in der Verantwortung jedes Mitarbeiters liegt. Die Basis dazu wird in einer fundierten Ausbildung gelegt.

1.2.7 Die Ausbildung zur Aufwandschätzung

Derzeit findet in Deutschland die Ausbildung zur Aufwandschätzung fast ausschließlich durch Erfahrungsaustausch, Vorträge und Workshops auf Tagungen statt. Das können Tagungen von Fachverbänden, wie z.B. der GI-Fachgruppe 2.1.10 Software-Messung und -Bewertung (Prof. Dumke, Braunschweig) und der DASMA, e.V. (Deutschsprachige Anwendergruppe für Software-Metrik und Aufwandschätzung) sein, oder Seminare von IT-Ausbildungsinstituten, z.B. iir, Integrata. In diesen Fachverbänden sind häufig selbstständige Unternehmensberater und Trainer Mitglied, die bewährte Seminare zu allen Themen der Aufwandschätzung anbieten. Viele Firmen lassen ihre Mitarbeiter in hausinternen Seminaren durch solche selbstständigen Trainer ausbilden.

Häufig ist Aufwandschätzung nur ein Kapitel in Projektmanagementausbildungen (manchmal selbst das nicht), ebenso wie in dem passiven Lehrmedium Buch. Eine Zwischenstellung nimmt das interaktive Lernprogramm der Firma SMT (*http://www.ubt.de*) ein. Hier wurde mit dem Autorensystem ***Toolbook*** eine faszinierende Lernwelt rund um das Thema Aufwandschätzung entwickelt.

Die IFPUG (International Function Point User Group) sowie die englische (UKSMA) und holländische (NESMA) IT-Metrikorganisation bieten jeweils Prüfungen an, durch deren Bestehen die Teilnehmer nachweisen können, dass sie die entsprechende Methode beherrschen (das ist die IFPUG-Function-Point-Methode, eine eigenentwickelte holländische Schätzmethode bzw. die Mark-II-Methode – siehe Kapitel *Software-Metriken und Varianten der Function-Point-Methode*).

1.3 Eine Checkliste zur Durchführung von Aufwandschätzungen

Abbildung 1.13 fasst die wesentlichen Schritte bei der Durchführung einer Aufwandschätzung zusammen:

Aufwandschätzung professionell durchführen

- ✓ Erst messen, dann schätzen (Schätzobjekt definieren)
- ✓ Schätzungen wiederholen (Zeitpunkte der Schätzung)
- ✓ Schätzungen auf mehrere Arten durchführen (Know-how-Transfer, Lernen)
- ✓ Schätzungen transparent und nachprüfbar dokumentieren
- ✓ Schätzfehler vermeiden, besonders Über- und Unterschätzung
- ✓ Schleichenden Funktionszuwachs berücksichtigen
- ✓ Schätzungen überprüfen (Controlling)

Abbildung 1.13: Professionelle Aufwandschätzung

Abbildung 1.14 zeigt, worauf besonders geachtet werden muss, damit eine Aufwandschätzung effizient organisiert werden kann.

Aufwandschätzungen effizient organisieren

- ✓ Aufwand und Ressourcen für die Schätzung einplanen
- ✓ Aufwände erfassen (erforderliche Datenbasis, Problem der Altdaten)
- ✓ Aufwandschätzmethoden anwenden (Vergleichbarkeit, Standardisierung)
- ✓ Toolunterstützung einsetzen
- ✓ Schätzklausur durchführen (Teamförderung, Konsensbildung)
- ✓ Erfahrungen und Ergebnisse sammeln und dokumentieren
- ✓ Über Erfahrungen und Ergebnisse informieren (Benchmarking)

Abbildung 1.14: Effizient organisierte Aufwandschätzung

Zusammenfassend kann die Schätzproblematik mit den Thesen in Abbildung 1.15 auf den Punkt gebracht werden.

Aufwandschätzung - ein Gewinner-Verlierer-Thema

- ✓ Aufwandschätzung muss professionell durchgeführt werden!
- ✓ Software-Projekte können akkurat geschätzt werden!
- ✓ Die Aufwandschätzung und die dafür erforderliche Zeit müssen von vornherein geplant werden!
- ✓ Feuerlöschen kann aufregend sein, führt aber zum Ausbrennen und hilft weder Feuer zu verhüten, noch signifikante Kosten und Verzögerungen einzusparen!

  Aufwandschätzung ist eine Chance für Menschen, die des Feuerlöschens überdrüssig sind und ihre Software-Projekte sorgfältig planen und managen!

Abbildung 1.15: Schätzproblematik

1

1.4 Internetadressen zur Aufwandschätzung

Folgende Informationsquellen stehen dem interessierten Leser darüber hinaus im Internet zur Verfügung (siehe auch die Kapitel *Software-Metriken* bzw. *Tools zur Aufwandschätzung*, jeweils *Internetadressen ...*):

Quelle	WWW-Link
DASMA e.V. **D**eutschsprachige **A**nwendergruppe für **S**oftware-**M**etrik und **A**ufwandschätzung e.V.	*http://www.dasma.org*
ESI The **E**uropean **S**oftware **I**nstitute, Spanien	*http://www.esi.es*
Fachhochschule Hamburg	*http://www.informatik.fh-hamburg.de/~khb/st4se2/node108.html*
Fraunhofer Institut (IESE) in Karlsruhe (Prof. Rombach)	*http://www.iese.fhg.de*
GI-Fachgruppe 2.1.10 Software-Messung und -Bewertung Forschungslabor von Prof. Dumke	*http://ivs.cs.uni-magdeburg.de/sw-eng/us/*
Homepage eines der Verfasser: siehe dort Vorlesung SEPM: Software-Entwicklung und Projektmanagement, Kapitel Projektmanagement	*http://www.gm.fh-koeln.de/~bundschu*
IFPUG: **I**nternational **F**unction **P**oint **U**ser **G**roup, US-amerikanischer Verband	*http://www.ifpug.org*
Clemens Kraus	*http://www.clemens-kraus.de/mgmt/projektmanagement.htm*
MAIN – Metrics Association's International Network Europäischer Dachverband der IT-Metrikverbände	*http://www.mai-net.org*
Msi Managementsoftware Informationszentrum	*http://www.managementsoftware.de/msi-pm-fibel/planung/aufwandschaetzung.htm*

Tabelle 1.1: Übersicht über Informationsquellen

Quelle	WWW-Link
NESMA Holländischer IT-Metrikverband	*http://www.nesma.nl/* *http://www.nesma.org*
Technische Universität Braunschweig	*http://www.cs.tu-bs.de/ips/zuendorf/lehre/* schrittweise weiter mit *se0102*, *EinfSWTKap6.pdf*
UKSMA Englischer IT-Metrikverband	*http://www.uksma.co.uk/*
UQAM Forschungslabor der Universität Quebec, Canada, Prof. Alain Abran	*http://saturne.info.uqam.ca/recherche/index.html*

Tabelle 1.1: Übersicht über Informationsquellen *(Forts.)*

1.5 Management Summary

Vor Beginn jedes IT-Projekts steht die Schätzung von Aufwand, Kosten, Terminen und Dauer als ***Basis für eine fundierte Planung*** sowie eine ***Messung des Projekterfolgs nach Projektabschluss***.

Eine Methode ohne Toolunterstützung hat nur geringe Überlebenschancen.

Darüber hinaus zeigen unsere Erfahrungen, dass erfolgreiche IT-Metrikprogramme wesentlich von der Einrichtung eines ***Competence Centers*** profitieren.

Insgesamt gilt: Die Größe der Anwendung ist der wichtigste Korrelationsfaktor für Aufwand und Produktivität. ***Messen ist deshalb das Herzstück der IT-Planung.***

> *Deshalb wird im vorliegenden Buch stets von Aufwandschätzung mit der vorangegangenen Messung der Größe des Anwendungssystems ausgegangen.*

Dies zeigt, dass Messen und Schätzen zwei aufeinander aufbauende, jedoch sauber voneinander zu trennende Aufgaben im Rahmen einer Aufwandschätzung sind.

Insgesamt muss der Schätzprozess aus der Business-Perspektive vertrauenswürdig sein und die Ergebnisse des Schätzprozesses müssen für die einzelnen Schritte entsprechende Feststellungen dokumentieren, da größere Investitionsentscheidungen darauf basieren.

Der gesamte Schätzprozess muss auditierbar sein! Das gilt auch für jeden seiner Teilprozesse.

Das Ergebnis des Schätzprozesses kann nicht verlässlicher sein als die Verlässlichkeit jedes seiner Teilprozesse und ist so unzuverlässig wie der schwächste Teilprozess.

Das Ergebnis einer Schätzung ist nie eine absolute Zahl, sondern immer ein Intervall.

Aufwandschätzung von IT-Projekten setzt mehr oder weniger bekannte Informationen über das Schätzobjekt »IT-Projekt« voraus.

Der Zweck der Aufwandschätzung ist, die Aufwandtreiber unseres Projekts zu verstehen, damit wir bessere Entscheidungen treffen können.

Je mehr Informationen über das Schätzobjekt vorliegen, desto genauer wird die Schätzung.

Es gilt die Regel: Requirements sind dynamisch, deshalb muss Aufwandschätzung Routine sein!

Je klarer die Zieldefinition des IT-Projektes ist, desto weniger schleichender Funktionszuwachs ist möglich.

Was Sie nicht messen können, können Sie auch nicht kontrollieren.

Messen fördert Wissen, denn je besser wir etwas in Zahlen fassen können, umso besser verstehen wir es.

Nach der Definition des Schätzobjekts und der Messung seines Umfangs konnten bereits wichtige Erkenntnisse gewonnen werden, die verdienen, dokumentiert zu werden, damit das erworbene Know-how nicht verloren geht.

Wer die Projektmanagementaufgabe ***Dokumentation*** nicht wahrnimmt, handelt grob fahrlässig!

Nicht vorhandene Dokumentation der Entwicklungsumgebung und Aufwandschätzung verhindert das Lernen und die Verbesserung der Aufwandschätzung a priori.

Eine Aufwandschätzung ohne eine Information darüber, welche Teilaktivitäten in die Schätzung mit eingeflossen sind, ist wertlos!

Nur nachprüfbare Schätzungen bieten Vergleichsmöglichkeiten *und ermöglichen damit ein* **feed foreward** *(Lernen aus Schätzungen der Vergangenheit für die Schätzung des Zukünftigen).*

Das Verfahren der Aufwandschätzung ersetzt nicht die vom Planungsverantwortlichen vorzunehmende Ermittlung der Aufwandgrößen.

Parallel laufende IT-Projekte sollten nicht miteinander verglichen werden.

Die Kosten für ein fehlgeschlagenes IT-Projekt sind größer als Kosten für die Einführung eines Aufwandschätzverfahrens.

Zielkonflikte ruft insbesondere ein weiterer Erfolgsfaktor nicht rationaler Art für den Projekterfolg hervor, die ***menschliche Eitelkeit***.

In der Praxis werden häufig zwei Faktoren überschätzt: zum einen das ***Personal*** und zum anderen der ***Einfluss von Tools***.

Als Hauptursache für die teils erheblichen Unterschätzungen wird die Tatsache erkannt, dass häufig statt einer realistischen eine ***politische Aufwandschätzung*** vorgenommen wird.

Eine Schätzklausur ist eine teamfördernde Aufgabe. Sie fördert ebenso die Schätzkultur in einem Unternehmen.

Nur wenn der Schätzprozess klar definiert ist und transparent vollzogen wird, kann die Schätzehrlichkeit gefördert und damit nachhaltig eine Schätzkultur aufgebaut werden.

2 Grundlagen der Aufwandschätzung

In diesem Kapitel stellen wir einen Ordnungsrahmen vor, der zum einen hilft, die Aufwandschätzung in ihrem Umfeld von Projektmanagement, Projektcontrolling und Qualitätssicherung einzuordnen, und zum anderen, die Bestimmungsfaktoren der Aufwandschätzung selbst kennen zu lernen, bis hin zur Durchführung der Aufwandschätzung.

Die Ziele der Unternehmen, um am Markt überleben zu können, lassen sich alle von den folgenden drei ableiten: Qualität, Produktivität und Vorhersagbarkeit. ***Damit wird Aufwandschätzung ein wesentlicher Bestandteil des Projektmanagements*** und muss daher in diesem Gesamtzusammenhang betrachtet werden. Grundsätzlich lassen sich zwei Arten von Projektmanagement unterscheiden:

1. operatives Projektmanagement
2. strategisches Projektmanagement

Das strategische Projektmanagement realisiert den großen Kreislauf über alle IT-Projekte einer Unternehmung hinweg. Synonym kann hier der Begriff Multiprojektmanagement gebraucht werden. Das operative Projektmanagement hingegen arbeitet auf (Einzel-)Projektebene. Die Aufgaben dieser beiden Bereiche werden im Folgenden näher erläutert. Dabei wird Folgendes deutlich werden:

1. ***Das Projektcontrolling***, das in der Literatur häufig synonym zum Begriff Projektmanagement verwendet wird, ist tatsächlich nur ein Teilbereich des Projektmanagements.
2. ***Die Aufwandschätzung ist das Hauptinstrument des Projektcontrollings.*** Im Laufe der Zeit tendieren alle Dinge dazu, vom Kurs abzukommen. Um diese Entropie zu verhindern und auf Kurs zu bleiben, bedarf es eines detaillierten Plans, um diesen zeitlichen Effekt zu überleben.
3. ***Aufwandschätzung ist die Basis der Wirtschaftlichkeitsbetrachtung von IT Projekten,*** deren Instrumente die Nutzwertanalyse, Function-Point-Methode und verschiedene Aufwandschätzmethoden sind.

4. Die Trennung nach operativem und strategischem Projektmanagement muss konsequenterweise auch für dessen Teilbereiche durchgeführt werden. Aus diesem Grund gibt es:
5. operatives und strategisches Projektcontrolling
6. operative und strategische Aufwandschätzung

2.1 Aufwandschätzung im Rahmen des Projektcontrollings

Die traditionellen Funktionen des Controllings sind:

1. Planung (Festlegung von Kennzahlen)
2. Informationsbeschaffung
3. Kontrolle
4. Steuerung

Genau diese Funktionen nimmt auch das so genannte operative Projektcontrolling innerhalb des operativen Projektmanagements wahr. Es hat die Aufgabe, die für die Projektleitung notwendigen Informationen über den Projektverlauf

- rechtzeitig
- verdichtet
- problemadäquat ausgerichtet

zur Verfügung zu stellen. Hierzu übernimmt es die folgenden Aufgaben:

1. Festlegen von Sollaufwänden für Teilaufgaben des IT-Projekts aufgrund solider und fundierter Aufwandschätzung (Planung)
2. Kontinuierliches Erfassen der Ist-Aufwände für Teilaufgaben des IT-Projekts (Informationsbeschaffung)
3. Vergleich von Ist- und Soll-Aufwänden (Kontrolle)
4. Ursachenanalyse für eventuelle Abweichungen und Vorschläge für die weitere Projektplanung (Steuerung)

Hiermit wird deutlich, dass die Aufwandschätzung ein Instrument des Projektcontrollings innerhalb des operativen Projektmanagements ist. Bei dieser Form der Aufwandschätzung spricht man auch von ***operativer Aufwandschätzung***.

Strategischen oder Langfristcharakter erhält die Aufwandschätzung durch die Möglichkeit, Erfahrungen der Vergangenheit zur Verbesserung der zukünftigen Schätzungen zur Verfügung zu stellen und damit für die Bewältigung der Zukunft zu lernen (***feed foreward***). Das geschieht bei ***der strategischen Aufwandschätzung*** durch Dokumentation der Aufwandschätzung und Auswertungen dieser Dokumentation zur Entwicklung von IT-Metriken sowie durch Benchmarking. Aufwandschätzung ist das Fundament der Planung und damit auch Basis des Projektcontrollings.

Im Hinblick auf eine Vielzahl von Studien, die belegen, dass nur ein Bruchteil von begonnenen IT-Projekten pünktlich und budgetgerecht beendet werden, muss man sogar Folgendes konstatieren:

> *»Wer diese Projektmanagementaufgabe nicht wahrnimmt, handelt grob fahrlässig!«*

Gleiches gilt auch für die Projektmanagementmaßnahme *Dokumentation* (siehe Kapitel *Die Schätzproblematik, Dokumentation*).

> *Speziell die Messung des Projektumfangs im Rahmen der Aufwandschätzung stellt ein Review der fachlichen Anforderungen dar.*

Um quantifizieren zu können, ist die Dokumentation wichtig, so dass man das zu entwickelnde System verstehen kann und daraus grundsätzliche Erfahrungen ableiten kann, die in das Projektmanagement-Handbuch integriert werden. Scheitert diese Messung des Umfangs mangels (vorhandener, aktueller, verständlicher) Dokumentation oder mangels Know-how im IT-Projekt, so ist das ein Hinweis darauf, dass die Fachkonzeption noch nicht abgeschlossen ist. Oder es kann ein Indikator dafür sein, dass das IT-Projekt den Überblick verloren hat.

2.1.1 Anpassen der Schätzung an Projekt-Umfeldfaktoren

Diverse Faktoren aus dem Umfeld von IT-Projekten haben großen Einfluss auf den zu erbringenden Aufwand und müssen deshalb vom Projektleiter als Anpassung der Schätzung auf der Ebene der Arbeitspakete berücksichtigt werden, wo eine fundierte Schätzung möglich ist. Hierzu zählen z.B.

- die Entwicklungsumgebung (PC, Host, Client/Server, Expertensystem)
- die Programmiersprache (Assembler, AS, COBOL, C, C++, FOCUS, Generatoreinsatz, Java, Natural, Oracle, PL/1, SAS, SQL, TAA, VBA, HTML, SmallTalk)

- die Zielumgebung (DB2, CICS, IMS, 4GL, Data Warehouse, Internet, Intranet)
- der Projekttyp (Neuentwicklung, Weiterentwicklung, strategisches IT-Projekt, Grundlast)
- die Projektklasse (Großsystem, interaktive Datenbankanwendung, Standardsoftware, Systemsoftware, Abfragesystem, Geldsystem, Online-/Batch-Anteile)
- Komplexität des IT-Projekts (Daten, Code, Funktionen, Schnittstellen)
- Einhaltung von Qualitätsstandards (Vier-Augen-Prinzip, Testkonzept, Vorgehensmodell)
- gesetzliche Zwänge, technische Zwänge, organisatorische Zwänge
- erstmaliger Einsatz von neuen Methoden/Verfahren, neuer Software/Sprachen, neuen Vorgehensweisen, neuer technischer Plattformen
- Unterstützung des IT-Projekts durch Management, Anwender, Betriebsrat usw.
- hohe Schnittstellenzahl (+ 25%, große Zahl an Kunden)
- Projektlaufzeit (über 6 Monate + 15%, über 12 Monate + 30%, über 18 Monate + 50%)
- Klarheit der Verantwortlichkeiten im IT-Projekt
- Großraumbüro (Literaturwert + 25 bis + 30%)
- Erfahrung des Projektleiters in der Aufwandschätzung
- Skill der Projektmitarbeiter (Experten, Anfänger, Mix)
- Anzahl Mitarbeiter (je Phase)
- Verfügbarkeit/Termingebundenheit der Mitarbeiter

Tabelle 2.1 versucht eine Gliederung solcher Einflussfaktoren vorzunehmen, kann aber mit den 100 oder 200 Parametern, die in Aufwandschätztools verwaltet werden, nicht konkurrieren. Nur Tooleinsatz gewährleistet, dass dem Schätzer der Überblick bei einer größeren Anzahl von Einflussfaktoren nicht verloren geht.

Es gibt Schätzmethoden, die einige Einflussfaktoren berücksichtigen (siehe Kapitel *Methoden der Aufwandschätzung*). Die Function-Point-Methode (siehe Kapitel *Die Function-Point-Methode*) berücksichtigt z.B. 14 Einflussfaktoren.

Technologie	**Produkt**	**Entwicklungs-prozess**	**Ressourcen**
Technische Entwicklungs-umgebung	Leistungsumfang	Ablauforganisation	Hardware-Verfügbarkeit
Hardware	Qualität	Vorgehensmodell	Software-Verfügbarkeit
Software	Komplexität	Methoden	Personal-Verfügbarkeit
Technische Standards	Dokumentation	Projektlaufzeit	Personalqualität
Tools	Gesetzliche Zwänge	Schnittstellen	Kosten (Budget)
Technische Zwänge	Projekttyp	Ziele	Organisatorische Zwänge
Technische Zielumgebung	Projektklasse	Organisatorische Entwicklungs-umgebung	Projektlaufzeit

Tabelle 2.1: Einflussfaktoren der Software-Entwicklung

Von den Einflussfaktoren haben die Projektziele die größten Auswirkungen sowohl auf den Aufwand als auch auf den Projekterfolg insgesamt.

2.1.2 Projektziele und das Teufelsquadrat des Projektmanagements

Allgemein lässt sich ein IT-Projekt als ein Vorhaben bezeichnen, das durch Einmaligkeit der Bedingungen gekennzeichnet ist, aufgrund der Komplexität besondere organisatorische Maßnahmen erfordert (Projektmanagement, Krisenmanagement, Risikomanagement) und zusätzlich die folgenden Eigenschaften aufweist:

- Es existiert ein klar formuliertes erreichbares Ziel.
- Es gibt zeitliche, finanzielle, personelle und/oder andere Beschränkungen, sowie in der Regel einen hohen Innovationsgrad.
- Das IT-Projekt ist gegenüber anderen Vorhaben klar abgegrenzt und hat einen Start- und Endetermin.

Der Begriff ***IT-Projekt*** bezeichnet ein Vorhaben, das zur Aufgabe hat, ein IT- oder Software-System zu entwickeln und einzuführen.

Die Ziele eines IT-Projekts müssen unbedingt ***klar definiert*** werden und das Erreichen dieser Ziele muss ***messbar*** sein. Sie sind das Haupterfolgskriterium eines IT-Projekts. Hierbei lässt sich zwischen primären und sekundären Zielvorgaben unterscheiden.

Primäre Zielvorgaben sind:

- Qualität
- Größe (Umfang, Quantität)
- Projektdauer (Zeit, Termintreue)
- Kosten (Wirtschaftlichkeit)

Mögliche ***sekundäre Zielvorgaben*** können beispielsweise sein:

- Personaleinsparung in der Auftragsabwicklung um 25 Prozent
- Verkürzung der maximalen Bearbeitungszeit einer Beschwerde auf einen Tag

Die Primärziele konkurrieren um die Ressourcen eines IT-Projekts, so dass jeder Mehrverbrauch eines Ziels Verknappung der Ressourcen bei den anderen Zielen hervorruft.

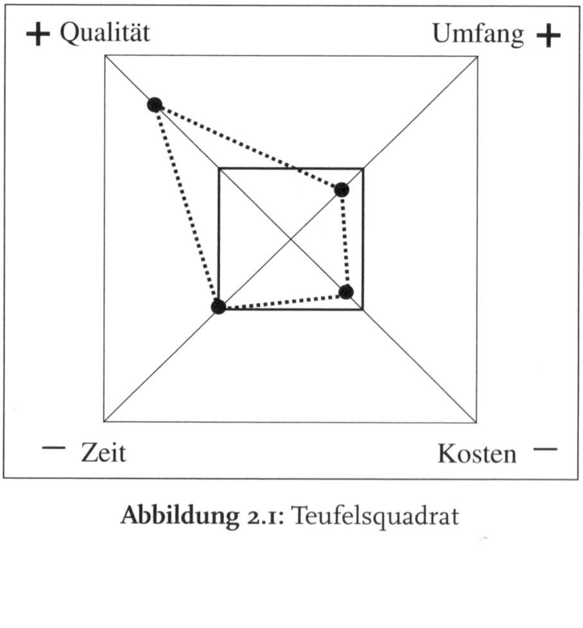

Abbildung 2.1: Teufelsquadrat

Das Teufelsquadrat zeigt auch, dass die Aufwandschätzung die Basis für eine fundierte Planung von Qualität, Leistungsumfang, Kosten und Terminen ist. Das Problem der Projektleiter ist dabei, dass Zeit und Kosten minimiert werden sollen, während Qualität und Umfang maximiert werden sollen.

2.1.3 Aufwandschätzung und Qualität

Die Qualität eines Software-Produkts wird daran gemessen, ob und in welchem Umfang es die Anforderungen des Endbenutzers erfüllt. Damit kommt der Messung des Software-Umfangs bei der Aufwandschätzung eine besondere Bedeutung zu.

Durch die zunehmende Verbreitung der IT auch im Privatleben sind die Ansprüche an Software-Systeme und an deren Qualität gestiegen. Dieses gehobene Qualitätsbewusstsein hat dazu geführt, dass Qualität eines der wichtigsten Entwicklungsziele ist. Dazu gibt es eine Vielzahl erprobter Methoden, Verfahren und Techniken, die die Qualität der Software und der Software-Entwicklung verbessern.

Qualität ist heute kein Zufall, sondern kann und muss genau geplant werden.

Deshalb umfasst eine Qualitätssicherung im IT-Projekt vor allem die Funktionen

- Qualitätsplanung
- Bestimmen der Qualitätsmerkmale
- Qualitätslenkung
- Qualitätsprüfung

Die ersten drei Funktionen werden durch die ***so genannten konstruktiven Qualitätssicherungsmaßnahmen*** systematisch durchgeführt, um Qualität von vornherein zu gewährleisten. Dazu gehören z.B. der systematische Einsatz bestimmter Methoden, Entwicklungstools oder standardisierter Vorgehensweisen.

Die Funktion der Qualitätsprüfung wird durch die ***analytischen Qualitätssicherungsmaßnahmen*** wahrgenommen, um Qualität zu messen, Abweichungen festzustellen und ggf. zu beseitigen.

Dabei liegt der Schwerpunkt auf den konstruktiven Qualitätsmaßnahmen, denn

Vorbeugen ist besser als Fehlerkorrektur,

oder, um in dem Bild aus dem Vorwort zu bleiben:

das Feuer verhindern ist besser als das Feuer zu löschen.

Damit einher geht die Forderung zur Definition von Qualitätszielen des Software-Entwicklungsprozesses, aus denen die Qualitätsziele der zu entwickelnden Software abgeleitet werden. Die Qualität wird dann aus dem Vergleich zwischen den gesteckten Zielen und den erreichten Qualitätseigenschaften der entwickelten Software ermittelt.

In der Praxis werden dabei für ein IT-Projekt die Qualitätsmerkmale zu Beginn des IT-Projekts als Bestandteil des Pflichtenhefts festgelegt. Hier ist eine direkte Verbindung zur Aufwandschätzung gegeben.

Die DIN/ISO-8402-Qualitätsmerkmale (siehe Abbildung 2.2) helfen dabei, grundlegende Fragen zur Sicherstellung der Qualität der zu entwickelnden Software bereits zum Projektbeginn zu stellen.

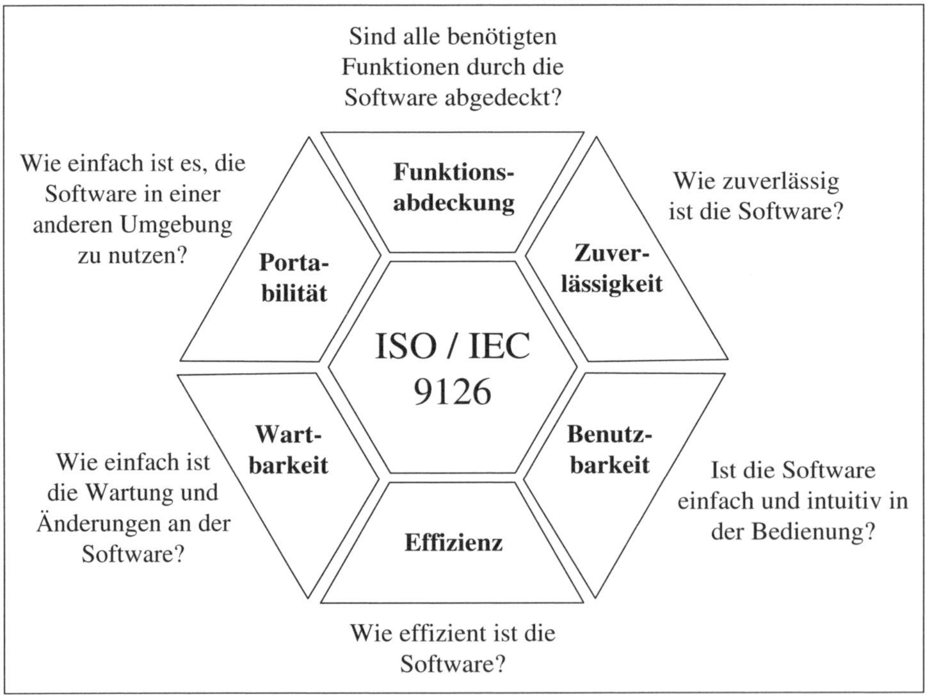

Abbildung 2.2: DIN/ISO-8402-Qualitätsmerkmale

Die DIN/ISO-8402-Qualitätsmerkmale überschneiden sich zum Teil mit den 14 Systemmerkmalen der IFPUG-Function-Point-Methode zur Feinjustierung der Zählung (gewichtete Function Points). Deshalb liegt es nahe, die Verbindung zu automatisieren, um den Projektleitern Doppelarbeit zu ersparen. Ein Großunternehmen hat deshalb das folgende ***Tabellenkalkulationsblatt zur Umrechnung der Bewertung von Qualitätsmerkmalen in bewertete Systemmerkmale, und umgekehrt***, entwickelt. Dazu wurde der Zusammenhang zwischen den Qualitätsmerkmalen und jedem der 14 Systemmerkmale der IFPUG-Methode von einem Team mit 1 bis 9 bewertet, das heißt, jede Spaltensumme ist 9. So korreliert z.B. das Qualitätsmerkmal »Anpassbarkeit« mit folgenden IFPUG-Systemmerkmalen (siehe Spalte 1 in Abbildung 2.3):

- zu 1/9 mit Datenkommunikation
- zu 2/9 mit verteilter Verarbeitung
- zu 1/9 mit Online-Dateneingabe
- zu 5/9 mit flexiblen Abfragen

Gewichtung:	Hohe	Mittlere	Geringe	Keine	
	5	4 - 3	2 - 1	0	IFPUG
	3	2	1	0	Q-Merk.
Bewertungsstufen:	Hohe	Mittlere	Geringe	Keine	
	9 - 7	6 - 4	3 - 1	0	

Einflussfaktoren nach	Gewichtung	Qualitätsmerkmale: Anpassbarkeit	Benutzbarkeit	Effizienz	Funktionsabdeckung	Instandsetzbarkeit	Korrektheit	Portabilität	Robustheit	Sicherheit	Verknüpfbarkeit	Wiederverwendbarkeit	Zuverlässigkeit
		3	2	2	3	2	2	3	2	3	2	1	2
Daten-Kommunikation	5	1			3			1				1	
Verteilte Verarbeitung	4	2									9		
Performance	4			3		2							
Stark ausgel. Rechner	5			3						1			
Transaktionsrate	0			3		2			1				2
Online-Dateneingabe	5	1	1		3				2				2
Benutzerfreundlichkeit	4		6										
Online-Update	5					5				4			
Komplexe Verarbeitung	4				3		3			1			3
Wiederverwendbarkeit	2											7	
Einführungsunterstützung	4		1				4			2			2
Robustheit	4						2		6	1			
Portabilität	5							8					
Flexible Abfragen	5	5	1									1	
relative Bedeutung		10,0%	8,9%	6,3%	9,8%	7,7%	8,4%	10,5%	7,9%	9,6%	8,4%	5,6%	7,0%
absolute Bedeutung		40	00	£7	4£	00	00	45	04	41	00	£4	00

abs. Bed. Gew.	
3	45
	41
	40
2	£7
	26
1	6

Abbildung 2.3: Abbildung der DIN/ISO-8402-Qualitätsmerkmale auf die Systemmerkmale der IFPUG

Die Gewichtung des Systemmerkmals	**entspricht dabei folgender Priorität des Q-Merkmals**
0	= keine Priorität (0)
1 und 2	= geringe Priorität (1)
3	= mittlere Priorität (2)
4 und 5	= hohe Priorität (3)

Tabelle 2.2: Verhältnis der Gewichtungen von IFPUG-Systemmerkmalen und DIN/ISO-8402-Qualitätsmerkmalen

Neben der Einordnung der Aufwandschätzung in das Controlling ist ein zweiter wichtiger Bestimmungsfaktor die Berücksichtigung ihrer Regelkreis-Eigenschaft.

2.1.4 Der Schätz-Regelkreis

Aufwandschätzung ist ein kybernetischer Regelkreis. Das ist eine wichtige Eigenschaft, denn **Regelkreissysteme sind lenkbare Systeme und verfügen über die Fähigkeit, sich selbst zu steuern**, *wenn keine gravierenden Störungen auf sie einwirken. Mit dem Modell des Regelkreises lässt sich das Verhalten komplexer Systeme verstehen, beschreiben und lenken. Um den Regelkreis der Aufwandschätzung besser zu verstehen, werden hier kurz die Bestandteile eines kybernetischen Regelkreises erläutert.*

Kybernetik ist nach der Definition ihres Erfinders, Norbert Wiener, die Wissenschaft von der Regelung und Nachrichtenübertragung im Lebewesen und in der Maschine. Das Wort selbst kommt aus dem Griechischen und bedeutet Steuermannskunst. Kybernetik lässt sich als Wissenschaft vom Verhalten komplizierter Systeme beschreiben, bei denen Rückkopplungs- und Informationsaustauschprozesse eine wesentliche Rolle spielen.

Ein kybernetischer Regelkreis besteht aus den folgenden vier Komponenten:

- **Regler**

  Der Regler empfängt Informationen über Messungen vom ***Messglied***, trifft Entscheidungen, gibt das Ziel vor und an das ***Stellglied*** weiter.
  ==> Im konkreten Fall erstellt der Regler eine Aufwandschätzung, die an das Stellglied weitergegeben wird, um den Soll-Wert zu erreichen.

- **Stellglied**

  Das Stellglied wählt Maßnahmen aus und gibt einen Stellwert an die ***Regelstrecke*** weiter.
  ==> Im konkreten Fall gleicht das Stellglied diesen Wert mit der Wissensbasis (historische Daten) ab und gibt einen Schätzwert an die Regelstrecke weiter.

- **Regelstrecke**

  Die Regelstrecke führt die vom Stellglied vorgegebenen Maßnahmen durch. Je kürzer die Regelstrecke (z.B. Zeitabstand), desto wohldosiertere Maßnahmen sind zur Steuerung des Systems möglich.
  ==> Im konkreten Fall gibt die Regelstrecke einen Ist-Wert an das ***Messglied.***

- **Messglied**

  Das Messglied misst den Grad der Zielerreichung, prüft auf (durch Störungen hervorgerufene) Abweichungen vom Optimum und informiert den ***Regler*** darüber.
  ==> Im konkreten Fall misst das Messglied den aktuellen Zustand und führt einen Soll-Ist-Vergleich mit der Aufwandschätzung des Reglers durch. Die ermittelten Abweichungen gibt es an den ***Regler*** weiter.

Daraufhin erstellt der Regler eine neue Aufwandschätzung und der Kreislauf beginnt von vorn.

Der gesamte Kreislauf wird als ***Rückkopplungsprozess (Feedback)*** bezeichnet und führt dazu, dass ein ***Fließgleichgewicht (Homöostase)*** eintritt, das heißt, das System reguliert sich selbst, falls keine unüberwindlichen Störungen an der Regelstrecke auftreten.

In Abbildung 2.4 wird der Schätzvorgang für IT-Projekte anhand des kybernetischen Regelkreises verdeutlicht.

Die Projektaufgabe fließt mit den Projektzielen, der Projektart und dem Projektumfang in die Aufwandschätzung ***(Regler)*** ein, wo auch die Ziele des IT-Projekts vorgegeben werden. Des Weiteren werden aufgrund des Soll-Ist-Vergleiches des Messgliedes vom Regler Entscheidungen (hier der Ausgangswert) getroffen, die zum Abgleich mit der Wissensbasis (historische Daten) an das ***Stellglied*** weitergeleitet werden.

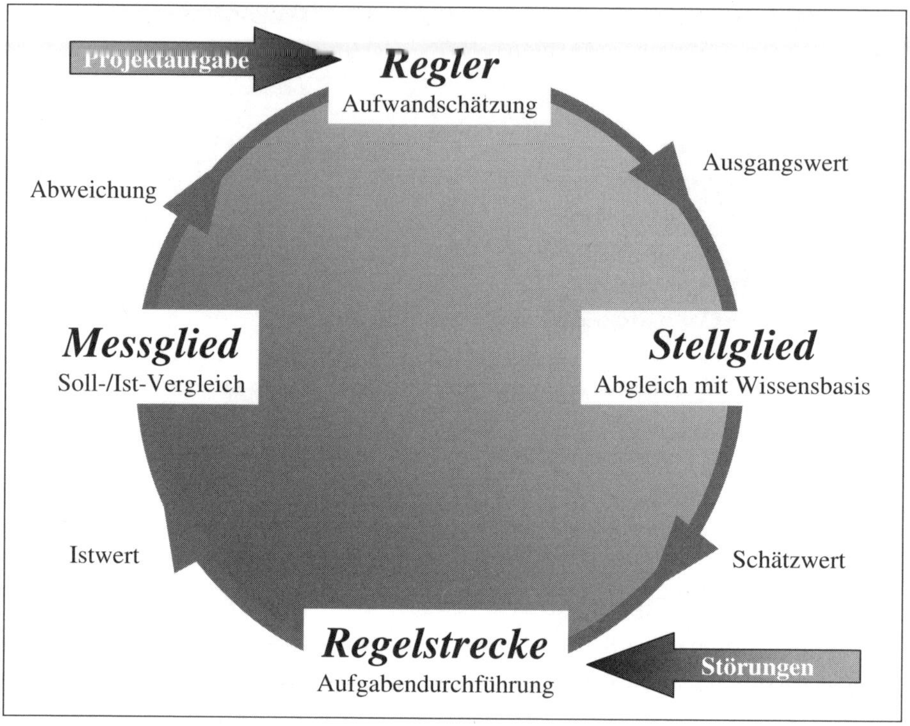

Abbildung 2.4: Kybernetischer Schätz-Regelkreis

Die vom Stellglied – in Form eines Schätzwertes – ausgewählte Maßnahme wird durch die Aufgabendurchführung ***(Regelstrecke)*** bearbeitet. Dabei entsteht unter einer Vielzahl von störenden Einflussgrößen ein Ist-Wert, der beim anschließenden Soll-Ist-Vergleich ***(Messglied)*** zum Messen des Zielerfüllungsgrades benötigt wird. Beim Soll-Ist-Vergleich wird eine Abweichung festgestellt, die als Information an den Regler weitergegeben wird. Dieser initiiert einen weiteren Kreislauf mit modifizierten Vorgaben.

Abbildung 2.5 zeigt diesen Regelkreis in einem Programmsystem zur Simulation von kybernetischen Regelkreisen.

Empfindliche ***Störungen*** gibt es z.B. dann, wenn die Wissensbasis nicht vorhanden oder qualitativ ungenügend ist, wenn keine Ist-Werte gemessen oder dokumentiert werden bzw. wenn die Aufwandschätzung und Schätzwerte nicht nachvollziehbar oder dokumentiert sind. Dann ist jeweils der Regelkreis unterbrochen oder funktioniert schlecht. Das verringert die Qualität und den Nutzen der Aufwandschätzung.

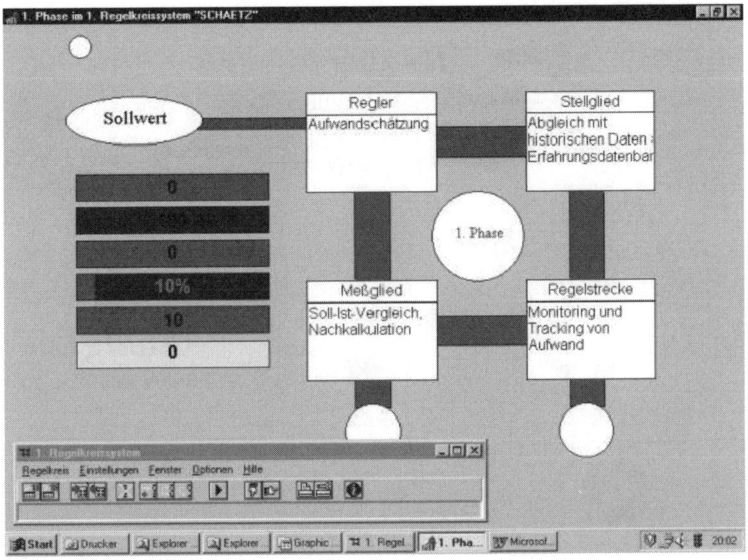

Abbildung 2.5: Programm zur Simulation von kybernetischen Regelkreisen

Die Tabelle auf der Abbildung des Bildschirms zeigt die ***Parameter zur Steuerung des Regelkreises*** in folgender Reihenfolge untereinander an:

- der aktuelle Wert, nach jedem Durchlauf des Regelkreises
- der Soll-Wert, der am Ende der Simulation erreicht werden soll
- die maximale Änderung, die pro Durchlauf zum aktuellen Wert kumuliert wird
- die Störwahrscheinlichkeit in Prozent
- der maximale Störwert, der pro Eintritt einer Störung vom aktuellen Wert subtrahiert werden kann
- die Anzahl der Durchläufe des Regelkreises

Mit dem Programm kann das Verhalten des kybernetischen Regelkreises simuliert werden, wobei die vorgegebenen Parameter variiert und die Ergebnisse und zugehörigen Parameter in einer Datenbank dokumentiert und ausgewertet werden können.

Abbildung 2.6 zeigt das integrierte und toolgestützte systemische Projektmanagementkonzept eines Unternehmens mit den Teilprozessen des Projektmanagements mit Qualitäts- und Steuerungsregelkreis sowie den Rückkopplungen zum organisatorischen Lernen (Lernregelkreise).

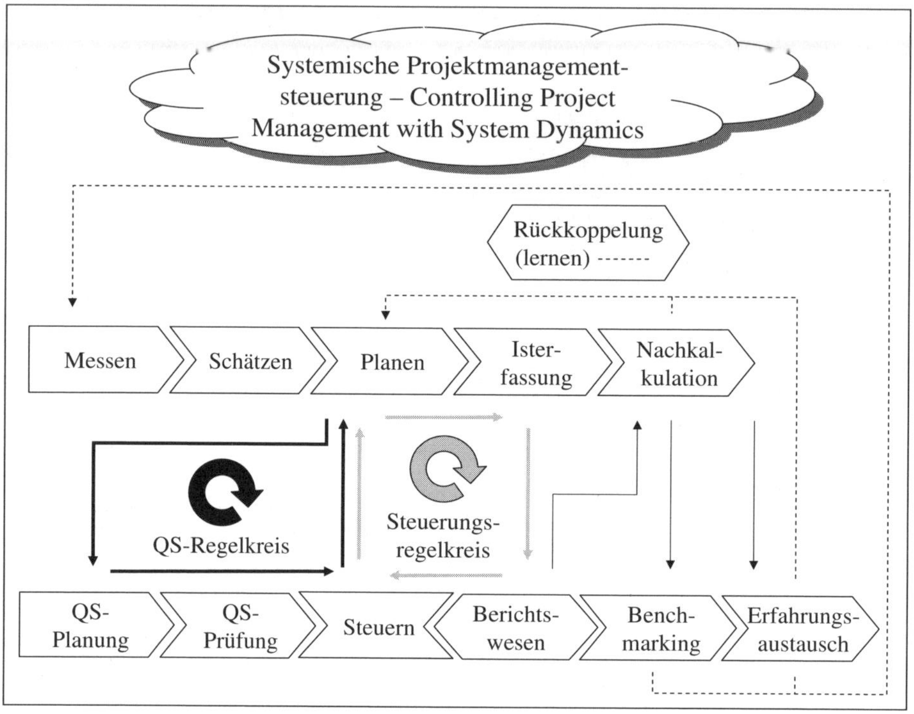

Abbildung 2.6: Kybernetisches Regelkreissystem

2.2 Bestimmungsfaktoren der Aufwandschätzung

Strategische Aufwandschätzung ist Bestandteil eines strategischen Projektmanagements. Deshalb sollten bei der Einführung von vornherein die Ziele klar definiert werden, die mit der Aufwandschätzung erreicht werden sollen.

Das ***strategische Projektmanagement*** verfolgt z.B. folgende Ziele:

- Kontinuierliche Verbesserung von:
  - Aufwandschätzung Projektplanung
  - Projektrealisierung
- Identifikation von:
  - Kostentreibern
  - effizienten Methoden und Werkzeugen
- Durchführen von internem und externem Benchmarking.

Daraus können folgende ***Ziele für die strategische Aufwandschätzung*** abgeleitet werden:

- Kontinuierliche Verbesserung von:
  - Messgrößen für den Produktumfang
  - Messgrößen für Parameter, die den Projektaufwand beeinflussen
  - Methoden und Standards für die Planung und Durchführung der Aufwandschätzung
- Identifikation von:
  - Parametern, die den Projektaufwand beeinflussen
  - effizienten Methoden und Werkzeugen

Abbildung 2.7 zeigt zusammenfassend die Bestimmungsfaktoren der Aufwandschätzung: die Treiber, Beschränkungen und Freiheitsgrade. Ein Zusammenhang mit dem Teufelsquadrat des Projektmanagements ist nicht zu übersehen.

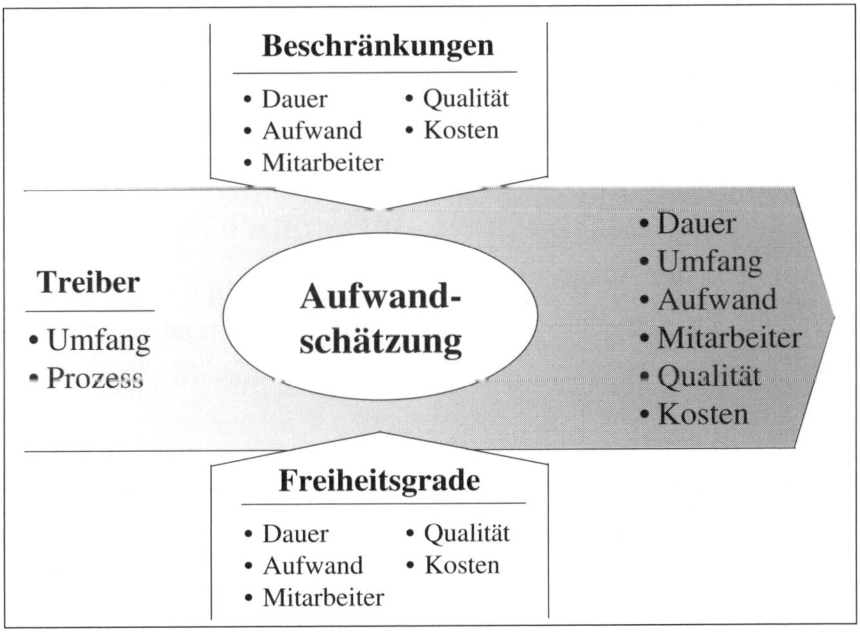

Abbildung 2.7: Bestimmungsfaktoren der Aufwandschätzung

2.2.1 Der Zweck der Aufwandschätzung

Die grundsätzliche Frage, was gemessen werden soll (welche IT-Metriken) und warum, bestimmen den Erfolg einer IT-Metrikinitiative in einem Unternehmen. Nach dem Bestimmen des Projektumfangs soll auf Basis dieses Projektumfangs (z.B. in Function Points gemessen) und weiterer Schätzparameter der zu erwartende Aufwand in Personenmonaten und die Aufteilung dieses Aufwands auf die einzelnen Projektphasen geschätzt werden. Diese Daten bilden schließlich die Grundlage für den Projektgesamtplan. ***Dazu muss auch der Aufwand für Projektmanagement, Aufwandschätzung und Qualitätssicherung eingeplant werden, was nur allzu häufig in der Praxis vergessen wird und damit zu Fehlplanungen führt.***

Letztendlich ist Aufwandschätzung ein probates Mittel, um Prozessverbesserungen in der IT-Anwendungsentwicklung messbar machen zu können. Prozess-Tauglichkeit (process capability) ist ein abstraktes Maß für viele Faktoren, die zu Prozessverbesserungen beitragen. Sie ist ein Maß für die Effizienz der IT-Anwendungsentwicklung und wird in Aufwand pro FP gemessen und auch ***Projektlieferrate*** (PDR, Project Delivery Rate) genannt. Putnam und Myers schätzen die jährlich erreichbare Prozessverbesserung von Firmen mit Prozessverbesserungsprogrammen auf ca. 13%. Andere Autoren halten einen Zeitraum von 2,5 bis 4 Jahren für erforderlich, um die Prozess-Tauglichkeit einer Organisation zu verdoppeln.

2.2.2 Die Ziele der Aufwandschätzung

Folgende Ziele sollen mit dem Einsatz eines Schätzverfahrens erreicht werden:

- Ganzheitliches und integriertes Schätzverfahren für IT-Projekte
- Vorgehens- und Organisationskonzept
- Ausbildungskonzept
- Toolunterstützung für Host und PC
- Einheitliches Schätzverfahren
- Ausführliche Schätzanleitung
- Organisationshandbuch Dokumentation
- Basis für Benchmarking

- Erfahrungstransfer von Schätzerfahrung
- Reduktion von Komplexität und Unsicherheit beim Schätzvorgang
- Verbesserung der Schätzgenauigkeit

Dabei ist es unerheblich, ob es sich um IT-Projekte der Kategorie Neu-, Weiterentwicklung oder Wartung handelt. Probleme können durch Zielkonflikte entstehen, weil die Aufwandschätzer eher Daten-zentriert denken, die Manager eher Ressourcen-orientiert und die Endbenutzer eher Risiko-bezogen. Akzeptable Aufwandschätzungen müssen alle drei Ziele berücksichtigen.

2.2.3 Der Zeitpunkt der Aufwandschätzung

Der Zeitpunkt der Aufwandschätzung ist ein wichtiger Parameter, der besondere Beachtung verdient, da er einem erheblichen Zielkonflikt per se unterliegt. Die Abbildung im Kapitel *Die Schätzproblematik, Die Schätzgenauigkeit,* zeigt sehr deutlich den Zielkonflikt auf:

> *Es werden frühe und genaue Schätzungen benötigt, frühe Schätzungen sind jedoch in der Regel ungenau und mit Unsicherheit behaftet.*

Verschärft wird dieses Problem durch folgenden Effekt:

> **Schätzen erfolgt zu früh und zu selten!**
>
> *Akzeptiert man die Tatsache, dass die Schätzgenauigkeit zu Beginn des IT-Projekts ziemlich dürftig ist und erst mit fortschreitendem Projektverlauf zunimmt, muss die logische Konsequenz sein, dass Aufwandschätzungen mehrmals während der Projektlaufzeit aktualisiert werden müssen. Darüber hinaus muss eine erneute Schätzung durchgeführt werden, sobald sich wichtige Einflussfaktoren des IT-Projekts geändert haben.*

In der Praxis wird jedoch häufig nur zu Beginn eines IT-Projekts geschätzt und eventuell (wenn überhaupt) nach Beendigung des IT-Projekts eine Nachkalkulation durchgeführt. Capers Jones weist explizit auf den Umstand des schleichenden Funktionszuwachses hin, der zwischen ein bis drei Prozent pro Monat Projektlaufzeit betragen kann (siehe Kapitel *Die Schätzproblematik, Das Schätzobjekt*).

Zusätzlich kann es passieren, dass Mitarbeiter erkranken oder aus anderen Gründen das IT-Projekt verlassen müssen und dafür neue, unter Umständen anders qualifizierte Mitarbeiter hinzukommen. ***Wird diesen Umständen***

nicht durch aktualisierte Aufwandschätzungen Rechnung getragen, ist die aus der anfänglichen Aufwandschätzung abgeleitete Planung niemals einzuhalten. Deshalb wurde vermehrt darauf hingewiesen, dass Aufwandschätzungen im Zuge des Projektfortschritts wiederholt und aktualisiert werden müssen, besonders wenn der Requirements Creep stark ist oder das Projekt außer Plan gerät. Dabei sollte stets der Auftraggeber über die Änderungen der Schätzungen informiert werden, damit die Chancen für einen Konsens bezüglich der Zukunft des Projekts verbessert werden.

Abbildung 2.8 gibt einen Überblick über mögliche Zeitpunkte der Schätzungen.

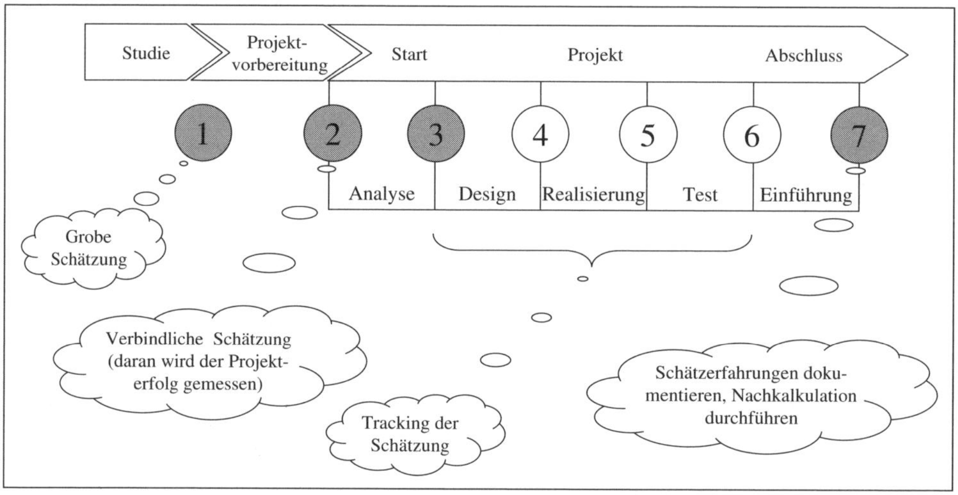

Abbildung 2.8: Zeitpunkte für Aufwandschätzungen in IT-Projekten

Hierbei bedeuten die Ziffern 1 bis 7 im Einzelnen:

Ziffer 1: Ende der Studie

- Die Idee bzw. das Konzept für ein neues IT-Projekt ist initiiert. Es gibt zu wenige Informationen zum *Zählen* der Function Points, daher:
  - Schätzen der Function Points durch Approximieren mit durchschnittlichen Function Points (siehe Kapitel *Function Point Prognosis*) oder aufgrund vergleichbarer IT-Projekte
  - Schätzen des Aufwands mit einem Schätztool

Ziffer 2: Projektstart

- Einige Ideen für die mögliche Mitarbeiterbesetzung und den Zeitrahmen sind da. Außerdem sind IT-Projektteam, Entwicklungsumgebung und Programmiersprachen bekannt, so dass eine detailliertere Schätzung mit einem Schätztool erfolgen kann.
- Es sind immer noch nicht genügend Informationen zur vollständigen Function-Point-Zählung vorhanden, daher:
  - Aktualisierung der ersten Function-Point-Schätzung
  - Schätzen des Aufwands mit einem Schätztool aufgrund von ersten Annahmen
- Diese Schätzung ist als Version 0 die erste verbindliche Aufwandschätzung für das IT-Projekt.

Ziffer 3: Ende Fachkonzept

- Es sind nun ausreichend Informationen zur vollständigen Function-Point-Zählung vorhanden.
- Komplette Function-Point-Zählung und anschließende Dokumentation in einem Schätztool. Die Einflussfaktoren werden in einer Schätzklausur bewertet.
- Die bereits erfassten Ist-Werte können in ein Schätztool eingegeben werden. Auf dieser Basis erfolgt eine erneute Schätzung. Diese muss mit der ersten verbindlichen Schätzung verglichen werden (Tracking).

Für die Zeit zwischen Ende Design bis zum Abschluss des IT-Projekts (Ziffer 4/5 und 6) gilt jeweils:

- Zählung und Schätzung werden mindestens zu kritischen Projektzeitpunkten aktualisiert und kontinuierlich beim Wechsel von einer Projektphase zur nächsten.
- Änderungen im IT-Projekt werden transparent und zur Sammlung von Erfahrungen dokumentiert
- Regelmäßiges Tracking der Schätzungen
- Zum Phasenende jeweils Eingabe der Ist-Werte in einem Schätztool

Ziffer 7: Projektabschluss/Nachkalkulation

Hauptaufgabe ist hier die Sammlung von Informationen und Erfahrungen zur Verbesserung des Zähl- und Schätzprozesses (z.B. durch einen Workshop über die Erfahrungen in diesem IT-Projekt).

- Bei der Nachkalkulation werden häufig die folgenden Aufwände vernachlässigt: unbezahlte Überstunden, Aufwand für Projektmanagement, Aufwand für Qualitätssicherung, Aufwand für administrative Aufgaben, die dem IT-Projekt zugeordnet werden können und Aufwand für Fachbereichbetreuung und Spezialisten.

Nachkalkulation heißt Ermittlung des realistischen Aufwands unter Berücksichtigung von Einmalaufwänden wie z.B. Bestandsübernahmen oder Testtreiber (gesondert ausweisen) und unter Berücksichtigung von extern vergebenen Arbeiten (gesondert ausweisen). Diese Aufgabe erfolgt bewährtermaßen zusammen mit dem Competence Center zur Aktualisierung der Kennzahlen für die Erfahrungskurve und IT-Metrik-Standards sowie zur Ermittlung der aktuellen Produktivitätskennzahlen und IT-Metriken. Im Anhang findet der interessierte Leser ein Beispiel für eine Checkliste zur Nachkalkulation von Projekten aus Sicht der Aufwandschätzung.

2.2.4 Das Tracking der Aufwandschätzung

Das Software Engineering Laboratory (SEL) der NASA gibt in seinem Manager's Handbook zum Tracking der Aufwandschätzung vor, dass diese insgesamt sechs Mal während der Projektlaufzeit durchgeführt wird. Dabei wird jeweils die Aufwandschätzung für den Rest mit unterschiedlichen unteren und oberen Zuschlägen multipliziert, um die Spannbreite der Unsicherheit der Schätzung zum jeweiligen Zeitpunkt zu ermitteln. Tabelle 2.3 zeigt diese Vorgaben.

Schätzzeitpunkt	Obere Grenze	Untere Grenze
Ende Fachkonzept grob	x 2	x 0,5
Ende Fachkonzept fein	x 1,75	x 0,57
Ende DV-Design grob	x 1,4	x 0,71
Ende DV-Design fein	x 1,25	x 0,80
Ende Programmierung	x 1,1	x 0,91
Ende Test	x 1,05	x 0,95

Tabelle 2.3: Zuschläge des SEL (NASA) für Unsicherheit

Für das kontinuierliche Tracking der Aufwandschätzung empfiehlt es sich, einen Katalog regelmäßiger Aktivitäten aufzustellen. Dazu zählen:

1. Ein jährliches Verzeichnis zu messender
   - Anwendungssysteme
   - Projekte
   - Basisgrößen

   In diesem Verzeichnis dürfen nur objektiv messbare Größen enthalten sein, die möglichst ereignisnah gemessen werden müssen. Neben Ist-Werten müssen dabei auch geschätzte Werte erhoben werden, und zwar auf mehreren Verdichtungsstufen, damit später ein Drill-down möglich ist. Zu den Basisgrößen (geschätzt, geplant, Ist) zählen: Start- und Endedatum, Umfang (in Function Points oder LOC), Fehleranzahl, Aufwand und dessen Phasenanteile sowie Anteile von Fachbereich, IT, Support.
2. Dazu ist jeweils eine Baseline zu erstellen.
3. Ein Vergleich der Baseline zum Vorjahr bzw. zu den Vorjahren zur Erstellung von Zeitreihen, um Veränderungen und Entwicklungstendenzen feststellen zu können.

Die folgende Checkliste fasst die wichtigsten Stichworte zum Thema Schätzzeitpunkte noch einmal zusammen:

- ***Ende der Studie***
  - Grobe Schätzung anhand bereits verfügbarer Informationen
  - Risikozuschlag abhängig vom Projektumfang 10 bis 30%
- ***Projektstart***
  - Detaillierte Schätzung anhand einer Zweitschätzung (z.B. Expertenschätzung) überprüfen. Das Ergebnis ist die Basis für die spätere Erfolgsmessung des IT-Projekts.
- ***Ende des groben Fachkonzepts***
  - Function-Point-Zählung, projektinterne Schätzklausur
- ***Am Ende jeder Phase***
  - Aktualisierung der Function-Point-Zählung wegen des schleichenden Funktionszuwachses.

- ***Projektnachkalkulation***
  - Erfolgsmessung des IT-Projekts
  - Aktualisierung der IT-Metrik-Daten
  - Workshop zum Wissenstransfer
- **Jährliche Baseline und Zeitreihen**

Die Projektnachkalkulation sollte bei einem Treffen erfolgen und alle wichtigen Informationen über das Projekt dokumentieren. Dazu gehören sowohl Aufzeichnungen über Maßnahmen, die erfolgreich waren, als auch über solche, die weniger erfolgreich waren. ***Dabei darf nicht nach Schuldigen gesucht werden***; das ist wichtig, um daraus lernen zu können. Deshalb sollten die Informationen aus der Projektnachkalkulation auch elektronisch verfügbar sein.

2.3 Die Informationsgrundlagen der Aufwandschätzung

Um eine Aufwandschätzung durchführen zu können, benötigt man Informationen über das Schätzobjekt. Ohne solche Informationen ist Schätzen ein Lotteriespiel. Deshalb muss bei jeder Schätzung dokumentiert werden, welche Informationen über das Schätzobjekt zum Zeitpunkt der Schätzung vorhanden waren und wie präzise, aktuell und umfangreich sie seinerzeit waren.

2.3.1 Voraussetzung für die Schätzung

Folgende Regeln sollten bei der ***Vorbereitung einer Aufwandschätzung*** beachtet werden:

- Eine Bewertung kann erst dann durchgeführt werden, wenn die Projektanforderungen bekannt sind. ***Je klarer die Anforderungen vorliegen, desto treffender wird das Ergebnis sein.***
- ***Eine Bewertung muss von Mitarbeitern durchgeführt werden, die ein ausreichendes Wissen über die Anforderungen haben.*** Ideal ist es, wenn Mitarbeiter der Software-Entwicklung mit dem Fachbereich die Bewertung gemeinsam vornehmen und dabei durch ein Competence Center unterstützt werden.
- ***Bei der Bewertung*** sollen Projektanforderungen nicht besonders minuziös zergliedert werden, sondern ***die gesamte Anwendung/Projektanforderung muss im Blickfeld stehen und betrachtet werden.***

- Die Function-Point-Methode kann nicht angewandt werden bei Schätzungen auf Modul- oder Programmebene; dies würde falsche Ergebnisse bringen.
- Häufig wird auch vergessen, die Beteiligung der Endbenutzer zu berücksichtigen.
- Beim Einsatz der Methode ist sehr streng darauf zu achten, dass das Schätzobjekt ***aus der Sicht des Endbenutzers betrachtet*** wird.

  Dies ist die wichtigste Regel, an sie kann nicht oft genug erinnert werden.

In den nächsten Abschnitten wird beschrieben, wie bei den Arbeiten, die vor der eigentlichen Aufwandschätzung durchgeführt werden müssen, vorgegangen wird.

Im Einzelnen werden

- die Festlegung des Aufwandsinhalts sowie das Time Accounting
- die Strukturierung des Aufgabengebietes
- die Dokumentation der Entwicklungsumgebung

beschrieben.

2.3.2 Aufwandsinhalt

Bevor eine Aufwandschätzung vorgenommen werden kann, muss festgelegt werden, welcher Aufwand berücksichtigt wird und wie er gemessen wird.

IBM berücksichtigt bei der Aufwandschätzung mit der Function-Point-Methode den Aufwand, der in den unten beschriebenen Phasen 1 bis 4 entsteht.

Phase 1: Bedarfsanalyse und Lösungsentwurf

- Benutzeranforderungen erfassen
- Schnittstellen definieren
- Bewertung der Anforderungen
- Organisatorischer Lösungsvorschlag

Phase 2: Spezifikation des Anwendungssystems

- Benutzeranforderungen im Detail abstimmen
- Trockentest/Walk Through

- Systemarchitektur
- Hardware/Software-Bedarf
- Technischer Lösungsvorschlag

Phase 3: Technische Entwicklung

- Programmierung
- Modul-/Integrationstest

Phase 4: Einführung und Übergabe des Systems

- Systemtest unter Betriebsbedingungen
- Übergabe an den Endbenutzer

Nicht berücksichtigt werden dabei der Managementaufwand, die Kosten für Hard- und Software-Beschaffung, die Kosten der Fachabteilungen und die Unterstützung durch Supportfunktionen wie Datenmanagement oder Benutzersprachen. Ebenso werden Test- und Realisierungsaufwände für die Schnittstellen(-änderungen) in anderen Anwendungssystemen nicht berücksichtigt bzw. separat ausgewiesen.

Die ESA-Datenbank verwendet z.B. Personenmonate mit 144 Personenstunden und misst den Aufwand von Ablieferung des Fachkonzepts bis zur Akzeptanz des Kunden. COCOMO II verwendet demgegenüber Personenmonate mit 152 Personenstunden und misst allen Projektaufwand, auch den Schnittstellen- und Management- sowie Verwaltungsaufwand. Die ISBSG-Datenbank verwendet nur Personenstunden incl. Überstunden (bezahlt und unbezahlt) und Aufwand des Auftraggebers von der Studie bis zur Installation und Benutzerschulung.

2.3.3 Time Accounting

Um das Entwicklungsvorhaben mit anderen IT-Projekten vergleichen zu können, muss für den entstandenen Aufwand eine einheitliche Messgröße definiert werden. Die Definition dieser Basisgröße für den Aufwand, das ***Time Accounting***, ist somit von zentraler Bedeutung, denn sonst ist nur auf der Basis von Arbeitsstunden (Arbeitsstunde = 1 Stunde Arbeit einer Person) ein direkter Vergleich möglich.

Der Aufwand wird in Arbeitsstunden, Personenmonaten oder Personenjahren gemessen. Dazu werden hier zwei Modelle angeführt, um zu zeigen, dass Vergleichbarkeit nur unter Angabe der jeweiligen Messgröße möglich ist.

Messgröße	Modell 1	Modell 2	
		Brutto	Netto
1 Personenmonat	= 130 Arbeitsstunden	= 160 Arbeitsstunden	= 120 Arbeitsstunden
1 Personenjahr	= 1.560 Arbeitsstunden	= 1.920 Arbeitsstunden	= 1.440 Arbeitsstunden

Tabelle 2.4: Beispiel Time Accounting

Tabelle 2.4 zeigt, dass Modell 1 eher in der Nähe der Nettobetrachtung von Modell 2 einzuordnen ist. Nettobetrachtungen gehen von der allen Managern bekannten Erfahrung aus, dass Mitarbeiter nur zu 70 bis 80% ihrer Arbeitszeit (ca. 1.900 Stunden p.a.) für die direkte Projektarbeit verfügbar sind (d.h. 1.330 bis 1.520 Stunden). Der Rest entfällt auf Fehlzeiten wie z.B. Urlaub (gesetzlich ca. 12%) und nicht direkt dem IT-Projekt zuzuordnenden Tätigkeiten wie Schulung, Krankheit, Informationsveranstaltungen, Personalgespräche, Fachlektüre etc.

Die o.a. Definitionen sind zwei von vielen möglichen Varianten. Wichtig ist jedoch, dass eine einheitliche Definition der Aufwandgröße unternehmensintern festgelegt und ***kommuniziert*** wird. Beispielsweise kann die Reduktion von 25 Prozent bei den Personenmonaten erfolgen, das heißt, ein Personenjahr hat 9 statt 12 Monate (siehe Tabelle 2.5). Denkbar sind aber noch zwei weitere Accounting-Varianten, da die Reduktion ebenso bei den Personentagen, das heißt, ein Personenmonat hat 15 statt 20 Personentage (siehe Tabelle 2.6), wie auch bei den Personenstunden, das heißt, ein Personentag hat 6 statt 8 Personenstunden, erfolgen kann (siehe Tabelle 2.7).

Die Wahl einer geeigneten Variante und einer geeigneten Einheit ist nicht ganz unkritisch: ***Am ungefährlichsten ist der Gebrauch von Personenstunden,*** da dies die kleinste zu erfassende Einheit ist und somit keine Umrechnungsunterschiede auftauchen. Die Verwendung von Personenstunden ist aber gerade bei größeren IT-Projekten ziemlich unhandlich, hier ist die Einheit Personentage oder Personenmonate wesentlich angenehmer und dadurch auch gebräuchlicher. Ein Problem tritt auf, sobald von Personenstunden auf eine größere Einheit umgerechnet werden muss. Wie Tabelle 2.8 zeigt, können je nach Accounting-Variante Unterschiede von 25 Prozent auftreten. Angenommen ein IT-Projekt würde mit 5 Millionen Euro geschätzt, dann würde eine Abweichung von 25 Prozent 1,25 Millionen Euro ausmachen!

Dies ist so lange unproblematisch, wie nur Aufwandzahlen verglichen werden, die alle auf derselben Variante beruhen. Gefährlich wird es aber z.B. bei Angeboten von externen Software-Herstellern oder auch bei einem unternehmensübergreifenden Benchmarking, das heißt, immer dann, wenn die entsprechende Accounting-Variante nicht bekannt ist.

> *Somit gehört zu der Angabe von Aufwandzahlen immer auch die entsprechende Time-Accounting-Information, andernfalls ist eine solche Zahl bedeutungslos.*

In Tabelle 2.5 bis Tabelle 2.8 bedeuten jeweils PJ = Personenjahr, PM = Personenmonat, PT = Personentag, PS = Personenstunde.

	PJ	PM	PT	PS
PJ	1	9	180	1.440
PM	–	1	20	160
PT	–	–	1	8
PS	–	–	–	1

Tabelle 2.5: Accounting-Variante 1

	PJ	PM	PT	PS
PJ	1	12	180	1.440
PM	–	1	15	120
PT	–	–	1	8
PS	–	–	–	1

Tabelle 2.6: Accounting-Variante 2

	PJ	PM	PT	PS
PJ	1	12	240	1.440
PM	–	1	20	120
PT	–	–	1	6
PS	–	–	–	1

Tabelle 2.7: Accounting-Variante 3

	Accounting-Variante 1	Accounting-Variante 2	Accounting-Variante 3
PS	100.000	100.000	100.000
PT	12.500	12.500	16.667
PM	625	833	833
PJ	69	69	69

Tabelle 2.8: Accounting-Fehler

2.3.4 Das Problem der Überstunden

Ein weiteres Problem stellen Überstunden dar, die in IT-Projekten reichlich anfallen, aber häufig nicht erfasst (manchmal auch nicht bezahlt) werden und dann auch bei weiteren Berechnungen nicht berücksichtigt werden. Das kann am Beispiel der Produktivität gezeigt werden. Wenn 10 Mitarbeiter in 2 Jahren 3000 Function Points bearbeiten, ergibt das bei 24 Personenmonaten zu je 120 Stunden eine Produktivität von 125 Function Points pro Personenmonat. Wenn das Team aber 50 statt 40 Stunden pro Woche gearbeitet und nur 40 Stunden gemeldet hat, ist tatsächlich ein Aufwand von 30 Personenmonaten angefallen und damit eine Produktivität von nur 100 Function Points pro Personenmonat erreicht worden. Schätzungen zukünftiger Projekte, die auf den 125 FP/PM basieren, sind damit optimistisch und führen dann unweigerlich zu Terminproblemen und weiteren Überstunden oder sogar zu einem Projektabbruch.

Darüber hinaus führen erhebliche Überstunden erfahrungsgemäß bei den Mitarbeitern zu Übermüdung, Stress und deren Folgen (auch für die betroffenen Familien), die weitere Zeitverzögerungen nach sich ziehen. Das führt dann zu Zeitdruck und höheren Fehlerraten. Damit boykottieren undokumentierte (und auch unbezahlte) Überstunden direkt den Nutzen von Produktivitätsmetriken und indirekt den Nutzen von Qualitätsmetriken..

Alle Ressourcen einer Firma mit voller Kapazität zu nutzen ist eine Kurzfriststrategie, die verhindert, dass sich das Unternehmen mit langfristigen Aspekten seiner Geschäftsprozesse befassen kann. Es ist eine Formel für vorprogrammierten Misserfolg.

2.3.5 Die Festlegung der Systemgrenze

Die Grenze der eigenen Anwendung bestimmt, was gezählt wird. Diese Grenze muss exakt dokumentiert werden, zusammen mit den Zielen der Zählung und den Voraussetzungen und Annahmen, die vorliegen. Die Grenze wird aus Sicht des Endbenutzers festgelegt, nicht aus technologischer Sicht (siehe Abbildung 2.9).

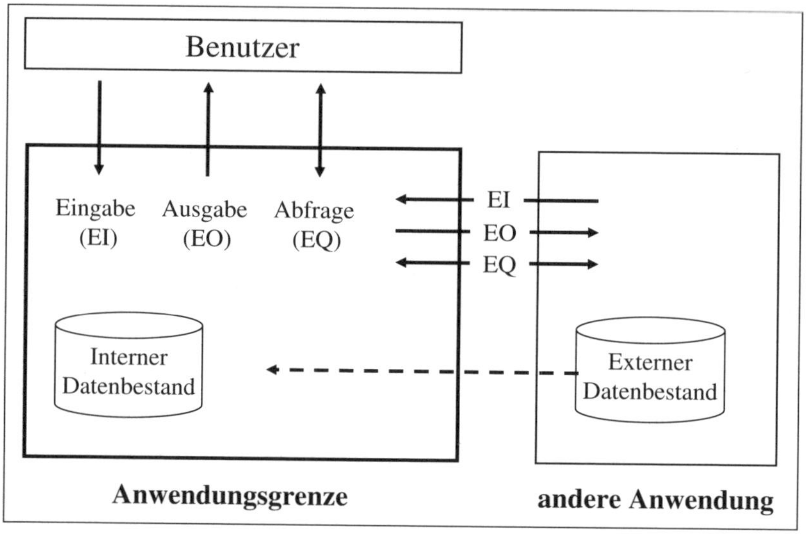

Abbildung 2.9: Festlegen der Systemgrenze

Bei Weiterentwicklungsprojekten muss die Grenze in Einklang mit der Grenze der bereits installierten Anwendung sein. Wenn die Grenze nicht exakt bestimmt werden kann, muss sie geschätzt werden. Entscheidungshilfe bietet die Antwort zu den Fragen, ob die Daten oder Prozesse von der eigenen Anwendung gepflegt werden. Die Festlegung der Systemgrenze ist ein fester Teilprozess bei der Anwendung der Function-Point-Methode. Dabei hilft die grafische Darstellung der Systemgrenze, die als Architekturdiagramm des Systems verwendet werden kann.

2.3.6 Die Art der Schätzung

Grundsätzlich ist bei der Messung des Umfangs zu unterscheiden zwischen der Messung eines Neuentwicklungsprojekts und eines Weiterentwicklungsprojekts. Bei der Messung eines Neuentwicklungsprojekts werden z.B. die den Endbenutzern übergebenen Function Points bei der ersten Installation nach Abschluss des IT-Projekts gezählt. Dazu zählen auch Bestandsübernahmen (Migrationen). Da während des laufenden IT-Projekts gegenüber der anfänglichen Schätzung der Function Points die entwickelte Funktionalität sich ändert (Requirements Creep), ist es wichtig, während der Projektlaufzeit und nach Abschluss des IT-Projekts die Function Points zu aktualisieren, um die korrekte Zahl der Basis-Function-Points zur Verfügung zu haben.

Bei der Messung eines ***Weiterentwicklungsprojekts*** sind Änderungen an bestehenden Systemen durch Hinzufügen, Ändern oder Entfernen von Funktionalität incl. ***Bestandsübernahmen (Migrationen)*** zu berücksichtigen. Wenn die Größe der Weiterentwicklung gemessen ist, dann muss der Umfang des Basissystems angepasst werden. Die Größe einer installierten Anwendung, auch Basissystem (aus Sicht der Aufwandschätzung) genannt, ändert sich bei jeder Weiterentwicklung durch hinzugefügte, entfernte und geänderte Funktionalitäten. Diese werden bei jeder Weiterentwicklung des Systems angepasst.

Integration von Standardsoftware

Projekte zur ***Integration von Standardsoftware.*** (wie z.B. SAP) sind zwar Weiterentwicklungsprojekte, weisen jedoch eine Besonderheit auf. Ganz klar fallen bei diesen Projekten auch Programmierarbeiten an, zumindest Schnittstellenprogramme. Für diese Programmierarbeiten können natürlich die Function Points gezählt werden. Falls es sich um die Integration in vorhandene Software handelt, ist es die Zählung einer Weiterentwicklung, das heißt, das vorhandene System sollte bereits vorher gezählt sein.

Pam Morris zählt folgende wichtige Bestandteile für die Aufwandschätzung von IT-Projekten zur Einführung von Standardsoftware auf:

1. ***Implementierung:*** Teile der Standardsoftware, die unverändert übernommen werden können.
2. ***Customizing:*** Teile der Standardsoftware, die für die jeweilige Installation geändert werden müssen.
3. ***Konvertierung:*** Teile der bestehenden Anwendungssysteme, die aufgrund der Anforderungen der Standardsoftware geändert werden müssen.
4. ***Erweiterung:*** Neue Funktionen, die zusätzlich zur Standardsoftware programmiert werden müssen.
5. ***Schnittstellen:*** Neue Funktionen, die zusätzlich zur Standardsoftware programmiert werden müssen, um die Schnittstellen zu bisherigen Anwendungssystemen sicherzustellen.
6. ***Release:*** Funktionen, die erst in Folgereleases erstellt werden.

Für alle diese Teile können Function Points gezählt werden. Ein hoher Anteil von External Interface Files (EIF) weist dabei auf eine starke Kopplung der Standardsoftware mit bereits existierenden Anwendungssystemen hin und damit auf eine negative Wirkung auf die Produktivitätsrate des IT-Projekts. Für die Aufwandschätzung sind aber auch für jeden anderen der o.a. Teile besondere Produktivitätsmetriken anzuwenden, die aus vergangenen Projekten ermittelt werden müssen.

Meist sind die Programmiertätigkeiten aber nur der kleinere Teil des gesamten Integrationsprojekts und es interessiert über den Programmierumfang hinaus die komplette Aufwandschätzung. Das ist stets der zweite Schritt. Der Rest des Projekts muss mit anderen Aufwandschätzmethoden geschätzt werden. Hierzu eignen sich hervorragend Schätztools, die weitere Einflussfaktoren der Aufwandschätzung berücksichtigen. Erfahrungsgemäß wird die Aufwandschätzung für die im Rahmen der Integration neben der Programmierung anfallenden Tätigkeiten bottom up erfolgen. Für diese Projekte zur Integration von Standardsoftware kann man sehr gut Checklisten zur Aufwandschätzung entwickeln.

2.3.7 Die Dokumentation der Entwicklungsumgebung

Um die Schätzergebnisse unterschiedlicher Entwicklungsprojekte miteinander vergleichen, Abweichungen bei den Ergebnissen und Unterschiede in der Produktivität der Software-Entwicklung beurteilen und um den Erwerb von Schätzerfahrungen ermöglichen zu können, ist es notwendig festzuhalten, unter welchen Bedingungen das IT-Projekt entwickelt wird. Bei der Beschreibung der Entwicklungsumgebung werden u.a. die folgenden Punkte festgelegt:

- Zeitpunkt und Zweck der Aufwandschätzung, z.B. Ende Fachkonzept, Ermittlung des Projektaufwands
- Annahmen und Randbedingungen, z.B. neue Entwicklungsumgebung o.Ä.
- Typ der Schätzung, z.B. Bewertung einer lfd. Anwendung (nach Einführung)
- Festlegen der Grenze des Anwendungssystems
- die Art der zu entwickelnden Software (z.B. Entwicklung von Online-Anwendungen)
- die Programmiersprache (z.B. Java)
- das Betriebssystem (z.B. UNIX)

- Personalqualifikation, (z.B. Anfänger, Experte)
- Anwenderbeteiligung (z.B. die Zahl der beteiligten Fachbereiche)
- Projektorganisation (z.B. Chief-Programmer-Teams)
- Tools und Techniken (z.B. objektorientierte Programmierung, CASE (Computer Aided Software Engineering), Code-Inspektionen durch Prüfteams)
- Vergleichswerte ermitteln
- Einmalaufwände für z.B. Bestandsübernahmen und Aufwände für extern vergebene Teile der Anwendung müssen gesondert ausgewiesen werden.

Ziel der Beschreibung muss es sein, die im Unternehmen gebräuchliche Entwicklungsumgebung möglichst genau zu dokumentieren.

Für IT-Projekte, die von den allgemeinen Entwicklungsvoraussetzungen (Methoden, Standards, Tools, Entwicklungsumgebung) abweichen, sind aufgrund der festgestellten Abweichungen auf das ermittelte Ergebnis der Aufwandschätzung Zu- oder Abschläge vorzunehmen. Diese werden vom Schätzenden festgelegt und müssen zum Zwecke der Nachvollziehbarkeit begründet und deshalb dokumentiert sein.

Die Zählung am Ende des groben Fachkonzepts erfolgt je Teilprojekt, möglichst unter Durchführung einer Schätzklausur, auf der gemeinsam die Einflussfaktoren bewertet werden. Zu beachten ist, dass die jeweiligen Anteile für Projektmanagement und Qualitätssicherung berücksichtigt werden, sowie der Sicherheitszuschlag und ein Aufschlag für den schleichenden Funktionszuwachs. Auf jeden Fall müssen die so erhaltenen Werte noch in ***Worst-Case- und Best-Case-Schätzungen relativiert werden.***

In der Praxis hat sich die Dokumentation der Zählung unter Einsatz eines Zähltools, z.B. der Function Point Workbench, sehr bewährt.

Wie können die gewonnenen Ergebnisse abgesichert werden?

Um den langfristigen Trend der Kennzahlen zu ermitteln, müssen alle Erfahrungswerte dokumentiert und künftige Aufwandschätzungen zur Absicherung der gewonnenen Erfahrungswerte verwendet werden.

Das Bilden von Erfahrungswerten setzt voraus, dass die Ist-Werte plankonform erfasst werden. Zu Beginn wird für die Planung von praktischer Erfahrung ausgegangen. Diese wird laufend überprüft und aus der zukünftigen Erfahrung heraus verfeinert.

Ein Competence Center sammelt die Dokumentationen der Aufwandschätzungen, um daraus eine Erfahrungsdatenbank zusammenzustellen. Diese ermöglicht den systematischen Zugriff auf die Daten von Schätzungen der Vergangenheit, um daraus für zukünftige Schätzungen auf die Erfahrungen zurückgreifen zu können (feed foreward).

Zählungen werden nach der Dokumentierung noch einmal überprüft. Schätzungen mit einem Schätztool wie z.B. Checkpoint/KnowledgePLAN werden nach dem ersten Durchgang mindestens noch einmal überprüft. Wenn kein Schätztool vorhanden ist, müssen die bewerteten Schätzparameter dokumentiert werden. Zählung und Schätzung werden danach von einem Dritten (in der Regel aus dem Competence Center) qualitätsgesichert. Erst dann gelten die Zählungen/Schätzungen als fundiert. Hierzu kann sinnvollerweise eine Checkliste eingesetzt werden (siehe Anhang).

2.4 Die Durchführung der Aufwandschätzung

Den prinzipiellen Verlauf einer Aufwandschätzung zeigt Abbildung 2.10.

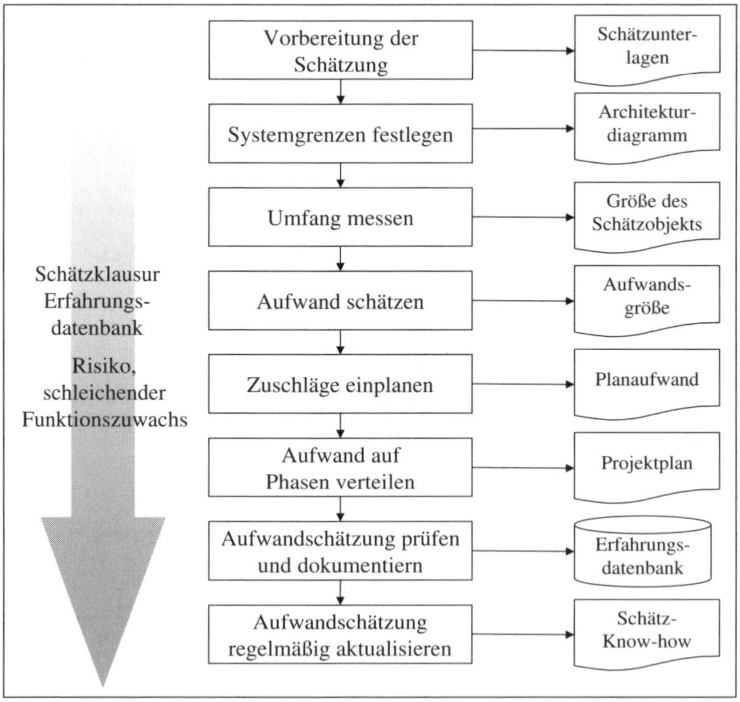

Abbildung 2.10: Ablauf einer Aufwandschätzung

Um die Schätzung nachvollziehbar und transparent zu gestalten, ist bei der Vorbereitung der Schätzung die Dokumentation der folgenden Informationen unumgänglich.

2.4.1 Die Verteilung des Gesamtaufwands auf die Projektphasen

Die Verteilung des Gesamtaufwands auf die einzelnen Phasen kann nach der Prozentsatzmethode mit Hilfe einer Excel-Tabelle berechnet werden. Diese benötigt als Eingaben:

1. Projektaufwand laut Schätzung
2. Schnittstellenaufwand (frei geschätzt oder aus dem Schätztool)
3. Anzahl Mitarbeiter je Phase für IT-Kernprojekt
4. Anzahl Mitarbeiter je Phase für den Fachbereich und Betriebsorganisation

Abbildung 2.11 zeigt einen solchen Standard aus einem Unternehmen. Dabei bedeutet »Einstufung in Klasse C« die Größe, die herangezogen wird, um die IT-Projekte in Gruppen unterschiedlicher Klassen (Größe, Umfang) einzuteilen.

Gesamtaufwandsverteilung						
Aufwandsverteilungen				**Einstufung in Klasse C**		
				PS	**PT**	**PM**
Anwendungsentwicklung	55,75%	85,98%	51,10%	9812	1226,5	61,3
Fachbereich	29,25%		26,81%	5148	643,5	32,2
EDV/Betriebsorganisation	15,00%		13,75%	2640	330,0	16,5
Projektaufwand	100,00%		91,67%	17600	2200,0	110,0
Schnittstellen		14,02%	8,33%	1600	200,0	10,0
Relevanter Aufwand f. d. Klasse		100,00%		11412	1426,5	71,3
Gesamtaufwand			100,00%	19200	2400,0	120,0

Abbildung 2.11: Projekt- und Gesamtaufwand

Im ersten Teil der Tabelle wird der durch ein Schätztool errechnete Projektaufwand (Development and User) auf die drei Teilaufwände für den Fachbereich, die IT/Betriebsorganisation (BO) und den IT-Kernprojektaufwand (Projektaufwand) heruntergebrochen. Nach Eingabe des Schnittstellenaufwands wird die Projektklasse ermittelt. Die Begriffe bedeuten im Einzelnen:

Projektaufwand

Der Projektaufwand ist der mit dem Schätztool ermittelte Aufwand. Dieser Wert umfasst den Aufwand zur Erstellung der Anwendung, der unmittelbar im IT-Projekt entsteht. Er setzt sich aus dem IT-Kernprojektaufwand, dem Fachbereichaufwand und dem IT/Betriebsorganisation(BO)-Projektaufwand zusammen. Nicht enthalten ist der Aufwand für die Anpassung der betroffenen Schnittstellen.

Fachbereichaufwand

Aufwand, der durch den Fachbereich zu erbringen ist.

EDV/BO-Projektaufwand

Aufwand, der in anderen Abteilungen und Bereichen (z.B. BO = Betriebsorganisation oder auch Projektmanagement und Qualitätssicherung) z.B. für Beratung im IT-Projekt anfällt.

(IT-Kern-)Projektaufwand

Der IT-Kernprojektaufwand ist der in der IT anfallende, projektierbare Aufwand. Darunter fallen alle konzeptionellen, programmiertechnischen und testrelevanten Tätigkeiten sowie die Aufwände für Projektmanagement und Qualitätssicherung.

Schnittstellenaufwand

Unter Schnittstellenaufwand versteht man den Aufwand für Anpassungen anderer Anwendungen, die aufgrund des zu schätzenden IT-Projekts notwendig werden. Die Größe der zu ändernden Funktionalität ist nach Möglichkeit über die Function-Point-Methode zu ermitteln.

Relevanter Aufwand

Der relevante Aufwand ist die Summe aus dem IT-Kernprojektaufwand und dem Schnittstellenaufwand und bestimmt die Einordnung des IT-Projekts in eine Klasse. Diese ist dann ausschlaggebend für die Anforderungen an Organisation und Struktur des IT-Projekts.

Gesamtaufwand

Der Gesamtaufwand ist die Summe aus dem Projektaufwand und dem Schnittstellenaufwand.

Abbildung 2.12 dient schließlich überwiegend der Ermittlung der phasenrelevanten Aufwände für IT-Kernprojekt und Fachbereich und der aus der einzugebenden Mitarbeiteranzahl resultierenden Projektdauer.

Die prozentualen Verteilungen auf die Projektphasen für die beiden Tabellen ergeben sich aus einer Erfahrungsmatrix eines Großunternehmens, dessen Daten vom Competence Center zentral ermittelt, dokumentiert und gepflegt werden.

	Projekt		EDV-Kernprojekt				Fachbereich				
Phase	prozent. Phasen-anteil	Aufwand (in PM)	prozent. Phasen-anteil	Anzahl MA mit 100%	Aufwand (in PM)	Dauer in Monaten	prozent. Phasen-anteil	Anzahl MA mit 100%	Aufwand (in PM)	Dauer in Monaten	Projekt-dauer in Monaten
FK	24,0%	26,4	11,0%	5	12,1	3,23	10,5%	7	11,55	2,2	3,67
Design	21,5%	23,65	15,05%	6	16,56	3,68	3,05%	5	3,36	0,89	3,68
KMT	25,5%	28,05	19,5%	7	21,45	4,09	3,3%	3	3,63	1,61	4,09
PKT	14,5%	15,95	6,8%	4	7,48	2,49	5,7%	2	6,27	4,18	4,18
FIT	14,5%	15,95	3,4%	3	3,74	1,66	6,7%	3	7,37	3,28	3,28
Summe	100,0%	110,0	55,75%	25	61,33	15,15	29,25%	20	32,18	12,16	18,89

Abbildung 2.12: Phasenrelevanter Projektaufwand

Wichtig ist das Ergebnis der Studie von Jeffery, 1987, der festgestellt hat, dass der Aufwand in IT-Projekten bis zu einer Größe von etwa 10 Personenjahren (ca. 125 bis 300 FP) ungefähr linear wächst, darüber hinaus dann exponentiell.

Ein Vergleich der ISBSG-Studien von 1997 und 2002 zeigt, dass der Anteil für Planung von 10% auf 5% abgenommen hat, ebenso der Anteil für die Einführung von mehr als 50% auf 50%, während der Anteil für die Realisierung von weniger als 10% auf 10% angestiegen ist.

Die Verteilung des Gesamtaufwands auf die Projektphasen und beteiligte Gruppen ist die Voraussetzung für eine gute Ressourcenplanung. Dazu werden Informationen über Kosten, Aufwand, Termine und Mitarbeiter benötigt.

2.4.2 Die Dokumentation der Aufwandschätzung

Damit die in den einzelnen IT-Projekten erworbenen Schätzerfahrungen nicht verloren gehen, müssen diese zentral von einer Stelle gepflegt und ausgewertet werden. Da für die Aufwandschätzung eines IT-Projekts umfangreiche und vor allem verschiedenartige Dokumente zusammenkommen, kann die Ablage dieser Dokumentation beim Competence Center in Textverarbeitungsform erfolgen. ***Folgende Unterlagen gehören zu einer vollständigen Dokumentation einer Aufwandschätzung:***

- Logbuch (Textverarbeitung)

  Angaben über Teilnehmer und Zeitpunkte bei der Schätzung, vorhandene Informationen, Unterlagen, Absprachen, Prämissen, Besonderheiten
- Übersicht über die Systemgrenzen (Abbildung mit Grafiksoftware)

  Architekturdiagramm des Schätzobjekts (IT-Systems) mit Dateien, logischem Datenmodell, Schnittstellen, Prozessen (Dialogabläufe und -Masken), Batch-Abläufen usw.
- Ausdrucke der Zählungen aus einem Aufwandschätztool mit Angaben über funktionalen Umfang, Eingabedaten, Ausgabedaten, Masken, Listen, Objekte, Klassen, Prozesse usw.
- Kopien von Unterlagen aus dem IT-Projekt (z.B. Dialogstruktur), die für Zählung und/oder Schätzung ausschlaggebend sind, z.B. Layouts von Masken, Berichten, HTML-Seiten usw.
- Ergebnisse aus Schätztools mit Produktivitäts- und Qualitätsmetriken, Planungsvorschlägen und verschiedenen Szenarios einer Schätzung.

Diese Vorgehensweise ist vorteilhaft, um Zugang zu allen Informationen der Aufwandschätzung eines IT-Projekts zu bekommen. Für den projektübergreifenden Blick ist dies sehr günstig, denn es ist zum Beispiel bei der Bewertung der weichen Faktoren oftmals sehr hilfreich, zu schauen, wie ähnliche IT-Projekte in dem einen oder anderen Fall bestimmte Schätzparameter bewertet haben.

Um dieses Problem zu lösen, kann zunächst eine Excel-Tabelle von Hand gepflegt werden, die die Bewertung aller Parameter für alle bislang geschätzten IT-Projekte enthält. Das Schätztool Checkpoint/KnowledgePLAN verwaltet ca. 220 Parameter, das heißt, es zeigt sich schnell, z.B. bereits nach ca. fünf erfassten IT-Projekten, dass diese Aufgabe manuell nicht zu bewältigen ist.

Zur Automatisierung dieses Vorgangs kann wiederum in Excel eine VBA-Anwendung (VBA = Visual Basic for Applications, Programmiersprache zur Erstellung von Excel-Anwendungen) erstellt werden, die es ermöglicht, die in Checkpoint/KnowledgePLAN ja bereits erfassten Daten in Excel zu importieren und entsprechend aufzubereiten. Hierzu wird das Portfolio-Konzept von Checkpoint/KnowledgePLAN genutzt. Es wird ein Portfolio mit den zu vergleichenden IT-Projekten erstellt und dieses anschließend nach Excel exportiert. Dieser Export ist – wie so oft – fast nicht lesbar, deshalb werden die Daten noch über Makros automatisch aufbereitet und formatiert. Da die Daten dann einmal in Excel vorliegen, werden schließlich noch die Möglichkeiten von Excel zur Visualisierung genutzt und wichtige Daten mit Diagrammen aufbereitet. Hierzu gehören Diagramme über:

- Größe der Anwendung (Function Points)
- Aufwand (Personenmonate)
- Produktivität (Function Points pro Personenmonat) – siehe folgende Abbildung 2.13
- Qualität (behobene und ausgelieferte Fehler)
- Risikobewertung
- weiche Faktoren (Personal, Technologie, Prozess, Umwelt)

Somit erhält man von den dokumentierten Daten innerhalb von wenigen Minuten eine bereits für den Ausdruck aufbereitete projektübergreifende Dokumentation.

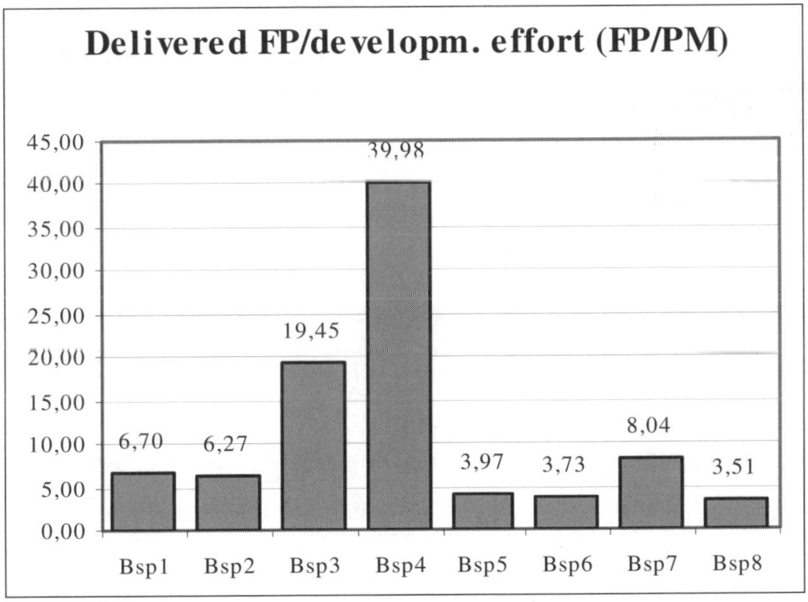

Abbildung 2.13: Produktivität von acht Beispielprojekten

2.5 Management Summary

Aufwandschätzung ist ein wesentlicher Bestandteil des Projektmanagements.

Die Aufwandschätzung ist das Hauptinstrument des Projektcontrollings.

Strategischen oder Langfristcharakter erhält die Aufwandschätzung durch die Möglichkeit, Erfahrungen der Vergangenheit zur Verbesserung der zukünftigen Schätzungen zur Verfügung zu stellen und damit für die Bewältigung der Zukunft zu lernen (***feed foreward***).

Aufwandschätzung ist das Fundament der Planung und damit auch Basis des Projektcontrollings.

Wer die Projektmanagementaufgabe Aufwandschätzung nicht wahrnimmt, handelt grob fahrlässig!

Speziell die Messung des Projektumfangs im Rahmen der Aufwandschätzung stellt ein Review der fachlichen Anforderungen dar.

Die Ziele sind das Haupterfolgskriterium eines IT-Projekts.

Die Primärziele konkurrieren um die Ressourcen eines IT-Projekts, so dass jeder Mehrverbrauch eines Ziels Verknappung der Ressourcen bei den anderen Zielen hervorruft.

Wenn wir die Ecken des Teufelsquadrats beschneiden, riskieren wir Kompromisse bezüglich der Effektivität unserer IT-Projekte.

Das Teufelsquadrat zeigt auch, dass Aufwandschätzung die Basis ist für eine fundierte Planung von Qualität, Leistungsumfang, Kosten und Terminen.

Die Qualität eines Software-Produkts wird daran gemessen, ob und in welchem Umfang es die Anforderungen des Endbenutzers erfüllt.

Qualität ist heute kein Zufall, sondern muss genau geplant werden, denn Vorbeugen ist besser als Fehlerkorrektur, oder, um in dem Bild aus dem Vorwort zu bleiben: Das Feuer verhindern ist besser, als das Feuer zu löschen.

Aufwandschätzung ist ein kybernetischer Regelkreis. Das ist eine wichtige Eigenschaft, denn Regelkreissysteme sind lenkbare Systeme und verfügen über die Fähigkeit, sich selbst zu steuern, wenn keine gravierenden Störungen auf sie einwirken.

up ...

Empfindliche Störungen gibt es z.B. dann, wenn die Wissensbasis nicht vorhanden oder qualitativ ungenügend ist, wenn keine Ist-Werte gemessen oder dokumentiert werden, bzw. wenn die Aufwandschätzung und Schätzwerte nicht nachvollziehbar oder dokumentiert sind.

Der gesamte Kreislauf wird als ***Rückkopplungsprozess (Feedback)*** bezeichnet und führt dazu, dass ein ***Fließgleichgewicht (Homöostase)*** eintritt.

Die grundsätzliche Frage, was gemessen werden soll (welche IT-Metriken), und warum, bestimmen den Erfolg einer IT-Metrikinitiative in einem Unternehmen.

Der Aufwand für Projektmanagement, Aufwandschätzung und Qualitätssicherung muss eingeplant werden, was nur allzu häufig in der Praxis vergessen wird und damit zu Fehlplanungen führt.

Es werden frühe und genaue Schätzungen benötigt, frühe Schätzungen sind jedoch in der Regel ungenau und mit Unsicherheit behaftet. Je früher eine Aufwandschätzung erfolgt, desto ungenauer ist sie; je später, desto genauer!

Schätzungen erfolgen in der Praxis zu früh und zu selten!

Der schleichende Funktionszuwachs beträgt ein bis drei Prozent je Monat Projektlaufzeit. Wird diesen Umständen nicht durch aktualisierte Aufwandschätzungen Rechnung getragen, ist die aus der anfänglichen Aufwandschätzung abgeleitete Planung niemals einzuhalten.

Das Software Engineering Laboratory (SEL) der NASA gibt in seinem Manager's Handbook zum Tracking der Aufwandschätzung vor, dass diese insgesamt sechs Mal während der Projektlaufzeit durchgeführt wird.

Für das kontinuierliche Tracking der Aufwandschätzung empfiehlt es sich, einen Katalog regelmäßiger Aktivitäten aufzustellen.

Um eine Aufwandschätzung durchführen zu können, benötigt man Informationen über ein Schätzobjekt. Ohne solche Informationen ist Schätzen ein Lotteriespiel.

Deshalb muss bei jeder Schätzung dokumentiert werden, welche Informationen über ein Schätzobjekt zum Zeitpunkt der Schätzung vorhanden waren und wie präzise, aktuell und umfangreich sie seinerzeit waren.

Je klarer die Anforderungen vorliegen, desto treffender wird das Ergebnis sein.

Eine Bewertung muss von Mitarbeitern durchgeführt werden, die ein ausreichendes Wissen über die Anforderungen haben.

Bei der Bewertung sollen Projektanforderungen nicht besonders minuziös zergliedert werden, sondern die gesamte Anwendung/Projektanforderung muss im Blickfeld stehen und betrachtet werden.

Beim Einsatz der Methode ist sehr streng darauf zu achten, dass das Anwendungsprojekt aus der Sicht des Endbenutzers betrachtet wird.

Dies ist die wichtigste Regel, an sie kann nicht oft genug erinnert werden.

Bevor eine Aufwandschätzung vorgenommen werden kann, muss festgelegt werden, welcher Aufwand berücksichtigt und wie er gemessen wird.

Um das Entwicklungsvorhaben mit anderen IT-Projekten vergleichen zu können, muss für den entstandenen Aufwand eine einheitliche Messgröße definiert werden. Die Definition dieser Basisgröße für den Aufwand ist das ***Time Accounting***.

Somit gehört zu der Angabe von Aufwandszahlen immer auch die entsprechende Time-Accounting-Information, andernfalls ist eine solche Zahl bedeutungslos.

Damit boykottieren undokumentierte (und auch unbezahlte) Überstunden direkt den Nutzen von Produktivitätsmetriken und indirekt den Nutzen von Qualitätsmetriken.

Alle Ressourcen einer Firma mit voller Kapazität zu nutzen ist eine Kurzfriststrategie, die verhindert, dass sich das Unternehmen mit langfristigen Aspekten seiner Geschäftsprozesse befassen kann. Es ist eine Formel für Misserfolg.

Die Grenze der eigenen Anwendung bestimmt, was gezählt wird. Diese Grenze muss exakt dokumentiert werden, zusammen mit den Zielen der Zählung und den Voraussetzungen und Annahmen, die vorliegen.

Grundsätzlich ist bei der Messung des Umfangs zu unterscheiden zwischen der Messung eines Neuentwicklungsprojekts und eines Weiterentwicklungsprojekts.

Bei der Messung eines ***Weiterentwicklungsprojekts*** sind Änderungen an bestehenden Systemen durch Hinzufügen, Ändern oder Entfernen von Funktionalität zu berücksichtigen. ***Dazu zählen auch Bestandsübernahmen (Migrationen).***

Für Projekte zur Integration von Standardsoftware kann man sich sehr gut Checklisten zur Aufwandschätzung entwickeln.

Um die Schätzergebnisse unterschiedlicher Entwicklungsprojekte miteinander vergleichen, Abweichungen bei den Ergebnissen und Unterschiede in der Produktivität der Software-Entwicklung beurteilen und um den Erwerb von Schätzerfahrungen ermöglichen zu können, ist es notwendig festzuhalten, unter welchen Bedingungen das IT-Projekt entwickelt wird.

Ziel der Beschreibung muss es sein, die Entwicklungsumgebung möglichst genau zu dokumentieren.

Das Bilden von Erfahrungswerten setzt voraus, dass die Ist-Werte plankonform erfasst werden.

Ein Competence Center sammelt die Dokumentationen der Aufwandschätzungen, um daraus eine Erfahrungsdatenbank zusammenzustellen.

Zählungen werden nach Dokumentation noch einmal überprüft. Erst dann gelten die Zählungen/Schätzungen als fundiert. Hierzu kann sinnvollerweise eine Checkliste eingesetzt werden (siehe Anhang).

Die Verteilung des Gesamtaufwands auf die einzelnen Phasen kann nach der Prozentsatzmethode mit Hilfe einer Excel-Tabelle berechnet werden.

Wichtig ist das Ergebnis der Studie von Jeffrey, 1987, der festgestellt hat, dass der Aufwand in IT-Projekten bis zu einer Größe von etwa 10 Personenjahren (ca. 125 bis 300 FP) etwa linear wächst, darüber hinaus dann exponentiell.

Damit die in den einzelnen IT-Projekten erworbenen Schätzerfahrungen nicht verloren gehen, müssen diese zentral von einer Stelle gepflegt und ausgewertet werden.

3 Die Einführung der Aufwandschätzung

Die Einführung der Aufwandschätzung ist ein Innovationsprojekt und muss daher wie ein IT-Projekt geplant und durchgeführt werden. Damit wird die Basis für erfolgreiche Kommunikation sowie Monitoring und Verbesserung des Projektmanagements geschaffen. Wie bei allen Innovationsprojekten muss dabei den Akzeptanzproblemen besonderes Augenmerk gewidmet werden. Der Königsweg zur Akzeptanz besteht bekanntermaßen aus Information, Ausbildung und Partizipation der Betroffenen. Dazu wird ausreichend Zeit benötigt, denn es muss ein Bewusstsein für die Neuerungen geschaffen werden. Werden diese Eckpfeiler bei der Einführung eines IT-Metrikprogramms nicht berücksichtigt, so hat es große Chancen, wie 80% aller IT-Metrikinitiativen vorzeitig und erfolglos abgebrochen zu werden. Ein Metrikprogramm ist ein strategisches Vorhaben und kein extra Overhead, der als notwendiges Übel betrachtet wird.

Ein Fahrplan für die erfolgreiche Einführung einer Aufwandschätzung umfasst die folgenden Stationen:

1. Grundlagen legen
   a. Ziele setzen und verkünden. Einen Standardprozess definieren. Sich informieren und Marktüberblick bekommen. Projekte aussuchen, mit denen die Metrik-Initiative gestartet wird. Das sind typischerweise die top-strategischen Projekte, mit mindestens drei Monaten Dauer und mehr als einem Personenjahr Aufwand, damit die Einführung der Aufwandschätzung großen Mehrwert aufzeigen kann.
2. Strategie planen
   a. Übergang erleichtern
   Training der Anwendung der Aufwandschätzung, um Bewusstsein und Verständnis bei den Mitarbeitern zu wecken und damit Motivation und Fähigkeiten aufzubauen. Erfahrungsaustausch mit anderen Anwendern und Abbau von Befürchtungen der Mitarbeiter.

   b. Auf Kurs bleiben
      Widerstände bei den Mitarbeitern abbauen und erste Erfahrungen dokumentieren.
   c. Übereinstimmung prüfen durch Inspektionen. Praxisanwendung verbessern durch Entwicklung von Standards und IT-Metriken. Erfahrungsaustausch und Vergleich mit anderen Anwendern.
3. Einführung
   a. Planung
   b. Budget, Zeitplan und Ressourcen vorgeben
   c. Vorgehensweise planen
   d. Struktur, Prozess, Methoden und Tools definieren
4. Das Verfahren etablieren

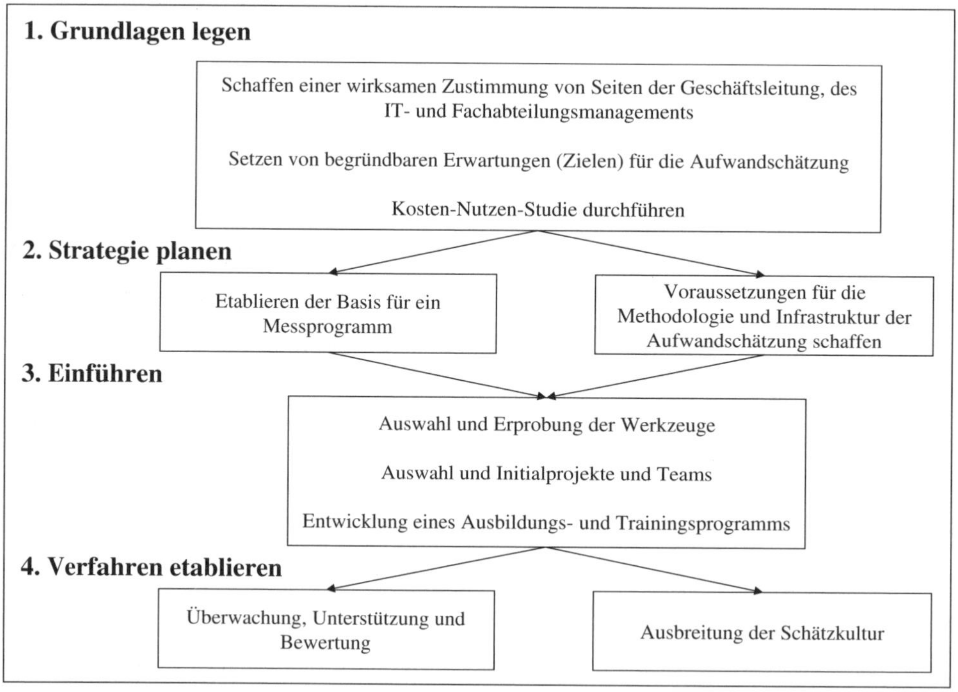

Abbildung 3.1: Fahrplan für die Einführung der Aufwandschätzung

3.1 Ein Praxisbericht

Die Einführung in einem Großunternehmen mit ca. 500 Mitarbeitern in der Anwendungsentwicklung erfolgte z.B. über drei Jahre hinweg durch ein bis zwei Mitarbeiter, die das Competence Center bilden. Dabei wurden eine Methode und Tools ausgewählt, dazu viele Präsentationen vor Managern und mit Projektleitern durchgeführt, ein Handlungsleitfaden erstellt und anschließend ca. 90 Mitarbeiter ausgebildet. Ergebnis war, dass in jedem Entwicklerteam mindestens eine Person in Function-Point-Zählung und Aufwandschätzung ausgebildet war und die Zählungen aller Anwendungssysteme toolgestützt im Competence Center vorliegen. Die Mitarbeiter des Competence Centers haben alle Zählungen begleitet und die Projektleiter dabei durch maschinelle Dokumentation unterstützt. Für einige IT-Projekte war zu diesem Zeitpunkt bereits eine Aufwandschätzung durchgeführt, bei einem Großprojekt sogar nach einem Jahr wiederholt, so dass der schleichende Funktionszuwachs (Requirements Creep) bestimmt werden konnte.

Die Analyse des Datenbestands ermöglichte darüber hinaus die Entwicklung eines hausinternen Prognoseverfahrens (siehe Kapitel *Function Point Prognosis*) für die frühe Schätzung der Function Points anhand der Anzahl der Inputs und Outputs eines zu entwickelnden Systems mit einer Fehlermarge von ca. 15%. Nebenbei wurden einige Excel-Tools zur Unterstützung der Projektleiter bei der Aufwandschätzung und zur Auswertung der Daten entwickelt. Außerdem waren vier fertig gestellte IT-Projekte nachkalkuliert und zum Benchmarking bei der ISBSG-Benchmarking-Datenbank (International Software Benchmarking Standards Group, siehe Kapitel *Software-Metriken, Wichtige IT-Metrikorganisationen*) eingereicht worden.

Als sehr wertvoll hat sich der Erfahrungsaustausch mit einer englischen Konzerntochter erwiesen, die schon einen Schritt weiter bei der Einführung war. Ebenso war die Mitgliedschaft in der DASMA (Deutschsprachige Anwendergruppe für Software-Metrik und Aufwandschätzung) hilfreich, da dadurch sehr schnell Informationen beim Start des IT-Projekts erhalten werden konnten und weiterhin ein Erfahrungsaustausch mit den anderen Mitgliedern möglich war und auf Tagungen Know-how erworben werden konnte.

Die Unterstützung des Managements war der wichtigste Schlüsselfaktor für den Erfolg der Einführung. Dazu trugen mehrere Maßnahmen bei. Das war von Anfang an die Einsicht des Managements, dass die Einführung einer fundierten Aufwandschätzmethode erhebliche Vorteile für die Prozesse und die Qualität des Projektmanagements bringt. Außerdem wurden durchgängig zwei Mitarbeiter in den ersten drei Jahren teilweise freigestellt, um sich in diesem Fachgebiet zu qualifizieren und ein Competence Center aufzubauen. Darüber hinaus konnte das Competence Center die erforderlichen Mitarbeiter aus Anwendungsentwicklung und Projektmanagement bei Bedarf für Besprechungen und Mitarbeit hinzuziehen.

Nach zwei Jahren Pause, weil beide Mitarbeiter des Competence Centers die Projektleitung bei der Einführung eines Multiprojektmanagementsystems mit Zeiterfassung durchführten, wurden zwei weitere Mitarbeiter dem Competence Center teilweise zugeordnet. Die flächendeckende (je Anwendungsentwicklergruppe ein Mitarbeiter) dreitägige Schulung erfolgte stets mit externem Beratereinsatz. Ebenso wurden Engpässe bei der Zählung von Function Points durch Einsatz von externen Spezialisten überwunden.

Nach weiteren zwei Jahren sind inzwischen 98 Anwendungssysteme mit über 150.000 ungewichteten Function Points gezählt und in der Function Point Workbench dokumentiert worden. Dabei wurde festgestellt, dass durch die Dokumentation der Zählungen auch die Function Points für kleine Wartungsaufträge problemlos und schnell ermittelt werden können. Dadurch war es möglich, Produktivitätsmetriken sowohl für Anwendungssysteme als auch für Projekte und für Wartungsaufträge einzuführen. Dazu wurden eine Baseline und eine Metrikdatenbank erstellt.

Die 98 Anwendungssysteme können in folgende Gruppen nach Umfang eingeteilt werden:

- 3 im Bereich 9.000 bis 10.000 Function Points
- 3 im Bereich 6.000 bis 7.000 Function Points
- 6 im Bereich 4.000 bis 6.000 Function Points
- 15 im Bereich 2.000 bis 4.000 Function Points
- 12 im Bereich 1.000 bis 2.000 Function Points
- die restlichen 59 haben weniger als 1.000 Function Points Umfang

Im ersten Jahr nach Erstellung einer Baseline wurde folgender Produktivitätszuwachs nachgewiesen:

- Projekte (> 350.000 Euro): 8,3 %
- Aufträge (Weiterentwicklungen < 350.000 Euro): 4,1 %
- Grundlast (Aufträge, die keine FPs ändern): 3,1 %

Die Veröffentlichung solcher positiven Schlüsselerlebnisse steigert ungemein die Akzeptanz von Metrikprogrammen im Untenehmen. Allerdings sind diese Werte sehr ungenau, da zu Beginn solcher Produktivitätsmessungen die Baseline noch entsprechend unsicher ist, ebenso wie die Messungen und die zugrunde liegende Datenbasis. Dabei wurden 55% der Anwendungssysteme bei der Ermittlung der Produktivität für Grundlast berücksichtigt. Für die Produktivität der Projekte wurden bei der Baseline elf Projekte und im Folgejahr 17 Projekte berücksichtigt. Die Produktivität der Aufträge wurde anhand von 10% aller Aufträge ermittelt.

Der Durchbruch bei der Einführung gelang mit dem Abschluss der Function-Point-Zählung aller Anwendungssysteme, von deren Erfolg für die Abteilungsleiter 20% ihrer Tantieme eines Jahres abhängig waren. Das führte auch zu erheblichem Interesse an inhaltlichen Fragen. Ähnliche Erfahrungen gab es in einer englischen Tochterfirma des Konzerns, in der die Produktivität der Anwendungsentwicklung in einem Jahr gesteigert werden konnte, weil dieses Ziel (Steigerung von 11 auf 13 Functions Points pro Personenmonat) ebenfalls finanziell erfolgsrelevant für jeden Projektleiter war.

Ständiges Nachfragen von Seiten des Managements hat darüber hinaus das Bewusstsein der Projektleiter und Abteilungsleiter gefördert, die als lästig empfundenen Aufgaben im Bereich der Function-Point-Zählung und Aufwandschätzung mehr und mehr in der Projektarbeit einzuplanen und nicht mehr zu vernachlässigen. Von Seiten des Competence Centers wurde der ganze Prozess mit zahlreichen Präsentationen, Diskussionen, Stellungnahmen und gelegentlicher Übernahme von Routinearbeiten unterstützt.

Im Aufwandschätztool sind bisher (Stand 2003) 32 Aufwandschätzungen erfasst, davon 12 Neuentwicklungen (3 Host, 9 PC) und 20 Weiterentwicklungen (15 Host, 1 PC, 4 Client/Server). 10 davon sind Nachkalkulationen.

Insgesamt lässt sich sagen, dass es sehr wenige technische Herausforderungen für den erfolgreichen Einsatz von Software-Messung gibt, aber sehr viele kulturelle Herausforderungen.

In den folgenden Abschnitten befassen wir uns mit positiven und negativen Aspekten der Software-Messung, häufig gestellten Fragen, Akzeptanzproblemen, Zielvorgaben, der Zählung von Altsystemen und Aufwandschätzung als Frühwarnsystem. Viele der Themen überschneiden sich naheliegenderweise mit denen im Kapitel *Die Einführung eines Metrikprogramms.*

3.2 Positive und negative Aspekte der Software-Messung

Tracy Hall et al. zeigen in einer interessanten empirischen Untersuchung bei 13 Gruppen in der Anwendungsentwicklung, 12 Gruppen von Projektleitern und 4 Gruppen von Managern in 11 Firmen, die zwischen Oktober 1999 und März 2000 durchgeführt wurde, positive und negative Ansichten der Befragten zum Einsatz von IT-Metriken. Sie stellen zusammenfassend fest, dass viele der positiven Aspekte eher den Projektleitern als den Anwendungsentwicklern nutzen, manifestiert in der Aussage eines Entwicklers: »... wenn irgendeiner von uns einen brauchbaren Ansatz für den Einsatz von IT-Metriken finden würde, könnte er sehr reich werden.«

Genereller Nutzen der Software-Messung		**Prozent der Gruppen**		
		Entwickler	**Projektleiter**	**Manager**
P1	Wissen, ob die richtigen Dinge getan werden	23	25	50
P2	Herausfinden, was gut und was schlecht ist	23	58	50
P3	Probleme identifizieren	8	42	25
P4	Unterstützung/Verbesserung von Planung und Schätzung	38	25	25
P7	Projektfortschritt verfolgen	69	58	50
P8	Macht Aussagen substanzieller	15	8	50
P9	Gibt Mitarbeitern Feedback	8	25	25

Tabelle 3.1: Wahrgenommene positive Aspekte der Software-Messung

Tabelle 3.1 zeigt, dass die Entwickler als besondere Vorteile für den Einsatz von IT-Metriken sehen, dass der Projektfortschritt verfolgt werden kann (69%) und dass Planung und Schätzung verbessert werden (38 %).

Projektleiter und Manager stehen den IT-Metriken eher positiv gegenüber. Projektleiter favorisieren den Einsatz von IT-Metriken für die Zwecke der Aufwandschätzung (P1, P2, P7) und für die Identifikation von spezifischen Problemfeldern (P3).

Positive Aspekte der Software-Messung		Prozent der Gruppen		
		Entwickler	Projektleiter	Manager
B1	Kann den Aufwand gezielt auf nicht so gut laufende Dinge verteilen	8	8	25
B4	Eine Prüfung, dass die richtigen Dinge getan werden	15	17	50
B5	Die Leute können nicht unnötig darüber diskutieren	8	25	0
B6	Das Vertrauen, das sie geben	8	17	50

Tabelle 3.2: Positive Aspekte der Software-Messung

Drei negative Aspekte (siehe Tabelle 3.3) der Software-Messung wurden jeweils von 38% der Anwendungsentwickler genannt:

- Anwendungsentwickler wissen/erfahren nicht, ob und wie die gemessenen Daten verwendet werden
- Es gibt kein Feedback über die gemessenen Daten
- Es ist für Anwendungsentwickler zeitaufwendig, die Daten zu sammeln (darin stimmen auch 67% der Projektleiter überein). Interessanterweise führte diese Einsicht nicht zur Forderung nach automatisierter Messung.

Tabelle 3.3 und Tabelle 3.4 zeigen, dass jeweils 23% der Anwendungsentwickler der Mehrarbeit für die Datensammlung sowie der kargen Darstellung der Ergebnisse eher abgeneigt gegenüberstehen. Fast 60% der Projektleiter sagten, dass es schwierig war, Daten für das richtige Software-Maß zu identifizieren und zu sammeln. Ein Viertel ergänzte, dass Software-Maße nicht immer das messen, was beabsichtigt ist.

Generelle negative Aspekte der Software-Messung		Prozent der Gruppen		
		Entwickler	Projektleiter	Manager
N3	Es ist schwer, das zu messen, was man messen will	15	25	0
N6	Ich weiß nicht, wie und ob die Daten verwendet werden	38	8	0
N7	Kein Feedback von den Daten	38	8	0
N8	Sie lenkt vom Haupt-Entwicklungsjob ab	8	8	50
N10	Es ist schwer, die richtigen Maße zu sammeln, zu analysieren und zu verwenden	23	58	50
N11	Es ist zeitaufwendig, die Daten zu sammeln	38	67	25
N12	Sie müssen für den richtigen Zweck verwendet werden	15	33	50
N13	Die Daten müssen in sich stimmig sein	15	17	25
N17	Sie können gegen Mitarbeiter verwendet werden	0	0	25

Tabelle 3.3: Wahrgenommene negative Aspekte der Software-Messung

Die Manager nannten hauptsächlich folgende negative Aspekte:

- Datensammlung lenkt die Mitarbeiter von der eigentlichen Entwicklungsarbeit ab.
- Es ist schwierig, die richtigen Software-Maße festzulegen und zu identifizieren.
- Software-Messung muss für den richtigen Zweck erfolgen.

Ein Viertel kommentierte auch, dass die Messungen zeitaufwendig sind und dass es wichtig ist, die Daten nicht gegen die Mitarbeiter zu verwenden. Das ist interessant, denn keine der beiden anderen Gruppen nannte dieses Argument. Zur Interpretation stehen damit mehrere Möglichkeiten offen:

Vielleicht haben die Entwickler und Projektleiter nicht erlebt, dass die Daten in dieser Weise verwendet wurden und es war deshalb kein Problem für sie.

Oder sie sehen es nicht als problematisch an, wenn Daten solcherart verwendet werden.

Am wenigsten geliebte Aspekte der Software-Messung		Prozent der Gruppen		
		Entwickler	Projektleiter	Manager
L1	Zusätzliche Arbeit	23	8	0
L3	Es ist schwer, Daten über Systeme oder Projekte hinweg zu vergleichen	0	25	0
L4	Sie können missverstanden werden	15	8	25
L5	Sie werden nicht genügend eingesetzt	8	17	25
L6	Karge Darstellung der Daten	23	17	50
L7	Die Daten sind zu abstrakt, um leicht angewendet werden zu können	15	17	0
L8	Die Qualität der Daten ist schlecht	15	25	0

Tabelle 3.4: Negative Aspekte der Software-Messung

Insgesamt können alle positiven Aspekte den folgenden drei Kategorien zugeordnet werden:

- Assessment (P1, P2, P3)
- Planung (P4, P7)
- Entscheidungsunterstützung (P8)

Ebenso können alle negativen Aspekte den folgenden drei Kategorien zugeordnet werden:

- Implementierung (N6, N7, N12, N13)
- Zeit und Aufwand (N8, N11)
- Den Messungen immanenter Schwierigkeiten (N10)

Viele dieser Herausforderungen können von Unternehmen unmittelbar angegangen werden.

3.3 Häufig gestellte Fragen

Folgende Themen werden im Zusammenhang mit der Einführung der Aufwandschätzung in einem Unternehmen immer diskutiert:

1. Der Aufwand für die Einführung
2. Der Zeitpunkt der Einführung
3. Das Für und Wider eines Competence Centers

3.3.1 Aufwand für die Aufwandschätzung

Für die Durchführung eines Pilotprojekts zur Einführung einer Aufwandschätzung in einem Großunternehmen kann man ganz grob ca. zwei Personenjahre veranschlagen. Der Aufbau von Schätzerfahrung, die Integration der Aufwandschätzung in das unternehmenseigene Vorgehensmodell bis hin zum konsequenten Aufbau von IT-Metriken zur kontinuierlichen Verbesserung benötigt erfahrungsgemäß ca. zwei weitere Jahre Zeit.

Eine generelle Faustregel aus der Literatur besagt, dass der Aufwand für die Aufwandschätzung von ca. 0,5 bis 1% des IT-Gesamtaufwands beträgt. Das heißt, bei 100 Anwendungsentwicklern sollte mindestens eine halbe Arbeitskraft für die Sammlung und Analyse von Metriken für Zwecke der Aufwandschätzung budgetiert werden. Während der Einführungsphase eines Metrikprogramms wird der Aufwand in der Regel mindestens doppelt so hoch zu veranschlagen sein.

Gegenargumente: Als Argument gegen eine systematische und fundierte Aufwandschätzung werden immer wieder die Kosten hierfür ins Feld gebracht. Unter Anbetracht der Aufwendungen für Großprojekte im Dienstleistungssektor in zweistelliger Millionenhöhe sei hierzu nochmals gesagt:

Ein einziges misslungenes IT-Projekt kostet mehr als aller Aufwand, der nötig ist, um probate Methoden zur Aufwandschätzung und Software-Messung einzuführen und zu institutionalisieren!

3.3.2 Der Zeitpunkt der Einführung

Der Zeitpunkt für die Einführung einer Aufwandschätzung ist in der Praxis stets zu spät. Günstig ist der Zeitpunkt, wenn das unternehmenseigene Vorgehensmodell gerade überarbeitet wird. Dadurch hat man die Möglichkeit, die für die Aufwandschätzung notwendigen Tätigkeiten direkt mit einzubinden. ***Jederzeit anfangen heißt aber das Motto***, wenn die Qualität der Software-Entwicklung gewährleistet sein soll. Damit können das Sammeln von Erfahrungen und der entsprechende Lern-Regelkreis jederzeit in Gang gesetzt werden.

3.3.3 Competence Center

Es hat sich in der Praxis als hilfreich erwiesen, dass eine zentrale Stelle dafür sorgt, dass für die Mitarbeiter der IT-Projekte ständig kompetentes und geschultes Personal für die Aufwandschätzung zur Verfügung steht. Darüber hinaus ist nur so gewährleistet, dass die erworbenen Schätzerfahrungen zentral gesammelt, dokumentiert und ausgewertet werden, um aus diesen Erfahrungen lernen zu können. Hierzu gehört u.a. der Aufbau ***einer Schätz-Erfahrungsdatenbank*** und das Anlegen von ***Schätz-Vorlagen*** zur Erweiterung der Wissensbasis, ggf. mit Toolunterstützung.

Ein solches Competence Center kann auch durch regelmäßige Veröffentlichung der erreichten Ergebnisse, Erfahrungsberichte von Tagungen, Erfahrungsaustausch mit anderen Firmen und andere News zum Thema Aufwandschätzung Informationen an die Mitarbeiter weitergeben. Das fördert die innerbetriebliche Kommunikation zum Thema Aufwandschätzung und fördert die Akzeptanz, da die Mitarbeiter sich dadurch angesprochen und eingebunden fühlen.

Der Nutzen eines Competence Centers ist vielfältig:

1. ***Erfahrungsaufbau im Schätzen:*** Erfahrene Experten stehen zu allen Fragen der Aufwandschätzung im Unternehmen jederzeit bereit. Häufig sind unter den Experten auch zertifizierte Function-Point-Zähler (CFPS – Certified Function Point Specialist – siehe Kapitel *Software-Metriken, Die IFPUG*).
2. ***Unabhängige Schätzungen:*** Ein Competence Center ist unabhängig von den Projekten, die geschätzt werden.
3. ***Erfahrungssammlung:*** Es können zentral historische Daten gesammelt werden (Erfahrungsdatenbank) und daraus Erkenntnisse gewonnen werden.

Es gibt aber auch Gründe, weshalb Aufwandschätzungen nicht von einem Competence Center durchgeführt werden sollten. Spezialisten für Aufwandschätzung sind eine begrenzte Ressource und sollten deshalb so wenig wie möglich in Projekten eingesetzt werden. Außerdem sind die Projektleiter näher am Problem und besser in der Lage, die Erwartungen der Benutzer zu managen. Deshalb ist es auch möglich, dezentral Mitarbeiter für eine Rolle des Aufwandschätzung-Koordinators ihrer Abteilung auszubilden.

Diese Koordinatoren sind dann verantwortlich für die Organisation und Durchführung der Aufwandschätzungen und Function-Point-Zählungen der Abteilung, die Planung und Durchführung aller erforderlichen Messungen von Basisgrößen und Kennzahlen sowie die Berechnung der Metriken. Sie sind damit der ideale Ansprechpartner für ein klein gehaltenes Competence Center.

Die folgenden drei Tabellen zeigen typische Rollenbeschreibungen für die Funktionen von Function-Point-Koordinatoren, Function-Point-Zählern und Aufwandschätz-Koordinatoren anhand eines Beispiels aus der betrieblichen Praxis.

Rollenbeschreibung Function-Point-Koordinator	
Wesentliche Schnittstellen	Competence Center
Verantwortlich für	Planung und Durchführung – der Function-Point-Zählungen für seine Abteilung – der Messungen der Basisgrößen für Produktivitätsmessungen Informationsfluss zwischen seiner Abteilung und dem Competence Center
Koordination	Planung und Organisation der Zählung der Function Points von Anwendungssystemen, Projekten und Wartungsaufträgen
Qualitätssicherung	Planung und Organisation der Qualitätssicherungen der Function-Point-Zählungen durch das Competence Center
Umsetzung	Verwaltung der Function-Point-Zählungen seiner Abteilung in der Function Point Workbench: Anwendungssysteme, Projekte, Wartungsaufträge, jährliche Aktualisierung der Anwendungssysteme und Erstellen des neuen Masters in der Function Point Workbench
Controlling	Controlling der Produktivitätsmetriken, Function-Point-Zählungen seiner Abteilung und deren Einbindung in die Function Point Workbench
Kommunikation	Abstimmung mit den Kollegen und Managern seiner Abteilung und dem Competence Center

Tabelle 3.5: Rollenbeschreibung Function-Point-Koordinator

Rollenbeschreibung Function-Point-Koordinator	
Notwendiges Fachwissen	Zweitägiger Kurs Function-Point-Zählung nach IFPUG und Aufwandschätzung
Notwendige Erfahrung	Function-Point-Zählung nach IFPUG und Function Point Workbench

Tabelle 3.5: Rollenbeschreibung Function-Point-Koordinator *(Forts.)*

Rollenbeschreibung Function-Point-Zähler	
Wesentliche Schnittstellen	Function-Point-Koordinator
Verantwortlich für	Planung und Durchführung der Function-Point-Zählungen seiner Anwendungssysteme, Projekte und Aufträge
Koordination	
Qualitätssicherung	
Umsetzung	Verwaltung der Function-Point-Zählungen seiner Abteilung in der Function Point Workbench: Anwendungssysteme, Projekte, Wartungsaufträge
Controlling	
Kommunikation	Abstimmung mit seinem Function-Point-Koordinator
Notwendiges Fachwissen	Kurs Function-Point-Zählung nach IFPUG
Notwendige Erfahrung	Function-Point-Zählung nach IFPUG und Function Point Workbench

Tabelle 3.6: Rollenbeschreibung Function-Point-Zähler

Rollenbeschreibung Aufwandschätz-Koordinator	
Wesentliche Schnittstellen	Competence Center
Verantwortlich für	Planung und Durchführung der Aufwandschätzungen für Projekte und Aufträge seiner Abteilung und dem Informationsfluss zwischen seiner Abteilung und dem Competence Center
Koordination	Planung und Organisation der Aufwandschätzungen und Schätzklausuren für Projekte und Aufträge seiner Abteilung

Tabelle 3.7: Rollenbeschreibung Aufwandschätz-Koordinator

Rollenbeschreibung Aufwandschätz-Koordinator	
Qualitätssicherung	Planung und Organisation der Qualitätssicherungen der Aufwandschätzungen und Nachkalkulationen von Projekten durch das Competence Center
Umsetzung	Durchführung der Aufwandschätzungen mit dem Schätztool und Nachkalkulationen der Projekte in Zusammenarbeit mit dem Competence Center Kontinuierliche Aktualisierung der Aufwandschätzungen und dazugehöriger Logbücher Moderation von Schätzklausuren in Zusammenarbeit mit dem Competence Center
Controlling	Controlling der Aufwandschätzungen seiner Abteilung
Kommunikation	Abstimmung mit den Kollegen und Managern seiner Abteilung und dem Competence Center
Notwendiges Fachwissen	Zweitägiger Kurs Function-Point-Zählung nach IFPUG und Aufwandschätzung
Notwendige Erfahrung	Function-Point-Zählung nach IFPUG und Aufwandschätzung mit dem Schätztool

Tabelle 3.7: Rollenbeschreibung Aufwandschätz-Koordinator *(Forts.)*

3.4 Akzeptanzprobleme

Einführungen von neuen Methoden haben bekanntermaßen mit Akzeptanzproblemen zu kämpfen. Hier hilft nur, den Königsweg für die Einführung von Innovationen zu beschreiten: umfassende Information, gute Ausbildung und Partizipation aller Beteiligten!

Die Einführung der Aufwandschätzung erhält in Großunternehmen den größten Widerstand von den Projektleitern, da die Nutzenaspekte vorrangig Managementcharakter haben. Unsere Erfahrungen zeigen, dass die ausgebildeten Projektmitarbeiter die Aufwandschätzung gerne durchführen, wenn die Arbeit an sie delegiert wird. Das setzt voraus, dass der Projektleiter die Aufgabe auch geplant hat, was in der Praxis häufig vergessen wird.

3.4.1 Gegenargumente

Ein typisches Gegenargument ist fehlende Zeit (»wir haben wichtige Arbeit zu erledigen«, »wir müssen den Termin einhalten«, ...). Dazu gibt es dreierlei anzumerken.

1. Unsere Erfahrung ist, dass die Aufwandschätzung selbst bei großen IT-Projekten in wenigen Personentagen, bei mittleren und kleinen in der Regel innerhalb eines halben oder ganzen Tages durchzuführen ist (mit Unterstützung durch das Competence Center). Das ist in jedem Fall ein geringfügiger Aufwand im Vergleich zum Gesamtprojektumfang. Diese Erfahrungen sind im Einklang mit Günter Büren bei ca. ein bis zwei Tagen pro IT-Projekt für Prozesstailoring, Datenbereitstellung und Erfassung mit einem Tool. Nur bei großen und sehr großen IT-Projekten (über 100 Personenjahre Aufwand) kann sich dieser Aufwand verdoppeln bis verdreifachen. Normalerweise sollte aber ein IT-Projekt alle Informationen aktuell bereit haben. Die AXA Service AG hat z.B. bei der Function-Point-Zählung von acht Projekten einen Durchschnitt von 300 gezählten Function Points pro Tag ermittelt (Min. 78, Max. 588) und bei elf Anwendungssystemen einen Durchschnitt von 230 FP/Tag (Min. 41, Max. 584). Literaturwerte gehen davon aus, dass ein versierter Function-Point-Zähler bei Vorliegen aller erforderlichen Unterlagen bis zu 1.000 Function Points pro Tag zählen kann. ***In jedem Fall ist der Aufwand für die Aufwandschätzung gegenüber dem Gesamtprojektaufwand vernachlässigbar gering!***
2. Wenn diese Zeit fehlt, kann man nur feststellen, dass es bereits in einem frühen Stadium schon (Zeit-)Probleme in dem IT-Projekt gibt. Dann muss der Projektleiter gefragt werden, ob das IT-Projekt nicht besser abgebrochen wird, denn erfahrungsgemäß wird die Zeit im Projektverlauf immer knapper. ***Ein nicht quantifizierter Projektumfang ist ein Top-Risiko!***
3. Der Aufwand für die Aufwandschätzung steigt erheblich, wenn das Projektteam erst die erforderliche Dokumentation zusammensuchen muss oder diese nicht vorhanden ist. In der Praxis bietet sich durch die Behebung dieser Mängel die Chance, Nachlässigkeiten auszubessern und somit die Qualität des IT-Projekts auf ein unverzichtbares Maß anzuheben. Auch die häufig getroffene Feststellung, dass die erforderliche Dokumentation nicht aktuell gehalten oder unvollständig ist, führt dazu, dass der Aufwandschätzung auch eine qualitätssichernde Funktion zukommt. Häufig wird der Aufwand für diese nachgeholten Dokumentationsmängel fälschlicherweise der Aufwandschätzung zugeschlagen, obwohl es (vernachlässigte) Dokumentationsaufgaben sind. Das schürt dann wieder das Vorurteil, dass Aufwandschätzung (zu) aufwendig ist.

Weitere Hindernisse für die Verbreitung der Software-Messung sind Mängel bei der Anwendbarkeit, Relevanz, Benutzerfreundlichkeit und dem Präsentationsstil der IT-Metriken und die diesbezügliche Disziplinlosigkeit und chaotische Natur vieler Unternehmen in der IT.

In vielen Unternehmen scheitert die Verbreitung der Schätzmethoden, die bereits in einer Abteilung eingesetzt werden, in anderen Abteilungen an dem ***»not invented here«-Syndrom*** (nicht bei uns erfunden). Dieses Syndrom existiert international und führt dazu, dass sich niemand verantwortlich fühlt und wertvolle Ansätze ignoriert oder abgewiesen werden, um politisch korrekte, aber weniger wertvolle Maßnahmen vorzuziehen.

Andererseits wird den neuesten Modetrends der Software-Entwicklung nachgelaufen und die letzte propagierte Neuigkeit wird blind eingesetzt, ohne zu evaluieren, ob sie positive realistische Auswirkungen auf die Performance hat. Viele Menschen scheinen hier dem Herdentrieb zu folgen. Außerdem führt die Anforderung, Software-Lösungen schneller und preiswerter zu entwickeln, dazu, dass oft auf Kosten der Produktqualität und Lebensqualität in einem »quick and dirty«-Ansatz mit dem Programmieren begonnen wird, bevor die Anforderungen des Auftraggebers richtig verstanden wurden.

Ein weiteres Akzeptanzproblem kann die Hinzunahme externer Berater lösen: Sie sind zu Beginn eine unverzichtbare Hilfe, um möglichst schnell und kompetent das richtige Konzept aufzubauen. Auf der anderen Seite schafft man sich bei einer übermäßigen Inanspruchnahme externer Beratung ein neues Problem: Die eigenen Mitarbeiter bekommen das Gefühl, dass die Firmenleitung nicht genug Vertrauen in das eigene Personal setzt. Andererseits wird externen Beratern (Gurus) eher zugehört als eigenen Mitarbeitern. Hinzu kommt die Gefahr, dass wertvolles Know-how zusammen mit den Beratern das Unternehmen verlässt, wenn dieses nicht an die eigenen Mitarbeiter weitergegeben wird, was häufig aus Zeit- und Kostengründen versäumt wird.

3.4.2 Widerstand

Die Auswirkungen fehlender Akzeptanz können allgemein zu Widerstandsverhalten in den unterschiedlichen Ausprägungen führen, z.B.:

- passiver Widerstand
- Dienst nach Vorschrift
- aktiver Widerstand, bis hin zur
- Kündigung

Tom DeMarco unterscheidet z.B. sieben Formen von Widerstand bei Mitarbeitern:

1. Blind Loyale (stellen keine Fragen)
2. Kritisch Überzeugte
3. Skeptiker (»Beweisen Sie es mir!«)
4. Passive Beobachter (»Was springt dabei für mich heraus?«)
5. Gegner (fürchten Veränderungen)
6. Feindliche Gegner (fürchten Machtverlust)
7. Militante Gegner (unterminieren und zerstören)

Deshalb sollten Sie sich neben wichtigen Leitsprüchen ein Repertoire an Verhaltensweisen aneignen, mit dem Sie Widerstand schlagfertig begegnen können.

Widerstand	
Ist natürlich und unvermeidlich.	Erwarten Sie Widerstand!
Zeigt sich nicht immer offen.	Finden Sie Widerstand!
Hat viele Ursachen.	Verstehen Sie Widerstand!
Diskutieren Sie über die Bedenken, nicht über die Argumente!	Konfrontieren Sie Widerstand!
Es gibt nicht nur einen Weg, Widerstand zu bekämpfen!	Managen Sie Widerstand!

Tabelle 3.8: Umgang mit Widerstand

Auf die Interdependenz zwischen Motivation und Akzeptanz muss explizit hingewiesen werden. ***Ein wesentlicher Erfolgsfaktor bei der Einführung einer Aufwandschätzung ist somit der Aufbau eines Motivationssystems*** mit dem Ziel, »den Mitarbeiter zu aktiver Zusammenarbeit bis zu seiner Identifikation mit dem jeweiligen System oder der Technik zu bewegen.« Die drei wichtigsten Bausteine dieses Motivationssystems sind ***Information, Ausbildung und Partizipation***.

3.4.3 Information und Partizipation

Zur richtigen Informationspolitik gehört u.a., dass die Projektleiter und Projektmitarbeiter rechtzeitig und regelmäßig über die Ziele und die Auswirkungen der Einführung von Aufwandschätzmethoden informiert werden. Ein Competence Center kann aus diesem Grunde eine eigene Zeitschrift herausgeben, die regelmäßig über seine Tätigkeiten unterrichtet. Es nutzt darüber hinaus die Schulungen im Bereich Aufwandschätzung zur Information der Teilnehmer über aktuelle Ereignisse.

Dazu ist auch wichtig, dass über das Unternehmen hinweg ein ***Erfahrungsaustausch*** stattfindet, um nicht im eigenen Saft zu schmoren. Der Besuch von Tagungen der DASMA (zweimal jährlich), der GI-Fachgruppe 2.1.10 Software-Messung und -Bewertung (jährlich) oder dem MAIN Netzwerk, dem Dachverband der europäischen IT-Metrikorganisationen (jährlich), bietet die Chance, andere Unternehmen kennen zu lernen, die ähnlichen Problemen gegenüberstehen oder sogar schon einige Schritte weiter sind. Das ermöglicht es, von den Erfahrungen anderer zu profitieren, positive Beispiele zu sehen oder Fehler zu vermeiden, von denen andere berichten. Häufig entstehen Kontakte, die auch zwischen den Tagungen einen fortgesetzten Erfahrungsaustausch ermöglichen.

Einführungsproblematik

- ✓ Akzeptanz
  - Information
  - Partizipation
- ✓ Messen von Prozessen, nicht von Personen
- ✓ Integration in den Software-Entwicklungsprozess
- ✓ Notwendigkeit, kein Overhead
- ✓ Unterstützung durch das Management

Abbildung 3.2: Die Einführungsproblematik

Der nächste logische Schritt auf dem Weg zu Akzeptanz ist die ***Partizipation***. »Das Ziel der ... Partizipation ist es, eine übergreifende Kooperationsbereitschaft bei den betroffenen Personen hervorzurufen, die dann in einer aktiven Zusammenarbeit endet.« Hierzu ist es u.a. ungeheuer wichtig, keine unreflektierte 1:1-Übernahme eines bestehenden Verfahrens durchzudrücken, sondern im Dialog mit den Beteiligten eine unternehmensspezifische Adaption des Aufwandschätzverfahrens zu erarbeiten. Idealerweise erfolgt dies durch einen möglichst neutralen (externen), kompetenten Berater in Verbindung mit den Mitarbeitern aus einem dazu gestarteten Pilotprojekt. Diese Mitarbeiter werden schließlich zu den Promotoren der neuen Methode im eigenen Unternehmen.

Die bereits im Kapitel *Grundlagen der Aufwandschätzung, Aufwandschätzung im Rahmen des Projektcontrollings* erwähnte ***operative Aufwandschätzung*** erzeugt hier ein klares Bild über die Stärken und Schwächen des Software-Entwicklungs-Prozesses jeweils eines IT-Projekts. Capers Jones weist nachdrücklich darauf hin, dass dies jedoch erst die Diagnose sei. Die strategische Aufwandschätzung nimmt diese Diagnose als Ausgangsbasis für die Planung entsprechender Maßnahmen, die der Behebung der Schwächen und Intensivierung der Stärken des Software-Entwicklungsprozesses dienen.

Hierbei darf jedoch Folgendes nicht vergessen werden: Die Entscheidungen für die Einführung und die Auswirkungen solcher Maßnahmen benötigen Zeit! Kritiker solcher Maßnahmen führen immer wieder an, dass sich Aufwandschätzung in diesem Umfang nicht lohne, aber:

Eine solide und fundierte Aufwandschätzung auf operativer und strategischer Ebene in Verbindung mit einem adäquaten Projektcontrolling leitet einen Verbesserungsprozess ein, der durch bewertbares Datenmaterial belegbar ist.

3.5 Zielvorgaben

Dazu müssen beim Start klare Ziele vorgegeben werden. Abbildung 3.3 zeigt ein Beispiel aus einem Großunternehmen.

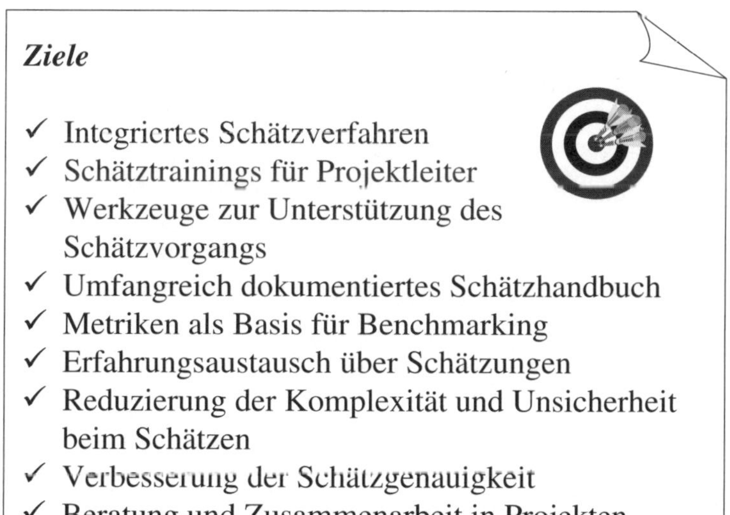

Abbildung 3.3: Ziele der Aufwandschätzung

Daneben muss klar sein, welche Daten zur Zielerreichung gemessen werden sollen. Abbildung 3.4 zeigt ebenfalls ein Beispiel aus einem Großunternehmen.

Pro Projekt gemessene Daten

- ✓ Projektumfang in Function Points sowie alle Details der Zählung
- ✓ Pro Phase des Entwicklungsprozesses
  - Gesamter Entwicklungsaufwand in Personenmonaten
  - Aufwand für Projektmanagement und Qualitätssicherung
- ✓ Qualitätsmerkmale und Qualitätsmetriken in Verbindung mit den IFPUG-Einflussfaktoren
- ✓ Qualitäts- und Produktivitätsmetriken basierend auf Function Points und KLOCs
- ✓ Risikoplan und Risikometriken

Abbildung 3.4: Pro Projekt gemessene Daten

In diesem Praxisbeispiel konnten bereits zwei Jahre nach Start des IT-Metrikprogramms nachweisbare Erfolge erzielt werden (siehe Abbildung 3.5).

Aktuelle Resultate

- ✓ Schulungen in Function Point Workbench und Checkpoint
  - Competence-Center-Mitarbeiter
  - 25 trainierte Projektleiter
- ✓ 16 gezählte Projekte mit 25.000 Function Points
- ✓ Regelmäßige Inspektionen und Reviews
- ✓ Metriken für frühe Schätzungen
- ✓ Regelmäßiger Wissenstransfer

Abbildung 3.5: Aktuelle Resultate

Die Firma EDS berichtet von der Entwicklung eines eintägigen Aufwandschätzkurses und der anschließenden Ausbildung von einigen tausend Mitarbeitern.

Derzeit befinden sich 50 zertifizierte Function-Point-Zähler (CFPS – Certified Function Point Specialist – siehe Kapitel *Software-Metriken, Die IFPUG*) unter den Mitarbeitern.

Besonders die Entwicklung eines Schätzhandbuchs als Richtlinie für die Mitarbeiter und Zusatz zur Methode wird auch von anderen Unternehmen als wichtiger Erfolgsfaktor erwähnt. Das ist auch eine Voraussetzung für den Start einer IT-Metrikinitiative in einem Unternehmen. Dazu bietet sich dann als Übungsfeld für die Beteiligten die Beseitigung des Problems der fehlenden Altdaten (siehe Kapitel *Die Schätzproblematik*) durch die Zählung von Altsystemen.

3.6 Zählung von Altsystemen

In dem Bereich der Software-Entwicklung, in dem sich Großunternehmen bewegen, werden mittlerweile fast ausschließlich Weiterentwicklungsprojekte durchgeführt. Die Entwicklung von großen Software-Systemen sozusagen auf der »grünen Wiese« ist eher die Ausnahme. Um die Function-Point-Zählungen für Weiterentwicklungsprojekte durchführen zu können, wird die Größe des Alt- bzw. Basissystems benötigt.

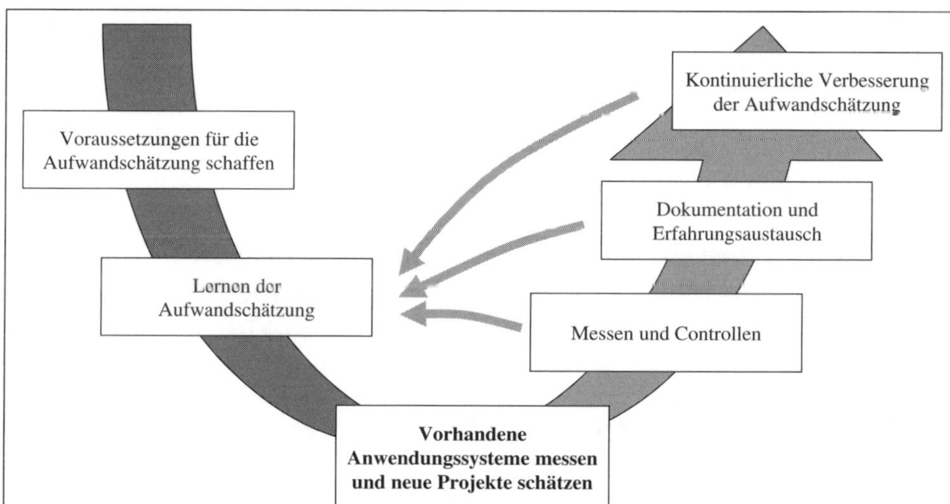

Abbildung 3.6: Messung von Altsystemen

Abbildung 3.6 zeigt die zentrale Stellung der Messung der Größe von Altsystemen im Prozess der Einführung der Aufwandschätzung. Damit kann auch der im Kapitel *Die Schätzproblematik, Das Problem der Altdaten* geschilderten Problematik der fehlenden Altdaten begegnet werden.

Bei der Zählung von Weiterentwicklungen muss neben dem Umfang des Basissystems der Umfang von entfernten, geänderten und neu entwickelten Funktionen sowie Datenübernahmen (Bestandsübertragungen. Migrationen) berücksichtigt werden.

Migrationen sind praktisch ein Wegwerfanteil des Projekts, eine Einmalaktion, die den funktionalen Umfang des entwickelten Anwendungssystems nicht verändert, aber Aufwand im Projekt verursacht. Migrationen sind ein Bestandteil von Projekten, bei dem in der Regel wenig Function Points anfallen (wenige EIs, im Grenzfall nur ein EI). Um herauszufinden, welchen Anteil die Migration am Gesamtaufwand des Projekts ausmacht, wird die Aufwandschätzung zweimal durchgeführt: einmal mit und einmal ohne Migration. Dann kann man die Differenz (hoffnungsvoll) der Migration zuordnen, denn der Aufwand entsteht »on top«.

Eine komplette Zählung des Altsystems ist aber aufgrund fehlender Dokumentation nicht immer durchführbar. Ist dies der Fall, lässt sich die Funktionalität durch das so genannte Backfiring (siehe Kapitel *Methoden der Aufwandschätzung, Backfiring*) zumindest annähern. Hierbei werden aufgrund der Codegröße und der Codekomplexität eines bestehenden Anwendungssystems Rückschlüsse auf dessen Funktionalität gezogen.

3.7 Aufwandschätzung als Frühwarnsystem

Zurzeit wird bei der Software-Entwicklung noch mehr reagiert als agiert. Das Ziel sollte eine Art Frühwarnsystem sein, das ähnlich wie in industriellen Herstellungsprozessen Toleranzen definiert, in dessen Grenzen sich ein IT-Projekt bewegen muss, um erfolgreich zu Ende gebracht zu werden.

Für ein Frühwarnsystem ist der Aufbau eines regelmäßigen und konsequenten Reportings unerlässlich. Anfangs sollten viertel- oder halbjährliche Berichte geplant werden, die einen Überblick über den momentanen Stand aller laufenden IT-Projekte geben. Darüber hinaus sollte ein detaillierterer Jahresabschlussbericht erstellt werden, der

1. den Software-Entwicklungsprozess der Vergangenheit bewertet
2. mögliche Ursachen für Projektkrisen aufdeckt

3. Zielvorgaben mit entsprechenden Maßnahmen für das kommende Jahr zur Verbesserung der Software-Entwicklung definiert

Beispiele:

- ***Ziel:*** Verbesserung der Schätzgenauigkeit der ersten verbindlichen Aufwandschätzung eines IT-Projekts auf 20 Prozent
  Maßnahme: Aufbau einer Schätz-Erfahrungsdatenbank
- ***Ziel:*** Verbesserung der Produktivität von IT-Projekten einer bestimmten Art auf 13 Function Points pro Personenmonat
  Maßnahme: Schulung der Mitarbeiter in der Anwendungsentwicklung zur Verbesserung des Skills
- ***Ziel:*** Verbesserung der Effektivität der Fehlerbehebung von IT-Projekten einer bestimmten Art auf 70 Prozent
  Maßnahme: Verbesserung der Testumgebung durch Einführung eines integrierten Testtools und entsprechender Schulung der Mitarbeiter

Natürlich sind viele Ursachen für Projektkrisen oder auch typische Kostentreiber bekannt. Zum Beispiel weiß man, dass die Dokumentation oder auch Maßnahmen zur Qualitätssicherung einen nicht unerheblichen Einfluss auf den Projektaufwand besitzen. Dass diese Maßnahmen auf der anderen Seite auch einen positiven Einfluss z.B. auf den Wartungsaufwand besitzen, weiß man auch. Was man nicht hat, sind Antworten auf Fragen wie z.B.: »Wie viel muss man an Aufwand für Qualitätssicherungsmaßnahmen investieren, damit die Qualität auf der einen Seite gesteigert wird, die Produktivität auf der anderen Seite aber nicht zu stark sinkt?« Hier können Simulationen von verschiedenen Szenarios einer Aufwandschätzung die Entscheidung erleichtern. Erst ein konsequentes Erfassen und anschließendes Dokumentieren solcher Informationen ermöglicht es, irgendwann Antworten auf derartige Fragen geben zu können.

Ursachen, aus denen man lernen kann, können folgende Probleme sein:

- Die fachlichen Anforderungen werden nicht erfüllt.

  Untersuchungen des Government Accounting Office in den USA zeigten, dass 47% der von öffentlichen Verwaltung für Software-Entwicklung ausgegebenen Dollar für Software war, die nie eingesetzt wurde, weitere 29% für Software, die nie geliefert wurde, 19% für Software, die erhebliche Nachbesserungen erforderte und 3% mit geringen Nachbesserungen. Resultat: Nur 2% waren für Software, die den Anforderungen entsprachen.

- IT-Projekte sind chronisch unterschätzt bezüglich Kosten und Dauer.

  Das Department of Trade in England berichtet von 200 Projekten aus allen Industriebranchen, dass 55% die Kosten überschritten und 66% erhebliche Terminprobleme hatten. Eine ähnliche Untersuchung des Government Accounting Office in den USA kam dabei zu Werten von 50% bzw. 60%.

Um im Krisenfall wieder Kontrolle über das aus dem Ruder gelaufene Projekt zu erhalten, sollte der Projektleiter folgende Schritte unternehmen:

1. ***Klären der Projektziele.*** Das ist die wichtigste, aber oft auch schwierigste, Maßnahme. Unklare Projektziele sind die häufigste Ursache für Projektabbrüche.
2. ***Klare Abgrenzung von Aufgaben und Arbeitsschritten.*** In vielen Not leidenden Projekten waren solche »Fleischbälle in den Spaghetti« nicht zu erkennen.
3. ***Klären des Fertigstellungsgrads.*** Häufig werden die probaten Mittel der Meilenstein-Trend-Analyse und Projekt-Status-Analyse nicht zur Projektsteuerung eingesetzt.
4. ***Messen des Projektfortschritts.*** Dazu können die Ergebnisse von Schritt 2 und die Messung des Umfangs der zu entwickelnden Software herangezogen werden.
5. ***Management by Exception.*** Identifizieren von kritischen Aufgaben und deren vorrangige Bearbeitung.

3.8 Management Summary

Die Einführung der Aufwandschätzung ist ein Innovationsprojekt, das Information, Ausbildung und Partizipation der Betroffenen erfordert.

Der Königsweg zur Akzeptanz besteht aus Information, Ausbildung und Partizipation der Betroffenen.

Ein Metrik-Programm ist ein strategisches Vorhaben und kein zusätzlicher Overhead, der als notwendiges Übel betrachtet wird.

Damit die in den einzelnen IT-Projekten erworbenen Schätzerfahrungen nicht verloren gehen, müssen diese zentral von einer Stelle gepflegt (gesammelt und dokumentiert) und ausgewertet werden.

Die Unterstützung des Managements war der wichtigste Schlüsselfaktor für den Erfolg der Einführung in einem Unternehmen.

Der Durchbruch bei der Einführung gelang mit dem Abschluss der Function-Point-Zählung aller Anwendungssysteme, von deren Erfolg für die Abteilungsleiter 20% ihrer Tantieme eines Jahres abhängig waren.

Insgesamt lässt sich sagen, dass es sehr wenige technische Herausforderungen für den erfolgreichen Einsatz von Software-Messung gibt, aber sehr viele kulturelle Herausforderungen.

Projektleiter und Manager stehen den IT-Metriken eher positiv gegenüber. Projektleiter favorisieren den Einsatz von IT-Metriken für die Zwecke der Aufwandschätzung und für die Identifikation von spezifischen Problemfeldern.

Ein einziges misslungenes IT-Projekt kostet mehr als aller Aufwand, der nötig ist, um probate Methoden zur Aufwandschätzung und Software-Messung einzuführen und zu institutionalisieren.

Die Einführung der Aufwandschätzung erhält in Großunternehmen den größten Widerstand von den Projektleitern, da die Nutzenaspekte vorrangig Managementcharakter haben.

In jedem Fall ist der Aufwand für die Aufwandschätzung gegenüber dem Gesamtprojektaufwand vernachlässigbar gering!

Wenn einem Projektleiter die Zeit zur Aufwandschätzung fehlt, sollte er sich fragen, ob er das IT-Projekt nicht besser abbricht. Ein nicht quantifizierter Projektumfang ist ein Top-Risiko!

Der Aufwandschätzung kommt eine qualitätssichernde Funktion im IT-Projekt zu (z.B. Zustand der erforderlichen Dokumentation).

Häufig wird der Aufwand für diese nachgeholten Dokumentationsmängel fälschlicherweise der Aufwandschätzung zugeschlagen, obwohl es (vernachlässigte) Dokumentationsaufgaben sind. Das schürt dann wieder das Vorurteil, dass Aufwandschätzung (zu) aufwendig ist.

In vielen Unternehmen scheitert die Verbreitung der Schätzmethoden, die bereits in einer Abteilung eingesetzt werden, in anderen Abteilungen an dem »not invented here«-Syndrom (nicht bei uns erfunden).

Erwarten, suchen, verstehen, konfrontieren und managen Sie Widerstand!

Ein wesentlicher Erfolgsfaktor bei der Einführung einer Aufwandschätzung ist der Aufbau eines Motivationssystems.

Erfahrungsaustausch in Berufsverbänden und auf deren Tagungen ist unabdingbar, um nicht im eigenen Saft zu schmoren und um von den Erfahrungen anderer profitieren zu können.

Eine solide und fundierte Aufwandschätzung auf operativer und strategischer Ebene in Verbindung mit einem adäquaten Projektcontrolling leitet einen Verbesserungsprozess ein, der durch bewertbares Datenmaterial belegbar ist.

Besonders die Entwicklung eines Schätzhandbuchs als Richtlinie für die Mitarbeiter und Zusatz zur Methode wird auch von anderen Unternehmen als wichtiger Erfolgsfaktor erwähnt.

Bei der Zählung von Weiterentwicklungen muss neben dem Umfang des Basissystems der Umfang von entfernten, geänderten und neu entwickelten Funktionen sowie Datenübernahmen (Bestandsübertragungen, Migrationen) berücksichtigt werden.

Für ein Frühwarnsystem ist der Aufbau eines regelmäßigen und konsequenten Reportings unerlässlich.

4 Methoden der Aufwandschätzung

Die grundlegende Vorgehensweise beim Prozess der Aufwandschätzung kann in den folgenden Schritten beschrieben werden. Die meisten Schätzmethoden liefern als Ergebnis eine **Maßzahl für den Umfang** *des Schätzobjekts. Auf Basis einer zugrunde liegenden Metrik wird daraus der Aufwand ermittelt, aus dem anhand von Verrechnungssätzen eine Kostengröße gewonnen werden kann. Der Gesamtaufwand wird dann anhand einer* **Prozentsatzmethode** *auf die einzelnen Phasen eines IT-Projekts als Zeitgröße verteilt. Die Hochrechnung mit dem Ist-Aufwand der ersten Projektphase auf einen geschätzten Gesamtaufwand laut Prozentsatzmethode kann dann gleichzeitig als* **Vergleichsschätzung für das Schätzcontrolling** *zu Rate gezogen werden.*

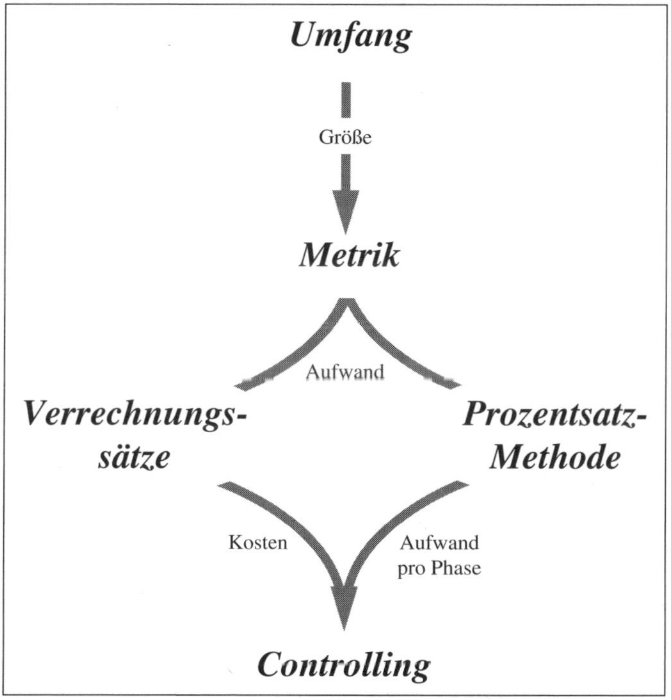

Abbildung 4.1: Schritte der Aufwandschätzung

4

4.1 Die Problematik der Schätzmethoden

Es gibt viele bekannte und erprobte Schätzmethoden. An der grundsätzlichen Aussage des Buchs von Noth/Kretzschmar – dass die ***Function-Point-Methode*** im Vergleich der Methoden am besten abschneidet – hat sich bis heute nicht viel geändert. Sie ist derzeit weltweit hinsichtlich Metriken ein De-facto-Standard und die am weitesten verbreitete und am besten akzeptierte Methode zur Messung des funktionalen Umfangs. Deshalb ist ihr ein eigenes Kapitel gewidmet, so dass sie hier nicht explizit dargestellt wird.

Daneben ist die ***COCOMO-Methode*** (COnstructive COst MOdel, LOC-basierend) weit verbreitet. Im Prinzip gibt es in der Praxis diese beiden Ansätze, den Umfang der zu entwickelnden Software zu messen und damit den Aufwand zu schätzen: anhand des Umfangs der funktionalen Vorgaben oder anhand des Programmumfangs.

Die AXA Service AG hat 2002 bei einer internationalen Umfrage nach dem Einsatz von Methoden zur Messung des Umfangs von 16 Unternehmen aus aller Welt folgende Rückmeldung bekommen:

Drei Unternehmen messen den Aufwand, ein Unternehmen Lines of Code, zwei Function Points, sechs Aufwand und Function Points, zwei Lines of Code und Function Points und zwei messen den Umfang nicht.

Die Probleme der LOC-Methoden sind, dass die LOCs erst in einer späten Phase bekannt sind und dass die Codierung nur ca. 10% des Umfangs der Systementwicklung ausmacht. Wenn dann die Realisierungsphase erreicht ist, gibt es einige KLOC(Kilo-LOC)-Verfahren zur Schätzung des Aufwands von Komponenten- und Integrationstest. Erschwerend kommt hinzu, dass die Regeln für das Zählen der LOCs klar definiert sein müssen (z.B. wie werden LOCs in unterschiedlichen Programmiersprachen gezählt?). Häufig scheitert Vergleichbarkeit an unterschiedlichen oder nicht angegebenen Zählregeln. Deshalb hat die IEEE Computer Society (The Institute of Electrical & Electronics Engineers, Inc., einer der beiden großen amerikanischen Berufsverbände für Informatiker, *http://computer.org*) den Standard 1045 für die Zählung von LOCs entwickelt.

Das Paradoxon der Sprachenumrechnungsfaktoren (Assembler-Äquivalent, siehe Kapitel *Backfiring*) ist eindeutig ein Argument gegen die LOC-Methoden. Je mächtiger eine Programmiersprache ist, desto weniger LOCs fallen pro Funktion an. Das impliziert sinkende Produktivität bei wachsender Effizienz! Obwohl die LOC-Methoden für frühe Schätzungen nutzlos sind, sind sie im nichtkommerziellen Umfeld weit verbreitet, da es dort angeblich keine besseren Metriken gibt.

Speziell Firmen mit ingenieurmäßigem Hintergrund verwenden weiterhin LOC-Methoden als einziges Maß zur Messung des Software-Umfangs. Diese Maße sind per definitionem abhängig von der eingesetzten Technologie, nicht über Programmiersprachen hinweg vergleichbar und messen eher eine spezielle Lösung als ein Maß des zu lösenden Problems. Capers Jones und viele andere Metrik-Spezialisten verachten deshalb die LOC-Methoden.

Der Vorteil der Function-Point-Methode zeigt sich u.a. darin, dass sie bereits früh (in der Fachkonzept-Phase) eingesetzt werden kann und sich für verschiedene Zwecke inzwischen einige Varianten der Function-Point-Methode etabliert haben: unter anderen die ***Data-Point-Methode***, die ***Object-Point-Methode*** und die ***Mark-II-Methode***. Weiterhin sind Standards, Schulung, Usergroups, Berater und Benchmarks etabliert und die Firmen erhalten verwertbare Resultate. Function Points werden gerne dazu eingesetzt, Benchmarking-Studien durchzuführen, um zwischen Projekten, Abteilungen, Firmen, Branchen oder Ländern zu vergleichen oder Software-Qualität und Produktivität zu messen.

Das Problem der Function-Point-Methode ist, dass das fachliche Konzept in der frühen Phase des Projekts noch nicht detailliert genug vorliegt. Auch sind die vom IFPUG-Standard vorgegebenen Gewichtungen ständiges Objekt von Diskussionen. Außerhalb des kommerziellen Bereichs der Software-Entwicklung ist die Akzeptanz der Methode gering, da sie weder für technische noch sonstige Komplexität (sehr einfache oder sehr komplexe Transaktionen) sensibel ist. Dies führte zur Einführung der 14 Systemmerkmale der IFPUG Methode und des CPLX Adjustment Factor der COCOMO-II-Methode.

Von Verfechtern des ***objektorientierten Paradigmas*** wird häufig das Killerargument genannt, dass die Schätzmethoden nicht für objektorientierte Systementwicklung anwendbar sind. Genaueres Hinterfragen ergibt dann häufig, dass nicht ernsthaft mit fundierter Erfahrung von wenigstens einer Schätzmethode versucht wurde, eine Übertragung auf die Methoden der objektorientierten Systementwicklung vorzunehmen. Die IFPUG hat z.B. zur Unterstützung ihrer Function-Point-Methode drei Fallstudien veröffentlicht. Davon ist die Case Study III für eine objektorientierte Systementwicklung gedacht. Auch auf den internationalen Metrik-Tagungen (MAIN, GI-Fachgruppe 2.1.10 Software-Messung und -Bewertung, IFPUG) sind zahlreiche Vorträge aus dem objektorientierten Umfeld zu verzeichnen. ***Mit solider Schätzerfahrung und dem ernsthaften Willen lässt sich demnach auch der Aufwand bei objektorientierter Systementwicklung mit den bekannten Schätzmethoden schätzen*** (siehe auch Kapitel *Varianten der Function-Point-Methode, Die Object-Point-Methode* und *Software-Metriken, Objektorientierte Metriken*).

Mathematiker haben gezeigt, dass es nicht wirklich sinnvoll ist, die Länge von Algorithmen zu messen, da jederzeit irgendjemand einen neuen und kürzeren Algorithmus zur Lösung des Problems entwickeln kann. Deshalb ist die Länge eines Algorithmus eher abhängig von der aktuellen Lösung als von dem zu lösenden Problem. Ebenso hat die Länge eines Algorithmus, codiert in einer Programmiersprache, wenig Beziehung zu den funktionalen Anforderungen, die er lösen soll. Die Länge eines Algorithmus ist also eher ein Maß für die Programmierfähigkeiten des Entwicklers und deshalb vom Programmierer abhängig. Die Programmierung ist mehr eine Übersetzungsaufgabe und deshalb einfacher als die Erfindung von Algorithmen. Der wirkliche Aufwand entsteht dabei durch die Anforderungen eines rigorosen Testens. So ist die Messung des Funktionsumfangs stark algorithmischer Software derzeit noch eine große Herausforderung.

Mit den Schätzmethoden einher geht der ***Tooleinsatz***. Den Tools zur Aufwandschätzung ist ein eigenes Kapitel gewidmet. Im vorliegenden Kapitel befassen wir uns mit den Methoden. Verbreitete Methoden bieten eher Toolunterstützung oder sogar mehrere Tools zur Auswahl an als weniger verbreitete Methoden. Ein Verfahren ist eine Methode mit detaillierten Anweisungen (und Standards) und häufig mit Toolunterstützung. In einem Großunternehmen ist z.B. folgendes Aufwandschätzverfahren im Einsatz:

1. **Methoden**
   - internationale standardisierte Schätzmethode IFPUG 4.0
   - ein zertifizierter Function-Point-Spezialist im zentralen Competence Center
   - Qualitäts-, Fehler- und Risikometriken
   - zweimonatliche, innerbetriebliche Zeitung für die Projektleiter
2. **Werkzeuge**
   - Function Point Workbench (LAN-Version) von Firma Charismatek, Australien

- Checkpoint/KnowledgePLAN von SPR (Capers Jones)
- Excel-Charts für Metriken
- Alle Dokumente, Standards und Werkzeuge im LAN veröffentlicht

Ein Problem ist der geringe Verbreitungsgrad des Themas Aufwandschätzung in Lehre und Forschung. Achim Kindler und Wolfram von Schneyder schreiben dazu:

»Im Projektmanagement werden in der Regel die grundlegenden Methoden sowie das Delphi- und Dreipunktverfahren dargestellt. Leider wird das Fach Projektmanagement in der Bundesrepublik Deutschland bislang nur sehr vereinzelt gelehrt. Die geringe Priorität, welche die Aufwandschätzung in der Lehre erfährt, spiegelt sich auch in der Forschung wider.«

Und weiter: »... wird die Aufwandschätzung in der Ausbildung und in der Literatur häufig nur insoweit berücksichtigt, dass sie durchzuführen ist und mit den bekannten Methoden und Verfahren durchgeführt werden kann. Dieses Bild wird auch durch Standardwerke zum Projektmanagement bestätigt. So z.B. PMBok Guide (Project Management Body of Knowledge, PMI – Project Management Institute) und Projektmanagement Fachmann (GPM, Deutsche Gesellschaft für Projektmanagement).«

Sowie: »In mittleren und größeren Unternehmen gibt es meist Projektmanagement-Richtlinien, in denen geregelt ist, wie Projekte durchzuführen sind.

- Die Richtlinien beinhalten den Hinweis, dass eine Aufwandschätzung durchzuführen ist (ohne Hinweis, wie).
- Es gibt eine sehr detaillierte Beschreibung, wie die Aufwandschätzung durchzuführen ist, die in der Mehrzahl der Fälle leider nicht wie beschrieben anwendbar ist (zum Beispiel fehlende Schätzgrundlagen, andere Projektart, veränderte Organisationsstrukturen).«

4.2 Bestimmung des Aufwands

Das Ergebnis einer Schätzung ist eine Zahl für die Entwicklung des betrachteten Software-Systems bzw. eines Teils davon. Eine gängige Einheit ist hier ***Personenmonate (PM)*** bzw. davon abgeleitete Größen wie Personenjahre (PJ), Personentage (PT) oder auch Personenstunden (PS). Synonym zum Begriff Personenmonat wurde früher häufig der Begriff Mannmonat verwendet.

Der Einsatz von Schätzverfahren z.B. mit ***Erfahrungskurven und Schätzgleichungen*** impliziert das Vorhandensein von mathematischen Funktionen zur Berechnung des Projektaufwands und verführt damit zu der falschen Annahme, exakte Ergebnisse erreichen zu können.

Nach dem Bestimmen der Größe einer Anwendung z.B. durch das Ermitteln von Function Points wird versucht, eine Beziehung zwischen dem Maß für die Größe einer Anwendung und dem zur Realisierung notwendigen Aufwand herzustellen. Hierzu lassen sich grundsätzlich zwei Vorgehensweisen unterscheiden:

1. Umfangbasierte Methoden
2. Ad-hoc-Methoden

Einige bekannte Ad-hoc-Methoden werden im Kapitel *Methodenüberblick* kurz dargestellt. Zu den umfangbasierten Methoden werden drei Vorgehensweisen beschrieben:

1. Schätzung durch eine Erfahrungskurve
2. Schätzung durch eine Schätzgleichung
3. Schätzung durch ein Expertensystem

Daneben wird im Folgenden auch auf die umstrittene Methode des »Backfiring« eingegangen.

4.2.1 Schätzung durch eine Erfahrungskurve

Durch ***Nachkalkulationen*** von möglichst vielen, bereits fertig gestellten Projekten erhält man Wertepaare der Form (PM, FP). Mittels einer ***Regressionsanalyse*** ergibt sich hieraus die so genannte ***Erfahrungskurve***. In einem weiteren Schritt lässt sich aus der Kurve eine Tabelle erstellen, die die Beziehung von Personenmonaten in Abhängigkeit von Function Points wiedergibt. Hat man die Function Points eines neuen Projekts bestimmt, so kann man den Aufwand für das Projekt aus dieser Tabelle ablesen bzw. interpolieren.

Es liegt auf der Hand, dass die Streuung der einzelnen Werte umso geringer ausfällt, je homogener die Zusammensetzung der Projekte für diese Kurve ist. Weiter muss unbedingt darauf geachtet werden, dass die Aufwände der nachkalkulierten Projekte standardisiert ermittelt wurden und das zugrunde liegende Time Accounting (s.o.) übereinstimmt.

Beim Einsatz der Regressionsanalyse sollte auch überprüft werden, ob der Einsatz der (einfacheren) Regula Falsi (lineare Interpolation zwischen den

Datenpunkten der Erfahrungskurve) zu akzeptablen Resultaten führt. Je nach Art der Kurve eignet sich eines der beiden Verfahren besser.

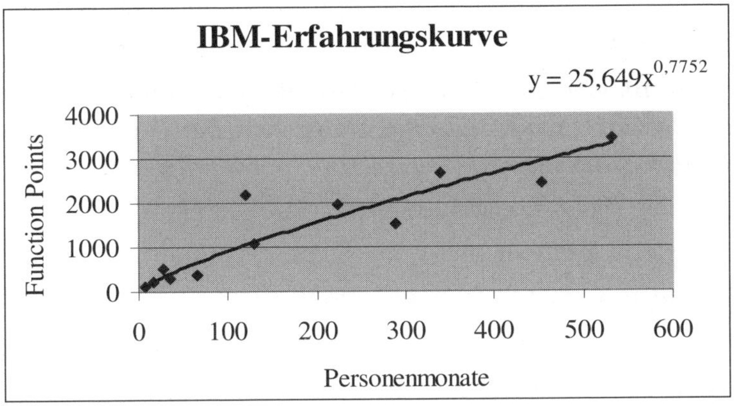

Abbildung 4.2: IBM-Erfahrungskurve

4.2.2 Schätzung durch eine Schätzgleichung

Hier erfolgt die Schätzung anhand von Formeln für Aufwandfaktoren, die den Systementwicklungsprozess stark beeinflussen. Dafür gibt es zahlreiche Ansätze in der Literatur. Bekannt ist z.B. die Formel von Putnam (SLIM = Software Life Cycle Management). Aber auch aus der Erfahrungskurve basierend auf Wertepaaren der Function-Point-Methode und zugehörigem Aufwand kann mit der Regressionsanalyse eine Formel (Schätzgleichung) errechnet werden.

Alle Schätzgleichungen haben die allgemeine Form y = f(x1, x2, x3, ...), wobei mit y der Aufwand gemeint ist und xi die Aufwandfaktoren bedeuten. Die Erfahrungskurve der Function-Point-Methode liefert über Regressionsanalyse z.B. eine Schätzgleichung der Form $y = a*x^b$, wobei a und b durch die Regressionsanalyse berechnet werden. Der Exponent b nimmt dabei in der Regel Werte zwischen 0,5 und 1,5 an (siehe auch Kapitel *Software-Metriken, Prozessmetriken*). Bei der Regressionsanalyse wird stets der Regressions- oder Vertrauenskoeffizient R^2 mit angegeben, der anzeigt, wie gut die Regressionsgleichung an die Messpunkte angeglichen ist. Dabei werden allgemein Werte von $R^2 > 0{,}7$ als gut angesehen.

Schätzen durch eine Schätzgleichung sowie auch Schätzen durch Ablesen aus einer Erfahrungskurve implizieren die Annahme, dass der Aufwand für die Planung und Durchführung eines Projekts eine Funktion in Abhängigkeit nur einer Variablen ist:

A = f(G) A = Aufwand, G = Größe der Anwendung

Dies stellt aber eine starke Vereinfachung der tatsächlichen Situation dar. In Wirklichkeit hängt der Aufwand eines IT-Projekts von weitaus mehr Faktoren ab, wie z.B. Erfahrung der Mitarbeiter, die verwendete Technologie, Komplexität des Problems, die Umgebung der Entwicklung usw. Aus diesem Grund muss man vielmehr annehmen, dass der Aufwand eine Funktion in Abhängigkeit von vielen Variablen ist:

A = f(x1, x2, x3, ...)

4.2.3 Schätzung durch ein Expertensystem

Die dritte Schätzmöglichkeit neben Erfahrungskurve und Schätzgleichung ist ein wissensbasiertes Expertensystem, dessen Wissensbasis nach einem standardisierten Verfahren nachkalkulierte Projekte enthält. Für eine grobe Schätzung des Aufwands reicht in der Regel schon die Größe der Anwendung (in Function Points, KLOC o.Ä.) als Eingabe. Für detailliertere Schätzungen können dann weitere Angaben gemacht werden, so zum Beispiel Angaben

- zu der Komplexität der Anwendung
- zu den Erfahrungen des Personals
- zur verwendeten Programmiersprache
- zur verwendeten Technologie usw.

Das Prinzip der Schätzung durch ein Expertensystem verdeutlicht Abbildung 4.3.

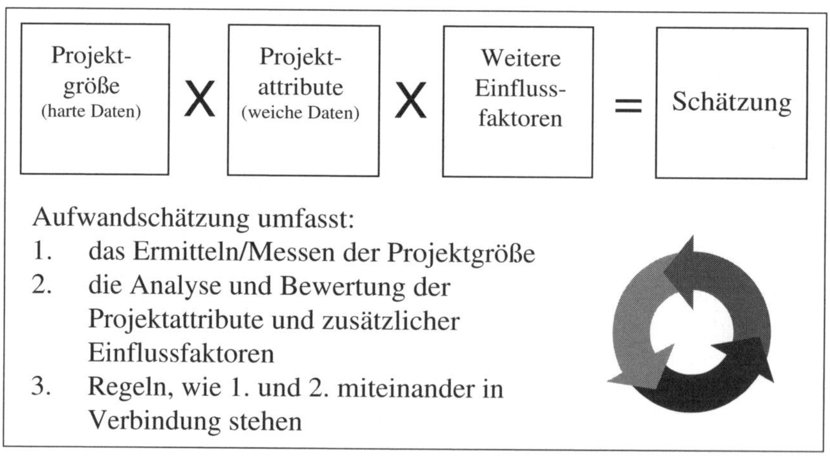

Abbildung 4.3: Schätzung durch ein Expertensystem

Zusätzlich können die während des Projekts bereits ermittelten ***Ist-Werte*** mit eingegeben werden, die die weiteren Schätzungen noch genauer werden lassen. Ein Beispiel für solch ein Expertensystem ist das Tool Checkpoint/KnowledgePLAN. Der Vorteil solcher Expertensysteme liegt auf der Hand: Wird die Wissensbasis zentral von einer Stelle (evtl. die Herstellerfirma) gepflegt, gewartet und erweitert, so erhält der Anwender eine wesentlich größere Datenbasis, als wenn er nur seine eigenen Projekte betrachtet und mit einer Erfahrungskurve arbeitet. Die Wissensbasis des Expertensystems Checkpoint/KnowledgePLAN enthält ca. 6.700 ausgewertete Projekte.

4.2.4 Backfiring

Ist keine Dokumentation vorhanden oder lässt sich ein Altsystem nicht komplett zählen, so lässt sich die Funktionalität durch das so genannte **Backfiring** *zumindest annähern, wobei anzumerken ist, dass diese Methode sehr umstritten ist (siehe hierzu auch den letzten Absatz dieses Kapitels), weil Function Points und LOCs nicht äquivalent, aber komplementär zueinander sind.*

Hierbei werden ***aufgrund der Codegröße in LOCs und der Codekomplexität*** eines bestehenden Anwendungssystems Rückschlüsse auf dessen Funktionalität in Function Points gezogen. Da die Codegröße von der verwendeten Programmiersprache abhängt, hat IBM den so genannten ***Language Level*** eingeführt. Dieser beschreibt, wie viel Assembler-Anweisungen durchschnittlich benötigt werden, um die Funktionalität eines Statements der zu beschreibenden Programmiersprache zu realisieren. Die folgende Tabelle zeigt für einige ausgewählte Programmiersprachen die Assembler-Äquivalente. Die Firma SPR (Software Productivity Research in Burlington, MA, ehemals Capers Jones) bietet auf ihrer Homepage (*www.spr.com*) diese Tabelle stets in aktueller Form an (derzeit mehr als 700 Programmiersprachen).

Programmiersprache	**Assembler-Äquivalent**
ABAP/4	20,00
Access	8,50
ANSI COBOL 74	3,00
ANSI COBOL 85	3,50
Microfocus Cobol	4,00
Basic assembly	1,00

Tabelle 4.1: Language Level laut Checkpoint/KnowledgePLAN (Auszug)

Programmiersprache	Assembler-Äquivalent
Macro assembly	1,50
C	2,50
C++	6,00
Symantec C++	11,00
Visual C++	9,50
CICS	7,00
IBM CICS/VS	8,00
Clipper	17,00
Cold Fusion	18,00
EIFFEL	15,00
Excel 3-4	55,00
Excel 5	57,00
Focus	8,00
Fortran	3,00
Fortran 90	4,00
Framework	50,00
HTML 4.0	24,00
Interpreted Basic	3,00
Java, JavaScript	6,0
LISP	5,00
Lotus Notes	15,00
ORACLE	8,00
Programming Generators	20,00
SAS	10,00
SmallTalk, SmallTalk/V	15,00
ANSI SQL	25,00
Visual Basic 2	9,00

Tabelle 4.1: Language Level laut Checkpoint/KnowledgePLAN (Auszug) *(Forts.)*

Darüber hinaus wurde schnell nach einem zweiten Level gesucht, der eine Aussage darüber macht, wie viel Quellcodezeilen einer bestimmten Programmiersprache benötigt werden, um einen Function Point zu kodieren. Capers Jones bezeichnet diesen Level auch als ***durchschnittliche Expansionsrate*** (engl. average expansion rate). Die folgende Tabelle zeigt eine Übersicht über eine Auswahl von bekannten Programmiersprachen und deren Expansionsraten.

Programmiersprache	Durchschnittliche Expansionsrate
Basic Assembler	320
Macro assembly	213
C	128
ANSI COBOL 74	107
Fortran	107
Interpreted Basic	107
ANSI COBOL 85	107
Fortran 90	80
Microfocus Cobol	80
LISP	64
C++	55
CICS	46
IBM CICS/VS	40
ORACLE	40
Visual Basic 2	35
Visual C++	34
SAS	32
Symantec C++	29
EIFFEL	21
SmallTalk/V	21
ABAP/4	16
Programmgeneratoren	16
ANSI SQL	13
Excel 3-4	6

Tabelle 4.2: Durchschnittliche Expansionsrate

Die Function Points einer Anwendung, die aus 10.000 Quellcodezeilen COBOL besteht, lassen sich damit beispielsweise folgendermaßen annähern:

FP = (10.000 LOC) / 107 = 93 Function Points

Für die Programmiersprache COBOL finden sich in der Literatur z.B. die folgenden Umrechnungsfaktoren:

1 FP = 145 LOC COBOL (John Barnes Consulting, England),

1 FP = 105 LOC COBOL +/- 40% (SPR, Boston).

Ebenso wurde bereits in den 80er Jahren für Assembler ein Umrechnungsfaktor von 250 bis 350 FP/PM ermittelt.

Eine zusätzliche Berücksichtigung der Codekomplexität macht das Ergebnis des Backfirings etwas genauer. ***Capers Jones weist darauf hin, dass äußerst komplexer Code in der Regel mehr Quellcodezeilen pro Function Point benötigt als extrem simpler Code.*** Um diesem Umstand Rechnung zu tragen, empfiehlt Capers Jones zusätzlich noch folgenden Schritt: Nachdem die Komplexität nach der SPR-Function-Point-Methode bestimmt ist, wird obiger Wert noch durch einen Anpassungsfaktor (engl. Code size adjustment multiplier) dividiert. Angenommen, die oben erwähnte Anwendung besäße eine Komplexitätssumme von 6, ergäbe sich mit dem zugehörigen Wert 0,85 aus Tabelle 4.3:

FP = (10.000 LOC) / (107 * 0,85) = 110 Function Points

Dies bedeutet: Da die Anwendung unterdurchschnittlich komplex ist, kann mit derselben Menge Quellcode mehr Funktionalität erzeugt werden.

Summe von Problem-, Code- und Datenkomplexität	Anpassungsfaktor
3	0,70
4	0,75
5	0,80
6	0,85
7	0,90
8	0,95
9	1,00

Tabelle 4.3: Anpassungsfaktoren zum Backfiring

Summe von Problem-, Code- und Datenkomplexität	Anpassungsfaktor
10	1,05
11	1,10
12	1,15
13	1,20
14	1,25
15	1,30

Tabelle 4.3: Anpassungsfaktoren zum Backfiring *(Forts.)*

Auch wenn die Messungen mit Quellcode immer mit Vorsicht zu genießen sind, ist das oben beschriebene ***Backfiring oftmals die einzige Möglichkeit***, die Funktionalität von Altsystemen überhaupt zu erfassen. Außerdem ist eine ungenaue Zählung immer noch besser als gar keine. Schließlich gibt es auch Anwender, die gute Erfahrungen mit Backfiring gesammelt haben. LOCs können gut eingesetzt werden bei Bestandsübertragungen (Migrationen), bei denen kein funktionaler Umfang geändert wird.

Bei der Berechnung einer Metrik zur Umrechnung von LOCs in Function Points und umgekehrt muss unbedingt darauf geachtet werden, dass die LOCs gezählt werden, die zu bestimmten Function Points gehören. Nur so kann ein verlässlicher Umrechnungsfaktor bestimmt werden.

Dazu müssen Vergleichszählungen vorhanden sein. Bei der Zählung der LOCs ist für Vergleiche wichtig, ob die Anzahl Zeilen von physischen oder von logischen Quellcode-Befehlen gezählt werden und wie dabei Compileranweisungen und Datendeklarationen berücksichtigt werden. Beim Einsatz von Programmgeneratoren macht das Zählen von LOCs keinen Sinn. Feste Meinung ist bisher, dass Kommentarzeilen dabei unberücksichtigt bleiben. Das hat zur Folge, dass Programmierer dazu neigen, ihre Programme noch weniger zu dokumentieren. Gut beraten ist deshalb, wer sich an den Standard 1045 für die Zählung von LOC der IEEE Computer Society hält.

Allgemein werden LOCs als technisches Maß und Function Points als funktionales Maß angesehen. Wenn man an die Gültigkeit von Backfiring glaubt, bedeutet das, dass ein technisches Maß auch ein funktionales Maß ist und umgekehrt. Deshalb ist Backfiring eine sehr umstrittene Methode.

4.3 Methodenüberblick

Die Schätzmethoden unterscheiden sich durch die Einsatzschwerpunkte und Wirkungsbereiche. Das ergibt sich aus den unterschiedlichen Verwendungszwecken während des Systementwicklungsprozesses und aus den Bedürfnissen der daran beteiligten Personen und Stellen. Von den vielen in der Literatur vertretenen Schätzmethoden sind die folgenden etwas bekannter und werden deshalb hier kurz charakterisiert. Der umfangbasierten Function-Point-Methode ist ein eigenes Kapitel gewidmet, so dass sie hier nicht behandelt wird.

4.3.1 Heuristische Methoden

Heuristisch heißt aus der Erfahrung gewachsen. Die Bezeichnung verwenden wir für eben solche Methoden, die teilweise einfach und praxisnah sind, wie z.B. die Pi-mal-Daumen-Methode oder Prozentsatzmethode bzw. für solche Methoden, die von einzelnen Unternehmen entwickelt wurden. Letztere sind teilweise etwas älter und evtl. nicht mehr im Einsatz. Sie zeigen aber Möglichkeiten auf, wie Eigenentwicklungen angegangen werden können. Der Nachteil bei solchen unternehmensspezifischen Entwicklungen ist natürlich der Mangel an Vergleichbarkeit.

Die Expertenschätzung

Das wohl am häufigsten angewandte Schätzverfahren ist die Expertenschätzung. Das bedeutet nichts anderes, als dass ein oder mehrere fachkundige (wie auch immer) Personen zu einer Einschätzung des Aufwands kommen. Alle anderen heuristischen Verfahren dienen nur dazu, solche Expertenschätzungen tendenziell zu verbessern. Siehe hierzu auch Kapitel *Die Schätzproblematik*, Abschnitt *Die Grundprinzipien der Aufwandschätzung, Messen.*

Die Delphi-Methode

Bei der Delphi-Methode werden mehrere Experten um ihre Einschätzung des Aufwands gebeten. Die Ergebnisse werden ihnen anonym zurückgemeldet und sie werden um eine erneute Schätzung gebeten. Nach einigen Iterationen nähern sich die Werte dann einander an.

Die Pi-mal-Daumen-Methode

Die Methode, auch Dreipunktmethode oder Beta-Methode genannt, ist Bestandteil der Netzplantechnik PERT. In ihrer einfachsten Variante arbeitet sie mit zwei Werten: der Mittelwert aus einer Worst-Case- (pessimistischer Wert) und einer Best-Case-Schätzung (optimistischer Wert) wird gebildet. Mit drei Werten bieten sich dann folgende Varianten: Ein Viertel von Worst Case plus ein Viertel von Best Case plus ein halb mal ein realistischer Erwartungswert bzw. Worst Case plus Best Case plus 4-mal realistischer Erwartungswert, anschließend durch 6 geteilt. Das kann durch Schätzungen von einzelnen Projektleitern erfolgen oder indem mehrere Projektleiter befragt werden und aus deren Angaben ein Mittelwert berechnet wird. Dabei ist sicherzustellen, dass die Befragten über entsprechendes Know-how verfügen. Sie sollten auch befragt werden, wie sie schätzen würden, wenn eine weniger erfahrene Person die Aufgabe durchführen würde. Günstig ist, wenn ihre Erfahrungen noch frisch von einer ähnlichen Aufgabe geprägt sind. Das ist besser, als sich auf ihre Erinnerung zu verlassen. Noch besser sind natürlich gemessene Ist-Zeiten.

Nachteil dieser Methode ist, dass die Schätzungen subjektiv sind und häufig nicht dokumentiert werden. ***Die Angabe der Prämissen und des Umfelds der Schätzung, der beteiligten Personen sowie der Annahmen, von denen bei der Schätzung ausgegangen wird, ist unabdingbar, wenn mit dieser »Methode« Schätzerfahrungen erworben werden sollen.*** Wenn dieser Aufwand getrieben wird, kann auch eine der standardisierten Methoden eingesetzt werden. Der Aufwand für deren Einsatz ist nicht größer und sie bieten darüber hinaus den Vorteil der überbetrieblichen Vergleichbarkeit und damit die Möglichkeit, die Erfahrungen anderer zu nutzen (Benchmarking).

Die Analogiemethode

Die Analogiemethode bestimmt den Aufwand, indem die Neuentwicklung nach bestimmten Gesichtspunkten mit bereits abgeschlossenen Projekten verglichen wird. Mögliche Kriterien sind u.a. der Leistungsumfang, ausgedrückt in der Anzahl der Anweisungen oder die Anzahl der Programme eines Software-Produktes. Das Problem dabei ist, »ähnliche Projekte« zu finden und vor allem deren Aufwandschätzungen und Ist-Werte. Projekte sind per se einmalig, so dass Vergleichbarkeit die Ausnahme ist.

Beispiel:

1. ***Entwerfen eines Grobmodells***, aus dem die fachlichen und IT-technischen Anforderungen des zu entwickelnden Systems hervorgehen
2. ***Ermittlung von abgeschlossenen Projekten***, die gleiche oder ähnliche Merkmale wie das neue Projekt besitzen

3. Per ***Analogieschluss*** wird der Leistungsumfang der geplanten Software-Entwicklung und die Entwicklungsproduktivität geschätzt.
4. Der benötigte Personaleinsatz ergibt sich aus der Division des geschätzten Leistungsumfanges durch die wahrscheinliche Entwicklungsproduktivität.

Die Relationenmethode

Bei der Relationenmethode wird der Aufwand wie bei der Analogiemethode ermittelt, indem das System mit bereits abgeschlossenen Projekten verglichen wird. Der einzige Unterschied besteht darin, dass der ***Vergleich der Kennzahlen mit Hilfe von Indizes*** erfolgt, wobei die Grundzahl (Index = 100) charakteristisch ist für das normale Maß, den Durchschnittswert. Für die Relationenmethode gilt ebenfalls das für die Analogiemethode Erwähnte. Die Verwendung von Kennzahlen präjudiziert hierbei eine Berechenbarkeit, die von der den Aufwandschätzmethoden immanenten Ungenauigkeit ablenkt.

Vorgehensweise:

1. Festlegung der Teilindizes
2. Ermittlung der Index-Basis 100
3. Beurteilung des zu erstellenden Programms in Bezug auf die Indizes
4. Ermittlung des Aufwands für das neue Projekt

Im folgenden Beispiel (siehe Tabelle 4.4) ist die Programmiersprache COBOL für Programmierer mit drei Jahren Programmiererfahrung zur Index-Basis 100 genommen worden. Demgegenüber würden in diesem Beispiel Projekte mit der Programmiersprache PL/1 mit 15% Abschlag geschätzt, Assembler-Projekte mit 30% Aufschlag.

Indizes	**Indexziffer in %**				
	70	85	100	115	130
Programmiersprache	RPG	PL/1	COBOL	...	Assembler
Programmiererfahrung	über 5 Jahre		3 Jahre		unter 1 Jahr

Tabelle 4.4: Ausschnitt aus einer Indextabelle

Die Gewichtungsmethode

Bei den Gewichtungsverfahren werden ***objektive und subjektive Einflussfaktoren*** der Systementwicklung mit einem bestimmten Gewicht versehen, dessen Höhe den Einfluss des Faktors auf den Aufwand wiedergeben soll. Die Einflussgrößen werden geschätzt und mit dem zugehörigen Gewicht multipliziert. Der Gesamtaufwand ergibt sich aus der Summe der Einzelbewertungen. Voraussetzung ist die Erhebung des erforderlichen Datenmaterials zur Ableitung von Formeln.

Beispiel 1:

Die Aufwandschätzung nach dem Verfahren ***Zeit-Kosten-Planung*** wird beim Vorliegen des fachlichen Feinkonzepts vorgenommen. Geschätzt wird der Zeitaufwand für das benötigte Personal von der Erstellung des IT-Grobkonzepts bis zum Test.

Die Grundformel lautet:

> Programmierzeit = (Dateifaktor + Verarbeitungsfaktor) * (Problemkenntnisfaktor + Problemerfahrungsfaktor)

Nach Zuschlägen für die Organisation und für Verlustzeiten innerhalb des Auftrags ergibt sich der Aufwand für die Software-Erstellung in Personentagen.

Die Beurteilung wird für jeden Baustein vorgenommen, der sich aus der Aufgliederung der Aufgabe in Fachprozesse und den Betriebsrahmen ergibt.

Der Umfang der Bausteine soll etwa 1.000 bis 1.500 Cobol-Statements umfassen bzw. eine Bearbeitungszeit von etwa drei Monaten erfordern.

Die Bewertung der einzelnen Bausteine wird mit Hilfe von Tabellen vorgenommen, die dem Anwender vorgegeben werden.

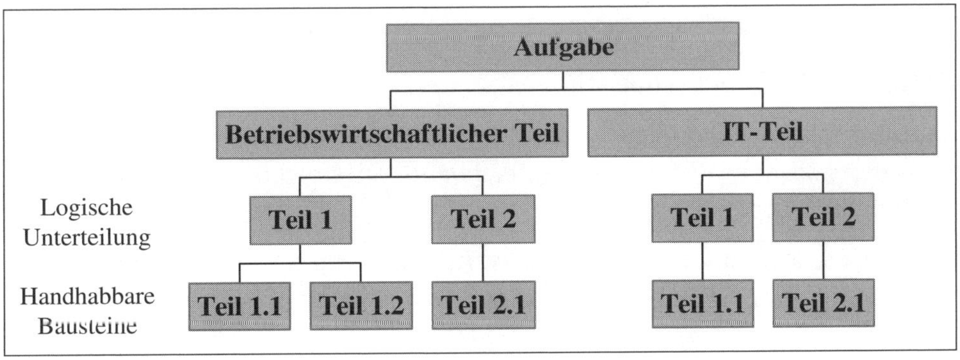

Abbildung 4.4: Beispiel einer Aufgabenzergliederung

Zeitaufwand für Organisation				Je Baustein
Aufwandsarten	**Stufe**	**Aufwandsstufen**		
Phasenorganisation		Kein Aufwand	0	
Standards, Konventionen festlegen		Aufwand gering	1	
Einlesen in fachliches Grob-/Feinkonzept		Aufwand mittel	2	
IT-technische Systemanalyse		Aufwand groß	3	
Einarbeitung in bestehende Software		Aufwand ungewöhnlich groß	4	
Unvorhergesehene fachliche Änderungen				
Erstellen Testdaten				
Unterstützung der Datenübernahme				
Summe:				
	Summe	0 / 1–3 / 4 / 5–7 / 8 / 9–11 / 12		
	Prozent	10 / 11–19 / 20 / 21–29 / 30 / 31–39 / 40		
	Ermitteln Prozentsatz			

Tabelle 4.5: Beispiel einer Gewichtungstabelle

Dieses Verfahren kann die heute aktuellen Einflüsse kaum erfassen. Dies gilt besonders für transaktionsorientierte Verarbeitung und Datenbankspeicherung.

Beispiel 2: Das Verfahren EGW

Beim Verfahren EGW ergibt sich der Gesamtaufwand aus dem fachlichen Aufwand und dem IT-technischen Aufwand. Diese werden nach folgenden Formeln berechnet:

- Gesamtaufwand = Fachlicher Aufwand + DV-technischer Aufwand
- Fachlicher Aufwand = FU * FT * FE

  FU = Problemumfang

  FT = fachliche und organisatorische Tätigkeiten

  FE = fachliche Erfahrung

- DV-technischer Aufwand = DU * DT * DE * DO * DW * DS
  DU = Programmumfang
  DT = Schwierigkeit der Programmiertätigkeiten
  DE = Programmiererfahrung
  DO = Organisatorische Schwierigkeiten
  DW = Grad der Wiederverwendung
  DS = Programmiersprache

Tabelle 4.6 zeigt Beispiele für die Bewertung der einzelnen Faktoren.

Verfügbare Erfahrung	Erforderliche Erfahrung		
	Wenig	Einige	Viel
Gute Kenntnisse des Aufgabengebietes und Projekterfahrung	1,00	1,00	1,05
Kenntnisse des Aufgabengebietes und Projekterfahrung	1,00	1,10	1,15
Keine Kenntnisse des Aufgabengebietes, aber Projekterfahrung	1,05	1,15	1,25
Keine Kenntnisse des Aufgabengebietes und keine Projekterfahrung	1,15	1,30	1,50

Tabelle 4.6: Tabelle zur Bestimmung der FE

FU gibt den Problemumfang, gemessen an der Anzahl der fachlichen Funktionen bzw. Aufgaben wieder.

Der Faktor FE berücksichtigt das Verhältnis von erforderlichen zu vorhandenen Fähigkeiten.

Die Prozentsatzmethode

Bei der Prozentsatzmethode wird eine relative Aufteilung der Kosten auf einzelne Phasen oder Aktivitäten vorgenommen. Die Prozentsatzmethode ist relativ einfach zu handhaben und kann daher als Schätzmethode parallel zu jeder anderen eingesetzt werden. Sie ist die einzige prozessorientierte Methode unter den Aufwandschätzmethoden, geht aber von dem antiquierten Wasserfallmodell aus. Dabei wird ein Projekt in Phasen eingeteilt, die nacheinander abgearbeitet werden. Die jeweils nächste Phase beginnt dann, wenn die vorige beendet ist. Ein geflügeltes Wort ist dabei, dass die Designphase für beendet erklärt wird, wenn das Team die geplante Zeitdauer überschritten hat oder dem Projekt das

Geld ausgeht. Frederick Brooks hat in seinem bekannten und zeitlosen Buch *The Mythical Man-Month* (inzwischen auch in deutsch bei mitp erschienen: Vom Mythos des Mann-Monats) als Faustregel folgende Prozentzahlen empfohlen:

- 1/3 Planung
- 1/6 Programmierung
- 1/4 Komponententest und früher Systemtest
- 1/4 Systemtest (Integrationstest)

Phase Nr.	Anteil	Phase
1	10%	Problemanalyse
2	30%	Fachkonzept
3	30%	DV-Konzept
4	25%	Realisierung
5	5%	Einführung

oder

Phase Nr.	Anteil	Phase
1	11%	Anforderungsanalyse
2	11%	Anforderungs-spezifikation
3	5%	Logische System-spezifikation
4	10%	Physisches Design
5	46%	Programmierung und Modultest
6	5%	Implementierung
7	12%	Systemtest

Tabelle 4.7: Beispiel SSADM

Der Aufwand des gesamten Projektes oder einer einzelnen Phase des Entwicklungsprozesses wird bei der Prozentsatzmethode anhand des bis zum Schätzzeitpunkt angefallenen Aufwands ermittelt. Wird zum Beispiel die Problemanalyse mit 10% des gesamten Projektaufwands veranschlagt, so kann man den Projektaufwand als das Zehnfache des für die Problemanalyse angefallenen Aufwands kalkulieren.

Dazu ist eine Untersuchung im eigenen Unternehmen empfehlenswert, da inzwischen viele verschiedene Phasenkonzepte mit unterschiedlichen Prozentanteilen am Markt sind, u.a. SSADM (vgl. Tabelle 4.7 mit sieben Phasen), V-Modell der Bundeswehr (verpflichtend für alle Software-Anbieter der Bundeswehr) usw. Die ISO-Norm 12207 unterscheidet dabei die folgenden zwölf Phasen, die von der ISBSG in fünf Phasen komprimiert wurden. Die folgende Tabelle zeigt die Prozentanteile dieser fünf Phasen nach der ISBSG-Benchmarking-Datenbank vom Juni 2002 auf Basis von 404 Projekten.

Phase Nr.	ISO 12207 Project Steps (Steps in ISO 12207 – Software Engineering Lifecycle Processes)	ISBSG-Phase	ISBSG-Phasen-Anteil
0		Plan (Studie)	5%
1	Erhebung der Anforderungen	Spezifikation	23%
2	System-Anforderungsanalyse		
3	System-Architektur-Design		
4	Software-Anforderungsanalyse		
5	Software-Design	Design (Plan)	
6	Software-Konstruktion (Code und Unit-Test)	Realisierung	41%
7	Software-Integration		
8	Software-Test	Test	22%
9	System-Integration		
10	System-Test		
11	Software-Installation	Einführung	9%
12	Anwenderbetreuung		

Tabelle 4.8: Beispiel ISBSG/ISO 12207

Die ISBSG-Benchmarking-Datenbank enthalt noch weitere Unterteilungen dieser Prozentsatzmethode nach diversen Kriterien wie z.B. Neuentwicklung, Weiterentwicklung, Re-Development etc. Siehe hierzu auch Kapitel *Benchmarking von IT-Projekten, Untersuchung des Aufwands in den Projektphasen.*

4.3.2 Umfangbasierte Methoden

Wegen der Bedeutung der funktionsbasierten Umfangmessungen ist der Function-Point-Methode und deren Varianten ein gesondertes Kapitel gewidmet. Hier werden deshalb nur die Methode der parametrischen Schätzgleichungen am Beispiel von SLIM und COCOMO und die Multiplikatormethode vorgestellt.

Die Methode der parametrischen Schätzgleichungen

Hier wird die bei der Zählung ermittelte Maßzahl (z.B. KLOC) für die Größe der Anwendung in eine so genannte ***Schätzgleichung*** eingesetzt. Je nach Verfeinerungsgrad kann es für verschieden komplexe Anwendungen verschiedene problemspezifische Schätzgleichungen geben, die als unabhängige Variablen diejenigen Aufwandfaktoren enthalten, von denen ein starker Einfluss auf den Aufwand erwartet wird. Die Gültigkeit solcher Formeln sollte unbedingt durch unternehmensinternes Datenmaterial überprüft werden.

Y = f(Xn)

Y = Abhängige Variable: Aufwand, Zeit, Kosten

Xn = Unabhängige Variable: z.B. Programmiersprache, Zahl der Unterprogramme

Beispiel: Die Formel von Putnam

Die Software-Life-Cycle-Management-Methode (SLIM) von L.H. Putnam schätzt den Aufwand für den Software Life Cycle ab der Einführung des Systems. Putnam ermittelte einen funktionalen Zusammenhang zwischen Systemgröße, Realisierungsaufwand und Zeit. Die Formel kann im Internet eingesehen werden: *http://ivs.cs.uni-magdeburg.de/sw-eng/us/java/sweq*.

Realisierungsaufwand K = SG**3 / (Ck **3 * td **4)

Erläuterungen:

K = notwendiger Aufwand über die gesamte Lebensdauer des Systems in Personenjahren

SG = die zu erwartende Systemgröße gemessen in der Zahl der Anweisungen

Ck = der Technologiestand der Entwicklungsorganisation

td = Entwicklungsdauer in Jahren

Für Ck wurden z.B. empirisch folgende Werte ermittelt:

Ck = 8 für Systeme mit viel Interaktion

Ck = 15 für Stand-alone-Systeme

Ck = 27 für Teilsysteme von größeren Systemen

Das SLIM-Tool basiert auf ca. 5.000 Projekten in seiner Datenbank.

Beispiel: COCOMO

Zur 1981 veröffentlichten COCOMO-Methode (Constructive Cost Model) ist 2000 das Buch von Barry W. Boehm *Software Cost Estimation with COCOMO II* erschienen. COCOMO basiert auf der Gewichtungsmethode und der Methode der parametrischen Schätzgleichungen und unterscheidet u.a. drei verschiedene Ebenen:

1. ***organic:*** relativ kleine Teams entwickeln in vertrauter Inhouse-Umgebung, Produktgröße < 50 KLOC
2. ***semidetached:*** Situation zwischen 1. und 3., mittelschwere Software-Projekte < 300 KLOC und
3. ***embedded:*** Notwendigkeit, innerhalb enger Zeit- und Kostenrestriktionen zu arbeiten, komplexe Software-Projekte.

Tabelle 4.9 zeigt die hierfür bekannten Schätzgleichungen.

COCOMO Mode	**Organic Mode** **Aufwand**	**Semidetached und embedded Mode** **Aufwand**
Einfache SW-Projekte	PM = 2,4*(KLOC)**1,05	PM = 3,2*(KLOC)**1,05
Mittelschwere SW-Projekte	PM = 3,0*(KLOC)**1,12	
Komplexe SW-Projekte	PM = 3,6*(KLOC)**1,20	PM = 2,8*(KLOC)**1,20

Tabelle 4.9: Beispiel COCOMO

Generell gilt folgende Formel: PM = a * (KLOC)** b * ci,

i – 1, ...,15; PM = Aufwand in Personenmonaten; a, b = Konstanten; ci = Kostenfaktoren.

Dabei geht Boehm von einem Personenmonat mit 152 Arbeitsstunden (netto) aus, das heißt, Urlaub, Krankheit und Ausfallzeiten sind bereits abgezogen.

Die Formel kann im Internet angesehen werden: *http://ivs.cs.uni-magdeburg.de/sw-eng/us/java/COCOMO/index.js.shtml.*

Das COCOMO-Tool von Barry W. Boehm basiert auf 8.000 Projekten in seiner Datenbank.

COCOMO II benutzt drei Submodelle:

1. ***Application Composition Model:*** für Software-Entwicklungen in ICASE-Umgebung (Integrated Computer-Aided Software Engineering) mit hohem Automatisierungsgrad. Der Umfang der Projekte wird dabei in Application Points gemessen. Es wird vor allem in frühen Projektphasen und beim Prototyping eingesetzt.

2. ***Early Design Model:*** ebenfalls in frühen Projektphasen eingesetzt zum Bewerten von Architekturalternativen und/oder inkrementellen Entwicklungsstrategien. Der Umfang der Projekte wird dabei in KLOCs oder ungewichteten Function Points gemessen.
3. ***Post-Architecture Model:*** basiert auf dem Application Composition Model, ist aber sehr viel detaillierter. Es wird nach der Entwurfsphase eingesetzt. Der Umfang der Projekte wird dabei ebenfalls in KLOCs oder ungewichteten Function Points gemessen. Es berücksichtigt 17 Kostentreiber.

Ein kostenloses Schätztool zu COCOMO II steht im Internet zum Download unter *http://sunset.usc.edu.*

Wegen der großen Einsatzbreite von COCOMO gibt es zahlreiche Varianten. Andreas Schmietendorf und Reiner Dumke haben folgende zusammengestellt:

- COPSEMO: Constructive Phased Schedule and Effort Model zur Kostenschätzung für die einzelnen Entwicklungsphasen
- CORADMO: zur Unterstützung von Rapid Application Development (RAD)
- COCOTS: zur Schätzung des Integrationsaufwands (Customizing) von Standardsoftware (COTS = Commercial Of The Shelf Components)
- COQUALMO: für die allgemeine Abschätzung der Qualität als introduced defects für die einzelnen Entwicklungsphasen
- COPROMO: zur Abschätzung der Produktivität anhand CORADMO und COPSEMO für eine phasenskalierte Produktivitätsbewertung
- Expert COCOMO: zur Risikobewertung von Projekten

Die Größe einer Anwendung ist sicherlich ein sehr wichtiger Korrelationsfaktor bei der Ermittlung des Aufwands, er ist aber auf keinen Fall der einzige. Genau diese Tatsache berücksichtigt die nächste Schätzvariante, die ***Multiplikatormethode.***

Die Kosten für das neue Projekt errechnen sich aus der Multiplikation der geschätzten Anzahl der Einheiten mit dem vorher festgelegten Aufwand pro Einheit, z.B. wird die durchschnittliche Programmierleistung in LOCs mit den erwarteten LOCs multipliziert. Eine Variante der Multiplikatormethode ist z.B. ***die Wolverton-Methode*** mit zusätzlicher Abhängigkeit vom Software-Typ und Schwierigkeitsgrad.

Beispiel: Die Multiplikatormethode

Ein Software-Haus rechnet mit 1.200 Instruktionen pro Monat bei einem durchschnittlichen Programmierer. Die Kosten pro Personenmonat sind mit 9.000 Euro angesetzt. Kosten pro Anweisung: 9000 Euro : 1200 = 7,50 Euro

Wie teuer ist ein Programm mit 5.000 Anweisungen?

Berechnung der Personalkosten: 5.000 * 7,50 Euro = 37.500,- Euro

Während einfache Verfahren die geschätzte Zahl der Anweisungen mit einer Kennziffer multiplizieren, geht das Verfahren von Wolverton differenzierter vor.

Schwierigkeitsgrad	Software-Typ					
	A	B	C	D	E	F
einfach	15	17	18	21	24	75
mittel	20	23	24	27	31	75
hoch	23	26	27	30	35	75

Tabelle 4.10: Kosten in $ je Anweisung in Abhängigkeit vom Software-Typ und Schwierigkeitsgrad nach Wolverton

4.4 Aufwandschätzung von Wartungsaufträgen

Bei der Projektkalkulation wird oft der Wartungsaufwand während der Einsatzphase des IT-Systems nicht berücksichtigt, obwohl er üblicherweise die Entstehungskosten des Anwendungssystems übertrifft. Insgesamt gesehen gehört dazu nach Einführung des IT-Systems der Aufwand für den Systembetrieb (z.B. zur Verbesserung der Performance oder anderer Attribute), die Anwenderbetreuung und die eigentliche Wartung im engeren Sinne, die Änderungen aufgrund gesetzlicher, technischer und/oder organisatorischer Zwänge sowie die Fehlerbehebung umfasst. ***Die Praxis zeigt einerseits, dass IT-Systeme länger leben als erwartet*** und dass andererseits die Kosten für die Betreuung und Weiterentwicklung eines IT-Systems nach der Einführung häufig nicht in der kaufmännischen Betrachtung zum Zeitpunkt des Projektstarts mit kalkuliert werden.

Oft wird der Wartungsaufwand über die Lebensdauer des IT-Systems hinweg einfach fortgeschrieben, ohne dass die Höhe und Zusammensetzung der darin enthaltenen Kosten untersucht wird. Wie im Supermarkt wundert sich der Anwender dann, dass die vielen preiswerten Güter im Warenkorb (entsprechend den Serviceaufträgen) sich an der Kasse dann zu einer hohen Rechnung summieren. Leider kann bei der Software-Wartung – um bei der Analogie zu bleiben – nichts mehr aus dem Warenkorb herausgenommen werden.

Vorab sei noch einmal auf die Definition in Kapitel 8.6.5 verwiesen, dass nach IFPUG 4.1 Wartungsprojekte die Funktionalität einer Anwendung ***nicht*** verändern. Tun sie das, so sind sie Weiterentwicklungsprojekte!

4.4.1 Der UKSMA-Standard

Neben dem ISO-Standard 14764 (Software Engineering – Software-Wartung) hat die UKSMA (United Kingdom Software Metrics Association) zusammen mit der ISBSG im Juli 2001 in der Reihe der UKSMA Quality Measurement Standards den Standard »Measuring Software Maintenance and Support«, Version 0.5 Draft herausgegeben, erhältlich im Internet unter *http://www.uksma.co.uk*. Darin wird zwischen Wartung, Unterstützung (support) sowie Systembetreuung (operations) unterschieden (Tabelle 4.11).

Neuentwicklung (1)	Neuentwicklung – wie in IFPUG 4.1 definiert
Weiterentwicklung (2)	Weiterentwicklung – wie in IFPUG 4.1 definiert und mit mehr als 5 Personentagen Aufwand – verändert den Funktionsumfang
Wartung (3) und Unterstützung, support (4)	(3) Wartung Korrektive Wartung Perfektive Wartung Präventive Wartung Adaptive Wartung (weniger als 5 Personentage Aufwand) – Achtung: verändert u.U. den Funktionsumfang!
	(4) Ad-hoc-Helpdesk-Antworten Problemanalyse Stilllegung
Systembetreuung, operations (5)	(5) Systemadministration Auslieferung/Rollout Datenbankmanagement Information Retrieval Support

Tabelle 4.11: Das UKSMA-Modell für Wartung und Unterstützung

Der Standard wurde entwickelt, um Maße festzulegen, aus denen bis zu 23 Metriken abgeleitet werden können, z.B.:

- ***Produktivität:*** Function Points pro Personenjahr
- ***Wartungsanteil:*** Wartungsaufwand der Abteilung geteilt durch die Summe von Wartungsaufwand der Abteilung und Aufwand für geringfügige Weiterentwicklung, angegeben in Prozent
- ***Anteil geringfügiger Weiterentwicklung:*** Aufwand für geringfügige Weiterentwicklung geteilt durch die Summe von Wartungsaufwand der Abteilung und Aufwand für geringfügige Weiterentwicklung, angegeben in Prozent

4.4.2 Weiterentwicklung

Die NESMA hat 2001 zur Function-Point-Analyse für Software-Weiterentwicklung Richtlinien in Version 1.0 veröffentlicht. Dabei werden mit speziellen »impact factors« gewichtete so genannte Test Function Points (TFP) und Enhancement Function Points (EFP) zur Berechnung des gesamten Weiterentwicklungsaufwands incl. Testen (T) verwendet:

E = (EFP * Stunden pro EFP) + (TFP * Stunden pro TFP)

Wartung ist ein unverzichtbarer Teil der Weiterentwicklung von Anwendungssystemen. Die ISBSG-Datenbank vom Juni 2002 (The Software Metrics Compendium) enthält 40,7% (322 von 791 Projekten) Weiterentwicklungsprojekte. Dort werden auf Seite 41 und 44 die folgenden Einzelheiten der Function-Point-Zählungen nach dem Standard IFPUG 4.0 veröffentlicht (siehe Tabelle 4.12 und Tabelle 4.13).

Funktionalität	**Hinzugefügt**	**Geändert**	**Gelöscht**	**Gesamt**
N	**408**	**306**	**83**	**454**
EI %	31,9	37,8	38,0	34,4
EO %	31,4	25,9	35,1	29,4
EQ %	13,5	16,0	10,7	14,1
ILF %	15,6	18,0	11,1	16,5
EIF %	7,5	2,3	5,1	5,6
Gesamt %	55,3	42,0	2,7	

Tabelle 4.12: Anteile der Function-Point-Komponenten in Weiterentwicklungsprojekten

Funktionalität	N	Prozent
Hinzugefügt	143	31,5
Geändert	46	10,1
Hinzugefügt und geändert	183	40,3
Hinzugefügt und gelöscht	5	1,1
Hinzugefügt, geändert und gelöscht	77	17,0
Gesamt	454	100,0

Tabelle 4.13: Anteile der Änderungen in Weiterentwicklungsprojekten

Bei der Zählung der Function Points von Wartungsaufträgen muss auch der ***Dominoeffekt*** berücksichtigt werden: eine Veränderung eines ILF beeinflusst alle Elementarfunktionen, die diesen nutzen (update, change, delete). Es sind auch alle Elementarfunktionen betroffen, die untereinander Beziehungen haben (z.B. schnittstellenübergreifende Funktionen).

4.4.3 Software-Metriken für die Wartungsphase

Die Analogie mit dem Einkaufskorb im Supermarkt zeigt, wie wichtig es ist, das Augenmerk auf Metriken zur Aufwandschätzung des Wartungsaufwands zu richten, damit Kennzahlen und Schwellwerte dafür festgelegt werden können, wann der Serviceaufwand die wirtschaftlichen Kosten einer Neuentwicklung überschreitet. ***Leider wird in der Praxis häufig nicht bedacht, dass auch Software – ähnlich wie Produktionsgüter – altert***, und dass schon deshalb eine präventive Planung der Wartung bzw. Ablösung vorgenommen werden muss. Andreas Schmietendorf und Reiner Dumke formulieren dies wie folgt: »Es kann festgestellt werden, dass die klassischen Methoden der Aufwandschätzung sich primär auf die Phasen der Software-Neuentwicklung bzw. Software-Versionsentwicklung konzentrieren, die im späteren Wirkbetrieb entstehenden Kosten aber nicht umfassen.«

In der Literatur herrscht Übereinstimmung, dass die Produktivität besonders vom Umfang der Software abhängt, und ebenso, dass es noch andere die Produktivität beeinflussende Parameter gibt. Das gilt auch für den Wartungsaufwand. Das Cocomo-M(aintenance)-Modell und SLIM bieten jeweils nur einen wartungsbezogenen Eingabeparameter, während die Modelle PRICE-S, SEER-SEM und Checkpoint/KnowledgePLAN derer mehrere aufweisen. Solche Faktoren können nach einer Veröffentlichung von Abran, Silva und Primera aus dem Jahr 2002 z.B. folgende sein:

- Typ des Anwendungssystems
- Programmiersprache
- Alter der Software
- Qualität der vorhandenen Dokumentation
- Notwendigkeit eines vollen Systemtests
- Beschränkungen in der Verfügbarkeit von Ressourcen
- Funktionale Komplexität
- Technische Komplexität
- Grad des Reuse

In dieser Feldstudie, durchgeführt in zwei Unternehmen an 15 Wartungsprojekten mit funktionalen Änderungen in einem Unternehmen bzw. 19 kleineren Wartungsprojekten in einem anderen Unternehmen konnte ein positiver, aber schwacher Zusammenhang zwischen Größe und Aufwand nachgewiesen werden. Die Regressionsanalysen ergaben Anzeichen dafür, dass neben der Größe noch andere Parameter den Aufwand beeinflussen. Die Einführung eines zweiten unabhängigen Untersuchungsparameters, Schwierigkeitsgrad, ergab eine erhebliche signifikante Verbesserung der Regressionsanalysen (R^2 = 0,85 bzw. 0,87). Die durchschnittliche Größe der Wartungsaufträge in dem Unternehmen mit der webbasierten Entwicklungsumgebung war dabei viermal so groß wie in dem Unternehmen im Verteidigungsbereich, der Aufwand aber nur doppelt so hoch (221 bzw. 115 Personenstunden).

Abran und Robillard haben 1996 über 21 Wartungsprojekte aus dem Bereich der Management-Informationssysteme (MIS) mit größeren funktionalen Erweiterungen berichtet. Der durchschnittliche Aufwand für diese IT-Projekte betrug über 2.200 Personenstunden oder 332 Personentage. Dabei konnte ein statistisch relevanter Zusammenhang (mit R^2 = 0,81) zwischen Systemgröße und Aufwand nachgewiesen werden. Die Daten kamen aus einer Firma, die bekannt dafür war, dass die IT-Projekte erfolgreich bezüglich Funktionalität, Kosten, Zeit und Qualität waren. Das Unternehmen hatte bereits anfangs der 90er Jahre den SEI-CMMI-Level 3 erreicht, mit einem augenscheinlich starken quantitativen Management der Schlüsselprozesse auf Level 5.

Abran und Nguyenkim haben 1993 eine Feldstudie über kleinere Wartungsaufträge, die jeweils nur von ein oder zwei Personen realisiert wurden, in einem Unternehmen mit starker Datensammlung und Aufwandstatistiken durchgeführt. Der durchschnittliche Aufwand pro Wartungsauftrag betrug 37 Personenstunden mit einem Minimum von 27 und einem Maximum von 52 Personenstunden für korrektive Wartung.

Horst Zuse hat folgende Metriken zusammengestellt, die in der Wartungsphase Anwendung finden können und damit zur Erfahrungssammlung für die Aufwandschätzung eingesetzt werden können:

- Anzahl der aufgetretenen Fehler nach Auslieferung des Systems. Häufig wird in einem Zeitraum von 6 Monaten nach der Einführung gemessen.
- Anzahl der Änderungen oder Änderungsanforderungen
- Zeit für die Fehlersuche und Fehlerbehebung
- Fehlerdichte (definiert als Anzahl Fehler pro KLOC)
- Mittlere Zeit bis zum Auftreten eines Fehlers
- Software Maturity Index (SMI), definiert als Differenz zwischen der Anzahl der Module/Funktionen des aktuellen Releases (R) vermindert um die Anzahl der im vorigen Release geänderten, gelöschten und neu hinzugefügten Module/Funktionen (V); diese Differenz wird durch die Anzahl der Module/Funktionen des aktuellen Releases geteilt:

  $SMI = (R - V) / R$

Diese Liste lässt sich noch um die folgende Metrik ergänzen:

- Aufwand in Personenstunden für die Wartung pro installiertem Function Point. Ist diese Zahl sehr hoch, sollte Reengineering oder Neuentwicklung geplant werden.

Bereits durch die einfache Zählung von Wartungsaufträgen und Fehlerreports können Hinweise auf fehlerträchtige Module erkannt werden und darüber hinaus Informationen über die Weiterentwicklung von Modulen/Funktionen gewonnen werden. Solche Metriken und die daraus gewonnenen Erkenntnisse bieten für die Erfahrungssammlung und Aufwandschätzung zukünftiger Wartungsaufwände unverzichtbare und wertvolle Informationen.

Das Thema hat zwei Bestandteile:

- Aufwandschätzung des Wartungsaufwands in der Einsatzphase eines IT-Systems
- Aufwandschätzung für einzelne Wartungsaufträge

4.4.4 Wartungsaufwand in der Einsatzphase

Bereits zu Beginn der 90er Jahre hat R. Großjohann von der Volkswagen AG eine VW-spezifische Erweiterung des Function-Point-Verfahrens für die Schätzung des Serviceaufwands (Wartungsaufwand pro Jahr) von IT-Systemen eingesetzt und dazu folgende Werte für die Aufwandschätzung des Wartungsaufwands pro Jahr veröffentlicht (A = Aufwand in Personenstunden, FP = gewichtete Function Points):

Projekte mit 125 bis 300 FP: $A = 9{,}94 * FP - 876$

Projekte mit 300 bis 6.000 FP: $A = 8{,}5 * FP + 0{,}001179 * (FP)^2 - 550$

Dort wurden auch für den Wartungsaufwand die Stunden pro Function Point pro Jahr (Servicefaktor) ins Verhältnis zum Servicejahr gesetzt. Diese so genannte ***Badewannen-Kurve*** (siehe Abbildung 4.5, der Name entstand aufgrund der Form der Kurve – sie fällt von ca. 1,4 Stunden pro Function Point im 1. Jahr auf ca. 0,6 Stunden pro Function Point im 6. Jahr und steigt dann wieder auf ca. 1 Stunde pro Function Point ab dem 13. Jahr) entsteht durch die Berechnung des Servicefaktors S anhand der VW-spezifischen Formel (J steht für das Servicejahr).

$S(J) = 1{,}604 - 0{,}37268 * J + 0{,}04684 * J^2 - 0{,}00166 * J^3$

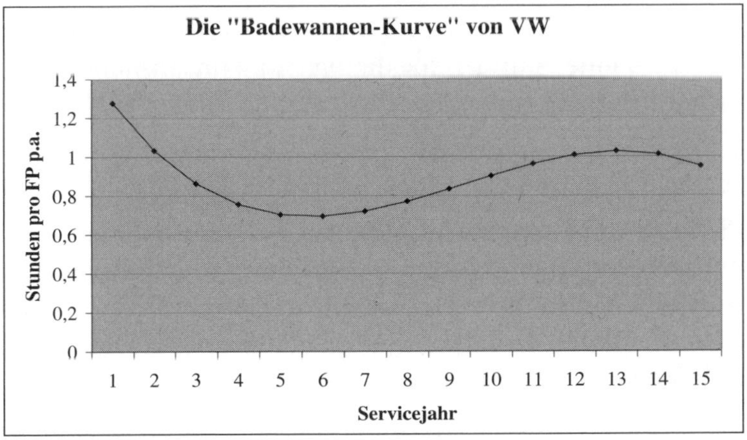

Abbildung 4.5: VW-spezifische »Badewannen-Kurve«

Der Serviceaufwand über den kompletten Lebenszyklus eines IT-Systems wird anhand der folgenden Formel berechnet:

ST = FP * S(J-0,5) * B(J)

Hierbei sind die B(J) jahresbezogene Einflussfaktoren (im wesentlichen Mitarbeitererfahrung, Anzahl der Nutzer, systemspezifische bzw. umgebungsspezifische Parameter), die den Gesamtaufwand verringern oder vergrößern können. Dieser Gesamtaufwand wird bei Bedarf weiter unterteilt in

- Wartung: 65%
- Anwenderbetreuung: 25%
- Betrieb: 10%

Falls Budgetkürzungen unter 65% erfolgen, führt das zu einer Reduzierung der Wartung und damit zu Problemen, da die Nutzer mindestens die Lauffähigkeit des Systems fordern und diese dann nicht mehr gewährleistet werden kann.

Projekte zur Weiterentwicklung des IT-Systems werden in diesen Formeln nicht mit eingerechnet, das heißt, sie werden separat hinzugerechnet.

4.4.5 Aufwandschätzung von einzelnen Wartungsaufträgen

Bei der Aufwandschätzung von einzelnen Wartungsaufträgen handelt es sich in der Regel um notwendige Maßnahmen zur Instandhaltung des IT-Systems aufgrund von gesetzlichen, technischen und/oder organisatorischen Zwängen sowie zur Fehlerbehebung. Dabei liegt die Größenordnung für den Aufwand solcher Aufträge bei der AXA Service AG häufig unter drei Personenmonaten, so dass eine Aufwandschätzung mit Function-Point-Zählung als Basis wirtschaftlich nicht sinnvoll ist.

In der AXA Service AG wurde deshalb mit einigen Anwendungsentwicklern ein Excel-Formular entwickelt, in dem typische Arbeitsschritte und Einflussfaktoren (Parameter) bei der Bearbeitung von Wartungsaufträgen zusammengestellt und mit einem geschätzten Aufwand versehen wurden. Dieser geschätzte Aufwand kann mit einem Korrekturfaktor im Bedarfsfall für jeden einzelnen Parameter um bis zu 100% verringert oder erhöht und der Ist-Aufwand nach Erledigung des Wartungsauftrags ergänzt werden.

Innerhalb von zwei Jahren wurden damit von drei Anwendungsentwicklungsabteilungen über 220 Aufwandschätzungen durchgeführt, davon über

90 mit Ist-Werten. Anhand dieser Aufwandschätzungen wurden dann die geschätzten Aufwände für jeden Parameter angepasst. Tabelle 4.14 zeigt die aktualisierten Parameter.

Das Schätzformular für Host-Wartungsaufträge

Parameter		Aufwand in Personentagen
Projektleitung (Koordination)	10% vom Gesamtaufwand	
Abstimmungen	Anzahl betroffener Mitarbeiter	0,2 PT
	Anzahl betroffener Ansprechpartner des Fachbereichs	0,3 PT
	Anzahl betroffener Schnittstellen	0,4 PT
Datenbanken	Anzahl neuer Tabellen/Datenbanken	3,0 PT
	Anzahl zu bearbeitender Tabellen/Datenbanken	2,5 PT
Programme	Anzahl »Peanuts«-Programmänderungen	0,1 PT
	Anzahl kleiner Programmänderungen	0,3 PT
	Anzahl »normaler« Programmänderungen	3,0 PT
	Anzahl umfangreicher Programmänderungen	5,0 PT
	Anzahl aller zu ändernder Programme	0,1 PT
Sonstige Elemente	Anzahl betroffener Programm Status Blocks	0,2 PT
	Anzahl zu ändernder/neuer Jobs	0,7 PT
	Anzahl betroffener Formate	0,3 PT
Dokumentation	Anzahl betroffene Seiten Systemdokumentation	0,3 PT
	Anzahl zu schreibende Seiten Systemdokumentation	0,3 PT
Test	Anzahl neu zu definierender Testfälle	0,1 PT
	Anzahl zu verifizierender alter Testfälle	0,05 PT
	IT-Testaufwand	0,8 PT
	Anzahl Testzyklen f. d. Fachbereichstest	2,8 PT

Tabelle 4.14: Parameter für die Schätzung von Wartungsaufträgen (Host-Umfeld)

Das Schätzformular für PC Wartungsaufträge

Der Bereich PC-Anwendungsentwicklung hat für PC-Wartungsaufträge eine modifizierte Tabelle im Einsatz, die bei den Projektleitern, nach deren Änderungen, sehr beliebt ist. Tabelle 4.15 zeigt die für PC-Anwendungsentwicklungen modifizierten Parameter.

Parameter		**Aufwand in Personentagen**
Projektleitung (Koordination)	10% vom Gesamtaufwand	
Abstimmungen	Anzahl betroffener Mitarbeiter	1,0 PT
	Anzahl betroffener Ansprechpartner des Fachbereichs	1,0 PT
	Anzahl betroffener bestehender Schnittstellen	2,0 PT
	Anzahl betroffener neuer Schnittstellen	5,0 PT
	Anzahl Abstimmungen Rechenzentrum	5,0 PT
Konzept (Datenmodell, Datenbeschaffung, Prozesse, Berechtigungen Security System, DB2)	Anzahl Komplexität 1	5,0 PT
	Anzahl Komplexität 2	10,0 PT
	Anzahl Komplexität 3	20,0 PT
Realisierung	Anzahl Datenbeschaffung Komplexität 1	2,0 PT
	Anzahl Datenbeschaffung Komplexität 2	5,0 PT
	Anzahl Datenbeschaffung Komplexität 3	10,0 PT
	Anzahl Schnittstelleneinbindung (Security, Memorouting, ...)	5,0 PT
	Anzahl Datenmigration	5,0 PT
	Anzahl Suchverfahren	5,0 PT
	Anzahl Funktionalität (Reiter, Geschäftsprozesse, ...) Komplexität 1	1,0 PT

Tabelle 4.15: Parameter für die Schätzung von PC-Wartungsaufträgen

Parameter		Aufwand in Personentagen
Realisierung *(Forts.)*	Anzahl Funktionalität (Reiter, Geschäftsprozesse, ...) Komplexität 2	2,0 PT
	Anzahl Funktionalität (Reiter, Geschäftsprozesse, ...) Komplexität 3	3,0 PT
	Anzahl Report, Druck, Listen der Komplexität 1	0,5 PT
	Anzahl Report, Druck, Listen der Komplexität 2	2,0 PT
	Anzahl Report, Druck, Listen der Komplexität 3	5,0 PT
	Anzahl Grafiken	1,0 PT
	Anzahl Pflegedialoge für Metadaten/ Schlüsseltabellen	2,0 PT
	Anzahl Sonstiges Komplexität 1	2,0 PT
	Anzahl Sonstiges Komplexität 2	5,0 PT
	Anzahl Sonstiges Komplexität 3	10,0 PT
Datenablage	Anzahl Host-Tabellen klein (<= 10 Felder)	0,1 PT
	Anzahl Host-Tabellen mittel (<= 30 Felder)	0,5 PT
	Anzahl Host-Tabellen groß (> 30 Felder)	1,0 PT
	Anzahl lokale Datenbank-Tabellen klein (<= 10 Felder)	0,1 PT
	Anzahl lokale Datenbank-Tabellen mittel (<= 30 Felder)	0,2 PT
	Anzahl lokale Datenbank-Tabellen groß (> 30 Felder)	0,3 PT
	Anzahl Server-Datenbank-Tabellen klein (<= 10 Felder)	0,1 PT
	Anzahl Server-Datenbank-Tabellen mittel (<= 30 Felder)	0,3 PT
	Anzahl Server-Datenbank-Tabellen groß (> 30 Felder)	0,5 PT

Tabelle 4.15: Parameter für die Schätzung von PC-Wartungsaufträgen *(Forts.)*

Parameter		Aufwand in Personentagen
Technik	Anzahl bestehender Technikelemente leicht	0,5 PT
	Anzahl bestehender Technikelemente mittel	2,0 PT
	Anzahl bestehender Technikelemente schwer	5,0 PT
	Anzahl neuer Technikelemente leicht	1,0 PT
	Anzahl neuer Technikelemente mittel	5,0 PT
	Anzahl neuer Technikelemente schwer	10,0 PT
Tuning	Anzahl Tuningmaßnahmen	5,0 PT
Installation/ Release	Anzahl Installationen Komplexität 1	1,0 PT
	Anzahl Installationen Komplexität 2	2,0 PT
	Anzahl Installationen Komplexität 3	3,0 PT
	Anzahl Releases Komplexität 1	1,0 PT
	Anzahl Releases Komplexität 2	2,0 PT
	Anzahl Releases Komplexität 3	3,0 PT
	Anzahl Installationsunterstützung Rechenzentrum	5,0 PT
	Anzahl betroffener Formate	0,3 PT
Dokumentation	10% der Realisierung	
Test	Programmkreistest, 20% der Realisierung	
	Fachintegrationstest, 30% des Gesamtaufwands ohne Projektleitung, Test, Nachbereitung	
Nachbereitung	5% der Realisierung	

Tabelle 4.15: Parameter für die Schätzung von PC-Wartungsaufträgen *(Forts.)*

Beide Tabellen zeigen mögliche Schätzverfahren aus der Praxis, wobei zu beachten ist, dass solche Verfahren im konkreten Einzelfall nicht unbedingt übertragbar sind, da sie spezifisch für die IT-Systementwicklung in einer bestimmten Branche und Systementwicklungsumgebung entwickelt wurden. Speziell die angegebenen Aufwände in Personentagen beziehen sich auf das individuelle Umfeld eines Großunternehmens. Es kann jedoch als Grundkonzept verstanden werden, das auf die eigene Umgebung angepasst werden kann.

Die Schätzformulare für Wartungsaufträge waren im LAN als Excel-Sheets für die Projektleiter verfügbar. Vom Einsatz bei den Pilotanwendern haben sich diese Formulare in Mund-zu-Mund-Propaganda verbreitet. Daraufhin wurde eine Intranet-Version mit Cold Fusion realisiert, um benutzerfreundlicher und flexibler bei der Aktualisierung der Parameter zu sein sowie zur Sicherstellung des zentralen Überblicks.

4.5 Anforderungen an eine Aufwandschätzmethode

Der Anwendersoftware-Entwickler benötigt ein Verfahren, das zuverlässige Daten über den gesamten zu erwartenden Entwicklungsaufwand bereitstellt. Um dieses Ziel zu erreichen, sind von verschiedenen Autoren Anforderungskataloge entwickelt worden, die eine Beurteilung der Aufwandschätzmethoden erleichtern sollen.

Anhand eines von Noth und Kretzschmar entwickelten Anforderungskataloges, der sehr umfangreich ist und auch Kriterien anderer Autoren wiedergibt, gehen wir kurz auf die einzelnen Anforderungen ein, die wir teilweise mit eigenen Erfahrungen angereichert haben.

Die Bewertungskriterien lassen sich in drei Gruppen einteilen:

1. Benutzerfreundlichkeit
2. Projektsteuerung
3. Ergebnisqualität

4.5.1 Benutzerfreundlichkeit

Die Bewertung der ***Benutzerfreundlichkeit*** wird aus den folgenden Kriterien abgeleitet:

- Einsetzbarkeit
- Erlernbarkeit
- Zeitaufwand
- Rechnerunterstützung
- Transparenz

Der Einsatz des Verfahrens soll ohne umfangreiche Vorarbeiten möglich sein (z.B. Sammeln von Daten aus bereits abgeschlossenen Projekten). Dabei ist es günstig, ***wenn vorhandene Dokumentation zur Messung genutzt*** werden kann, so z.B. das Fachkonzept bei der Function-Point-Methode oder der Code bei der COCOMO-Methode.

Das Verfahren soll ***leicht erlernbar und beherrschbar*** sein und die Anwendung nur einen geringen Zeitaufwand erfordern. Damit existiert auch ein Maß für die Beurteilung der Wirtschaftlichkeit des Verfahrens.

Es soll die Möglichkeit bestehen, das Verfahren ohne Komplikationen rechnergestützt einzusetzen (hier ist auch die Frage zu stellen, ob bereits entsprechende Software-Pakete im Handel erhältlich sind).

> *Die Einsatzbreite von Schätzverfahren wächst mit der Möglichkeit des Tooleinsatzes, der wesentlich für die Motivation der Anwender und die Effizienz der eingesetzten Messmethode ist.*

Das Kriterium ***Transparenz*** fordert, dass klar sein muss, wie das Kalkulationsergebnis zustande gekommen ist (insbesondere für den Auftraggeber). Dazu müssen folgende Dokumentationen möglich sein: Schätzresultate, Schätzumfang und Schätzobjekte.

4.5.2 Projektsteuerung

Die Bewertungsgruppe ***Projektsteuerung*** setzt sich aus den folgenden Kriterien zusammen:

- Frühzeitigkeit
- Strukturierung
- Iterativität
- Sensitivitätsanalysen

Frühzeitigkeit wird gewährleistet, wenn das Verfahren auf Einflussfaktoren basiert, deren Ausprägungen ***bereits in frühen Phasen des Entwicklungsprozesses*** bekannt sind.

Das Kalkulationsergebnis sollte bis auf ***die Ebene überschaubarer Einzelaktivitäten*** strukturiert werden. Erst dadurch wird eine Projektsteuerung möglich.

Unter Iterativität versteht man die Möglichkeit, das Schätzverfahren ***während des Entwicklungsprozesses mehrmals einzusetzen***. Dabei sind Abweichungen, die beim Soll-Ist-Vergleich festgestellt werden, bei einer späteren Schätzung zu berücksichtigen. Diese Forderung ist gerade für die Steuerung komplexer Systeme, wie es die Software-Entwicklung ja ist, von immenser Bedeutung. Die Systemforschung hat die Erkenntnis gebracht, dass kritische Entwicklungen in komplexen Systemen die Messgrößen schnell und stark ausschlagen lassen. ***Diese Frühwarnung für Projektkrisen kann nur bei regelmäßiger Messung der Basisgrößen*** (siehe Kapitel *Software-Metriken*) ***wahrgenommen werden.***

Mit dem Kriterium ***Sensitivitätsanalysen*** wird berücksichtigt, ob Sensitivitätsanalysen möglich sind bzw. ob sie schon in das Verfahren integriert sind.

4.5.3 Ergebnisqualität

Unter der Bezeichnung ***Ergebnisqualität*** sind die folgenden Anforderungen zusammengefasst:

- Genauigkeit
- Nachvollziehbarkeit
- Bewertbarkeit
- Einflussabdeckung
- Parameteranzahl
- Objektivität
- Stabilität
- Fehlerlokalisierung
- Anpassung
- Adaptivität

Unter Genauigkeit wird das Maß an Übereinstimmung verstanden, das beim Vergleich der Soll-Werte, die bei der Vorkalkulation berechnet wurden, und der Ist-Werte besteht, die im Laufe des Realisierungsprozesses ermittelt werden. ***Dies ist das Problem der Schätzgenauigkeit.***

Die Schätzung ist nachvollziehbar, wenn es einem Dritten möglich ist, die Kalkulation rechnerisch und inhaltlich nachzuvollziehen. Es muss klar sein, warum eine bestimmte Einstufung vorgenommen wurde.

Die ***Bewertbarkeit*** erfordert, dass zur Vorkalkulation nur solche Informationen benötigt werden, die zum Zeitpunkt der Schätzung zur Verfügung stehen. Diese müssen vergleichbar sein mit dem tatsächlich angefallenen Aufwand, um Prozessverbesserungen (Lernen) zu ermöglichen.

Für die Aufwandschätzung sind nur solche ***Einflussfaktoren*** relevant, deren Ausprägung quantitativ oder qualitativ beurteilt werden können.

Bei der Wahl der ***Parameter*** sind Faktoren zu vermeiden, die keinen nennenswerten Einfluss besitzen.

Um ***objektive Ergebnisse*** zu erreichen, müssen Kriterien vermieden werden, die lediglich auf subjektiven Einschätzungen beruhen.

Stabilität ist erreicht, wenn der Einfluss der Eingabewerte nicht über den empirisch nachgewiesenen Einfluss hinausgeht. Schätzungen mit gleichen Eingabedaten und gleichen Methoden müssen dieselben Resultate ergeben.

Unter ***Fehlerlokalisierung*** ist die Eigenschaft zu verstehen, dass das Verfahren in der Lage ist zu erkennen, ob Einflüsse falsch geschätzt wurden, und diese zu nennen.

Das Verfahren soll sich ***flexibel*** an die jeweilige Entwicklungsumgebung anpassen und für jede Art Entwicklungsprojekt einsetzbar sein.

Unter ***Adaptivität*** versteht man schließlich, dass das Verfahren selbstständig auf veränderte Bedingungen reagiert.

Auf die Vorstellung von weiteren Anforderungskatalogen verzichten wir, da die Kriterien sich in den meisten Punkten gleichen.

> *Wenn man in der Literatur solche Anforderungskataloge sieht, stellt man fest, dass allen gemeinsam ist, dass Bewertungskriterien angelegt werden, die sich widersprechen!*

4.5.4 Genauigkeit der Schätzmethoden

Ende 1981 wurde vom Institut für Unternehmensführung der Freien Universität Berlin eine Befragungsaktion unter DV-Leitern großer Unternehmen und Software-Häuser durchgeführt, die sich mit der Beurteilung der bisher in der Praxis eingesetzten Schätzverfahren befasst.

Frage: Wie beurteilen Sie die Genauigkeit Ihrer bisherigen Schätzungen?

Antwort: Die Schätzer haben anscheinend wenig Vertrauen zu ihren Schätzungen, denn es wurden Abweichungen bis zu 300% gegenüber den Ist-Werten zugestanden. Bei 69,9% der Nennungen wird allerdings eine Abweichung von höchstens 50%, bei 8,2% sogar auf höchstens 10% unterstellt. Immerhin rechnen aber 9,1% mit Fehlern über 100%.

Bei der Frage nach den Gründen für diese Abweichungen wird neben Änderungen der Vorgaben während der Projektentwicklung und unzureichenden Projektvorgaben von immerhin 61,3% der Projektleiter die Ungenauigkeit der Schätzverfahren bemängelt.

Ein Test der in der Praxis angewandten Verfahren bestätigt die Skepsis der Praktiker, denn die meisten der Verfahren erweisen sich schlicht als ungeeignet gemessen an den o.a. Bewertungskriterien.

Dieses Ergebnis ist aber sehr zu relativieren, denn nur 20% der Software-Entwickler führen Aufwandschätzungen durch und nur wenige davon haben Erfahrungen mit soliden Aufwandschätzmethoden.

Eine traditionelle Kritik an der Function-Point-Methode war stets, dass verschiedene Zähler die Function Points verschieden zählen, die Resultate seien subjektiv. Um diesem Argument zu begegnen, hat die UKSMA (englische Metrikorganisation) ein Experiment durchgeführt. Der »blinde« Test basierte auf 139 Mark II Function Points und umfasste zwei Gruppen: Neulinge mit nur zwei Tagen Training und wenig Erfahrung und Praxis sowie Experten mit über vier Jahren Erfahrung. Die Neulinge zeigten eine Streuung von plus/minus 26%, die Experten von 13%. Daraufhin wurden einige Präzisierungen am Mark-II-Handbuch vorgenommen. Kürzlich durchgeführte Tests zeigten für Experten nur noch eine Streuung von 5% bei den Ergebnissen. Ein ähnliches Ergebnis mit durchschnittlich 3,4% Abweichung wurde bei der Qualitätssicherung von Function-Point-Zählungen einer IT-Anwendungsentwicklung durch die Firma Compass ermittelt, wobei ein Umfang von ca. 9.000 Function Points untersucht wurde.

Capers Jones schreibt in seinem Buch *Software Quality*, dass eine Studie des M.I.T. (Massachusetts Institute of Technology) im Auftrag der IFPUG zeigte, dass zertifizierte Function-Point-Zähler (CFPS) mit ca. 9% Genauigkeit die gleiche Anzahl von Function Points ermittelt haben. Kemerer sowie Low und

Jeffery geben für Function-Point-Zählungen eine Schätzungenauigkeit von 12 bis 30% an.

Bei einer durch die Gartner Group durchgeführten Benchmarking-Studie im asiatischen Raum stellte das auftraggebende Unternehmen durch Function-Point-Zählung von vier Projekten nach dem IFPUG-Standard 4.1 fest, dass die durch Gartner geschätzten Function Points im Durchschnitt um 22% überschätzt waren (Bandbreite von 9 bis 34%).

Barbara Kitchenham ist der Meinung, dass allein die Komplexität der Systeme Grund genug für die Schätzungenauigkeit ist und dass dieser Effekt noch verschärft wird durch schlechte Qualität der Daten.

In vielen Unternehmen wird der Ist-Aufwand nur mit einer Genauigkeit von plus/minus 20% gemessen, d.h. plus/minus 1 Std. 36 Min. für den 8-Stunden-Tag. Somit ist die Messung des Funktionsumfangs, wenn sie durch Experten durchgeführt wird, eine mehr als angemessene Aufgabe des Fachkonzepts, der Aufwandschätzung, der Vertragsgestaltung und des Benchmarkings usw. Wenn diese Präzision und Konsistenz beibehalten werden können, kann in Zukunft mehr Aufwand betrieben werden, um Istdaten zu erfassen, wie z.B. Aufwand, ungeplante Arbeitszeit, Fehler etc.

4.6 Management Summary

Die meisten Schätzmethoden liefern als Ergebnis eine ***Maßzahl für den Umfang*** des Schätzobjekts. Auf Basis einer zugrunde liegenden Metrik wird daraus der Aufwand ermittelt, aus dem anhand von Verrechungssätzen eine Kostengröße gewonnen werden kann. Der Gesamtaufwand wird dann anhand einer ***Prozentsatzmethode*** auf die einzelnen Phasen eines Projekts als Zeitgröße verteilt. Die Hochrechnung mit dem Ist-Aufwand der ersten Projektphase auf einen Gesamtaufwand laut Prozentsatzmethode kann dann gleichzeitig als ***Vergleichsschätzung für das Schätzcontrolling*** zu Rate gezogen werden.

Die Probleme der LOC-Methoden sind, dass die LOCs erst in einer späten Phase bekannt sind und dass die Codierung nur ca. 10% des Umfangs der Systementwicklung ausmacht.

Das Paradoxon der Sprachenumrechnungsfaktoren (Assembleräquivalent, siehe Kapitel *Backfiring*) ist eindeutig ein Argument gegen die LOC-Methoden.

Der Vorteil der Function-Point-Methode zeigt sich u.a. darin, dass sie bereits früh (in der Fachkonzept-Phase) eingesetzt werden kann und sich für verschiedene Zwecke inzwischen einige Varianten der Function-Point-Methode etabliert haben.

Das Problem der Function-Point-Methode ist, dass das fachliche Konzept in der frühen Phase des Projekts noch nicht detailliert genug vorliegt. Auch sind die vom Standard vorgegebenen Gewichtungen ständiges Objekt von Diskussionen.

Mit solider Schätzerfahrung und dem ernsthaften Willen lässt sich auch der Aufwand bei objektorientierter Systementwicklung mit den bekannten Schätzmethoden ermitteln.

Mathematiker haben gezeigt, dass es nicht wirklich sinnvoll ist, die Länge von Algorithmen zu messen, da jederzeit irgendjemand einen neuen und kürzeren Algorithmus zur Lösung des Problems entwickeln kann.

Nach dem Bestimmen der Größe einer Anwendung z.B. durch das Ermitteln von Function Points wird versucht, eine Beziehung zwischen dem Maß für die Größe einer Anwendung und dem zur Realisierung notwendigen Aufwand herzustellen.

Durch ***Nachkalkulationen*** von möglichst vielen, bereits fertig gestellten Projekten erhält man Wertepaare der Form (PM, FP). Mittels einer ***Regressionsanalyse*** ergibt sich hieraus die so genannte ***Erfahrungskurve***.

Alle Schätzgleichungen haben die allgemeine Form y = f(x1, x2, x3, ...), wobei mit y der Aufwand gemeint ist und xi die Aufwandfaktoren bedeuten.

Die dritte Schätzmöglichkeit neben Erfahrungskurve und Schätzgleichung ist ein ***wissensbasiertes Expertensystem***, dessen Wissensbasis nach einem standardisierten Verfahren nachkalkulierte Projekte enthält.

Ist keine Dokumentation vorhanden oder lässt sich ein Altsystem nicht komplett zählen, so lässt sich die Funktionalität durch das so genannte ***Backfiring*** zumindest annähern, ***wobei anzumerken ist, dass diese Methode sehr umstritten ist.***

Capers Jones weist darauf hin, dass äußerst komplexer Code in der Regel mehr Quellcodezeilen pro Function Point benötigt als extrem simpler Code.

Bei der Berechnung einer Metrik zur Umrechnung von LOCs in Function Points und umgekehrt (Backfiring) muss unbedingt darauf geachtet werden, dass die LOCs gezählt werden, die zu bestimmten Function Points gehören. Nur so kann ein verlässlicher Umrechnungsfaktor bestimmt werden. Dazu müssen Vergleichszählungen vorhanden sein.

Allgemein werden LOCs als technisches Maß und Function Points als funktionales Maß angesehen.

Nachteil dieser Methode ist, dass die Schätzungen subjektiv sind und häufig nicht dokumentiert werden. ***Die Angabe der Prämissen und des Umfelds der Schätzung, der beteiligten Personen sowie der Annahmen, von denen bei der Schätzung ausgegangen wird, ist unabdingbar, wenn mit dieser »Methode« Schätzerfahrungen erworben werden sollen.***

Bei den Gewichtungsverfahren werden ***objektive und subjektive Einflussfaktoren*** der Systementwicklung mit einem bestimmten Gewicht versehen, dessen Höhe den Einfluss des Faktors auf den Aufwand wiedergeben soll. Die Einflussgrößen werden geschätzt und mit dem zugehörigen Gewicht multipliziert. Der Gesamtaufwand ergibt sich aus der Summe der Einzelbewertungen.

Bei der Prozentsatzmethode wird eine relative Aufteilung der Kosten auf einzelne Phasen oder Aktivitäten vorgenommen. Die Prozentsatzmethode ist relativ einfach zu handhaben und kann daher als Schätzmethode parallel zu jeder anderen eingesetzt werden. Sie ist die einzige prozessorientierte Methode unter den Aufwandschätzmethoden.

Der Aufwand des gesamten Projektes oder einer einzelnen Phase des Entwicklungsprozesses wird bei der Prozentsatzmethode anhand des bis zum Schätzzeitpunkt angefallenen Aufwands ermittelt.

Die Software-Life-Cycle-Management-Methode (SLIM) von L. H. Putnam schätzt den Aufwand für den Software Life Cycle ab der Einführung des Systems. Putnam ermittelte einen funktionalen Zusammenhang zwischen Systemgröße, Realisierungsaufwand und Zeit.

Die Größe einer Anwendung ist sicherlich ein sehr wichtiger Korrelationsfaktor bei der Ermittlung des Aufwands, er ist aber auf keinen Fall der einzige.

Die Einsatzbreite von Schätzverfahren wächst mit der Möglichkeit des Tooleinsatzes, der wesentlich für die Motivation der Anwender und die Effizienz der eingesetzten Messmethode ist.

Die Frühwarnung für Projektkrisen kann nur bei regelmäßiger Messung der Basisgrößen wahrgenommen werden.

Die Schätzung ist nachvollziehbar, wenn es einem Dritten möglich ist, die Kalkulation rechnerisch und inhaltlich nachzuvollziehen.

Für die Aufwandschätzung sind nur solche ***Einflussfaktoren*** relevant, deren Ausprägung quantitativ oder qualitativ beurteilt werden können.

Barbara Kitchenham ist der Meinung, dass allein die Komplexität der Systeme Grund genug für die Schätzungenauigkeit ist und dass dieser Effekt noch verschärft wird durch schlechte Qualität der Daten.

Bei der Projektkalkulation wird oft der Wartungsaufwand während der Einsatzphase des IT-Systems nicht berücksichtigt, obwohl er üblicherweise die Entstehungskosten des Anwendungssystems übertrifft.

Die Praxis zeigt einerseits, dass IT-Systeme länger leben als erwartet und dass andererseits die Kosten für die Betreuung und Weiterentwicklung eines IT-Systems nach der Einführung häufig nicht in die kaufmännische Betrachtung zum Zeitpunkt des Projektstarts mit kalkuliert werden.

Oft wird der Wartungsaufwand über die Lebensdauer des IT-Systems hinweg einfach fortgeschrieben, ohne dass die Höhe und Zusammensetzung der darin enthaltenen Kosten untersucht wird.

Leider wird in der Praxis häufig nicht bedacht, dass auch Software – ähnlich wie Produktionsgüter – altert und dass schon deshalb eine präventive Planung der Wartung bzw. Ablösung vorgenommen werden muss.

In der Literatur herrscht Übereinstimmung, dass die Produktivität besonders vom Umfang der Software abhängt, und ebenso, dass es noch andere die Produktivität beeinflussende Parameter gibt.

Bereits durch die einfache Zählung von Wartungsaufträgen und Fehlerreports können Hinweise auf fehlerträchtige Module erkannt werden und darüber hinaus Informationen über die Weiterentwicklung von Modulen/Funktionen gewonnen werden. Solche Metriken und die daraus gewonnenen Erkenntnisse bieten für die Erfahrungssammlung und Aufwandschätzung zukünftiger Wartungsaufwände unverzichtbare und wertvolle Informationen.

5 Software-Metriken

Nur 20% aller Software-Entwickler wenden Metriken an. (Howard Rubin)

Software-Metriken dienen zur Messung von Eigenschaften eines Software-Produkts und des Software-Entwicklungsprozesses. Sie sind ein zusammengesetztes Maß aus gemessenen Daten im Zeitverlauf. Je nach Interesse der Beteiligten am Software-Entwicklungsprozess liegt der Fokus auf anderen Metriken (siehe Tabelle 5.1).

Teilnehmer	Interesse	Ziel	Metrik
Manager	ökonomisch	Kosten, Termine	Aufwand, Qualität
Entwickler	Technisch	Entwicklungsbedingungen	Größe, Komplexität
Endbenutzer	Sozial	Brauchbarkeit	Funktionalität

Tabelle 5.1: Übersicht Metriken

Phillip Theden unterscheidet drei Eigenschaften von Kennzahlen:

- ***Informationscharakter:*** Sie ermöglichen Urteile über wichtige Sachverhalte und Zusammenhänge in der Unternehmung.
- ***Quantifizierbarkeit:*** Sachverhalte und Zusammenhänge werden auf einem metrischen Skalenniveau gemessen.
- ***Spezifische Form der Information:*** Komplizierte Strukturen und Prozesse sind mittels einer spezifischen Form von Kennzahlen auf relativ einfache Weise darzustellen.

Daher wird in diesem Kapitel eine Übersicht über mögliche einsetzbare Metriken gegeben.

5.1 Terminologie

Man unterscheidet prinzipiell zwischen Basisgrößen (Messgrößen) und Kennzahlen, wobei auch zwischen Kennzahlen und Indikatoren, die häufig miteinander verwechselt werden, sorgfältig unterschieden werden sollte.

5

5.1.1 Basisgrößen

Mit diesen wird operativ gearbeitet, insbesondere im Berichtswesen und bei der Qualitätsplanung; Basisgrößen sind Zahlen, die von einem Produkt, einem Prozess oder einer Ressource abgeleitet sind. Sie sind für Anwendungssysteme und IT-Projekte quantitativ messbar und werden mit geschätztem, geplanten und Ist-Wert dokumentiert. Dazu gehören Start- und Enddatum, Software-Umfang, Aufwand, Fehler. Der Aufwand kann noch unterteilt werden in Phasenanteile und Anteile von Fachbereich, IT, Technik-Support und Schnittstellen. Basisgrößen werden auch absolute Kennzahlen genannt, da sie ohne weitere Berechnungen aus Betriebsdaten zu entnehmen sind.

5.1.2 Kennzahlen

Kennzahlen dienen zur Beurteilung von Anwendungssystemen und IT-Projekten und ermöglichen einen quantitativen Vergleich mit anderen Produkten, Prozessen, Anwendungssystemen und IT-Projekten. Sie sind eindeutig aus Basisgrößen bzw. deren Kombination zu errechnen und können mit einer Baseline oder einem erwarteten Resultat verglichen werden. Manchmal werden sie auch präziser als relative Kenzahlen bezeichnet, da sie absolute Zahlen in Beziehung zueinander setzen. Es handelt sich dabei um objektiv ermittelte Größen, deren Ist- und Schätzwerte ereignisnah gemessen werden müssen und die auf mehreren Verdichtungsstufen archiviert werden, um einen Drill down zu ermöglichen.

Kennzahlen geben Orientierungshilfen für die Planung und Steuerung der produktiven Prozesse im Unternehmen. Sie sind daher die kritischen Variablen der Unternehmensführung.

Hier werden Metriken definiert, die man sehr oft in der Literatur findet bzw. mit denen am Software-Markt häufig argumentiert wird. Die Definition von Kennzahlen ist sinnvoll, damit die Mitarbeiter ein einheitliches Verständnis von den Kennzahlen haben. Ein solches Metriksystem muss permanent gepflegt und ausgebaut werden, damit auch in Zukunft für Basisgrößen und Kennzahlen detailliertere Ist-Werte erfasst werden können. Dazu ist ein Katalog jährlich zu messender Anwendungssysteme, Projekte und Aufträge erforderlich, jeweils mit einer Baseline und Zeitreihen zum Vergleich der Baselines zu Vorjahren.

5.1.3 Indikatoren

Indikatoren vergleichen eine Metrik mit einer Baseline oder einem erwarteten Resultat. Diese werden auch als Richtzahlen bezeichnet. Aus Indikatoren werden auch Zeitreihen zusammengestellt, um Trends ableiten zu können. Sie sind deshalb ideale Frühwarnindikatoren. Laut David Card (1997) besteht ein Indikator aus einer gemessenen Variablen, einem Ziel (erwartet aus vorheriger Erfahrung, Industrie-Durchschnitt oder Best Practice) und einer Analysetechnik, die einen Vergleich erlaubt zwischen Messung und Ziel, um festzustellen, ob etwas unternommen werden muss.

5

Nach Teade Punter ist ein Indikator eine Visualisierung einer Metrik oder eines Modells, in dem Rohdaten aggregiert werden. Indikatoren werden verwendet, um Messdaten so darzustellen, dass nützliche Information abgeleitet werden kann.

Tabelle 5.2 gibt einen kurzen Überblick über die Arten von Kennzahlen.

Kennzahl	Beschreibung	Formen	Beispiele
Absolute Kennzahlen	Basisgrößen, sind eigentlich keine Kennzahlen, sondern gemessene Betriebsdaten	Einzeldaten, Summen, Differenzen, Mittelwerte	Start- und Endedatum, Software-Umfang, Aufwand in Personenstunden
Relative Kennzahlen	Relativdaten, Gliederungsdaten, Beziehungsdaten, die mehrere absolute Merkmalswerte aus den Betriebsdaten in ein aussagefähiges Verhältnis setzen	Prozentzahlen, Faktorzahlen	Prozentanteil der Function Points der Inputs am Gesamtumfang der Software
Richtzahlen	Indikatoren, Maximal-, Mittel- und Minimalwerte, die aus anderen Kennzahlen errechnet und für Vergleiche herangezogen werden	Echtdaten, Kennzahlen	Das Verhältnis des IT-Aufwands zum Gesamtumsatz
Indexzahlen	Kenngrößen zur übersichtlichen Darstellung einer Vielzahl von Veränderungen von Betriebsdaten	Prozentzahl, Einzelzahl, Ausgangswert, meist 100	Produktivitätssteigerung pro Jahr

Tabelle 5.2: Übersicht Kennzahlen

Professor Dr. Gunter Dueck hat im Februar 2003 einen sehr schönen, Bewusstsein über den Umgang mit Metriken schaffenden Beitrag in seiner regelmäßigen Kolumne in der Zeitschrift Informatik Spektrum der GI (Gesellschaft für Informatik e.V.) geschrieben. Dabei zeigt er, dass vieles, was wir zu messen glauben, nur Indikatoren sind. Einige wichtige Gedanken daraus finden Sie im folgenden Text.

»Eine Messung ist für mich eine Art Feststellung. Wenn das Fieberthermometer 38 Grad anzeigt, dann sind es 38 Grad. Die Anzahl der Publikationen ist ein Indikator für eine Forschungsleistung, keine Messung derselben. Zitierhäufigkeiten oder Keynote-Honorare sind ebenfalls nur Indikatoren, keine Messungen. Ein Indikator liefert nur ein Indiz für das Reale. Er beweist ›es‹ nicht, wie es unter Umständen eine genaue Messung könnte. Wir messen beim Messen meist nicht das Reale, sondern wir messen nur den Indikator. Weil wir den Indikator ganz furchtbar streng objektiv gemessen haben, verwechseln wir im Messen das Reale mit dem Indikator. Aber der deutet nur hin!

Es gibt zwei vorherrschende Empfindungen gegenüber Indikatoren. Leider gibt es noch mindestens zwei mehr.

Die erste Haltung: »What you can't measure, you can't manage.« Die Manager suchen vornehmlich nach ganz leicht messbaren Indikatoren, mit denen sie dann die Welt bewegen und in eine gewünschte Richtung treiben können (Triebrichtung). Indikatoren sind etwa der Kundenumfragezufriedenheitsindex, die Drittmittelsumme, ... Das Management importiert diese Kenngrößen in Excel-Tabellen und verlangt: »Mehr!« (Oder bei Kosten etc.: »Weniger!«)

Die zweite Haltung: Die Menschen, die per Indikator getrieben werden, schimpfen unaufhörlich herum, dass die Indikatoren nicht die Wahrheit wiedergeben oder das Reale messen. Am meisten werden nämlich solche Arbeiten zitiert, die sehr bekannte Fehler enthalten. Wenn das so ist, was soll der ganze Ansatz?

Die dritte Haltung: Wir merken insgeheim alle, was der Unterschied zwischen Messung und Indikator ist. Wir schauen besser zu, wie wir davonkommen. Wir zitieren uns gegenseitig für Punkte. Wir machen aus einer Idee fünf Papers. Alle diese Überlebenstricks nutzen den Unterschied zwischen einem Indikator und einer Messung aus. Die Tricks optimieren die scharf gemessenen Indikatorwerte. Das Eigentliche geht verloren, weil die Indikatoren dieses Eigentliche nie richtig berühren.

Ich will Sie mit all dem schonend darauf hinweisen, dass wir zu lokalen Optimierern werden oder eben das System beschwindeln.

Die vierte Haltung: Sie ist gekennzeichnet durch die Verzweiflung über die Ablenkung der Aufmerksamkeit vom Eigentlichen. Indikatoren-Trieb-Management per »Schnell! Mehr!« unterstellt arbeitsscheue Menschen, die auf Trab gebracht werden müssen.«

5.1.4 Metriken

Ein weit verbreiteter Irrtum ist, dass einfaches Sammeln und Berichten von Daten identisch mit einem Metrikprogramm ist. Solche Initiativen leben nur kurzfristig, da sie keine Verbindung zu Zielen haben, eventuell falsche oder unbrauchbare Daten sammeln und nur Kosten und Aufwand verursachen.

Fenton fand 1991 vier unterschiedliche Definitionen für eine Metrik:

- eine Zahl, abgeleitet von einem Produkt, Prozess oder einer Ressource
- eine Skala für Messungen
- ein identifizierbares Attribut
- ein theoretisches, datengetriebenes Modell, das eine Variable als Funktion einer unabhängigen Variablen beschreibt

Bernd Hindel schreibt, dass es bisher nur eine standardisierte Definition von Software-Qualitätsmetrik im IEEE-Standard 1061 gibt: Eine Software-Qualitätsmetrik ist eine Funktion, die eine Software-Einheit in einen Zahlenwert abbildet. Dieser berechnete Wert ist interpretierbar als der Erfüllungsgrad einer Qualitätseigenschaft der Software-Einheit. Bei Qualitätseigenschaften denkt man dabei in erster Linie an Fehlerfreiheit, Effizienz, Benutzerfreundlichkeit, Wartbarkeit etc. und im Sinne des CMMI auch prozessbezogene Qualitätseigenschaften wie z.B. Produktivität oder Planerfüllung. Software-Metriken müssen also in der Lage sein, aus der Software-Entwicklung Zahlenwerte abzuleiten, die zu den genannten Qualitätseigenschaften in Beziehung stehen.

Basis eines Metriksystems ist sinnvollerweise der Tooleinsatz für die Aufwandschätzung und das Projektcontrolling, z.B. Checkpoint/Knowledge-PLAN und das darin bzw. in Erfahrungsdatenbanken enthaltene Know-how.

Grundsätzlich kann zwischen Produktmetriken und Prozessmetriken unterschieden werden. Nicht immer kann eine eindeutige Zuweisung getroffen werden, manche Metriken werden für die Messung des Produkts und des Prozesses verwendet. In der IT stellen Prozess- und Produktbetrachtungen zwei verschiedene Welten mit distanzierten wissenschaftlichen »communities«

dar. Dazu gibt es mehrere Modelle zur Abbildung dieser Software-Entwicklungsprozesse, z.B. das Wasserfallmodell, das Spiralmodell, Prototyping und Entity-Prozess-Modelle. Auch für objektorientierte Metriken gilt das Gleiche, wie schon für die Schätzung von objektorientierter Software-Entwicklung erwähnt wurde. Auf vielen internationalen Tagungen (MAIN, IFPUG) sind dazu Beiträge zu finden.

Generell ist die folgende Regel zu beachten:

No single metric can provide wisdom!

Diese Erkenntnis (keine einzelne Metrik kann Weisheit vermitteln) besagt, dass ebenso wie bei den Methoden stets mehrere Metriken eingesetzt werden müssen, wenn Resultate überprüft werden sollen. Metriken sind wie Teile eines Puzzlespiels. Sie enthalten Teile von Informationen, aber einzeln betrachtet ergeben sie nicht viel Sinn. Andererseits sind sie integraler Bestandteil eines großen Gesamtbildes und wie bei einem Puzzle muss man einen Schritt zurücktreten und das Ganze betrachten, bevor die Bedeutung eines einzelnen Teils verstanden werden kann. Dann kann ein Messprogramm, das in die organisatorischen Prozesse eingebunden ist, zahlreiche Einsichten in den Ablauf der organisatorischen Prozesse vermitteln und helfen, Verbesserungsinitiativen in Gang zu bringen.

5.2 Ziele und Nutzen von Metriken

Den Nutzen von Metriken zu verkaufen war immer ein hartes Geschäft – und wird es auch bleiben. Mit Metriken werden Daten gesammelt und analysiert, die Bezug auf die entwickelten Produkte und den Implementierungsprozess in Organisationen haben, um effektives Management der Prozesse zu unterstützen und objektive Bewertungen der Qualität der Produkte zu ermöglichen. Der Hauptzweck ist die Feststellung des aktuellen Stands des Software-Entwicklungsprozesses. Das CMMI verlangt bereits ab Maturity Level 2 den Einsatz von Metriken.

Der Zeitpunkt, zu dem die Metriken ermittelt werden, ist unterschiedlich. Viele Unternehmen nehmen an einem jährlichen Benchmarking teil, andere erstellen monatlich oder quartalsweise Metrik-Reports. Unmittelbarer Grund für das Messen ist also eine angestrebte Beurteilung. Eine weitere Motivation ist die Sammlung von Erfahrungen für Folgeprojekte.

5.2.1 Ziele von Metriken

Im Erfolgsfall werden mit Metriken laut Dennis Goldensen et al. folgende Ziele erreicht:

- Ein gemeinsames Verständnis ist im Unternehmen etabliert.
- Das Informationsbedürfnis der organisatorischen und Managementprozesse ist ermittelt.
- Eine angemessene Auswahl von Messgrößen ist anhand der Informationsbedürfnisse identifiziert bzw. entwickelt.
- Die Aktivitäten zur Messung sind identifiziert und werden durchgeführt.
- Die erforderlichen Daten werden gesammelt, gespeichert und analysiert und die Ergebnisse interpretiert.
- Die Ergebnisse werden zur Entscheidungsunterstützung und als Kommunikationsbasis eingesetzt.
- Der Messprozess und die Maße werden bewertet und dem Prozessowner mitgeteilt.

Die Analyse der Metriken und Berichte darüber sind die wichtigsten Prozesse in einem Metrikprogramm. Reines Sammeln von Metriken kann nicht zum Erfolg führen.

Stets muss beachtet werden, dass Metriken nur Prozesse oder Produkte messen, nicht aber einzelne Personen. Außerdem sind Metriken immer in einem größeren Zusammenhang zu sehen. Darüber hinaus muss das Management Verständnis dafür aufbringen, dass es viele Gründe für Unterschiede in den Kennzahlen gibt.

Metriken sind ein mächtiges Werkzeug, um die Qualität und die Verbesserungen im Vergleich zu fest gesetzten Zielen festzulegen.

5.2.2 Nutzen von Metriken

Metriken nutzen Messwerte der Vergangenheit, um Richtlinien für das Handeln in der Zukunft zu geben (feed foreward). Durch die Messung entsteht eine Basis für die Aufwandschätzung und das Controlling des Projektfortschritts. Durch kontinuierliche Überwachung der Kennzahlen von laufenden Projekten können Erfahrungswerte gesammelt und in Zielvereinbarungen umgesetzt werden. Ein kontinuierlicher Abgleich von Ist- und Soll-Werten deckt eventuelle Schwächen im Software-Entwicklungsprozess auf, so dass diesen Schwächen mit Verbesserungsmaßnahmen begegnet werden kann. Der Nutzen von Metriken kann nicht an den Kosten für die Einführung eines Metrikprogramms gemessen werden, sondern daran, was es kostet, kein funktionsfähiges Metriksystem im Einsatz zu haben.

Metriken helfen dem Projektleiter, nach Aussagen von Dennis Geldenson et al. von der SEMA Group (Software Engineering Measurement and Analysis Group des SEI in Pittsburgh), vor allem bei der Beantwortung folgender Fragen:

- Liegt in meinem Projekt wirklich ein Problem vor?
- Welches Ausmaß hat das Problem?
- Was ist die Ursache des Problems?
- Gibt es ähnliche Probleme?
- Kann ich mich auf die Daten verlassen?
- Was muss ich erwarten, was wird geschehen?
- Welche Alternativen habe ich?
- Welche Maßnahmen sind empfehlenswert?
- Wann kann ich Ergebnisse erwarten?

Das Beispiel eines Projekt-Metrik-Reports (Projekt-Metriken-Bericht) von Janet Russac mit fiktiven Zahlen illustriert die Handhabung von Metriken in der Praxis (siehe Tabelle 5.3).

Metrik-Kategorie	Metrik	Formel	Berechnung Beispiel	Vergleichbare Projekte	Industrie-Standard
Produktivität	Produktivitätsrate	Aufwand/FP	13.000/1.400 = 9,29 Std./FP	8,00 Std./FP	10,0 Std./FP
Produktivität	Prozent Rework	Rework Std./ Aufwand	2.000/13.000 = 15,38%	25%	35%
Qualität	Fehlerentfernungsrate	Anzahl gefundene Fehler/ Gesamtzahl Fehler	300/330 = 90,91%	75%	85%

Tabelle 5.3: Projekt-Metriken-Bericht

Metrik-Kategorie	Metrik	Formel	Berechnung Beispiel	Vergleichbare Projekte	Industrie-Standard
Qualität	Fehlerproduktionsrate	Anzahl Fehler/FP	30/1.400 = 2,1%	2,5%	5%
Qualität	Weiterentwicklungsanteil	FP (add+chg +del)/FP	250/1.400 = 17,86%	15%	20,33%
Kosten	Kosteneffizienz	Kosten/FP	2,5 Mio Euro/ 1.400 = 1.786 Euro	1.200 Euro	1.100 Euro
Zeit	Dauer	Enddatum – Startdatum	10.12.2002 – 10.6.2002 = 6 Monate	5 Monate	4,5 Monate

Tabelle 5.3: Projekt-Metriken-Bericht *(Forts.)*

Metriken erlauben objektive Einsichtnahme in Herausforderungen und Prozesse und ermöglichen objektive Identifikation von Risiken sowie Früherkennung und Management von Problemen. Sie fördern die Kommunikation im Projektteam und liefern wichtige Informationen für die Verbesserung von unternehmerischen Entscheidungen.

Darüber hinaus dienen Metriken als Faustregeln und sind nützlich für objektive Planung und Schätzung. Als Standard eingesetzt vermitteln sie den Mitarbeitern ein einheitliches Verständnis der Software-Messung und sind Basis für einen kontinuierlichen Verbesserungsprozess. Der Prozess der Software-Entwicklung wird damit transparent und bewertbar. Damit werden die Qualität des Software-Produkts und des Software-Entwicklungsprozesses verbessert und die Komplexität des Projekts reduziert.

Ein weiteres wichtiges Einsatzgebiet von Metriken beschreibt Bernd Hindel: Beim Reuse von Software sind die Qualitätseigenschaften von besonderer Bedeutung, während demgegenüber häufig nur auf die Funktionalität von Modulen und Schnittstellen geachtet wird. Das kann zu schwerwiegenden Fehlern führen.

Metriken können auch eingesetzt werden, um Verträge zwischen Auftraggeber und Software-Produzent zu vereinbaren. Kritische Erfolgsfaktoren dafür sind:

- Pünktliche und genaue Definition der Anforderungen, um die Risiken für beide Vertragspartner zu minimieren

- Aus- und Weiterbildung, um den Erfolg des Projekts sicherzustellen
- Unterstützung vor und nach der Einführung, um den langfristigen Erfolg der Zusammenarbeit zu gewährleisten

Durch die Einhaltung dieser Erfolgsfaktoren kann eine Win-Win-Beziehung zwischen Kunde und Auftragnehmer aufgebaut werden.

Damit ein Metrikprogramm Erfolg haben kann, benötigt es die volle Unterstützung aller involvierten Manager. Darüber hinaus müssen die Mitarbeiter sorgfältig ausgesucht und ausgebildet werden, die Function Points zählen und Daten für Metriken sammeln sollen. Wichtig ist es dabei, Mitarbeiter mit der erforderlichen Qualifikation und einer positiven Grundeinstellung zu Metriken zu finden.

5.3 Einführung und Aufbau eines Metrikprogramms

Die Einführung eines Metrikprogramms erfordert Zeit, Projekte und Messwerte. Marcio da Silveira schreibt, dass Metrikprogramme, um keinen Schiffbruch zu erleiden, folgende Maßnahmen sicherstellen sollten:

- Niemals individualisieren
- Keine Big-Bang-Einführung
- Unterstützung durch das Management
- Diskussionen
- Monatliche Informationsrunden

Eine weitere Voraussetzung zur Einführung eines Metriksystems ist eine fördernde Organisationsstruktur. Dazu kann ein Competence Center aufgebaut werden, das sowohl dezentrale Experten und Projektleiter berät und unterstützt als auch Metriken sammelt und aufbereitet. Der Aufbau einer Metrikdatenbank zum Beispiel nutzt späteren Projekten durch Wiederverwendung der gesammelten Erfahrungen. Außerdem können folgende Verbesserungen erreicht werden:

- Bessere Projektfortschrittskontrolle
- Auf messbaren Fakten basierende Entscheidungen

Bernd Hindel nennt folgende Erfolgsfaktoren beim Einführen von Software-Metriken:

- Metriken müssen prozess- und produktorientiert sein, niemals personenbezogen.
- Metriken müssen zur täglichen Arbeit gehören und nicht erst am Monatsende erstellt werden.
- Metriken müssen einfach und intuitiv nachvollziehbar sein.
- Metriken müssen von Projektbeteiligten erhoben und interpretiert werden.
- Metriken müssen exakt definiert sein und exakt erfasst werden.
- Metriken müssen durch Werkzeuge unterstützt werden.
- Metriken müssen vom Management unterstützt werden.
- Metriken müssen durch Erfolgsstories getragen werden.

5.3.1 Die Einführung eines Metrikprogramms

Der Prozess der Erstellung eines Metriksystems verläuft in sechs Schritten (siehe Abbildung 5.1, dieses Modell wurde von der ISO-Arbeitsgruppe verwendet).

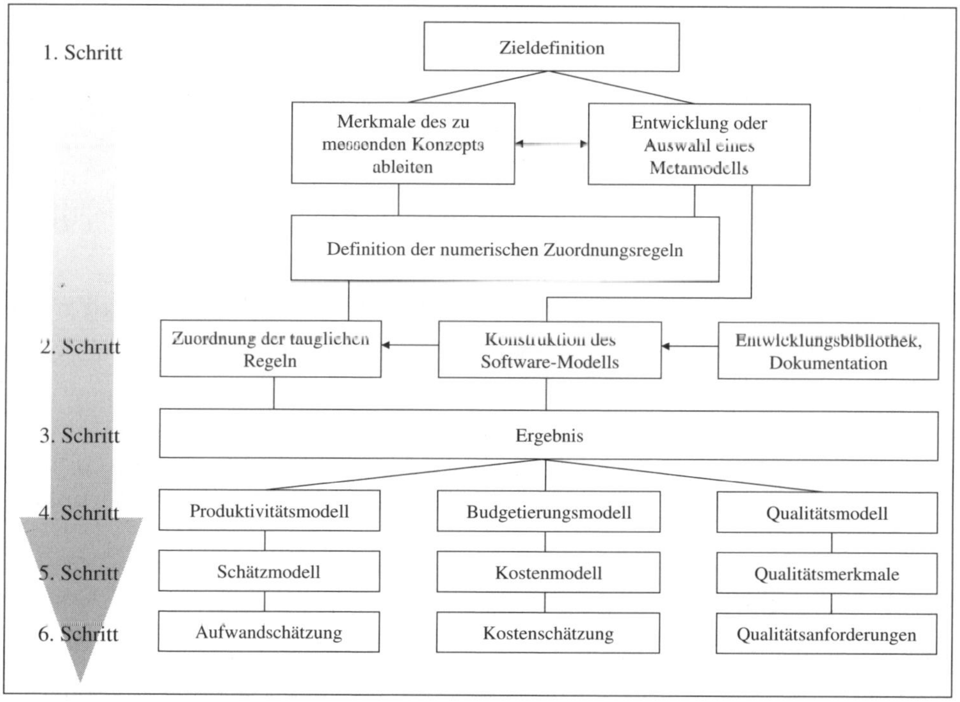

Abbildung 5.1: Erstellung eines Metriksystems (in Anlehnung an ISO)

Nach der Erstellung des Metriksystems erfolgt seine Einführung nach Melinda Ayers in folgenden sechs Schritten:

1. Festlegung der Ziele
2. Kriterien für den Messprozess entwickeln (warum, was, wie, wann, wo und wer)
3. Untersuchung verschiedener Messmethoden
4. Entwicklung von Konzepten
5. Prüfen der Konzepte und Vergleich mit den Zielen
6. Detaillierung und Verbesserung der konzeptionellen Basis

Die Einführung eines Metrikprogramms bedeutet eine erhebliche Änderung der Unternehmenskultur (siehe auch Kapitel *Die Einführung der Aufwandschätzung*). Wenn das Management diesen Prozess nicht voll unterstützt, hat das Unterfangen nur geringe Erfolgschancen. Obwohl die Managementunterstützung ein wesentlicher Erfolgsfaktor eines Metrikprogramms ist, ist es zum Scheitern verurteilt, wenn die betroffenen Mitarbeiter nicht dazu bereit sind oder nicht verstehen, warum sie den Zusatzaufwand treiben sollen. Sie vermuten darunter eine neue Form der Überwachung ihrer Produktivität durch das Management.

Das Metrikprogramm darf deshalb nicht als leichtes Unterfangen verkauft werden, das dem Unternehmen sofort tolle Resultate bringt. Es ist nur Bestandteil eines kontinuierlichen Verbesserungsprozesses. Wenn ein Unternehmen im Zustand fortwährender organisatorischer Änderungen begriffen ist, kann ein Metrikprogramm nur schwerlich etabliert werden.

Fehlende Toolunterstützung bringt Akzeptanzprobleme – man kann nicht mit Papier und Bleistift zu den Projekten gehen, die die neueste Technologie einsetzen!

Trotz all dieser Schwierigkeiten: Glauben Sie nie daran, dass Ihr Metrikprogramm gestorben ist, es sei denn, Sie lesen genau das in einer öffentlichen Ankündigung oder in einer Zeitung!

Die folgenden internationalen Praxiserfahrungen bei der Einführung von Metrikprogrammen überschneiden sich teilweise und zeigen gerade anhand der sich überschneidenden Kriterien, welche Erfolgsfaktoren besonders wichtig und für den Erfolg eines Metrikprogramms unerlässlich sind. Außerdem enthalten sie einige Tipps für die praktische Umsetzung.

Carol Dekkers beschreibt folgende kritische Erfolgfaktoren für die Einführung eines Metrikprogramms:

- Kontinuierliches und effektives Marketing zur Unterstützung des physischen, intellektuellen und kulturellen Wandels
- Zugriff zu den Informationen sicherstellen, um Unsicherheit bei den Mitarbeitern vorzubeugen
- Externe Unterstützung bei Training und Beratung zur Vermeidung von Fehlern und Aufbau eigener Expertise
- Vom Management unterstützte realistische Ziele und Pläne
- Bereitschaft zum Wandel
- Eine definierte Auswahl von Metriken (ein Elefant kann nur portionsweise verzehrt werden)
- Akkurate, aktuelle und konsistente Daten, damit Entscheidungen damit untermauert werden können
- Integration des Metrikprogramms in die alltäglichen Prozesse

Michael Mah empfiehlt, mit den vier Kernmetriken Umfang, Aufwand, Dauer und Qualität zu beginnen. Der erste Schritt ist dabei, eine Baseline für Produktivität zu ermitteln, um die Frage des Managements nach der Kapazität einer Anwendungsentwicklung zu beantworten. Warum diese vier Kernmetriken? Viele Projekte werden nur durch Meilensteine und Aufwand gesteuert, obwohl Umfang und Fehlermetriken kritisch sind, weil sie definieren, was erstellt wird und welche Qualität das erstellte Produkt hat. Pilotprojekte sollten dabei nach seiner Empfehlung wenigstens drei Monate Dauer und mindestens zwölf Personenmonate Aufwand umfassen und von großer Bedeutung für das Unternehmen sein.

Janet Russac empfiehlt, folgende Richtlinien einzuhalten, um den Erfolg eines Metrikprogramms zu maximieren, weil sie sich bisher in der Praxis bewährt haben:

- Metriken müssen in vorhandene Prozesse integriert werden.
- Metriken müssen Teil der Unternehmenskultur sein.
- Messdaten müssen auf Projektebene gesammelt und auf Unternehmensebene zu Auswertungen zusammengefasst werden.
- Messdaten müssen genau, wiederholbar und konsistent sein.
- Anfangs sollten nur wenige Metriken implementiert werden.

- Zum Vergleich mit anderen Unternehmen sollten Industriestandards verwendet werden.
- Eine Metrikdatenbank muss erstellt werden.
- Das Metrikprogramm muss einfach und konsistent sein.
- Metriken sollten für die Entscheidungsunterstützung, Zielsetzung und Prozessverbesserung verwendet werden.
- Ergebnisse müssen zeitnah und angemessen kommuniziert werden.
- Unterstützung vom Top-Management muss eingefordert werden.
- Metrikspezialisten müssen anhand ihrer Qualifikation und nicht anhand ihrer Verfügbarkeit ausgewählt werden.
- Alle an Messprozessen Beteiligte müssen ausgebildet werden.
- Die Metriken müssen sich ändern und weiterentwickeln, in dem Maße, wie die Organisation, reifen.
- Metriken müssen im Unternehmen gefördert werden.
- Metriken müssen positiv eingesetzt werden, und nicht um Einzelpersonen zu messen.

5.3.2 Der Aufbau einer Metrikdatenbank

Die beste Basis für Aufwandschätzungen ist eine Metrikdatenbank. Metriken sind Daten und sollten deshalb in einer Datenbank zur Verfügung stehen. Meistens kommen sie aus Tools, wie z.B. der Function Point Workbench und Zeiterfassungssystemen, Problemverfolgungstools oder Source Code Checkern.

Erfahrungsgemäß ist eine Reifezeit von fünf bis zehn Jahren in einem Metrikprogramm erforderlich, bis ein Unternehmen ein solches zentrales Repository zur Sammlung von Informationen über Aufwandschätzungen erarbeitet hat. Der Nutzen einer Metrikdatenbank für ein Unternehmen ist laut Beckett und Llorence vielfältig:

- Entwicklung von unternehmenseigenem Schätz-Know-how; Expertise ist jederzeit verfügbar.
- Vom Projekt unabhängige »neutrale« Schätzungen sind möglich.
- Erfahrungsdaten aus der Vergangenheit ermöglichen präzisere Schätzungen, als es mit Wunschdenken möglich ist.
- Das Wissen darum, dass Aufwandschätzungen professionell durchgeführt werden, mindert das Projektrisiko der Auftraggeber.

Eine Metrikdatenbank, die anfangs zu komplex ist, wird nach Dawn Coley ein Metrikprogramm eher behindern als fördern. Deshalb muss mit den Kernmetriken begonnen werden. Dazu sollten folgende Informationen in einem Repository erfasst werden:

- Projekt
  - Projekt-ID und Name
  - Verantwortliche und Abteilung
- Projektmanagement
  - Start (Schätzung/Plan/Ist)
  - Ende (Schätzung/Plan/Ist)
  - Dauer (Schätzung/Plan/Ist)
  - Aufwand (Schätzung/Plan/Ist)
  - Kosten (Schätzung/Plan/Ist)
  - Spezielle Informationen
- Produkt
  - Function Points (mit allen Detailinformationen)
  - Fehler
  - LOCs
- Prozess
  - Programmiersprachen und deren Anteile
  - Software-Architektur
  - Hardware-Architektur
  - Reuse-Prozentsatz
  - Phasenanteile
  - Anteile von Fachbereich, IT, Technischem Support, Schnittstellen

Die Metrikdatenbank muss stets aktuell gehalten werden. Dazu ist ein formaler Prozess zu installieren, der das Auslagern von Daten in eine Historie sicherstellt. Eines der Probleme beim Unterhalt einer Metrikdatenbank ist, dass die Faktoren, die wichtig sind, im Laufe der Zeit wechseln. Dadurch können sich die Definitionen der darauf basierenden Kennzahlen ändern. Dann sind Vergleiche in Zeitreihen nicht mehr sinnvoll.

Die AXA Service AG hat 2002 bei einer internationalen Umfrage nach dem Einsatz von Metriken von 24 Unternehmen aus aller Welt folgende Rückmeldung bekommen:

- Je vier Unternehmen ermitteln die Produktivität in FP pro Aufwand bzw. die Kosten (das Budget, die Planung) – Letzteres sind keine Metriken, sondern Basisgrößen.
- Je drei Unternehmen ermitteln die Effizienz in Aufwand pro FP (Projektlieferrate, PDR) oder arbeiten mit Balanced Scorecards bzw. haben nicht geantwortet oder ermitteln keine Metriken.
- Zwei Unternehmen arbeiten mit den Metriken des Benchmarking-Anbieters Compass.
- Je ein Unternehmen ermittelt die Qualität in Fehler pro FP bzw. ermittelt, ob die Projekte on time (termingerecht), on budget und on schedule (plangemäß) (OTOBOS) beendet werden.

5.3.3 Der Aufbau eines Metriksystems

Ein Metriksystem besteht aus Basisgrößen und Kennzahlen, die diese Basisgrößen in ein sinnvolles Verhältnis zueinander setzen. Abbildung 5.2 zeigt den prinzipiellen Aufbau eines Metriksystems. Daraus ist ersichtlich, dass es – wie in Kapitel *Grundlagen der Aufwandschätzung* beschrieben – ein Regelkreissystem ist. Außerdem sind die Controlling-Aktivitäten klar erkennbar.

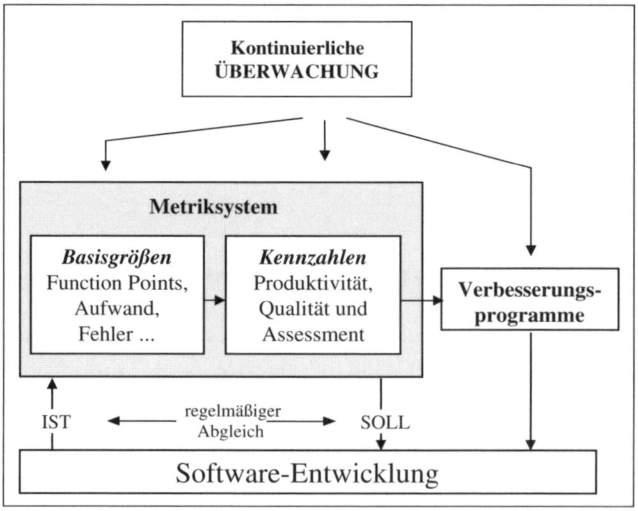

Abbildung 5.2: Aufbau eines Metriksystems

Eine einfache Liste von Dingen, die zum Management der Software-Entwicklung gemessen werden sollten, umfasst nach Edward Weller:

- Schätzgenauigkeit bezüglich der Termine
- Schätzgenauigkeit bezüglich des Aufwands
- Produktqualität bei Auslieferung
- Fehlerbehebungsrate (Anzahl der Fehler, die im Fachkonzept gemacht werden, dividiert durch die Gesamtzahl der Fehler)
- Inspektionen
- Test
- Fehlermeldungsrate von Kunden
- Aufwandschätzung für Wartung
- Häufigkeit von Inspektionen und Besprechungen
- Aufwandverteilung auf die Projektphasen
- Häufigkeit der Helpdesk-Anrufe

Natürlich werden nicht alle diese Messgrößen von jedem Unternehmen gemessen.

Die sechs am meisten verbreiteten Kernmetriken (je nach Autor werden davon vier bis sechs zu den Kernmetriken gerechnet) sind Function Points, Aufwand, Fehler (Qualität), Kosten, Dauer und Lines of Code. Für ein Metriksystem können z.B. in einem ersten Ansatz davon die folgenden drei Basisgrößen in Erwägung gezogen werden:

- Function Points
- Aufwand
- Fehler

Daraus lassen sich die folgenden Kennzahlen ableiten:

- Qualität (Produktmetrik)
  - Fehlerrate
    Ausgelieferte Fehler = prognostizierte minus gefundene Fehler
    FR = ausgelieferte Fehler / Function Point
  - Problemfindungsrate
    PR = gefundene Fehler / Function Point

- Produktivität (Prozessmetrik)
  - P1 = Function Points / Aufwand in PM
  - P2 = Function Points / Mitarbeiter

Abbildung 5.3 zeigt als Beispiel das konzeptionelle Datenmodell einer Metrikdatenbank.

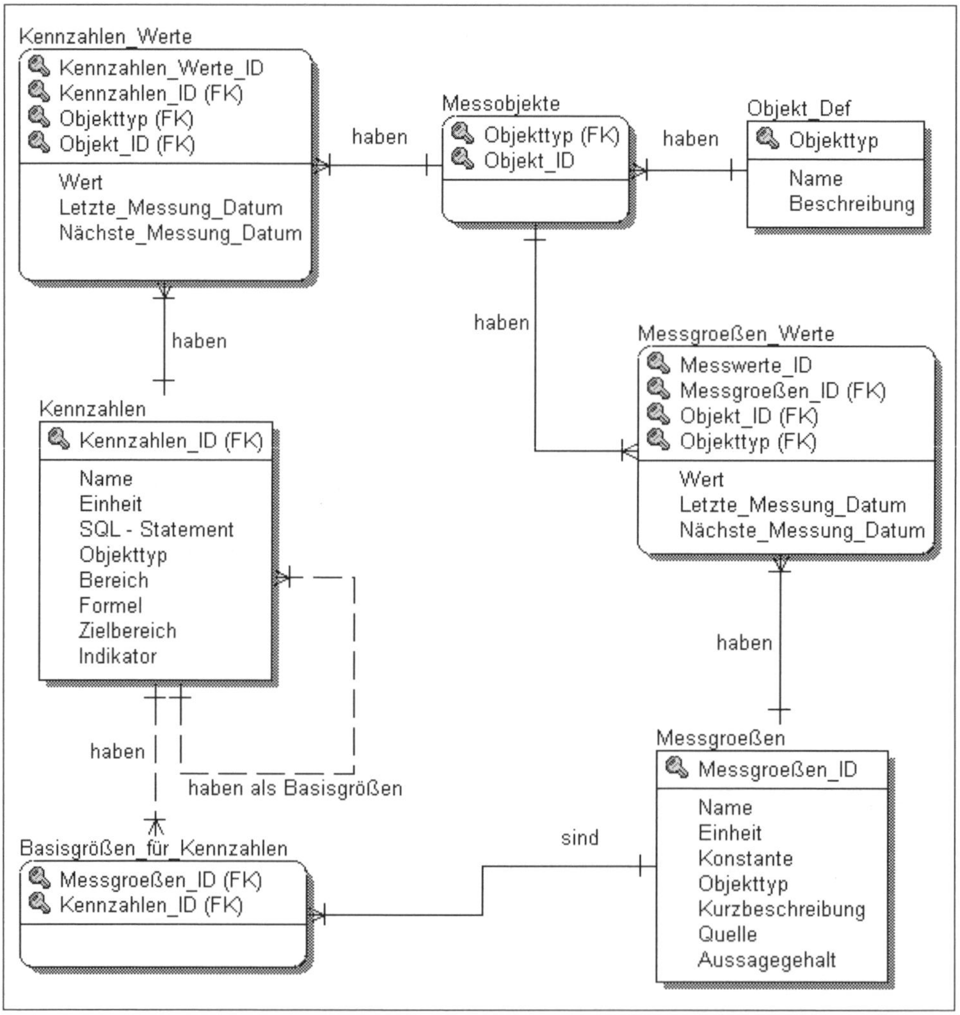

Abbildung 5.3: Konzeptionelles Datenmodell einer Metrikdatenbank

Die Definition der einzelnen Größen ist ein zeitaufwendiger Prozess. Erfahrungen in Konzernen zeigen, dass sich mit solchen Systemen bereits Teilerfolge erzielen lassen. Nach Messung einer Produktivität von x Function Points pro Personenmonat (FP/PM), wurde z.B. in Zielvereinbarungen von Projektleitern x + 3 FP/PM für neue Projekte festgeschrieben. Mit einem Bonussystem wurde versucht, Anreize hierfür zu schaffen, und dies mit Erfolg. Die vereinbarte Produktivität wurde innerhalb von zwölf Monaten erreicht. Bekannt ist auch aus der Literatur, dass die Produktivität von Entwicklungspersonal individuell um den Faktor 10 differieren kann. Capers Jones schreibt auch, dass in Europa die Produktivität wegen der größeren Anzahl von Feiertagen und Urlaubstagen geringer ist als in den USA.

Qualität und Produktivität stehen in engem Zusammenhang mit Prozess, Personen und Technologie. Mit Verbesserungen bei diesen drei Einflussfaktoren lassen sich Qualität und Produktivität enorm steigern. Im Ländervergleich nennt Capers Jones Japan, Indien, Norwegen und Schweden mit ungewöhnlich guten Qualitätskennzahlen gegenüber den USA.

Von den Faktoren, die sich auf Prozessverbesserungen auswirken, haben sich Projektdauer und Projektumfang als besonders flexibel herausgestellt. Bei definiertem Umfang kosten kürzere Dauern mehr Geld und bedeuten geringere Qualität. Längere Dauern verbessern die Qualität, verzögern aber die Verfügbarkeit der Funktionalität. Reduzierter Umfang bietet demgegenüber die Chance, wichtige Funktionalität früher zu erhalten. Üblicherweise wird Funktionalität eingeschränkt, um Zeitpläne einzuhalten. Die anderen Faktoren zur Steigerung der Prozess-Tauglichkeit, die Mitarbeiter, Kosten und Qualität, sind weniger flexibel beeinflussbar. Hier spiegelt sich die Problematik des Teufelsquadrats des Projektmanagements wider.

Neben Qualität und Produktivität sind Änderungsmetriken wichtig, um Schwellenwerte und Grenzwerte identifizieren bzw. festlegen zu können und Verbesserungen im Metrikprogramm zu erreichen. Änderungsmetriken messen den Unterschied zwischen Schätzung und Ist-Werten, wie z.B. die Änderung von Aufwand, Kosten und Dauer sowie Requirements Creep oder geben Verhältnisse an, wie z.B. Fehlerentdeckungsrate (Fehler bei Einführung geteilt durch Gesamtzahl Fehler) oder Rework-Anteil (Prozentanteil von Rework). Die drei zuletzt genannten Änderungsmetriken helfen, Risiken zu erkennen und zu managen, sind aber schwieriger zu messen als die drei zuerst genannten.

Daniel Galorath unterscheidet zwischen Planungs- und Trackingmetriken:

- ***Planungsmetriken*** sind Metriken, die bei der Projektplanung von erfolgreichen Projekten helfen. Sie stehen meistens in engem Zusammenhang mit Ziel und Umfang der Projekte. Der Umfang ist die Schlüsselmetrik unter den Planungsmetriken.
- ***Trackingmetriken*** sind Metriken, die dabei helfen, ein Projekt erfolgreich zu managen (Planungsmetriken dienen oft beiden Zwecken).

Zu den Trackingmetriken zählt zum Beispiel der ***Earned-Value-Ansatz***, der zwei Fragen untersucht:

1. Entspricht die bisher geleistete Arbeit zum Messzeitpunkt während des Projektfortschritts dem bis dahin geplanten Umfang?
2. Ist zum selben Zeitpunkt bisher weniger Geld verbraucht als bis dahin budgetiert?

Falls beide Fragen mit ja beantwortet werden können, gibt es keine Probleme mit dem Projekt. Ist in beiden Fällen die Antwort nein, dann ist das Projekt in ernsthaften Schwierigkeiten.

Wird die erste Frage mit nein beantwortet und die zweite mit ja, dann ist die Produktivität unter den Erwartungen. Dafür kann es die unterschiedlichsten Gründe geben. Werden diese nicht gefunden, wird das Projekt wahrscheinlich verspätet fertig und das Budget überzogen.

Wird die erste Frage mit ja und die zweite mit nein beantwortet, kann das daran liegen, dass die Motivation des Projektteams durch Incentives gesteigert wurde oder dass die Planung zu vorsichtig angelegt war.

Das Problem beim Earned-Value-Ansatz ist die exakte Messung des Fertigstellungsgrads. Dazu müssen Meilensteine für verschiedene Fertigstellungsgrade geplant werden. Eine bloße Abfrage der Mitarbeiter, welchen Fertigstellungsgrad ihre Aufgabe hat, führt zu dem bekannten 90%-fertig-Syndrom: Der Fertigstellungsgrad wird stets überschätzt und schließlich über längere Zeit hinweg im 90%-Bereich verlaufen. Um dieses Problem zu vermeiden, ist es psychologisch besser, die Betroffenen zu fragen, mit wie viel Aufwand sie für ihre Aufgabe noch rechnen. Damit lässt sich der Fertigstellungsgrad unter Hinzuziehung des bereits geleisteten Aufwands leicht errechnen.

Eine weitere Trackingmetrik sind Fehlermessungen, die in jeder Phase während des Projektfortschritts durchgeführt werden können (Fehlermetriken).

Eine weit verbreitete Einteilung der Metriken unterscheidet zwischen dem Produkt und dem Prozess der Software-Erstellung. Dabei entsprechen Galorath's Planungsmetriken den Produktmetriken und die Trackingmetriken eher den Prozessmetriken. Daneben werden häufig von diesen beiden Metrikarten die Projektmetriken unterschieden, die aber auch in diese beiden Kategorien unterteilt werden können. Es ist lediglich bei Projektmetriken so, dass die daraus abgeleiteten Kennzahlen bei Projekten andere Wertebereiche haben können, da in Projekten auch Aufwand für zu ändernde und zu entfernende Software-Teile anfällt und dafür nur ein geringer oder sogar kein gemessener Umfang dem Aufwand gegenübersteht, ähnlich wie bei Software-Wartung.

Tabelle 5.4 gibt einen Überblick über die im nächsten Kapitel dargestellten Produkt- und Prozessmetriken. Produktmetriken können zusätzlich in externe (für den Anwender sichtbare, z.B. funktionalitäts- oder kostenbezogene) und interne (für den Entwickler sichtbare, z.B. umfangs- oder komplexitätsbezogene) unterteilt werden. Ähnlich können Qualitätsmetriken in direkte (Qualitätsfaktoren-bezogene) und indirekte (Qualitätskriterien-bezogene) unterteilt werden.

	Bezeichnung	**Mögliche Basisgrößen**	**Mögliche Kennzahl/Metrik**	**Beispiele**
Produktmetriken	Umfang, Größe	Function Points (FP). Lines of Code (LOC oder KLOC – Kilo LOC) und Anwendungssysteme	Größe des Anwendungssystems (AS)	LOCs pro AS, KLOCs pro AS, FPs pro AS
	Qualität	Fehler und Umfang von laufenden Systemen	Fehler pro Einheit Umfang von lfd. Systemen	Fehler pro FP nach Auslieferung, Fehler pro LOC (KLOC) nach Auslieferung
	Dokumentation	Seiten und Dokumente	Seitenzahl pro Dokument	Seitenzahl pro Fachkonzept, ... pro Modulspezifikation
	Systemkomplexität	Komplexität und Module	Strukturkomponenten pro Modul	Daten pro Modul

Tabelle 5.4: Beispiel für Produkt- und Prozessmetriken

	Bezeichnung	Mögliche Basisgrößen	Mögliche Kennzahl/Metrik	Beispiele
Prozessmetriken	Aufwand	Arbeitszeit und Anwendungssystem	Aufwand für die Systementwicklung	Aufwand pro Projekt oder Projektphase
	Qualität	Fehler und Umfang pro Projekt oder Phase		Fehler pro FP
	Produktivität	Aufwand und Umfang	Umfang pro Einheit Umfang (PM oder Mitarbeiter)	FP pro Mitarbeiter, FP pro PM
	Kosten	Kosten und Umfang	Kosten pro Einheit Umfang	Euro pro FP
	Dauer	Dauer und Umfang	Umfang pro Einheit Dauer	FP pro Monat Projektlaufzeit
	Effizienz	Aufwand und Umfang	IT Work Unit	Stunden Aufwand pro FP

Tabelle 5.4: Beispiel für Produkt- und Prozessmetriken *(Forts.)*

Wie wichtig die sinnvolle Auswahl von Metriken ist, zeigt die karikierende Definition zweier humorvoller Metriken, die ebenfalls von Daniel Galorath veröffentlicht wurde:

Die Pizza-Metrik. Die regelmäßig gezählte Anzahl der leeren Pizzaschachteln an den Arbeitsplätzen der Mitarbeiter gilt als Maß für die Verspätung des Projekts, da die Mitarbeiter nicht am Arbeitsplatz essen würden, wenn das Projekt im Zeitplan wäre.

Die Aspirin-Metrik. Ein Glas mit Kopfschmerztabletten wird den Mitarbeitern zur Verfügung gestellt und regelmäßig die Anzahl der verbliebenen Tabletten gezählt. Je mehr Tabletten konsumiert wurden, desto frustrierter waren die Mitarbeiter.

5.4 Produktmetriken

Produktmetriken beziehen sich direkt auf das Ergebnis eines Software-Entwicklungsprozesses. Beim Produkt zählen hauptsächlich Umfang, Qualität und Übereinstimmung mit den Benutzeranforderungen sowie Benutzerfreundlichkeit. Zu den Produktmetriken zählen

- Größe (Umfang)
- Architekturmaße (z.B. Komponentenzahl, Schichten, Kopplung)
- Qualität
- Dokumentation
- Systemkomplexität (Struktur- und Datenstruktur-bezogen)

5.4.1 Größe (Umfang, Zählung)

Das Ergebnis der Zählung ist in der Regel eine Maßzahl für die Größe (den Umfang) der Anwendung. Das ist auch eine Komplexitätsmetrik. Hierbei lassen sich zwei grundsätzlich verschiedene Ansätze erkennen:

1. die technische Produktgröße auf Basis des erzeugten Codes, Einheit KLOC (Kilo Lines of Code, auch Sourcecodemetriken genannt, z.B. COCOMO-Verfahren, Wolverton-Verfahren)
2. die funktionale Produktgröße (Funktionalität) der Anwendung, Einheit Function Points (z.B. Function-Point-Methode, Object-Point-Methode).

Beides sind unverzichtbare Basisgrößen, ohne die große und kleine Projekte nicht vergleichbar wären. Sie sind auch nützliche Indikatoren für den Projektaufwand.

Sourcecodemetriken

Zu den Sourcecodemetriken gehören unter anderem auch die Modulkohäsion und der Kommentaranteil sowie objektorientierte Metriken wie Parameteranzahl, Schachtelungstiefe, Anzahl Instanzen, vererbte Methoden und abstrakte Klassen.

Halstead's Metriken

Neben den Lines of Code und den Function Points finden in der Praxis auch noch ***Halstead's Metriken*** Anwendung. Damit wird die Programmlänge als Summe der Anzahl von Operatoren (Vergleiche, arithmetische Operationen, Alternativen, Schleifen, Lesen, Schreiben) und der Anzahl von Operanden (Variablen, Konstanten, Marken, Records, Unions usw.) berechnet. Dazu lassen sich dann z.B. die Anzahl Fehler ins Verhältnis setzen (Qualitätsmetrik).

Dabei liegt die praktische Bedeutung der Halstead-Länge sowie auch der anderen Halstead-Metriken vor allem darin, dass sich mit diesen Metriken einfache Kenngrößen im Voraus abschätzen lassen. Im Vergleich zur LOC-

Metrik können diese Metriken daher bereits in den frühen Phasen eines Software-Prozesses eingesetzt werden.

Tom DeMarco bemerkt zu Halstead's Metriken: »Halstead deutete zwar gelegentlich etwas von empirischer Arbeit an, aber Wissenschaftler, die sich eingehend mit seinen Daten befassten, konnten keine der Relationen bestätigen, die Halstead selbst zu sehen meinte. Nicht einmal mit seinen eigenen Daten konnte man seine Erkenntnisse bestätigen.«

Björn Wolle beschreibt die Nachteile etwas detaillierter: »Selbst bei traditionellen Metriken wie der Lines-of-Code-Metrik (LOC) oder den Halstead-Metriken ist die Akzeptanz eher gering. Bei den Halstead-Metriken begründet sich dies auf die Abweichungen und Schwächen in der Herleitung und Interpretation sowie auf gefundene Unschärfe bei der Implementierung der zugehörigen Basismetriken. Des Weiteren ergaben sich bei Untersuchungen zur Halstead-Länge deutliche Abweichungen, deren Ursache bisher nicht im Detail geklärt werden konnte.

Im Hinblick auf die Entwicklung neuer Software-Systeme ist dabei zu bemerken, dass die Halstead-Metriken in der Praxis der Software-Entwicklung hauptsächlich zur Schätzung des Aufwands bei Wartungsmaßnahmen – und damit überwiegend für prozedurale, in klassischen Programmiersprachen geschriebene Systeme – eingesetzt wurden.«

Lines of Code

Das Messen von KLOCs zur Aufwandschätzung ist sehr verbreitet, aber nicht ganz unproblematisch. Zwar hat es den Vorteil, dass es für sehr verschiedenartige Software-Systeme (Echtzeitsysteme, Systemsoftware und kaufmännische Software) eingesetzt werden kann, eine Überprüfung der Schätzung kann jedoch erst relativ spät (nämlich nach der Codierung) geschehen. Auf der anderen Seite gibt es auch keine standardisierte Vorschrift zum Zählen der Programmzeilen und ein weiteres Problem stellt die Tatsache dar, dass die Anzahl der Programmzeilen maßgeblich von der Wahl der Programmiersprache beeinflusst wird. Dieser Umstand bewirkt ein mathematisches Paradoxon. Wie Tabelle 5.5 zeigt, würde ein Projekt mit Assembler als Programmiersprache produktiver (gemessen in Lines of Code pro Personenmonat) sein als dasselbe Projekt mit Ada als Programmiersprache. Deshalb sollten alle Programmiersprachen auf Assembler als Basis normiert werden (so genanntes Assembler-Äquivalent). Dieses Assembler-Äquivalent wird auch beim Backfiring benutzt (siehe Kapitel *Methoden der Aufwandschätzung*).

	Assembler-Version	Ada-Version
Quellcode (LOC)	100.000	25.000
Aufwände (PM) – Spezifikation – Design – Codierung – Dokumentation – Integration und Test – Management	 10 25 100 15 25 25	 10 25 20 15 15 15
Gesamtaufwand (PM)	200	100
Gesamtkosten ($)	1.000.000	500.000
Kosten/Quellcodezeile ($/LOC)	10	20
Produktivität (LOC/PM)	500	250

Tabelle 5.5: Paradoxon von LOC-Metriken

Bei der LOC-Methode ist eines der größten Probleme, dass bei der Zählung klar und dokumentiert sein muss, wie die LOCs gezählt werden. Prinzipielle Einigkeit scheint unter den Anwendern dahingehend zu bestehen, dass Kommentarzeilen und Leerzeilen (wegen besserer Lesbarkeit der Programme eingefügt) bei der Zählung nicht berücksichtigt werden – aber selbst das ist nicht immer eindeutig gegeben. Für den Praxiseinsatz müssen deshalb – wie bei jeder anderen Methode – Standards vereinbart werden, wie z.B. bei C-Programmen:

Physische (Zeilen):

In C werden die .H-, .DEF-, .RC-, .C- und .SQC-Files gezählt. C-Source wird mit *lcount* gezählt. Hierbei wird von der Gesamtzahl der Zeilen des Moduls die Anzahl der Vollkommentarzeilen sowie der Leerzeilen subtrahiert.

Logische (statements), SPR-Methode:

Anzahl der wirklichen C-Statements (Anweisungen + Datendefinitionen) im Sourcecode.

Lines of Code können nicht zu Produktivitätsmessungen eingesetzt werden, da mehr als die Hälfte des Aufwands bei der Software-Erstellung für nicht der Programmierung zuzuordnenden Tätigkeiten anfällt.

Function Points

Die Verwendung von Function Points hat weniger die technische Sicht (der Entwickler) auf das Software-Projekt, sondern betrachtet vielmehr die Funktionalität des Software-Systems aus Benutzersicht. Dies entspricht eher der Realität, denn den Anwender interessiert letztendlich, was er an Funktionalität geboten bekommt, und nicht, in welcher Art und Weise, mit welcher Programmiersprache und mit wie viel Programmierzeilen. Da die Funktionalität unabhängig von der verwendeten Programmiersprache ist, taucht das obige Paradoxon bei der Verwendung von Function Points nicht auf.

Für die Vorgehensweise bei der Function-Point-Methode existiert ein anerkannter internationaler Standard (IFPUG Version 4.1). Die Methode kann schon relativ früh im Entwicklungsprozess (spätestens nach dem Fachkonzept) angewendet werden.

Die Function Points werden in jeder Phase der Entwicklung und nach jeder Änderung der Benutzeranforderungen *manuell* gezählt. Der Projektleiter trägt die Verantwortung für die Ermittlung.

Maschinelle Zählung der Function Points (wie im Funktionsumfang mancher Tools angeboten) widerspricht der Prämisse der Function-Point-Methode, alles aus Benutzersicht zu zählen. Bei der maschinellen Zählung werden die Function Points ja aus den IT-technisch realisierten Modulen gezählt, also aus dem physischen Datenmodell anstelle des logischen Datenmodells. Außerdem ist genau festzuhalten, nach welchen Regeln die maschinelle Zählung erfolgt. Darüber geben die Toolhersteller selten Auskunft (außer in globalen Erklärungen).

Generell können Projekte in vier Größenordnungen eingeteilt werden: kleine oder mittlere (das sind die häufigsten); große Projekte (sind bei einer hohen Produktivität machbar) und supergroße Projekte (davon kann nur abgeraten werden). Solche Einteilungen sind subjektiv und in unterschiedlichen Unternehmen auch verschieden. Grundsätzlich zeigt Tabelle 5.6 drei mögliche Ansätze für eine solche Einteilung nach ungefähren Größenordnungen des Umfangs eines Projekts in Function Points.

Projekt	**Function Points ca.**		
klein	Bis 500	Bis 700	Bis 1.000
mittel	501 bis 1.500	701 bis 2.000	1.001 bis 3.000

Tabelle 5.6: Projektgrößen in Function Points

Projekt	Function Points ca.		
groß	1.501 bis 2.500	2.001 bis 4.000	3.001 bis 6.000
supergroß	Ab 2.501	Ab 4.001	Ab 6.001

Tabelle 5.6: Projektgrößen in Function Points *(Forts.)*

Wegen ihrer weltweiten Verbreitung ist der Function-Point-Methode ein eigenes Kapitel gewidmet.

Durch die große Einsatzbreite der Function-Point- und COCOMO-Methode sind Umrechnungsfaktoren zwischen beiden Arten von Aufwandschätzmethoden sehr gefragt. Solche Umrechnungsfaktoren, wie viele Function Points ein KLOC bzw. wie viel KLOCs ein Function Point ausmachen, sind nur dann sinnvoll, wenn sie unter gleichen Software-Entwicklungsbedingungen ermittelt wurden. Das heißt, nur bei ähnlichen Projekten im gleichen Unternehmen können damit verlässliche Schätzungen durchgeführt werden. In allen anderen Fällen sollten solche Kennzahlen nur zur groben Überprüfung und allenfalls als Faustregeln eingesetzt werden (siehe hierzu auch Kapitel *Backfiring*).

5.4.2 Qualität

Die Qualität von Software-Produkten wird durch die Mitarbeiter und durch die Auftraggeber festgestellt. Qualität ist sowohl ein Maß des Software-Entwicklungsprozesses als auch des entwickelten Produkts. Ebenso gibt es zwei Wege, Qualität zu betrachten. Der eine ist von der Seite der Fehler, z.B. Fehler pro Zeiteinheit, der andere ist die Länge der Zeit zwischen dem Auftreten von Fehlern. Außerdem gibt es noch Unterscheidungen nach der Schwere der Fehler und neben diesen Fehlermetriken auch Kundenreklamationen bzw. Kundenzufriedenheitsmessungen. Dementsprechend ist die Vielfalt der Qualitätsmetriken sehr groß. Interne Qualitätskriterien kann der IT-Experte selbst messen. Externe Qualitätskriterien werden durch Auftraggeber gemessen. Qualität kann sehr früh verbessert werden, wenn Reviews und Inspektionen im Software-Lebenszyklus durchgeführt werden, durch verstärkten Testaufwand und frühe Fehlerentfernung.

Tabelle 5.7 zeigt den Zusammenhang zwischen einem Qualitätsmodell und Qualitätsmetriken.

Gebrauchstauglichkeit		
Funktionstüchtigkeit	Funktionsabdeckung	Funktionale Vollständigkeit, Vollständigkeit der Dokumentation, Anforderungsverfolgbarkeit
	Widerspruchsfreiheit	Widerspruchsgrad
Betriebstüchtigkeit	Korrektheit	Testgrad, Reviewgrad. Fehlerdichte, Modultestabdeckungsgrad
	Zuverlässigkeit	Änderungsstabilität, Fehlerstabilität, Verfügbarkeitsgrad, Meantime to Failure
	Sicherheit	Sicherheitsgrad
	Robustheit	Testfallgrad, Robustheitsgrad
	Durchführbarkeit	Vollständigkeit der Dokumentation
	Effizienz	Speichereffizienz, Ausführungs-effizienz
Bedienungs-freundlichkeit		Schulungszeit, Benutzerzufriedenheit, Hilfetexte, Umfang, CUA-Konformität
Pflegbarkeit		
Wartbarkeit		Systemkomplexität, Schachtelungstiefe, Funktions- und Parameteranzahl, Fehlerkorrekturaufwand, Codekommentierungsgrad, Modulgröße
Prüfbarkeit		Prüfbarkeitsgrad
Einsetzbarkeit		
Portabilität		Portabilitätsgrad
Wiederverwendbarkeit		Reuse-Grad, Reuse-Produktionsgrad

Tabelle 5.7: Zusammenhang zwischen Qualitätsmodell und -metriken

In Kapitel *Aufwandschätzung und Qualität* wird eine Excel-Tabelle zur Umrechnung von Qualitätsfaktoren in die 14 Systemmerkmale der Function-Point-Methode vorgestellt.

Fehlermetriken

Zu den Qualitätsmetriken zählen auch die Fehlermetriken. Dazu werden in Deutschland selten Erfahrungen veröffentlicht, und wenn, dann nur von gut gelungenen Projekten. Ein Unternehmen muss erst einen gewissen Reifegrad erreicht haben, um zu verstehen, dass es notwendig ist, Fehler zu finden und zu dokumentieren, bevor die Software an den Kunden ausgeliefert wird. Unternehmen mit höherem Reifegrad haben auch geringere Fehlerraten.

Fehler muss man laut Herbert Bierfert

- feststellen, verwalten und beseitigen
- sich vorher überlegen
- systematisch erklären

Der Hauptzweck von Fehlermetriken ist die Voraussage von Fehlerraten, die als Kontrollwerte für die Messung von erreichter Qualität genutzt werden können. Gemessen werden verbreitet folgende Kennzahlen von gefundenen Fehlern:

- Fehleranzahl pro 1.000 LOC (KLOC) oder pro Function Point; die Fehleranzahl steigt mit dem Umfang der Software.
- Fehleranteile nach
  - Projektphase (Fachkonzept, Design, Realisierung, Test, Einführung, Wartung)
  - Testart (Spezifikations-, Design-, Modul-, System-, Integrationstest)
  - Ursache/Herkunft (funktional, Schnittstellen, Mehrdeutigkeit, Daten)
  - Schwere des Fehlers (anhand der vier Fehlerklassen, severity levels)
  - Größe der zu entwickelnden Systeme

Capers Jones schreibt, dass in den USA der Standard für die Fehlerrate ca. fünf Fehler pro Function Point ist, wobei 85% der Fehler bei der Software-Entwicklung behoben werden. Das bedeutet andererseits, dass 0,75 Fehler pro Function Point mit der fertigen Software ausgeliefert werden. Best Performer können nach seinen Angaben die Fehlerrate auf drei Fehler pro Function Point verbessern und die Fehlerbehebungsrate auf 95%. Er detailliert das Fehlerpotenzial der fünf Fehler pro Function Point wie folgt:

Fehler in	Fehler pro Function Point
Fachkonzept	1
Spezifikation	1,25
Programmierung	1,75
Benutzerdokumentation	0,6
Bad Fixes (neue Fehler aufgrund von Fehlerbehebungen)	0,4
Summe	5

Tabelle 5.8: Fehlerpotenzial je Phase

Das führt bei einer üblichen Fehlerbehebungsrate von 85% dazu, dass das fertige Software-Produkt mit 0,75 Fehlern pro Function Point an den Endbenutzer ausgeliefert wird.

Alex Lubashevsky von AT&T/Lucent zeigt am Beispiel der Entwicklung eines objektorientierten Telekommunikationssystems im Umfang von ca. 1.800 Function Points Fehlermetriken bezüglich der vier Fehlerklassen:

Fehlerklasse (severity level)	Geschätzte Fehlerzahl	Industrie-Standard	Gefundene Fehler	Abweichung Industrie-Standard versus gefundene Fehler
1. Systemabbruch	87	103	67	22–35
2. Fehlerhafte Hauptfunktionen	408	516	359	14–30
3. Fehlerhafte Nebenfunktionen	1.185	1.446	1.076	10–25
4. Oberflächliche Fehler	945	1.034	742	27–28
Gesamt-durchschnitt	2.626	3.098	2.244	17–28

Tabelle 5.9: Fehlermetriken der vier Fehlerklassen

Robert Grady schätzt, dass etwa ein Drittel der Zeit für die Neuentwicklung von Software für die Fehlerbehebung aufgewendet wird. Ein psychologischer Effekt ist interessant: Wenn eine große Anzahl Fehler entdeckt wird, nimmt die Fehlerentdeckungsrate ab. Das wird häufig als eine Qualitätsverbesserung angesehen, tatsächlich können aber die Tester so frustriert sein, dass sie ihre Testaktivitäten reduzieren.

Bekannt ist auch, dass Fehlerraten besonders mit Zeitdruck korrelieren. Gestresste Mitarbeiter sind eben nicht in der Lage, Software mit höchster Qualität zu produzieren.

Da die Fehleranzahl pro Function Point eine hervorragende Stellung unter den Fehlermetriken einnimmt, wird im Folgenden näher darauf eingegangen.

Function Points und Fehleranzahl

Ein durchschnittliches Projekt arbeitet etwa 80% seiner Zeit an ungeplanter Behebung von Fehlern, die vorher im Projekt entstehen. Deshalb hat die Planung der Fehlerbehebung eine große Bedeutung. Dazu ist es wichtig, die Anzahl von Fehlern im Software-Entwicklungsprozess zu erheben, ein Vorgehen, das sich in der Praxis immer mehr durchsetzt. In der Literatur gibt es dazu zahlreiche Kennzahlen, ebenfalls in den Aufwandschätztools, z.B. Checkpoint und KnowledgePLAN.

Die in der Literatur häufig genannten Zahlen bieten bisher kaum Anhaltspunkte, da dazu keine genauen Angaben über die zugrunde liegenden Phasenkonzepte, Entwicklungsbedingungen usw. verfügbar sind. Somit fehlt die Basis für Vergleichbarkeit und die veröffentlichten Werte erstrecken sich demgemäß über weite Bandbreiten.

Deshalb hat die ISBSG in ihrer Studie vom Juni 2002 erstmals die in Tabelle 5.10 zusammengefassten Fehlermetriken auf Basis von 189 Projekten veröffentlicht, die verlässliche Angaben über Fehler enthalten:

Projekte	Anzahl	Fehler pro 1.000 FP		Anzahl Projekte mit null Fehlern
		Mittelwert	Median	
Mit geringen Fehlern	105	0,043	0,017	64
Mit wichtigen Fehlern	83	0,019	0,006	83
Mit extremen Fehlern	16	0,011	0,006	121
Zwischenwert	133	0,047	0,018	56

Tabelle 5.10: Fehlermetriken aus der ISBSG-Studie vom Juni 2002

Projekte	Anzahl	Fehler pro 1.000 FP		Anzahl Projekte mit null Fehlern
		Mittelwert	Median	
Finanzen	50	0,078	0,027	14
Öffentliche Verwaltungen	22	0,039	0,022	9
Dienstleistungen	12	0,014	0,013	6
Produktion	14	0,046	0,013	5
Zwischenwert	98			34
Transaktionssysteme	59	0,073	0,023	17
MIS	31	0,024	0,016	14
Bürokommunikation	11	0,018	0,019	4
Entscheidungsunterstützung	5	0,008	0,011	2
Prozessverarbeitung	6	0,093	0,023	1
Zwischenwert	112			38
Neuentwicklung	73	0,043	0,016	16
Redevelopment	4	0,017	0,028	0
Weiterentwicklung	56	0,054	0,022	39
Zwischenwert	133			55
Mainframe	73	0,068	0,022	47
Midrange	34	0,019	0,014	3
PC	20	0,016	0,015	6
Zwischenwert	132			56
3GL-Sprachen	57	0,039	0,023	24
4GL-Sprachen	54	0,028	0,013	23
Programmgeneratoren	19	0,131	0,024	6
Zwischenwert	130			53

Tabelle 5.10: Fehlermetriken aus der ISBSG-Studie vom Juni 2002 *(Forts.)*

Die UKSMA (englischer Metrikverband) hat auf Anforderung ihrer Mitglieder als ihren ersten Mess-Standard eine Sammlung von Fehlermetriken (Defect Measurement Manual) veröffentlicht. Die Entwicklung erfolgte zusammen mit der ISBSG. Ein allgemeiner Teil mit Definitionen und Kategorisierungen soll bei Vergleichen und Abgrenzungen (speziell im Benchmarking-Umfeld) und bei der Einführung von Fehlermetriken in Unternehmen helfen. Das Handbuch kann kostenlos von der UKSMA bezogen werden: *www.uksma.co.uk*.

Drei wichtige Erkenntnisse sind insgesamt beachtenswert:

1. Durch die Fehlerbehebung werden neue Fehler erzeugt (bad fixes).
2. Fertig gestellte Software enthält stets noch Fehler.
3. Fehlerfreiheit kann nicht festgestellt werden, nur das Vorhandensein von Fehlern (Dijkstra).

Zur 3. Erkenntnis gibt es die praktische Erfahrung, dass bei Neueinführung von Fehlermetriken (z.B. Fehlerpotenzial) ein Testteam unter Umständen die Testphase für beendet erklärt, »da alle erwarteten Fehler gefunden und behoben wurden«. Das widerspricht dann natürlich den beiden ersten Erkenntnissen.

5.4.3 Dokumentation

Grundsätzlich kann zwischen Entwicklungs- und Benutzerdokumentation unterschieden werden. In diesem Abschnitt wird unter Dokumentation die Benutzerdokumentation verstanden, somit sind Dokumentationen Handbücher, die für die Bedienung und Wartung eines Programms geschrieben werden.

Mittels der Statistikfunktionen im Textverarbeitungssystem werden die Anzahl der

- Zeichen
- Wörter
- Seiten

der Handbücher ermittelt. Die Ermittlung erfolgt wöchentlich ab dem Beginn der Dokumentation.

Die Dokumentation ist oft das Stiefkind der Anwendungsentwicklung, weil der Aufwand dafür unterschätzt wird, nicht eingeplant wird und bei Terminengpässen dem Rotstift zum Opfer fällt. Dabei sind alle Stakeholder der Systementwicklung auf vollständige, korrekte, aktuelle und benutzerfreundliche Dokumentation angewiesen. Barry Boehm geht für kleine Projekte von zwei Personenstunden Aufwand pro Seite aus und vom doppelten Aufwand bei großen Projekten. Das heißt, dass Dokumentation zwar zur Minderung der Produktivität (Vergrößerung des Aufwands), aber zur Steigerung der Qualität der Projektarbeit führt (vgl. Teufelsquadrat).

5.4.4 Systemkomplexität

Systemkomplexität ist eine grundlegende Eigenschaft von Software und keine zufällige. Sie ist ein Maß für die Einfachheit des Systemdesigns. Systemkomplexität setzt sich allgemein zusammen aus einem System miteinander wechselwirkender Komponenten. Die Komponenten sind Problemkomplexität und technische Komplexität, Strukturkomplexität und Datenkomplexität. Zunehmende Problem- und Strukturkomplexität vergrößern die wahrgenommene Systemkomplexität, während die zunehmende technische und Datenkomplexität diese verringern. Dabei nimmt die Strukturkomplexität bei zunehmender Problemkomplexität ebenfalls zu, aber bei zunehmender technischer Komplexität ab. Abbildung 5.4 zeigt diese Wechselwirkung.

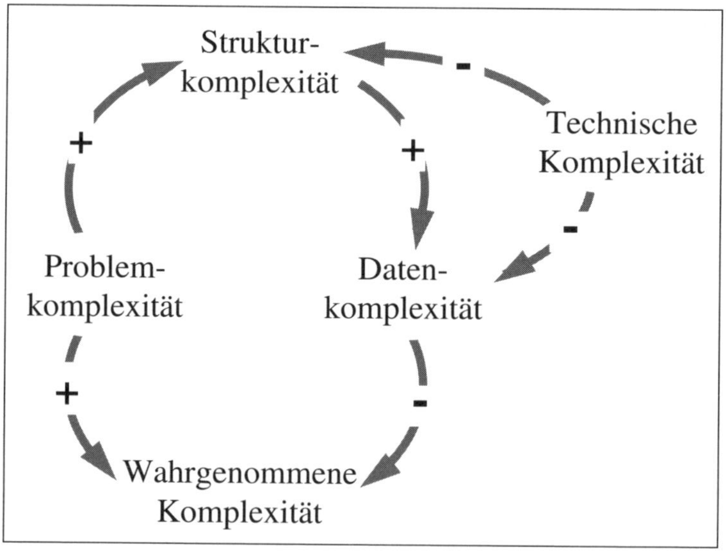

Abbildung 5.4: Wechselwirkung der Systemkomplexität-Komponenten

Systemkomplexität ***im engeren Sinne*** errechnet sich als Summe von Strukturkomplexität und Datenkomplexität.

Zur Messung der Systemkomplexität wird auch oft die Anzahl der Schnittstellen zwischen den verschiedenen Systemkomponenten verwendet.

Für die Berechnung dieser beiden Bestandteile der Systemkomplexität im engeren Sinne gelten die folgenden Formeln:

Strukturkomplexität: $StK = S\ (f^2(i))\ /\ n$

Datenkomplexität: $DK = S\ (v(i)\ /\ (f(i) + 1))\ /\ n$

n: Modulanzahl (ohne Bibliotheks- und Systemmodule)

f(i): Fan-Out des i-ten Moduls (Anzahl der Module, die das i-te Modul aufruft)

v(i): Anzahl der I/O-Variablen des i-ten Moduls (Modulparameter)

McCabe's zyklomatische Komplexität

In der Praxis hat ***McCabe's Complexity Design Metric*** (auch zyklomatische Komplexität genannt) breite Akzeptanz gefunden. Sie ist ein Maß für den Kontrollfluss des Strukturgraphen eines Stücks Software und ist damit ein Indikator für einen bestimmten Grad an Wohlstrukturiertheit der Anwendung. Gemessen wird die Anzahl der Kanten minus Knoten plus unverbundene Teile mal zwei. Die Komplexität steigt dabei mit der Anzahl der Verzweigungen. McCabe's Metrik wird oft als Indikator für potenzielle Qualitätsprobleme eingesetzt. Sie ist ein Maß für die Anzahl der Testfälle. Erfahrungsgemäß neigen Module mit einer zyklomatischen Komplexität größer 10 zu erhöhter Fehleranfälligkeit. Ob diese Metrik von Modulen auf ganze Klassen übertragen werden kann, ist in der Fachliteratur umstritten.

Andererseits ist laut Büren und Hopf die Metrik von McCabe nicht unumstritten. Oft sieht man diese Metrik als theoretische Größe ohne praktischen Nutzen bzw. ohne echte Aussagekraft an.

Tom DeMarco hat das gleiche vernichtende Urteil über die zyklomatische Komplexität von McCabe gefällt wie über Halstead's Metriken. Er sagt: »Dennoch ist die Metrik, obwohl sie intuitiv einleuchtet, weitgehend unbestätigt (McCabe's ursprüngliche Veröffentlichung ist fast ausschließlich empirischer Natur).«

5.5 Prozessmetriken

Prozessmetriken beziehen sich auf den Software-Entwicklungsprozess, der alle Aktivitäten, Methoden und Praktiken für die Erstellung von Software umfasst. Dazu zählen

- Reifegrad- und Fehlermetriken
- Managementmetriken
- Personalmetriken, z.B. Produktivitätsmetriken (Aufwand, Kosten, Termine/ Dauer)
- Lebenszyklus-Metriken
- Metriken zum Messen des Projektfortschritts
- Metriken zur Messung der Projektdynamik anhand von Change Requests (Requirements Creep)
- Metriken zur Verfolgung des Projektklimas (z.B. Mitarbeiterzufriedenheit)

Im Folgenden befassen wir uns mit Metriken zu den Basisgrößen Aufwand, Kosten und Dauer sowie der Kennzahl Produktivität. Dazu sind auch im Kapitel *Benchmarking von IT-Projekten, Die ISBSG-Studie* weitere Kennzahlen zu finden.

5.5.1 Aufwand

Der Aufwand ist die tatsächliche Zeit, die alle Mitarbeiter eines Projekts für dieses aufgewandt haben, das heißt, der Aufwand enthält keinen Urlaub und Krankenstand, sehr wohl aber Schulungen etc. Dabei ist das in Kapitel *Bestimmungsfaktoren der Aufwandschätzung* behandelte Time Accounting zu berücksichtigen (Umrechnung von Stunden in Personenmonate).

Die Ermittlung des Aufwands erfolgt typischerweise mit einem Projektmanagementtool (z.B. Business Engine, MS Project 2000 Central). Darin müssen jeder Tätigkeit Mitarbeiter zugeordnet werden. Das Tool summiert automatisch alle Aufwände für die entsprechenden Projekte. Die ermittelten Werte werden im Projektplan und einem Schätztool, z.B. Checkpoint/KnowledgePLAN, erfasst. Änderungen werden im Projektstatus beschrieben.

In der Literatur finden sich viele Faustregeln. Die ISBSG hat aus ihrer Projektdatenbank Release 5 z.B. folgende Kennzahlen für die Aufwandermittlung veröffentlicht:

Durchschnitt (> 300 Projekte)	Aufwand = $11{,}79 * FP^{0{,}898}$
3GL-Projekte	Aufwand = $5{,}76 * FP^{1{,}062}$
4GL-Projekte	Aufwand = $9{,}32 * FP^{0{,}912}$

In der ISBSG-Studie vom Juni 2002 sind vergleichsweise die folgenden Formeln veröffentlicht:

Alle Plattformen	(605 Projekte)	Aufwand = $27{,}0 * FP^{0{,}438}$
Mainframe	(197 Projekte)	Aufwand = $16{,}0 * FP^{0{,}892}$
Midrange	(105 Projekte)	Aufwand = $35{,}6 * FP^{0{,}774}$
PC	(105 Projekte)	Aufwand = $24{,}2 * FP^{0{,}725}$

5.5.2 Produktivität

Produktivität ist die favorisierte Managementmetrik. Sie misst die Effektivität, die ein Prozess hat, um Eingaben in Ausgaben zu transformieren. Üblicherweise wird sie in Stunden Aufwand pro Function Point gemessen. Erfolgreiche Messung der Produktivität setzt daher präzise Messungen des Umfangs voraus. Und Produktivität ist immer pro Zeiteinheit (z.B. pro Personenmonat). Putnam und Myers definieren Produktivität (P) als

$$P = \text{Umfang} / (\text{Aufwand}^a * \text{Dauer}^d)$$, mit a und d Exponenten.

In der Praxis wird demgegenüber Produktivität meistens in Function Points oder LOCs pro Personenmonat gemessen.

Abbildung 5.5 zeigt an einem praktischen Beispiel aus einem Unternehmen, wie dort die Produktivität für Projekte, Aufträge und Grundlast definiert wurde, damit einheitliche Messungen möglich sind.

Für Produktivitätsmessungen ist es erforderlich, dass die Kennzahlen auf gemessenen Prozessen (auf Phasenebene) basieren, das heißt, die Organisation muss bereits den CMMI Maturity Level 3 erreicht haben, dass nämlich die Prozesse (hier: Software-Messung) definiert sind und verbindlich gelebt werden. Auf dem Maturity Level 4 werden dann Prozess- und Produktmetriken mit wiederholbaren und vergleichbaren Messwerten gemessen und die Prozesse können damit gesteuert werden.

5

Produktivitatsmetrik (P=U/A)	Regel	Messgröße Umfang (U)	Messgröße Aufwand (A)	Zweck/Nutzen
Projekte	Projekte >= 100 TEUR	Gesamtprojektaufwand (IT, Fachabteilung, Rechenzentrum, Externe) ohne Stabilisierungsphase	FP des Projekts nach IFPUG 4.1	- Messung der **Produktivität von Projekten** - Verbesserung von hausinternen Erfahrungskurven der Aufwandschätzung
Aufträge	Aufträge < 100 TEUR	Gesamtaufwand des Auftrags (IT, Fachabteilung, Rechenzentrum, Externe)	FP des Auftrags nach IFPUG 4.1	- Messung der **Produktivität von Aufträgen** - Verbesserung von hausinternen Erfahrungskurven der Aufwandschätzung
Grundlast	Produktionsaufrechterhaltung und Wartung	Summe aller IT-Aufwände je Anwendungssystem pro Jahr	FP des Anwendungssystems nach IFPUG 4.1 zum Ende des Jahres	- Messung der **Produktivität von Anwendungssystemen**

Abbildung 5.5: Produktivitätsmetriken in der Praxis

Produktivitätsraten sind äußerst unterschiedlich in verschiedenen Unternehmen und Branchen sowie Entwicklungsumgebungen. Untersuchungen zeigen, dass mehr als 100 Faktoren Einfluss auf die Produktivitätsrate haben.

Ein weiteres Produktivitätsmaß ist der Prozentanteil von Rework am gesamten Projektaufwand. Rework muss dabei exakt definiert sein. Darunter wird üblicherweise der Prozess verstanden, der Entfernung, Korrektur oder Wiederholung von Ergebnissen einer vorhergehenden Phase bedeutet und nicht die Anforderungen des Kunden ändert.

Bei den Projektleitern ruft die Produktivitätsmessung gesundes Misstrauen hervor, denn sie wird leicht zum Vergleich von Projekten bzw. der daraus abgeleiteten Leistungen der Projektleiter und Projektteams missbraucht. Das ist aber nur sinnvoll, wenn beim Vergleich *alle* den Software-Erstellungsprozess beeinflussenden Parameter identisch sind. Da dies nie der Fall sein kann, sollte diese Metrik mit Vorsicht genutzt werden, zumal die psychologischen Folgen bei Missbrauch bis hin zum Boykott der Methode reichen. Produktivität ist also niemals die Produktivität eines einzelnen Mitarbeiters.

Tom DeMarco sagt: »Das Paradoxe an der Sache ist, dass Produktivität und Nutzen im Widerstreit miteinander liegen. Nutzenmaximierung erfordert Risikobereitschaft und das Beschreiten neuer Wege. Produktivitätssteigerungen setzen Vertrautheit und Wiederholung voraus.«

In der Literatur gibt es viele Faustregeln. Die ISBSG hat aus ihrer Projektdatenbank Release 5 zum Beispiel folgende Projektlieferraten (PDR, Project Delivery Rate – Stunden pro Function Point) ermittelt:

Durchschnitt: 5,8 Std. pro FP

3GL-Projekte: 8,8 Std. pro FP

4GL-Projekte: 5,1 Std. pro FP

ISBSG The Benchmark Release 8 vom Januar 2004 berichtet bei 470 Projekten über eine durchschnittliche PDR von 13,7 Std. pro FP (Median 8,3) gegenüber 9,9 Std. pro FP bei Release 6 (Median 7,4). 70 der 470 Projekte hatten Customizing von Standardsoftware zum Ziel und eine PDR von 14,2 Std. pro FP (Median 8,7 Std. pro FP). Aus der Projektlieferrate kann leicht die Produktivität in Function Points pro Personenmonat berechnet werden, indem die Zahl 120 (Nettoarbeitsstunden pro Monat) durch die PDR geteilt wird. Eine PDR von 10 Std./FP entspricht also einer Produktivität von 12 FP/PM.

In der ISBSG-Studie vom Juni 2002 sind dazu vergleichsweise die folgenden Formeln veröffentlicht (allerdings mit nicht sehr guten Vertrauenskoeffizienten R^2):

Alle Plattformen	(605 Projekte, R^2=0,438):	Aufwand = $27{,}0 * FP^{-0{,}203}$
Mainframe	(197 Projekte, R^2=0,614):	Aufwand = $16{,}0 * FP^{-0{,}108}$
Midrange	(105 Projekte, R^2=0,490):	Aufwand = $35{,}6 * FP^{-0{,}226}$
PC	(105 Projekte, R^2=0,331):	Aufwand = $24{,}2 * FP^{-0{,}275}$

Der Durchschnitt von 427 Projekten der ISBSG-Benchmarking-Datenbank Release 6 zeigt eine PDR von 15,1 Stunden pro Function Point (Median 11,2).

Die ISBSG-Studie vom Juni 2002 zeigt darüber hinaus viele Detaillierungen, z.B. nach den Kriterien Unternehmenstyp, Branche, Teamgröße, Neu- und Weiterentwicklung, Anwendungssystemart, Datenbanksystem, Programmiersprache usw. Daraus konnten z.B. folgende Erkenntnisse gewonnen werden:

Produktivität geringer:

- Die PDR ist in Nordamerika höher (Produktivität geringer) als in Europa und ASEAN.
- Die PDR von Client-Server-Projekten ist größer (Produktivität geringer) als in anderen Projekten.
- Die PDR ist größer (Produktivität geringer) bei Projekten mit Methodeneinsatz. Die ISBSG meint, das könne daher kommen, dass Methodeneinsatz eher in großen Unternehmen erfolgt, wo es viele Stakeholder und Abhängigkeiten zwischen Projekten gibt.
- Die PDR ist höher (Produktivität geringer) in Projekten, die Prozessmodellierung oder Business Area Modelling einsetzen.

Produktivität höher:

- Die PDR ist bei Teams von ein bis vier Personen geringer (Produktivität höher) als bei Teams von fünf bis acht Personen (Aussage der ISBSG: Teamgröße ist der wichtigste Faktor zur Beeinflussung der Produktivität). Das gilt auch bezüglich der Erfahrung von Teams.
- Die PDR von Neuentwicklungsprojekten ist geringer (Produktivität höher: 0,10 FP/Stunde bei 2.000–3.000 FPs) als bei Weiterentwicklungsprojekten (0,082 FP/Stunde bei 2.000–3.000 FPs).
- Bei stufenweiser Software-Entwicklung ist die PDR in den Folgestufen geringer (Produktivität höher) als in der ersten Stufe.
- Die PDR von Management-Informationssystemen (MIS) ist geringer (Produktivität höher) als bei Transaktions-/Produktionssystemen.
- Die PDR ist bei Einzelplatzanwendungen geringer (Produktivität höher) als bei Mehrplatzanwendungen.
- Die PDR von Projekten für einen einzelnen Anwender ist geringer (Produktivität höher) als bei Projekten für mehrere Anwender.
- Die PDR von Access-Datenbanken ist geringer (Produktivität höher) als bei anderen Datenbanken. Dies gilt auch für den Vergleich von Access mit anderen Programmiersprachen.
- Projekte mit 4GL-Sprachen haben eine geringere PDR (höhere Produktivität) als Projekte mit 3GL-Sprachen.
- Die PDR ist geringer (Produktivität höher) beim Einsatz von Upper-CASE-Tools.

- Die PDR ist geringer (Produktivität höher) beim Einsatz von Prototyping, Rapid Application Development (RAD) und beim Einsatz von objektorientierter Analyse (OOA).
- Je größer ein Anwendungssystem ist, desto geringer ist die Produktivität bei Wartungsaktivitäten.

In der ISBSG-Studie vom Juni 2002 sind noch weitere solche Untersuchungen und Detaillierungen publiziert. Für die im europäischen Raum übliche Produktivität in Function Points pro Personenmonat (in der ISBSG-Studie ***Entwicklungsgeschwindigkeit*** genannt: Speed of Delivery) nennt die ISBSG-Studie vom Juni 2002 folgende Regressionsformeln (auch hier sind die Vertrauenskoeffizienten R^2 nicht besonders gut):

Alle Plattformen	(559 Projekte):	Produktivität = $1{,}13 * FP^{0{,}647}$ mit $R^2 = 0{,}555$
Mainframe	(161 Projekte):	Produktivität = $1{,}17 * FP^{0{,}607}$ mit $R^2 = 0{,}571$
Midrange	(103 Projekte):	Produktivität = $1{,}44 * FP^{0{,}611}$ mit $R^2 = 0{,}622$
PC	(99 Projekte):	Produktivität = $2{,}00 * FP^{0{,}573}$ mit $R^2 = 0{,}448$

5.5.3 Effizienz

Während mit Effektivität das Vermögen eines Anwendungssystems bezeichnet wird, die Ziele der Benutzer zu erreichen, wird mit Effizienz gemessen, wie diese Ziele schneller als mit anderen Maßnahmen erreicht werden. Howard Rubin definiert als Maß für die Effizienz einer IT-Anwendungsentwicklung den Durchsatz oder IT Work Unit (IT-Arbeitseinheit) als Anzahl der Stunden Aufwand zur Realisierung eines Function Points. Mit einer durchschnittlichen Produktivität von 88 FP pro Personenjahr, wie sie die ISBSG-Benchmarking-Datenbank ausweist, und 1.824 Arbeitsstunden pro Personenjahr beträgt eine IT Work Unit 20,7 Stunden. Das heißt, jede Stunde Aufwand entspricht durchschnittlich 0,05 IT Work Units.

Damit werden fertig gestellte Arbeitspakete gezählt, um den Projektfortschritt zu messen. So kann das 90%-fertig-Syndrom vermieden werden. Die IT Work Unit wird häufig bei Outsourcing und Software-Kontrakten verwendet.

Zwei Nachteile hat diese Metrik: Erstens werden teilweise fertig gestellte Arbeitspakete nicht berücksichtigt und zweitens werden alle Arbeitspakete gleich gewichtet, auch wenn größere Unterschiede in der Schwierigkeit der Realisierung vorhanden sind.

Generell ist das Maß für die Effizienz der Aufwand pro FP, auch Projektlieferrate oder PDR genannt (Project Delivery Rate). Als Maß für die Effizienz von Prozessen wird sie ***Prozess-Tauglichkeit*** (process-capability) genannt.

5.5.4 Kosten

Kostenmetriken (CER = Cost Estimation Relationship) setzen entsprechende Datenbanken mit Erfahrungswerten voraus. Speziell in industriellen Projekten in den USA und bei militärischen Software-Projekten sind entsprechende Grundlagen vorhanden. Von daher haben Varianten des PRICE-Kostenschätzmodells von General Electric (früher RCA) große Verbreitung vor allem in den USA, aber auch in der entsprechenden Industrie in Europa gefunden.

Dabei geht es um Hardware-Kosten einzelner Bauteile, Lebenszykluskosten von Projekten und von Mikroelektronik-Bausteinen bis hin zu Software- und Software-Lebenszykluskosten. Interessierte finden dazu im Parametric Cost Estimation Handbook der NASA weitere Informationen. Das Handbuch kann kostenlos von der Website *http://www.jsc.nasa.gov/bu2/pceg.html* heruntergeladen werden. Weitere Links und Informationen, auch zu COCOMO, finden sich ebenfalls dort unter *http://www.jsc.nasa.gov/bu2/* sowie unter *http://www.cs.unc.edu/~stotts/comp145/cocomo.html*.

Kosten sind der wichtigste Faktor für die Entscheidung, ob ein Projekt durchgeführt werden soll. Ihre Überschreitung kann auch zum Abbruch des Projekts führen, bevor es abgeschlossen ist (laut dem Report der Standish Group von 2003 geschieht das bei 15% aller Projekte) oder auch zu einem unzufriedenen Kunden. Kosteneffizienz kann gut in Kosten pro installiertem Function Point gemessen werden. Die Standish Group hat in ihrem CHAOS Report 2003 festgestellt, dass erfolgreich abgeschlossene Projekte eine durchschnittliche Kostenüberschreitung von 43% aufwiesen.

Die ISBSG hat in ihrem Report *The Benchmark, Release 6* festgestellt, dass 56 der 789 Projekte verlässliche Kostendaten abgeliefert haben. Die Kosten für das Entwicklungsteam und dessen Unterstützung (DB-Spezialisten, Qualitätssicherung, Datenschutz und Sicherheit, Standards, Audits, technischer Support) reichen dabei von 300 US-$/FP bis 2.500 US-$/FP mit einem Median von 716 US-$/FP und einem Mittelwert von 849 US-$/FP. Dabei betragen die Kosten für die erwähnten Unterstützungsleistungen typischerweise ca. 15% der gesamten Entwicklungskosten. In der ISBSG-Studie vom Juni 2002 sind die Kosten nicht untersucht worden.

Norman R. Augustin hat 1980 aus Projekten der Luftfahrtindustrie einen Korrekturfaktor ermittelt, mit dem jede Kostenschätzung multipliziert werden soll, um Kostenüberschreitungen zu antizipieren:

$K = 1 + 0{,}8 / (1 + 8 * d^3)$

d = Prozent bereits verflossene Projektdauer
(d.h., d = 0 bei Projektstart, d = 1 am Projektende).

Capers Jones gibt die Software-Entwicklungskosten in Westeuropa mit durchschnittlich 1.500 US-$ pro Function Point an, gegenüber 350 US-$ und weniger in Osteuropa.

5

Informationen über Kostenschätzungen und -Metriken können eher im industriellen als im kommerziellen Umfeld gefunden werden. Ebenso wie beim Aufwand ist bei den Kosten sorgfältig zu unterscheiden, was darin alles eingeschlossen und ausgeschlossen ist. Andernfalls ist keine Vergleichbarkeit bei dieser Messgröße gewährleistet.

5.5.5 Dauer

In der Literatur finden sich viele Faustregeln zur Projektdauer. Die Dauer wird benötigt, um Zeitpläne zu entwickeln und den Ressourcenbedarf zu ermitteln. Sie kann auch die Qualität eines Projekts beeinflussen. Andererseits kann sich Requirements Creep negativ auf die Projektdauer auswirken. Die ISBSG hat aus ihrer Projektdatenbank Release 5 zum Beispiel folgende Kennzahlen ermittelt:

Durchschnitt (> 300 Projekte):	$\text{Dauer} = 0{,}80 * FP^{0{,}404}$
3GL-Projekte:	$\text{Dauer} = 0{,}33 * FP^{0{,}559}$
4GL-Projekte:	$\text{Dauer} = 1{,}11 * FP^{0{,}342}$

In der ISBSG-Studie vom Juni 2002 sind dazu vergleichsweise die folgenden Regressionsformeln veröffentlicht:

Alle Plattformen	(559 Projekte):	$\text{Dauer} = 0{,}88 * FP^{0{,}353}$ mit $R^2 = 0{,}270$
Mainframe	(161 Projekte):	$\text{Dauer} = 0{,}86 * FP^{0{,}393}$ mit $R^2 = 0{,}356$
Midrange	(103 Projekte):	$\text{Dauer} = 0{,}70 * FP^{0{,}389}$ mit $R^2 = 0{,}397$
PC	(99 Projekte):	$\text{Dauer} = 0{,}50 * FP^{0{,}427}$ mit $R^2 = 0{,}308$

Hauptaussage der ISBSG-Studie vom Juni 2002 ist, dass die Mehrzahl der Projekte zwischen zwei und acht Monaten dauern, nur 15% der Projekte dauern länger als zwölf Monate.

Ein weiterer Zusammenhang wurde von Alain Abran et al. aus der ISBSG-Benchmarking-Datenbank Release 5 ermittelt.

$$\text{Dauer} = 0{,}662 * \text{Aufwand}^{0{,}328}$$

Die ISBSG-Studie vom Januar 2004 dokumentiert von 662 Projekten folgende Regressionsformel bezüglich des Aufwands in Personenstunden:

$$\text{Dauer} = 0{,}38 * \text{Aufwand}^{0{,}427} \text{ mit } R^2 = 0{,}308$$

Für die kostenoptimale Dauer eines Projekts hat Barry W. Boehm mit COCOMO folgenden Zusammenhang festgestellt:

Einfache Software-Projekte:	$\text{Optimale Dauer} = 2{,}5 * PM^{0{,}38}$
Mittlere Software-Projekte:	$\text{Optimale Dauer} = 2{,}5 * PM^{0{,}35}$
Komplexe Software-Projekte:	$\text{Optimale Dauer} = 2{,}5 * PM^{0{,}32}$

PM = Personenmonate zu je 152 Arbeitsstunden

Diese Dauer lässt sich nach dem COCOMO-Modell bis auf 75% reduzieren, wenn man entsprechende Mehrkosten für mehr Personal einsetzt. Bei weiterer Verkürzung führt dann der Einsatz von mehr Personal zur Verlängerung der Dauer.

Auf der Basis von Regressionsanalysen wurden mit einem Korrelationskoeffizienten $R^2 = 0{,}381$ folgende Formeln für Dauer D ermittelt (h = Stunden):

Embedded Mode:	$D = 0{,}501 * h^{0{,}32}$
Semidetached Mode:	$D = 0{,}431 * h^{0{,}35}$
Organic Mode:	$D = 0{,}377 * h^{0{,}38}$

Aus der optimalen Dauer kann die optimale Anzahl Mitarbeiter (OAM) anhand der folgenden Formeln berechnet werden:

Einfache Software-Projekte:	$OAM = 0{,}4 * PM^{0{,}62}$
Mittlere Software-Projekte:	$OAM = 0{,}4 * PM^{0{,}65}$
Komplexe Software-Projekte:	$OAM = 0{,}4 * PM^{0{,}68}$

Weit verbreitet in der Literatur ist auch eine andere Formel für die optimale Projektdauer und Mitarbeiterzahl N:

$$D = PM^{0{,}5}$$

$$N = PM^{0{,}5}$$

Bei der Messgröße Dauer muss klar definiert werden, welche Bedingungen erfüllt sein müssen, um eine Projektphase als abgeschlossen zu erklären oder festzulegen, wann das Projektende erreicht ist.

Im Kapitel *Benchmarking von IT-Projekten, Vom Unternehmen beeinflussbare Projektmerkmale* sind weitere Untersuchungen der ISBSG-Benchmarking-Datenbank zu Dauer und Mitarbeiterzahl dargestellt.

5.6 Objektorientierte Metriken

Das objektorientierte Paradigma weist einige Besonderheiten gegenüber der klassischen Software-Entwicklung auf. Insbesondere unterstützt die objektorientierte Systementwicklung das Prototyping und verfügt über eigene objektorientierte Programmiersprachen und Tools dazu.

Wesentliche Elemente der Objektorientierung sind:

- ***Klassen mit Attributen und Methoden.*** Das sind die zur Beschreibung und Strukturierung von Programmen wesentlichen Faktoren.
- ***Schnittstellen.*** Dies sind Listen von Methoden.
- ***Erzeugung von Objekten.*** Das sind die Instanzen von Klassen.
- ***Attribute und Klassen von Objekten.*** Darin werden Daten und Zustände gespeichert.
- ***Objektidentität.*** Objekte sind eindeutig und haben eine Speicheradresse.
- ***Vererbung und Polymorphie.***

Von Seiten der objektorientierten Metriken wird häufig behauptet, dass diese nicht mit der ***Function-Point-Methode*** kompatibel seien, obwohl Fetcke et al. für objektorientierte Systementwicklung nach dem Jacobsen-Ansatz eine Konzeption und konkrete Regeln für die Umsetzung in Function Points vorgelegt haben.

Auch die IFPUG hat eine ausführliche Fallstudie (Case Study III) für den Einsatz der Function-Point-Methode bei objektorientierter Systementwicklung vorgelegt, mit einem OOA-Teil (objektorientierte Analyse) und einem OOD-Teil (objektorientiertes Design). Dabei sind Klassen Kandidaten für ILFs oder EIFs, Untergruppen sind RETs und Attribute DETs. Objekte sind dabei Kandidaten für EIs, EOs oder EQs. Im OOD werden Function Points, die bereits im OOA gezählt wurden, nicht mehr gezählt.

Ebenso beschreiben ***Use Cases*** Funktionalität aus Benutzersicht und können somit leicht in Function Points gemessen werden.

Objektorientierte Systementwicklung reklamiert für sich die Einhaltung der folgenden Entwurfsprinzipien:

- Datenabstraktion
- Geheimnisprinzip
- Modularisierung durch Datenkapselung und wohldefinierte Schnittstellen
- Dynamik und Flexibilität durch Instanzierung
- Wiederverwendung von Code durch Vererbung und Aggregation

Vor allem die letzten beiden Entwurfsprinzipien unterscheiden objektorientierte Systementwürfe eindeutig von Vorläufern der objektorientierten Sprachen.

Harry Sneed hat die Eigenschaften objektorientierter Software in Abbildung 5.6 zusammengestellt.

Eigenschaften objektorientierter Software

OBJEKTE	bilden	**KLASSEN**
OBJEKTE	haben	**ATTRIBUTE**
OBJEKTE	erben	**ATTRIBUTE**
OBJEKTE	haben	**METHODEN**
OBJEKTE	erben	**METHODEN**
OBJEKTE	senden	**NACHRICHTEN**
OBJEKTE	empfangen	**NACHRICHTEN**
NACHRICHTEN	sind	**DATEN**
NACHRICHTEN	sind	**BEZIEHUNGEN**

Abbildung 5.6: Eigenschaften objektorientierter Software nach Harry Sneed

Die ISBSG-Benchmarking-Datenbank vom Juni 2002 weist 10% mit OOA und 13% mit OOD entwickelte Projekte auf (das sind 64 bzw. 81 von 620). Diese umfassen also zusammen 23% dieser Projekte bei zunehmender Tendenz über die vergangenen Jahre (20% im Release 6 – OOA 9% und OOD 11%).

Über zweihundert verschiedene objektorientierte Software-Metriken sind in den letzten Jahren verkündet worden. In dem Buch von Horst Zuse *A Framework for Software Measurement* (Seite 568 ff.) sind über 130 davon aufgeführt und teilweise erläutert. Generell zeichnen sie sich durch unklare Definitionen aus und basieren nicht auf extensiven Strukturen. Objektorientierte Software-Metriken finden häufig Einsatz zur Messung von Komplexität, Wartbarkeit und Verständlichkeit, sind also vorrangig Qualitätsmetriken. Die meisten lassen sich folgenden drei Gruppen zuordnen:

- Systemebene, z.B. Anzahl Dateien, Vererbungsbäume und Klassen
- Baummetriken, z.B. Anzahl von Children oder Klassen
- Klassenmetriken, z.B. Anzahl der Methoden

Die Beschäftigung mit diesen drei Gruppen von Metriken hilft laut Peter Rosner et al. vor allem zu verstehen, in welchem Umfang die Konzepte der Objektorientierung in einem System auf der Klassen-, Methoden- und Systemebene umgesetzt wurden. Henderson-Sellers bezeichnet diese Tatsache, die zur Gesamtkomplexität beiträgt, als Programmierereigenschaft.

Diese Metriken können auch zur Gesamtbewertung eines Systems bezüglich Änderbarkeit und Zerlegbarkeit herangezogen werden und damit helfen, über die zukünftige Entwicklung eines Systems zu entscheiden.

Mit Faktoranalysen wurde festgestellt, dass sie sich für quantitative Aussagen auf fünf relevante Metriken reduzieren lassen, wenn man versucht, Größe und Komplexität von objektorientierter Software zu messen:

- Die Anzahl gewichteter Methoden pro Klasse als Indikator für die Systemgröße. Das Gewicht wird dabei durch die Komplexität der jeweiligen Methode bestimmt.
- Die Tiefe des Vererbungsbaums, mit der die Design-Komplexität eines Systems gemessen wird.
- Die Anzahl der Nachkommen, mit der die Reusability einer Klasse gemessen werden kann.
- Der Grad der Kopplung zwischen Klassen, der anzeigt, wie unabhängig die Komponenten voneinander sind. Das ist ein wichtiger Indikator für das

Verständnis von Klassen und ihrer Einteilung in Subklassen. Starke Kopplung ist ein Anzeichen für schlechtes modulares Design.

- Das Antwortverhalten einer Klasse

Interessant ist, dass in keiner der beiden Kategorien Baummetriken und Klassenmetriken aufgrund der Faktoranalysen ein Zusammenhang mit den ***Lines of Code*** oder der ***Klassentiefe*** festgestellt werden konnte, obwohl in der Praxis viele Maße dazu in Relation gesetzt werden.

Gupta und Gupta haben ***Object Points*** definiert, die eine ähnliche Struktur wie die Function-Point-Methode haben. Aber anstelle der Benutzerfunktionalität zählen sie Objekte. Ihre Komplexität leiten sie von so genannten effektiven Attributen sowie Instanzen und Nachrichtenverbindungen ab.

5.6.1 Beispiele objektorientierter Metriken

Entwurfsmetriken von Mark Lorenz, 1993

Mark Lorenz hat bereits 1993 eine Reihe von Entwurfsmaßen identifiziert und quantifiziert:

- Systemebene, z.B. Anzahl Dateien, Vererbungsbäume und Klassen
- Prototypklassen haben 10 bis 15 Methoden mit je 5 bis 10 Codezeilen C++ und fordern ca. 5 Personentage für die Entwicklung.
- Produktionsklassen haben 20 bis 30 Methoden mit je 10 bis 20 Codezeilen C++ und erfordern 30 bis 40 Personentage zur Entwicklung.
- Bei mehr als 20 Methoden pro Klasse steckt zu viel Funktionalität in zu wenigen Klassen.
- C++-Systeme fordern zwei- bis dreimal mehr Code als SmallTalk-Systeme.
- Die Systemkomplexität wird in erster Linie durch die Anzahl verschiedener Nachrichtentypen bestimmt, die gesendet oder empfangen werden.
- Klassenmetriken, z.B. Anzahl der Methoden, mit der die Komplexität eines Systems gemessen wird.
- Die durchschnittliche Größe einer Methode beträgt 8 LOCs für SmallTalk und 24 für C++.
- Methoden mit mehr als 12 LOCs in SmallTalk oder 36 LOCs in C++ sollten neu entworfen werden.

- Eine Klasse hat durchschnittlich 6 Objektattribute oder Instanzvariable.
- Attribute kosten ca. 2 Personenstunden Entwicklungszeit, Methoden ca. 10 Personenstunden.

Die Metrics Suite von Chidamber und Kemerer, 1994

Ein De-facto-Standard ist die in der Literatur häufig zitierte Metrics Suite von Chidamber und Kemerer, bestehend aus sechs Metriken. Dieser Katalog wird auch MOOSE genannt (Metrics Suite for Object Oriented Software Engineering).

Metrik	Bedeutung
Gewichtete Methoden pro Klasse (WMC = Weighted methods per class)	Anzahl Methoden einer bestimmten Klasse ohne vererbte Methoden (Die Gewichtung ist meistens 1)
Tiefe des Vererbungsbaums (DIT = Depth of inheritance tree)	Maximale Tiefe einer bestimmten Klasse in einer Vererbungsstruktur (Root = 0)
Anzahl von »Children« (NOC = Number of children)	Anzahl der direkten Unterklassen einer bestimmten Klasse
Kopplung zwischen Objektklassen (CBO = Coupling between object classes)	Anzahl der Kopplungen zwischen einer bestimmten Klasse und allen anderen Klassen
Antwortmenge einer Klasse (RFC = Response set for a class)	Anzahl der Methoden, die bezüglich einer erhaltenen Nachricht durch eine bestimmte Klasse ausgeführt werden können
Fehlende Kohäsion (LCOM = Lack of cohesion metric)	Anzahl disjunkter Methodenpaare (das heißt, es gibt keine »shared« Instanzvariablen) einer bestimmten Klasse

Tabelle 5.11: Die Metrics Suite (MOOSE) von Chidamber und Kemerer

Capers Jones' objektorientierte Kosten-, Fehler- und Produktivitätsmetriken

Capers Jones hat die Programmierung eines PBX(Private Branch Exchange)-Schaltkastens, der für die Telefonvermittlung in größeren Hotels und Verwaltungen eingesetzt wird, in acht verschiedenen Programmiersprachen mit seinem Aufwandschätztool Checkpoint/KnowledgePLAN gemessen. Bei der Messung des Aufwands wurde ein Personenmonat (PM) mit 22 Tagen zu je 6 Stunden veranschlagt, d.h. mit 132 Stunden pro Personenmonat. Das System hat einen Umfang von 1.500 Function Points. Seine Tabellen wurden hier in der folgenden Tabelle 5.12 zusammengefasst.

Strukturierte Programmierung								**Objekt-orientiert**	
Sprache		**Assembler**	**C**	**CHILL**	**PASCAL**	**Ada 93**	**Ada 9x**	**C++**	**SmallTalk**
Umfang	FP	1.500	1.500	1.500	1.500	1.500	1.500	1.500	1.500
	KLOC	376	206	158	118	93	78	38	28
	LOC/FP	250	137	105	79	62	52	25	19
Aufwand in Personenmonaten (PM)	Fachkonzept	10,5	10,5	10,5	10,5	10,5	10,5	10,5	10,5
	Design	61,5	61,5	61,5	61,5	61,5	61,5	44,5	36,5
	Codierung	317	117	67	51	35	21	9	5
	Integration und Test	295	159	116	97	82	67	50	40
	Dokumentation	40	40	40	40	40	40	40	40
	Management	108	57	44	39	35	30	23	19
	Summe	832	445	339	299	264	230	177	151
LOC/PM		451	462	466	394	352	339	215	185
FP/PM		1,80	3,37	4,42	5,01	5,68	6,52	8,47	9,99
Stunden/FP		73,21	39,16	29,93	26,31	23,23	20,24	15,58	13,29
Kosten	Kosten (K) in Mio. $	8,32	4,45	3,39	2,99	2,64	2,30	1,77	1,51
	K/LOC in $	22,13	21,60	21,45	25,33	28,39	29,49	46,58	53,93
	K/FP in $	5.547	2.966	2.260	1.993	1.760	1.533	1.180	1.007
Fehler	Fehlerpotenzial	8.635	3.812	2.726	2.247	1.775	1.397	1.092	959
	Fehlerentfernungsrate	90,9	89,1	87,5	86,7	85,5	83,5	80,9	79,4
	Ausgelieferte Fehler (AF)	786	415	342	295	258	230	208	198
	AF/KLOC	2,09	2,01	2,26	2,50	2,77	2,94	5,47	7,07
	AF/FP	0,52	0,29	0,23	0,20	0,17	0,15	0,14	0,13

Tabelle 5.12: Capers Jones' objektorientierte Kosten-, Fehler- und Produktivitätsmetriken

Es ist sehr gut zu sehen, dass sich die Produktivität in LOC / PM entgegengesetzt der in FP / PM entwickelt. Ebenso sieht man den paradoxen Kostenanstieg pro LOC bei den mächtigeren Programmiersprachen. Capers Jones nennt deshalb die Verwendung von LOC-Metriken »eine lebensgefährliche Praxis«.

Es ist auch gut zu sehen, dass der Einsatz objektorientierter Programmiersprachen zu einer Reduzierung der Codierfehler führt. Das heißt, die schwerwiegenden Fachkonzept- und Designfehler machen den überwiegenden Teil der Fehler bei objektorientierter Systementwicklung aus, und sie sind nur schwer zu beheben.

Capers Jones zieht das Fazit: Objektorientierte Programmiersprachen nutzen sowohl der Software-Qualität als auch der Software-Produktivität. Beides kann mit LOC-Metriken nicht gemessen werden.

Die Untersuchung von Dr. Michaelis Xenos et al.

Dr. Michaelis Xenos und seine Mitautoren aus Patras, Griechenland, haben mehr als 80 objektorientierte Metriken aus dem Umfeld von Object Pascal, C++ und Java systematisch zusammengestellt. Darunter waren

- 28 traditionelle Metriken, die auch bei objektorientierter Systementwicklung eingesetzt werden können
- 61 »rein« objektorientierte Metriken in fünf Kategorien
- 25 Klassenmetriken
- 4 Methodenmetriken
- 3 Kopplungsmetriken
- 16 Vererbungsmetriken
- 13 Systemmetriken

Die Klassenmetriken konnten dabei in 5 Kategorien eingeteilt werden:

- Komplexität
- Umfang/Größe
- Methoden
- Attribute
- Kohäsion

Die Vererbungsmetriken ließen sich ebenfalls fünf Kategorien zuordnen:

- Wiederverwendung von Methoden
- Mehrfachvererbung
- Tiefe des Vererbungsbaums
- Anzahl Abkömmlinge
- Anzahl Vorgänger

Insgesamt haben sie über 200 »rein« objektorientierte Metriken gefunden und über 300 Referenzen, die teilweise dieselben oder ähnliche Metriken präsentierten, sowie 16 Meta-Metriken, die allerdings bisher nur in Griechisch publiziert wurden.

Metriken für Fehler und Programmumfang von Cartwright und Shepperd

Cartwright und Shepperd von der Bournemouth University in England haben mit Regressionsanalysen Zusammenhänge zwischen Events und Fehlern sowie States und Programmumfang bei einem Telekommunikationssystem von 133.000 LOCs in C++ bei OOA nach Shlaer und Mellor ermittelt.

$C = 0{,}42 * E - 0{,}58 \qquad R^2 = 0{,}872$

C = Anzahl Changes laut Configuration Management System
(= class defect counts)

E = Events per Class

$K = 170{,}68 * S + 1.101{,}01 \qquad R^2 = 0{,}966$

K = Klassengröße in LOC

S = States

Die Formeln wurden wegen der guten Korrelationen mit Erfolg zur Voraussage von Fehlern und Programmumfang eingesetzt. Cartwright und Shepperd fanden es zu schwierig, die Daten zur kompletten Metrics Suite von Chidamber und Kemerer einzusetzen und haben deshalb die Events, States, Changes und LOCs gezählt, aus denen sie ihre Formeln ableiten konnten.

Metriken für den Programmumfang von Catherwood et al.

Bill Catherwood und Monica Sood von AMS Management Systems haben zusammen mit Frank Armour von der Georg Mason University die im Folgenden beschriebenen Metriken entwickelt.

- Basierend auf Use Cases
  - Anzahl der Objekte (#O) pro Function Point (FP):
    #O = 1,159 * FP, Standardabweichung 0,045
  - Anzahl der Methoden (#M) pro Function Point (FP):
    #M = 18,182 * FP, Standardabweichung 8,444
- Basierend auf Zählungen nach Fertigstellung
  - Anzahl der Objekte (#OF) pro Function Point (FP):
    #OF = 0,380 * FP, Standardabweichung 0,120
  - Anzahl der Methoden (#MF) pro Function Point (FP):
    #MF = 4,955 * FP, Standardabweichung 0,901
- ohne ein mit Powerbuilder entwickeltes System zu berücksichtigen (hier ist die Standardabweichung geringer)
  - Anzahl der Methoden auf Basis von Use Cases (#MU) pro Function Point (FP):
    #MU = 23,692 * FP, Standardabweichung 0,571
  - Anzahl der Methoden nach Fertigstellung (#MFo) pro Function Point (FP):
    #MFo = 5,287 * FP, Standardabweichung 0,588

Die ermittelten Metriken wurden nach Aussage der Autoren erfolgreich eingesetzt, um auch Schätzungen des Programmumfangs für andere Anwendungen durchzuführen.

Klassenmetriken von Silvia Regina Vergilio et al.

An der Federal University of Parana, Brasilien, wurden von Silvia Regina Vergilio et al. Software-Test-Metriken von C++-Programmen untersucht, die mit dem Rational Rose Tool entwickelt wurden. Gemessen wurden die in Tabelle 5.13 zusammengefassten Basisgrößen, wobei die Anzahl von Methoden und Attributen von größerer Signifikanz waren.

System	Anzahl Methoden	Anzahl Attribute	Anzahl Klassen	Anzahl gesendeter/empfangener Nachrichten
#1	40	91	7	49
#2	223	168	16	102
#3	70	40	7	53
#4	17	104	7	48
#5	18	239	17	123

Tabelle 5.13: Basisgrößen von C++-Programmen

Daraus lassen sich natürlich auch Kennzahlen ermitteln, wie wir es in der folgenden Tabelle 5.14 durchgeführt haben.

System	Anzahl Attribute pro Methode	Anzahl Methoden pro Klasse
#1	2.275	5,7
#2	0,75	13,9
#3	0,57	10,0
#4	6,12	2,4
#5	13,28	1,1
Durchschnitt	1,74	6,8

Tabelle 5.14: Kennzahlen aus Klassenmetriken von C++ Programmen

Weitere Beispiele objektorientierter Metriken

Weitere Beispiele quantifizierter und nicht quantifizierter Metriken, die von anderen Autoren vorgeschlagen wurden, sind:

- Systemebene
    - Die Anzahl der Klassen, Funktionen und Klasseninteraktionen
    - Die Anzahl der Instanzvariablen und Methoden
    - Die Anzahl der Dateien und Vererbungsbäume
    - Die Anzahl der Datenvariablen
    - Die Klassentiefe
- Baummetriken
    - Die Tiefe des Vererbungsbaums als Indikator der Vererbungskomplexi-

tät. Gemessen wird dabei die Anzahl der Klassen zwischen der erbenden und der Grundklasse.

  - Die Anzahl der Nachkommen oder untergeordneten Klassen für jede übergeordnete Klasse als Indikator für den Grad der Wiederverwendung
  - Die Anzahl der Klassenhierarchien
  - Die Anzahl der Funktionen
- Klassenmetriken
  - Die durchschnittliche Größe einer Methode beträgt fünf LOCs für SmallTalk oder 15 LOCs für C++.
  - Eine Nachricht sollte nicht mehr als drei Parameter haben.
  - Die Anzahl der Methoden in einer Klasse
  - Die Anzahl fremder Methoden, die von einer gegebenen Methode angesprochen werden
  - Die Anzahl der Kopplungen oder Interaktionen zwischen Klassen als Indikator für die Schnittstellenkomplexität. Eine Kopplung bedeutet, dass eine Methode aus einer Klasse eine Methode aus einer anderen Klassen benutzt.
  - Das Antwortverhalten einer Klasse als Maß für den Grad der Polymorphie. Gemessen wird die Anzahl verschiedener Methoden, die auf eine Nachricht reagieren können (das sind die potenziellen Ziele dieser Nachricht).
  - Der Mangel an Zusammenhalt (Kohäsion) zwischen den Methoden oder die Anzahl von nicht ähnlichen Methoden als qualitatives Maß für Zusammenhalt bzw. Verschiedenheit einer Klasse

5.6.2 Objektorientierte Metriken der ISBSG-Benchmarking-Datenbank

In der ISBSG-Benchmarking-Datenbank vom Juni 2002 sind 620 von 1.238 Projekten mit spezifizierten Entwicklungsmethoden und davon 10% (64) mit objektorientierter Analyse (OOA) und 13% (81) mit objektorientiertem Design (OOD) entwickelt. Untersucht wurde die PDR (Project Delivery Rate, höhere PDR = geringere Produktivität) in Stunden pro FP für unterschiedliche Entwicklungsplattformen. Tabelle 5.15 fasst die Ergebnisse zusammen:

Project Delivery Rate (PDR)		OOA	Nicht OOA	Summe OOA	OOD	Nicht OOD	Summe OOD
Gesamt	Anzahl	34	231	265	38	227	265
	Median	4,6	12,0	11,5	7,1	12,0	11,5
	Mittelwert	12,0	14,6	14,3	14,1	14,3	14,3
Mainframe	Anzahl	13	100	113	17	96	113
	Median	4,6	11,2	10,5	6,1	11,2	10,5
	Mittelwert	11,3	13,1	12,9	12,1	13,1	12,9
Midrange	Anzahl	43	7	50	42	8	50
	Median	14,7	12,0	12,0	15,4	12,0	12,0
	Mittelwert	15,3	15,5	15,5	19,8	14,7	15,5
PC	Anzahl	41	4	45	42	3	45
	Median	8,5	12,8	12,8	5,8	13,1	12,8
	Mittelwert	8,0	16,6	15,8	7,6	16,4	15,8

Tabelle 5.15: Project Delivery Rate (PDR) objektorientierter Projekte in der ISBSG-Benchmarking-Datenbank

5.6.3 Function Points und objektorientierte Systementwicklung

Die IFPUG Case Study III benutzt Objektmodelle, in denen die Methoden der Klassen identisch mit den Methoden sind, die im Fachkonzept verwendet werden. Damit können die Methoden direkt als Transaktionen gezählt werden.

Whitmire hat bereits 1992 einen Vorschlag basierend auf einem Klassendiagramm entwickelt, das den Nachrichtenaustausch zwischen den Klassen beinhaltet. Er zählt jede Klasse als ILF und zählt die Nachrichten, die über die Grenzen des Systems gehen, als Transaktionen. Er zählt keine EIFs, weil auf extern verwaltete Daten niemals direkt zugegriffen wird.

Die australische Metrikorganisation ASMA hat einen ähnlichen Ansatz wie Whitmire. Als Transaktionen werden Methoden gezählt, die von Objekten an den Benutzer geliefert werden. Die Komplexität der Methoden wird auf der Basis benutzter Attribute und Kommunikation ermittelt. Objekte werden als ILFs gezählt, deren Komplexität durch die Attribute bestimmt wird.

Antoniol et al. haben eine ***Objektorientierte Function-Point-Methode*** veröffentlicht, bei der die Zählregeln auf einem statischen Objektmodell basieren. Die Methode scheint sehr flexibel an unternehmensspezifische Besonderheiten anpassbar zu sein. Sie unterscheiden dabei aber nicht die Eingaben (EI), Ausgaben (EO) und Abfragen (EQ). Diese werden als generische Methodenabfragen zwischen Objekten definiert.

Pastor et al. veröffentlichten sehr detaillierte Function-Point-Zählregeln für das Objektmodell, funktionale Modell und dynamische Modell einer mit dem OASIS Tool realisierten objektorientierten Systementwicklung, die eine automatische Zählung von Function Points ermöglichen.

Function Points und OOA nach Jacobsen von Thomas Fetcke et al.

Fetcke et al. haben in drei Projekten Function Points anhand der objektorientierten Analyse nach Jacobsen gezählt. Sie haben die im Folgenden beschriebenen Erfahrungen veröffentlicht.

- Systemgrenzen
  - Aktoren repräsentieren Benutzer und andere Anwendungssysteme.
  - Use Cases repräsentieren die Funktionalität.
  - Aktoren, die zugrunde liegende Systeme oder Hardware repräsentieren, werden nicht als Benutzer angesehen.
- Bewertung der Transaktionen
  - Verschiedene Interaktionsflüsse in einem Use Case repräsentieren jeweils Kandidaten zur Zählung von EIs, EOs und/oder EQs.
  - Ebenso sind Use Case Extensions Kandidaten für Transaktionen.
  - Abstrakte Use Cases werden nicht berücksichtigt.
  - Objekt-Attribute sind DETs.
  - FTRs werden pro referenziertem Objekt der gezählten Datenbestände gezählt.
- Bewertung der Datenbestände
  - Daten-Entitäten von Domain Objects repräsentieren ILFs und/oder EIFs.
  - Entity Objects sind ebenfalls Kandidaten für die Zählung von ILFs und/oder EIFs.
  - Objekt-Attribute sind DETs.
  - RETs werden anhand der Benutzersicht gezählt.

Function Points und UML

Bram Meyerson von QuantiMetrics, Mitglied der SASMA (South African Software Metrics Association) berichtete am 16.6.1999 in einer Nachricht in der FAQ-Liste des Function Point Listserver von Denis St-Pierre des CRIM (Computer Research Institute of Montreal) von seinen Erfahrungen aus dem UML(Unified Modelling Language)-Umfeld einer führenden Bank in Südafrika, dass die UML-Komponenten den Function-Point-Typen wie folgt zugeordnet werden können:

- Use Cases werden entweder EIs oder EQs.
- Primäre Aktoren werden EIFs.
- Sekundäre Aktoren werden EOs.
- Kern Business Objects werden ILFs.

Um die Komplexität zu bestimmen, wird versucht, aus folgenden Informationen Kennzahlen zu ermitteln, anhand derer Zuordnungen zu den Komplexitätsklassen *low*, *average* oder *high* getroffen werden können:

- für Use Cases
  - event inputs und outputs
  - die Anzahl alternativer flows
  - die Anzahl Schritte in alternativen flows
  - die Anzahl Aktoren, die im Prozess involviert sind
  - die Anzahl Non-Leaf-Prozesse
- für Domain Objects
  - die Anzahl Attribute
  - die Anzahl Prüfungen bei Eingabeattributen oder Objekten
  - die Anzahl der Fremdschlüssel (Beziehungen)

Uemura et al. veröffentlichten detaillierte Function-Point-Zählregeln für UML-basierte Spezifikationen und zählen als Eingaben (EI) die Design-Spezifikationen des Rational-Rose-Entwicklungstools. Ebenso haben Davide Pace et al. und T. Iorino 2004 auf der europäischen Tagung in Rom Erfahrungsberichte über Function Points und UML präsentiert.

COSMIC Full Function Points und UML

Saadi Azzouz und Alain Abran haben 2004 einen Vergleich von COSMIC Full Function Points (FFP) und UML-Konzepten mit einer Abbildung auf den Rational Unified Process (RUP) veröffentlicht. Dabei wurden zwei FFP-Konzepte identifiziert, die keine direkte Entsprechung in UML haben. Der Vergleich ist in Tabelle 5.16 dokumentiert.

COSMIC-FFP-Konzept	UML-Äquivalent	Bemerkung
Software-Grenze	Use-Case-Diagramm	
Software-Schicht	Kein UML-Äquivalent	Muss manuell ermittelt werden
FFP-User	UML actor	
Funktionaler Prozess	Use case	
Datenbewegung	Operation (Message)	
Trigger (auslösendes Ereignis)	Kein UML-Äquivalent	Ein neues UML-Zeichen zur Unterscheidung eines auslösenden Ereignisses von einer einfachen Nachricht wurde eingeführt.
Datengruppe	UML-Klasse	
Datenattribut	Klasseneigenschaft	

Tabelle 5.16: COSMIC-FFP und UML-Äquivalente im RUP

5.7 Management Summary

Software-Metriken dienen zur Messung von Eigenschaften eines Software-Produkts und des Software-Entwicklungsprozesses.

Basisgrößen sind Zahlen, die von einem Produkt, einem Prozess oder einer Ressource abgeleitet sind. Sie sind für Anwendungssysteme und IT-Projekte quantitativ messbar.

Kennzahlen dienen zur Beurteilung von Anwendungssystemen und IT-Projekten und ermöglichen einen quantitativen Vergleich mit anderen Anwendungssystemen und IT-Projekten.

Kennzahlen geben Orientierungshilfen für die Planung und Steuerung der produktiven Prozesse im Unternehmen. Sie sind daher die kritischen Variablen der Unternehmensführung und deshalb ideale Frühwarnindikatoren.

Ein solches Metriksystem muss permanent gepflegt und ausgebaut werden, damit auch in Zukunft für Basisgrößen und Kennzahlen detailliertere Ist-Werte erfasst werden können.

Indikatoren vergleichen eine Metrik mit einer Baseline oder einem erwarteten Resultat.

What you can't measure, you can't manage.

Ein weit verbreiteter Irrtum ist, dass einfaches Sammeln und Berichten von Daten identisch mit einem Metrikprogramm ist. Solche Initiativen leben nur kurzfristig.

Grundsätzlich kann zwischen Produktmetriken und Prozessmetriken unterschieden werden.

Generell ist die folgende Regel zu beachten: ***No single metric can provide wisdom!***

Den Nutzen von Metriken zu verkaufen war immer ein hartes Geschäft – und wird es auch bleiben.

Der Hauptzweck ist die Feststellung des aktuellen Stands des Software-Entwicklungsprozesses.

Die Analyse der Metriken und Berichte darüber sind die wichtigsten Prozesse in einem Metrikprogramm. Reines Sammeln von Metriken kann nicht zum Erfolg führen.

Stets muss beachtet werden, dass Metriken nur Prozesse oder Produkte messen, nicht aber einzelne Personen.

Metriken sind ein mächtiges Werkzeug, um die Qualität und die Verbesserungen im Vergleich zu festgesetzten Zielen festzulegen.

Metriken nutzen Messwerte der Vergangenheit, um Richtlinien für das Handeln in der Zukunft zu geben (feed foreward). Durch die Messung entsteht eine Basis für die Aufwandschätzung und das Controlling des Projektfortschritts.

Der Nutzen von Metriken kann nicht an den Kosten für die Einführung eines Metrikprogramms gemessen werden, sondern daran, was es kostet, kein funktionsfähiges Metriksystem im Einsatz zu haben.

Metriken erlauben objektive Einsichtnahme in Herausforderungen und Prozesse und ermöglichen objektive Identifikation von Risiken sowie Früherkennung und Management von Problemen. Sie fördern die Kommunikation im Projektteam und liefern wichtige Informationen für die Verbesserung von unternehmerischen Entscheidungen.

Metriken können auch eingesetzt werden, um Verträge zwischen Auftraggeber und Software-Produzenten zu vereinbaren.

Darüber hinaus dienen Metriken als Faustregeln und sind nützlich für objektive Planung und Schätzung.

Damit ein Metrikprogramm Erfolg haben kann, benötigt es die volle Unterstützung aller involvierten Manager.

Die Einführung eines Metrikprogramms erfordert Zeit, Projekte und Messwerte.

Eine weitere Voraussetzung zur Einführung eines Metriksystems ist eine fördernde Organisationsstruktur.

Die Einführung eines Metrikprogramms bedeutet eine erhebliche Änderung der Unternehmenskultur.

Das Metrikprogramm darf deshalb nicht als leichtes Unterfangen verkauft werden, das dem Unternehmen sofort tolle Resultate bringt.

Fehlende Toolunterstützung bringt Akzeptanzprobleme – man kann nicht mit Papier und Bleistift zu den Projekten gehen, die die neueste Technologie einsetzen!

Trotz all dieser Schwierigkeiten: ***Glauben Sie nie daran, dass Ihr Metrikprogramm gestorben ist***, es sei denn, Sie lesen genau das in einer öffentlichen Ankündigung oder in einer Zeitung!

Die beste Basis für Aufwandschätzungen ist eine Metrikdatenbank.

Ein Metriksystem besteht aus Basisgrößen und Kennzahlen, die diese Basisgrößen in ein sinnvolles Verhältnis zueinander setzen. Es ist ein Regelkreissystem.

Qualität und Produktivität stehen in engem Zusammenhang mit Prozess, Personen und Technologie.

Von den Faktoren, die sich auf Prozessverbesserungen auswirken, haben sich Projektdauer und Projektumfang als besonders flexibel herausgestellt.

Neben Qualität und Produktivität sind Änderungsmetriken wichtig, um Schwellenwerte und Grenzwerte identifizieren bzw. festlegen zu können und Verbesserungen im Metrikprogramm zu erreichen.

Das Problem beim ***Earned-Value-Ansatz*** ist die exakte Messung des Fertigstellungsgrads.

Die Verwendung von Function Points hat weniger die technische Sicht (der Entwickler) auf das Software-Projekt, sondern betrachtet vielmehr die Funktionalität des Software-Systems aus Benutzersicht.

Maschinelle Zählung der Function Points (wie im Funktionsumfang mancher Tools angeboten) widerspricht der Prämisse der Function-Point-Methode, alles aus Benutzersicht zu zählen.

Qualität ist sowohl ein Maß des Software-Entwicklungsprozesses als auch des entwickelten Produkts.

Qualität kann sehr früh verbessert werden, wenn Reviews und Inspektionen im Software-Lebenszyklus durchgeführt werden, durch verstärkten Testaufwand und frühe Fehlerentfernung.

Ein Unternehmen muss erst einen gewissen Reifegrad erreicht haben, um zu verstehen, dass es notwendig ist, Fehler zu finden und zu dokumentieren, bevor die Software an den Kunden ausgeliefert wird.

Robert Grady schätzt, dass etwa ein Drittel der Zeit für die Neuentwicklung von Software für die Fehlerbehebung aufgewendet wird.

Bekannt ist auch, dass Fehlerraten besonders mit Zeitdruck korrelieren. Gestresste Mitarbeiter sind eben nicht in der Lage, Software mit höchster Qualität zu produzieren.

Ein durchschnittliches Projekt arbeitet etwa 80% seiner Zeit an ungeplanter Behebung von Fehlern, die vorher im Projekt entstehen.

Produktmetriken beziehen sich direkt auf das Ergebnis eines Software-Entwicklungsprozesses.

Drei wichtige Erkenntnisse sind beachtenswert:

1. Durch die Fehlerbehebung werden neue Fehler erzeugt (bad fixes).
2. Fertig gestellte Software enthält stets noch Fehler.
3. Fehlerfreiheit kann nicht festgestellt werden, nur das Vorhandensein von Fehlern (Dijkstra).

Die Dokumentation ist oft das Stiefkind der Anwendungsentwicklung, weil der Aufwand dafür unterschätzt wird, nicht eingeplant wird und bei Terminengpässen dem Rotstift zum Opfer fällt.

Dokumentation führt zwar zur Minderung der Produktivität (Vergrößerung des Aufwands), aber zur Steigerung der Qualität der Projektarbeit (vgl. Teufelsquadrat).

Systemkomplexität ist eine grundlegende Eigenschaft von Software und keine zufällige. Sie ist ein Maß für die Einfachheit des Systemdesigns.

Prozessmetriken beziehen sich auf den Software-Entwicklungsprozess, der alle Aktivitäten, Methoden und Praktiken für die Erstellung von Software umfasst.

Produktivität ist die favorisierte Managementmetrik.

Erfolgreiche Messung der Produktivität setzt daher präzise Messungen des Umfangs voraus.

Für Produktivitätsmessungen ist erforderlich, dass die Kennzahlen auf gemessenen Prozessen (auf Phasenebene) basieren, das heißt, die Organisation muss bereits den CMMI Maturity Level 3 erreicht haben, dass nämlich die Prozesse (hier: Software-Messung) definiert sind und verbindlich gelebt werden.

Produktivitätsraten sind äußerst unterschiedlich in verschiedenen Unternehmen und Branchen sowie Entwicklungsumgebungen. Untersuchungen zeigen, dass ***mehr als 100 Faktoren Einfluss auf die Produktivitätsrate haben***.

Bei den Projektleitern ruft die Produktivitätsmessung gesundes Misstrauen hervor, denn sie wird leicht zum Vergleich von Projekten bzw. der daraus abgeleiteten Leistungen der Projektleiter und Projektteams missbraucht.

Generell ist das Maß für die Effizienz der Aufwand pro FP, auch Projektlieferrate oder PDR genannt (Project Delivery Rate). Als Maß für die Effizienz von Prozessen wird sie Prozess-Tauglichkeit (process-capability) genannt.

Kostenmetriken (CER = Cost Estimation Relationship) setzen entsprechende Datenbanken mit Erfahrungswerten voraus.

Kosten sind der wichtigste Faktor für die Entscheidung, ob ein Projekt durchgeführt werden soll. Ihre Überschreitung kann auch zum Abbruch des Projekts führen, bevor es abgeschlossen ist, oder auch zu einem unzufriedenen Kunden.

Von Seiten der objektorientierten Metriken wird häufig behauptet, dass diese nicht mit der Function-Point-Methode kompatibel seien, obwohl Fetcke et al. für objektorientierte Systementwicklung nach dem Jacobsen-Ansatz eine Konzeption und konkrete Regeln für die Umsetzung in Function Points vorgelegt haben.

Ebenso beschreiben Use Cases Funktionalität aus Benutzersicht und können somit leicht in Function Points gemessen werden.

Capers Jones nennt die Verwendung von LOC-Metriken »eine lebensgefährliche Praxis«.

Capers Jones zieht das Fazit: Objektorientierte Programmiersprachen nutzen sowohl der Software-Qualität als auch der Software-Produktivität. Beides kann mit LOC-Metriken nicht gemessen werden.

6 Standards und IT-Metrikorganisationen

6.1 Internationale Standards

Grundsätzlich werden drei Arten von Standardsunterschieden:

- Standards zur Definition von Messgrößen
- Standards zur Regelung des Umfangs von Messungen
- Standards zur Regelung der Durchführung von Messungen

Solche Standards sind seit wenigen Jahren von der ISO mit der Norm 14143-1 zur Verfügung gestellt worden. Die vorher heuristisch entstandenen Standards (IFPUG, Mark II, COSMIC, NESMA) sind inzwischen bereits als Public Available Specification (PAS) des ISO-Standards anerkannt, IFPUG ohne die 14 Systemmerkmale.

6.1.1 Die ISO-Norm

Es gibt in der Software-Industrie die international normierten Metriken ISO 9003 und ISO 14143 (ISO = International Organization for Standardization). ISO 14143-1 ist seit 1999 Standard und beschreibt die grundlegenden Prinzipien einer funktionalen Größenmetrik (Functional Size Metric) und die nötigen Definitionen dazu. ISO 14143-2 beschreibt die Prüfkriterien zur Feststellung, ob eine Methode funktionale Metrik im Sinne von ISO 14143-1 ist. ISO 14143-3 ist derzeit in der Entwicklung und stellt Messkriterien in Form von Checklisten für Assessments zur Verfügung, anhand derer bewertet werden kann, wie gut eine funktionale Größenmetrik ISO 14143-1 erfüllt.

Abbildung 6.1 gibt einen Überblick über die wichtigsten ISO-Normen im Zusammenhang mit Software-Metriken.

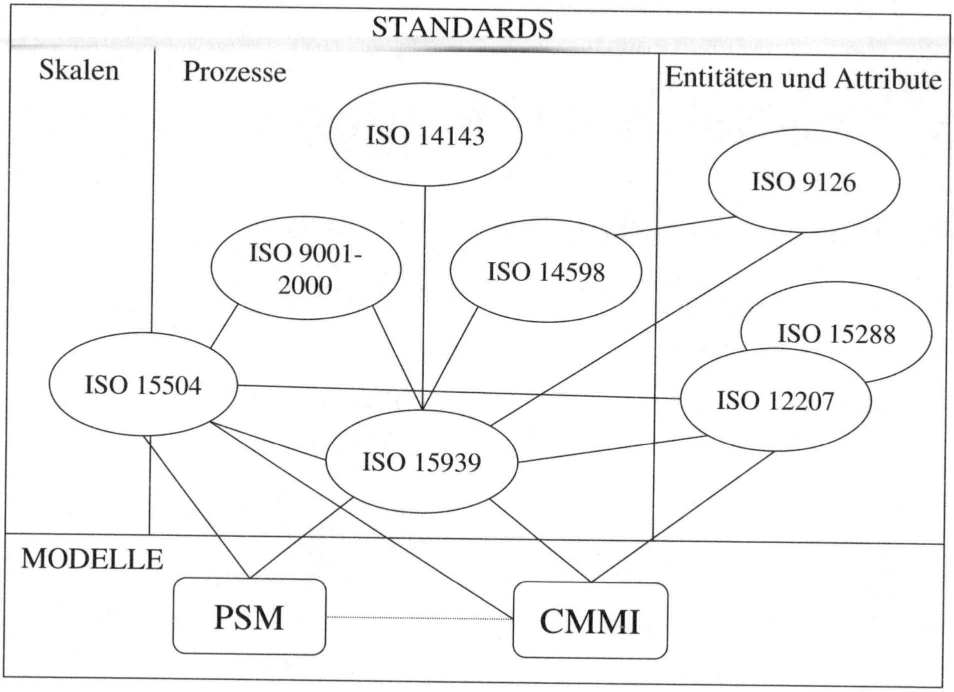

Abbildung 6.1: Die wichtigsten ISO-Normen im Zusammenhang mit Software-Metriken

Die Vorteile der ISO-Norm sind:

- Basisprinzipien funktionaler Größenmessung sind stabilisiert.
- Standards für die Prüfung, ob eine Methode eine funktionale Metrik ist, sind vorhanden.
- Es ist das einzige Forum, in dem Experten von zwölf Nationen einen Fortschritt erarbeitet haben.

Die Nachteile der ISO-Norm sind:

- Sie ist ein Meta-Standard, kein »besserer« Standard.
- Sie vermeidet das Problem des Beitrags von technischen und Qualitätsanforderungen zur funktionalen Größe.
- Es gibt nur einen langsamen Fortschritt (ehrenamtliche Mitarbeit, Regeln, Protokolle etc.)

6.1.2 Das Capability Maturity Model Integration (CMMI)

Das ***CMMI = Capability Maturity Model Integration*** des SEI (Software Engineering Institute) ist ein fünfstufiges Reifegradmodell für die Prozessverbesserung in der Software-Entwicklung (SPI = Software Process Improvement). Interessierte können dazu kostenlos aus dem Internet von der Homepage des SEI (*http://www.sei.cmu.edu*) das Handbuch herunterladen. Das SEI wurde 1984 durch den amerikanischen Kongress gegründet, gesponsert durch das DoD (Department of Defense) und betrieben von der Carnegie Mellon University.

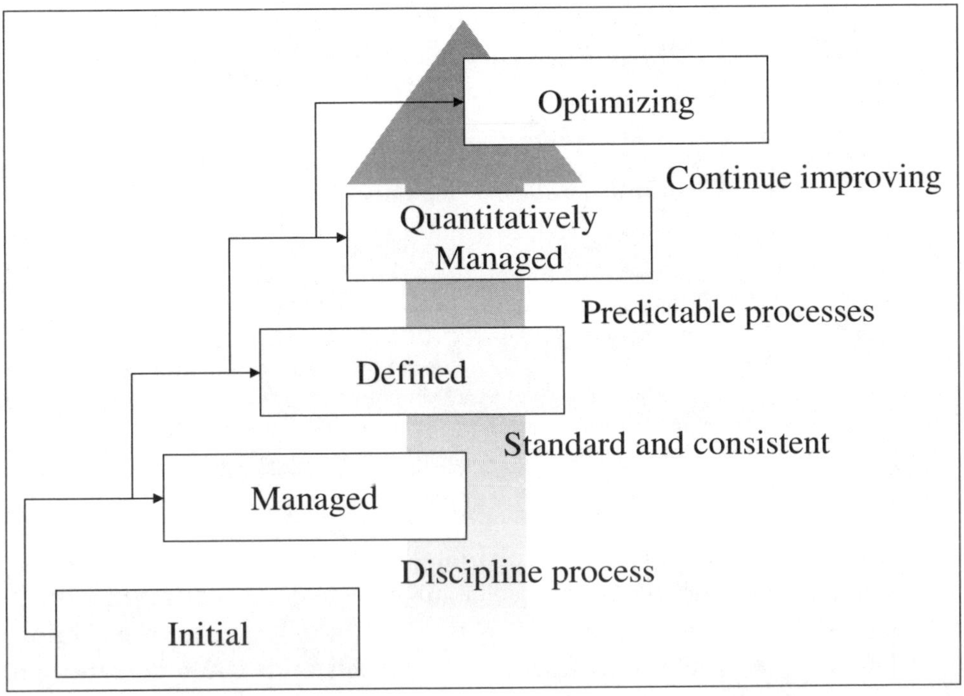

Abbildung 6.2: Die fünf Stufen des CMMI-Reifegradmodells

Das CMMI wurde vom SEI als Basis für Angebote und Verbesserungen entwickelt. Eine Schwachstelle des CMMI ist, dass eine zentrale Betrachtung von Software-Metriken fehlt, obwohl an vielen Stellen Messungen und quantitative Methoden erwähnt werden. Software-Messungen sind so wichtig, dass das DoD für alle Projekte die Planung und das Tracking von Metriken fordert. Für die praktische Umsetzung des CMMI ist ergänzend der Recommended Approach der NASA zu empfehlen. Er kann ebenso kostenlos aus dem Internet von der Adresse *http://fdd.gsfc.nasa.gov/seltext.html* heruntergeladen werden.

Das CMMI steht in engem Zusammenhang mit den drei ISO-Standards 12207 (Software Life Cycle Processes), 15939 (Measurement) und 15504 (Process Assessment). Tabelle 6.1 zeigt die 5 Reifegrade des CMMI.

Reifegrad	Ziel	Eingeführte Verfahren
5. Optimierter Prozess	Kontinuierliche Prozessverbesserung	Fehlerverhütung Prozess-Änderungsmanagement Technologie-Änderungsmanagement ...
4. Geführter Prozess	Quantitatives Management	Prozess-Erfahrungsbewertung Prozessmetriken Produktmetriken ...
3. Definierter Prozess	Prozess-Standardisierung	Prozessdefinition Trainingsprogramm Teamkoordination ...
2. Wiederholbarer Prozess	Projektmanagement-Grundlagen	Projektmanagement Anforderungsmanagement Konfigurationsmanagement ...
1. Initialer Prozess	...	...

Tabelle 6.1: Capability Maturity Model Integration (CMMI)

Stufe 2 des CMMI verlangt zum Beispiel, dass Planungen für Software-Projekte dokumentiert sind und die Umfangschätzung sowie die Änderungen enthalten. Darüber hinaus müssen Schätzungen von Aufwand, Dauer, Kosten, erforderlichen und kritischen Ressourcen im Verhältnis zum Umfang gemessen werden. Für die Toolunterstützung und Aufwandschätzung müssen ausreichende Mittel bereitgestellt werden. Der Requirements Creep wird verfolgt und die erforderlichen Planänderungen werden durchgeführt.

Stufe 3 des CMMI fordert, dass Projektschätzungen auf Basis eigener Erfahrungsdaten vorgenommen werden.

Stufe 4 verlangt ein metrikbasiertes, quantitatives Prozessmanagement.

Stufe 5 fordert zusätzliche quantitative Benchmarks.

Abbildung 6.3 zeigt die Vorgehensweise des CMMI.

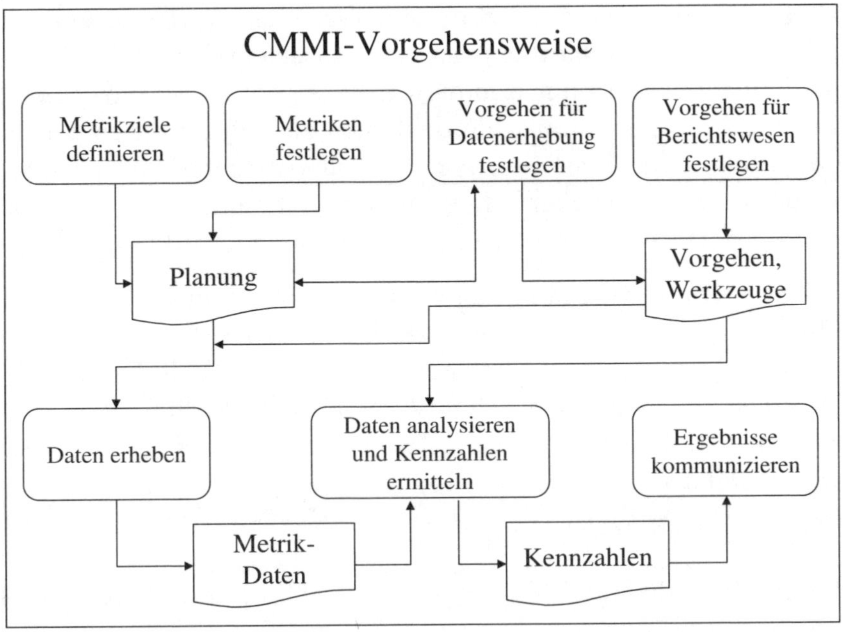

Abbildung 6.3: Die Vorgehensweise des CMMI

Das CMMI hilft festzustellen, was zu tun ist, um Prozessverbesserungen zu erreichen, sagt aber nichts darüber aus, wie das zu tun ist. Der CMMI-Reifegrad (level) ist für Unternehmen zunehmend ein wichtiger Indikator für die Software-Qualität. Es ist offensichtlich, dass viele Unternehmen das Ziel verfehlen, CMMI level 2 zu erreichen, weil sie einfach nicht in der Lage sind, funktionale Größenmessung durchzuführen. Es ist ganz klar, dass alle KPI (Key Performance Indicator) auf Messungen basieren und dass das Original-Maß die Größe ist. Dass Organisationen wie das SEI sich viel zu sehr auf den Einsatz solcher einfachen Maße verlassen, liefert eine Aussage über die Qualität der Anwendungsentwicklung (speziell der Aufwandschätzung) in der Praxis.

6.1.3 Die Goal Question Metric (GQM)

Zur Bewertung des Software-Entwicklungsprozesses anhand der fünf Stufen des CMMI ist die GQM-Methode (***Goal Question Metric***) sehr verbreitet, weil sie Wert darauf legt, für Anfänger einfach zu sein und früh mit Messungen zu beginnen. Sie eignet sich sehr für die maßgeschneiderte Erstellung eines Messprogramms und wurde von Victor Basili und Dieter Rombach entwickelt, um Messungen effektiv und effizient durchzuführen.

Die GQM definiert zuerst ein bestimmtes (Mess-)Ziel (***Goal***) und verfeinert es anschließend in Fragen (***Question***) nach Qualitätseigenschaften, deren Vorhandensein für die Zielerreichung erforderlich ist. Im dritten Schritt werden dazu Metriken (***Metric***) definiert, die Informationen zum Beantworten der Fragen und zum Erfüllungsgrad der Zielerreichung zur Verfügung stellen. GQM wird also top down entwickelt, aber bottom up interpretiert, um zu prüfen, ob das Ziel erreicht ist. Die Fragen sollen die Hauptkomponenten des Ziels abdecken.

In der Praxis wird die GQM häufig zusammen mit dem CMMI eingesetzt: Zunächst wird CMMI genutzt, um den Reifegrad der Prozesse im Unternehmen bzw. Unternehmensbereichen zu ermitteln. Nach Auswahl der zu verbessernden Prozesse wird die GQM-Methode schließlich dazu benutzt, die Metriken zu definieren, mit denen der Ist-Zustand und die Sollzustände gemessen werden können.

Die GQM wird in vier Phasen durchgeführt:

1. ***Planung:*** Auswahl eines Projekts und Entwicklung eines Vorgehensplans
2. ***Definition:*** Definition und Dokumentation von Zielen, Fragen, Metriken (GQM), erfolgt häufig in Form von Assessments.
3. ***Datensammlung***
4. ***Interpretation***

Mit GQM werden die Qualität von Produkten, Prozessen oder Mitarbeitern der Systementwicklung bewertet. Inzwischen gibt es mehrere zum Teil toolunterstützte Methoden zum Einsatz der GQM, z.B. BOOTSTRAP, FAME, PROFES, Spearmint, SPICE etc.

Thomas Gantner und Kurt Schneider haben bei DaimlerChrysler festgestellt, dass GQM in der Vorbereitungsphase recht aufwendig ist. An manchen Punkten würde man sich Unterstützung durch Hilfsmittel oder gar Automatisierung wünschen.

Curtis hat in einer Veröffentlichung die Geschichte eines Mannes erzählt, der bei seiner Rückkehr nach Hause den Hausschlüssel nicht findet. Er sucht unter der Laterne und ein Passant fragt ihn, ob er ihn denn hier verloren habe. »Nein«, antwortet der Mann, »aber dort drüben im Dunkeln sieht man ja nichts.« GQM ist praktisch eine Erwiderung auf diese Einstellung, die auch bei Messprogrammen häufig zu finden ist: Oft wird möglichst viel und besonders das gemessen, was leicht zu bekommen ist. Nach der Messung ist dann unklar, was mit den Daten geschehen soll. Und was man wirklich gebraucht hätte, findet man auf diesem Wege nicht. Dagegen arbeitet man sich bei GQM von den Zielen über Fragen zu den (und *nur* den) Metriken vor, die für die Beantwortung der Fragen und das Erreichen der Ziele erforderlich sind. Liegen dann Daten vor, ist die Interpretation praktisch schon vorgedacht.

Die folgende Übersicht von Carol Dekkers zeigt anhand verschiedener Kennzahlen beispielhaft die Ziele und Fragen (Goals and Questions) eines Unternehmens, mit denen eine erste Auswahl von Kennzahlen für den Aufbau eines Metriksystems ermittelt werden kann:

Ziele, Fragen	**Basisgrößen für den Aufbau von Metriken**				
	Projekt-Attribute	**Function Points**	**Aufwand**	**Fehler**	**Kunden-zufrieden-heitsmessung**
Schätzungen verbessern	x	x	x		
Produktivität verbessern	x	x	x		
Qualität verbessern	x	x		x	x
Einfluss von Tool-Unterstützung messen		x	x	x	
Make-or-Buy-Entscheidung unterstützen	x	x	x		
Testen verbessern		x	x	x	x

Abbildung 6.4: Goal Question Metric

6.1.4 Die Balanced Scorecard

Der Harvard-Professor Robert S. Kaplan und der Unternehmensberater David P. Norton entwickelten 1992 ein Lösungskonzept für das Problem der Führungskräfte, sich zwischen finanzwirtschaftlichen und operativen Maßstäben entscheiden zu müssen. In Zusammenarbeit mit mehreren Unternehmen, die in der Leistungsmessung führend sind, entwickelten sie ein Kennzahlensystem, das sie den ***ausgewogenen Berichtsbogen (Balanced Scorecard)*** nennen. Dieses Kennzahlensystem berücksichtigt vier verschiedene Perspektiven zur Leistungsbeurteilung von Unternehmen:

1. die finanzwirtschaftliche Perspektive (z.B. Kosten, Budget)
2. die betriebsablaufinterne Perspektive (z.B. Produktivität (Aufwand, Dauer, Plan, Ist, Weiterentwicklung), Qualität (Fehler, Wartung), Prozesse (Kosten, Zeitplan, CMMI) – hier ist der Einsatzbereich der IT-Metriken)
3. die Kundenperspektive (z.B. Servicelevel, Kundenzufriedenheit, Kundentreue, Marktanteil)
4. die Innovations- und Wissensperspektive (z.B. Mitarbeiter-Ausbildung)

Diese vier Aspekte müssen unternehmensspezifisch ausgewählt und angepasst werden. Ziel ist die Optimierung der finanzwirtschaftlichen Kennzahlen, so dass eine Optimierung der anderen drei Kennzahlenbereiche nur in Abhängigkeit zum ersten Kennzahlenbereich gewünscht ist. Abbildung 6.5 zeigt das generelle Modell der Balanced Scorecard.

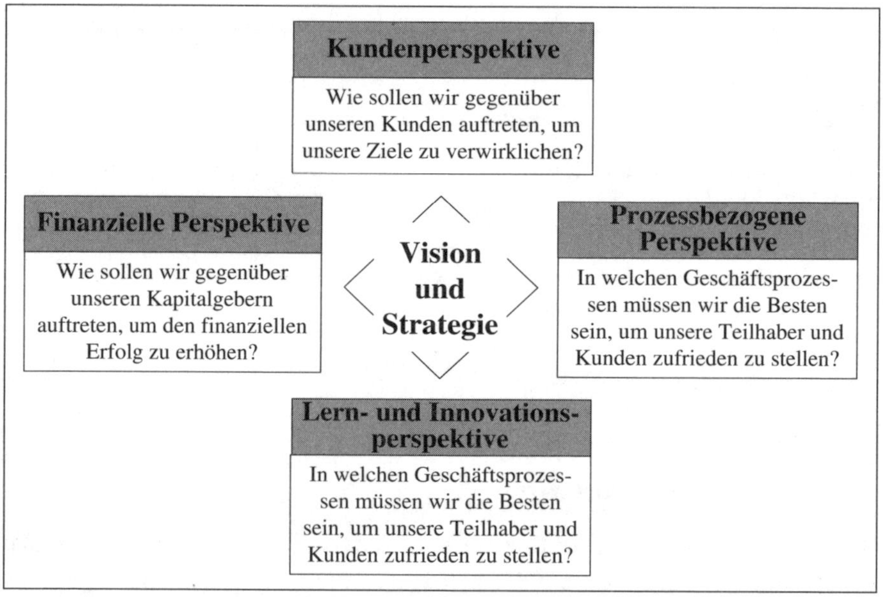

Abbildung 6.5: Generelles Modell der Balanced Scorecard

Zudem ist es möglich, eine Balanced Scorecard als strategisches Kennzahlen- und Managementsystem für die IT einzuführen. Dabei kann einerseits die IT-Strategieumsetzung auf längere Zeit verfolgt werden, andererseits ermöglichen die Rückmeldungen über die IT-Strategie strategisches Lernen und kontinuierliche Strategieverfeinerungen. Durch die Entwicklung einer Balanced Scorecard für die IT lässt sich aufgrund der darin enthaltenen nichtfinanziellen Kennzahlen die Diskussion von einer oftmals einseitig geführten Finanz- oder Budgetdiskussion in die Richtung qualitativer Fragestellungen verschieben, wie z.B.:

1. Welchen Nutzen bringt uns die IT?
2. Was leistet die IT für unsere internen und externen Kunden?
3. Wie innovativ ist unsere IT?
4. Wo haben wir durch die IT bzw. in der IT Vorsprung gegenüber Wettbewerbern?

Die Balanced Scorecard ist nicht primär ein Kennzahlensystem, sondern vor allem ein strategisches Managementkonzept, das es ermöglicht, die Unternehmensziele auf allen Ebenen transparent und ganzheitlich abzubilden und mit einer darauf aufbauenden Handlungsstrategie auch konsequent zu erreichen. Dabei wird in folgenden Schritten vorgegangen:

1. Angemessene Ziele ermitteln
2. Generelle spezifische kritische IT-Erfolgsfaktoren identifizieren
3. Passende Kennzahlen definieren
4. Die Messergebnisse in einem Kiviath-Graphen darstellen

Zur Ableitung der Kennzahlen aus den Unternehmenszielen wird meistens die Goal Question Metric eingesetzt. Balanced Scorecards werden häufig zum Benchmarking von Unternehmen eingesetzt.

6.2 Wichtige IT-Metrikorganisationen

Es gibt zahlreiche IT-Metrikorganisationen auf allen Kontinenten der Welt, vor allem in Amerika.

Neben der internationalen ISO haben die IFPUG (USA) und ISBSG (Australien) sowie das Software Engineering Management Research Laboratory der Universität Quebec (Montreal) und die GI-Fachgruppe Software-Messung und -Bewertung in Magdeburg international einen guten Ruf. Aber auch die Anzahl der europäischen IT-Metrikorganisationen wächst, da sich Software-Metriken in Europa derzeit stark verbreiten. Insbesondere Italien hat in Europa eine Vorreiterrolle übernommen, da bei Software-Angeboten an staatliche Stellen die Angabe des Umfangs mit Function Points gesetzlich vorgeschrieben ist.

6.2.1 Der ASQF

Der Arbeitskreis Software-Qualität Franken (ASQF) ist zwar keine Metrikorganisation wie die in den folgenden Abschnitten aufgeführten. Er bietet aber auf seiner jährlichen Tagung CONQUEST (Conference on Quality Engineering in Software Technology) ein Kapitel Metrics und Measurement Models an. Er ist eine führende Organisation für Software-Qualität in Deutschland. Ziele sind, die Bedeutung der Software-Qualität der Allgemeinheit bewusst zu machen; die Kontakte, den Wissenstransfer und den Erfahrungsaustausch zwischen den Software-Entwicklern und Qualitätsmanagern aus Wissenschaft und Industrie zu fördern sowie gezielte Anstöße zur Verbesserung des Software-Entwicklungsprozesses zu geben. Die Homepage ist unter *www.asqf.de* zu finden.

6.2.2 Das COSMIC Consortium

Das Common Software Measurement Consortium (COSMIC) wurde Ende 1988 durch eine Gruppe erfahrener Software-Metrik-Spezialisten aus Industrie und Wissenschaft gegründet. Ziel war, eine Software-Messmethode der zweiten Generation zu entwickeln und zu verbreiten. Ungefähr vierzig Menschen aus acht Ländern haben in freiwilliger Zusammenarbeit Prinzipien für die funktionale Umfangsmessung von Software entwickelt. Ende 1999 veröffentlichten sie das ***COSMIC Full Function Point (FFP) Measurement Practices Manual (MPM)*** Version 2.0 und stellten es zur freien Verfügung ins Internet.

Die COSMIC-FFP-Methode basiert auf den Stärken der Function-Point-Methoden IFPUG, Mark II (UKSMA) und NESMA. Sie verwendet nur vier funktionale Basis-Komponenten: Entry, Exit, Read und Write. Während der Entwicklung der Methode fand ein 14-monatiger Feldtest von März 1999 an statt, um die Praktikabilität dieser neuen Messmethode zu verifizieren.

Folgende Organisationen haben an dem Feldtest mitgearbeitet:

- Ein europäisches Luft- und Raumfahrtunternehmen
- Eine englische Bank mit MIS-Anwendungen
- Zwei europäische Telekommunikationsunternehmen
- Ein australischer Software-Anbieter im Verteidigungsbereich
- Ein australisches Realtime-Software-Haus
- Ein australisches Luft- und Raumfahrtunternehmen

- Ein kleines kanadisches Software-Haus
- Ein kanadischer Software-Anbieter im Verteidigungsbereich
- Ein kanadisches öffentliches Verwaltungsunternehmen

Folgende Feldtests wurden durchgeführt:

- Test der allgemeinen, wiederholbaren Interpretation des Measurement Practices Manual (MPM) Version 2.0
- Entwicklung von detaillierten Messprozeduren
- Tests zur Verifikation, dass die Messungen Funktionalität repräsentieren
- Tests zur Verifikation, dass die Messresultate mit Entwicklungsaufwand korrelieren
- Tests, ob die Methode in die verschiedenen Entwicklungsumgebungen der Partner portierbar war

Die Tests wurden mit 18 Projekten von 5 Unternehmen (16 Neuentwicklungen und 2 Weiterentwicklungen) auf verschiedenen Plattformen durchgeführt, sowie mit 21 Wartungsaufträgen kleinerer funktionaler Erweiterungen in einem Unternehmen. Es gab übereinstimmende positive Rückmeldungen bezüglich der Testanforderungen mit dem Zusatznutzen, dass von da an eine Datenbank mit Altdaten zur Verfügung stand.

Die COSMIC-FFP-Methode ist die erste funktionale Messmethode, die

- von einer internationalen Expertengruppe auf einer guten theoretischen Basis entwickelt wurde
- aus der praktischen Erfahrung aller Function-Point-Methoden heraus entwickelt wurde
- konform zur ISO-Norm 14145 Teil 1 konzipiert wurde
- für MIS- und Realtime-Umgebungen für jede Art von Software konzipiert wurde
- vor der Fertigstellung in einem breiten Feldtest verifiziert wurde

Das Measurement Practices Manual (MPM) gibt es in den Sprachen Englisch, Japanisch, Französisch und Spanisch. Übersetzungen in Deutsch und Italienisch sind in Arbeit.

Die COSMIC-FFP-Methode Vs. 2.2 ist als ISO-Standard ISO/IEC 19761 im März 2003 anerkannt worden.

Zusätzlich hat die COSMIC-Gruppe den ***COSMIC Guide to the Implementation of ISO 19761*** entwickelt. Dieser kann kostenlos aus dem Internet abgerufen werden (*www.lrgl.uqam.ca/cosmic-ffp*). COSMIC FFP wurden auch von der ISBSG als Standard für die Sammlung von Daten für die ISBSG-Benchmarking-Datenbank anerkannt. Der ISBSG-Report *The Benchmark*, Release 8 vom Januar 2004 enthält Daten zu 66 Projekten der FFP-Version 2 und weitere 6 zu Version 1.1 und 1.0. 75% davon waren Neuentwicklungen, 25% Weiterentwicklungen, 65% davon PC-Entwicklungen. 15 davon (23%) hatten embedded Software, process control, message switching, network management etc. zum Ziel, also die Art Software-Entwicklung, für die die FFP-Methode eigentlich entwickelt wurde.

Weltweit laufen viele Forschungsarbeiten, um die Verbesserung und Verbreitung der COSMIC-FFP(ISO/IEC 19761)-Methode voranzutreiben.

Die COSMIC-Homepage ist *www.cosmicon.com*, der Standard und die Veröffentlichungen stehen unter der folgenden URL: *www.lrgl.uqam.ca/cosmic-ffp*. Die Veröffentlichungen umfassen Fallstudien und Forschungsberichte über die COSMIC-FFP-Methode.

6.2.3 Die DASMA

Die Deutschsprachige Anwendergruppe für Software-Metrik und Aufwandschätzung e.V. (DASMA) ist ein gemeinnütziger Verein und befasst sich mit der Entwicklung und Festsetzung von Standards zum Messen von Software. Sie fördert die Bewertung der Software zur Verbesserung ihrer Nutzung in Wirtschaft und Verwaltung. Gegründet 1993 in Darmstadt hat sie derzeit (2003) ca. 60 Mitglieder in Deutschland, Österreich und der Schweiz. Außerdem ist die DASMA Mitglied der wichtigsten internationalen IT-Metrikorganisationen. Die DASMA versteht sich als das Netzwerk und Berufsverband der deutschsprachigen Anwender von Software-Metriken und Aufwandschätzung.

Die DASMA hat sich folgende Aufgaben vorgenommen:

- Unterstützung der Mitglieder in Fragen der Software-Metriken und Aufwandschätzung
- Förderung der Zusammenarbeit von Anwendern und Software-Entwicklern in Forschung, Lehre und Praxis
- Zusammenarbeit mit der ***GI-Fachgruppe 2.1.10 Software-Messung und -Bewertung*** in Magdeburg (Leiter Prof. Dumke). So ist z.B. der Vorstands-

vorsitzende der DASMA Mitherausgeber der Zeitschrift *Metrics News* der GI-Fachgruppe 2.1.10 Software-Messung und -Bewertung.

- Durchführung von Fachtagungen (Metrikon – Metrik Konferenz) und Veröffentlichung von Fachdokumentationen. Die DASMA veranstaltet ***jährlich Tagungen*** zum Zweck eines unternehmensübergreifenden Erfahrungsaustausches.
- Auf der Metrikon 2003 wurde zum 10-jährigen Bestehen der DASMA weltweit erstmalig ein Diplomarbeitenpreis für Software-Metriken an drei Diplomanden verliehen.
- Außerdem existieren Arbeitsgruppen, die an speziellen, aktuellen Themen zusammenarbeiten.
- Über die DASMA erhalten Mitglieder die Möglichkeit, eigene Zählungen durch zertifizierte Zähler der DASMA prüfen zu lassen.
- Pflege internationaler Kontakte:
  - Mitarbeit in den Arbeitsgruppen der ***IFPUG***. Die DASMA ist ***Mitglied der IFPUG*** (International Function Point User Group), DASMA-Mitglieder haben IFPUG-Mitgliedstatus. Die IFPUG gibt an ihre Mitglieder u.a. das so genannte ***Counting Practices Manual (CPM)*** heraus, das die Grundlage für die von der IFPUG standardisierte Function-Point-Methode (Release 4.1) darstellt. Die DASMA hat eine ***von der IFPUG lizenzierte deutschsprachige Übersetzung*** der Version 4.0 herausgegeben.
  - Mitarbeit bei der Organisation der jährlichen ***MAIN***-Tagung
  - Mitarbeit in der ***ISBSG*** (International Software Benchmarking Standards Group)
  - Mitarbeit in der ***ISO***
- Erfahrungsaustausch zwischen Wissenschaft, Wirtschaft und Verwaltung
- Erarbeitung von Standards zum Messen von Software
- DASMA ist Mitglied von *www.projektmagazin.de*. DASMA-Mitglieder haben daher Zutritt zum geschützten Bereich und Archiv des Projektmagazins.

Die Mitgliedschaft in den beiden Organisationen DASMA und IFPUG ist unbedingt zu empfehlen. Die Kosten sind im Vergleich zum Nutzen äußerst gering. Der Jahresbeitrag für die Mitgliedschaft in der IFPUG beträgt (Stand 2000) 500 US-$ für Firmen (150 US-$ für Einzelpersonen), der für die Mit-

6

gliedschaft in der DASMA 200 Euro für Firmen (70 Euro für Einzelpersonen, 20 Euro für Studenten). Zum einen erhält man durch den ***Erfahrungsaustausch*** in den Gremien der beiden Organisationen die Möglichkeit, die eigene Betriebsblindheit zu überwinden, und bekommt zudem ständig neue Anregungen. Zum anderen trägt man durch seine Mitgliedschaft mit dazu bei, dass sich Software-Metriken weiter verbreiten und noch mehr etablieren. Dies ist im Hinblick auf das Thema ***Benchmarking*** wichtig, denn ohne eine internationale Standardisierung ist ein internationales Benchmarking undenkbar.

6.2.4 Die GI-Fachgruppe 2.1.10 Software-Messung und -Bewertung

Die ***GI-Fachgruppe Software 2.1.10 Software-Messung und -Bewertung*** in Magdeburg ist dem Institut für Verteilte Systeme der Fakultät für Informatik der Otto-von-Guericke-Universität Magdeburg zugeordnet. Von der seit 1992 bestehenden Fachgruppe unter Leitung von Prof. Dumke werden Lehrveranstaltungen rund um das Thema Software-Technik angeboten. Inhaltlich befasst sich die Fachgruppe sowohl mit den theoretischen Grundlagen im Bereich Software-Messung und -bewertung als auch mit der praktischen Umsetzung und den dabei auftretenden Integrationsproblemen zum Software-Prozess, wie beispielsweise Zertifizierungen, Metrikdatenbanken oder Experience Factories.

Sie ist auch in der Forschung aktiv, speziell im Bereich Software-Metriken. Dazu wird die Zusammenarbeit mit Unternehmen der Industrie (z.B. auch durch die regelmäßige Veranstaltung der ***International Workshops on Software Measurement – IWSM) und die internationale Zusammenarbeit – insbesondere mit der Universität Quebec*** (Montreal, Kanada) und dem ***CIM*** (Centre d'Interet sur les Metriques – Canadian Metrics Association) – gefördert. Der IWSM findet im Wechsel in Kanada und Deutschland statt. Die Proceedings des IWSM 1999 sind im Internet veröffentlicht: *http://www-lrgl.uqam.ca/iwsm99/index2.html* ebenso die des IWSM 2001: *http://www.lrgl.uqam.ca.*

Außerdem arbeitet die Fachgruppe mit dem IESE, (Fraunhofer Institut für Experimentelles Software Engineering in Karlsruhe – Leiter Prof. Rombach) und dem Arbeitskreis Software-Qualität Franken e.V. (ASQF) sowie DASMA und MAIN zusammen.

Die Fachgruppe betreut auch das ***Softwaremesslabor (SMLab),*** das den Prototyp einer ***Software-Messdatenbank im Internet*** anbietet, die interaktiv JAVA-basiert Messdaten der CAME-Tools Cosmos, Logiscope, Datrix und OOM einliest und Auswertungen zur Verfügung stellt.

Darüber hinaus publiziert die Fachgruppe seit 1993 zweimal im Jahr ihr Informationsorgan, die ***Metrics News***, mit Informationen und Fachartikeln zum Thema Software-Metriken. Von den Fachtagungen werden jeweils Tagungsbände publiziert. Die Fachtagungen sind seit 1999 in einen deutschsprachigen und einen internationalen Workshop aufgeteilt. Daneben bietet die Homepage der Fachgruppe *http://ivs.cs.uni-magdeburg.de/sw-eng/us/* zahlreiche Informationsmöglichkeiten, auch über Software-Metrik-Experimente und -Literatur.

6.2.5 Die IFPUG

Die ***International Function Point User Group (IFPUG)*** in den USA, gegründet 1984 in Toronto, hat mit Version 4.1 eine standardisierte Function-Point-Methode verabschiedet, die genaue Anleitungen für die Zählung der Function Points enthält. Dieser Standard ist von der ISO im Oktober 2003 als ISO/IEC 20926 Standard für die Umfangmessung von Software anerkannt worden (ohne die 14 Systemmerkmale). Die Aufwandschätzung der IT-Projekte soll mit der Version 4.1 der IFPUG-Function-Point-Methode in einen aktuellen Stand versetzt und überbetrieblich vergleichbar werden.

Weiter bietet die IFPUG an, ihre Mitglieder als Function-Point-Zähler zertifizieren zu lassen (seit 2004 auch als Metrikspezialist in mehreren Stufen), richtet jährliche Tagungen zum Erfahrungsaustausch aus und arbeitet in zahlreichen Arbeitsgruppen an der Weiterentwicklung der Function-Point-Methode. So ist bereits 1998 als Ergänzung zu den zwei bereits bestehenden, detaillierten Fallstudien zur Function-Point-Methode noch eine dritte für objektorientierte Projektentwicklung herausgegeben worden.

Die Homepage der IFPUG *http://www.ifpug.org* bietet Foren zum Informationsaustausch und aktuelle Informationen zu Software-Metriken und Aufwandschätzung sowie zahlreiche Links zu anderen IT-Metrikorganisationen und Services für die IFPUG-Mitglieder.

IFPUG's Certification Program For Function Point Specialists (CFPS)

Mehr als 200 Personen sind zurzeit von der IFPUG als Function-Point-Zähler (CFPS – Certified Function Point Specialists) zertifiziert, davon über 60 (34%) in den USA, 24% in Brasilien, 19% in Italien, 7% in Indien, 5% in Australien, 4% in Japan und 7% aus anderen Ländern. Jährlich werden ca. 150 zertifiziert. Die Zertifizierung gilt jeweils für drei Jahre, anschließend muss die Prüfung wiederholt werden.

Hinweise zur Vorbereitung auf die CFPS-Prüfung

Das Buch ***Measuring the Software Process von David Garmus und David Herron***, Yourdon Press Computing Series, Prentice Hall PTR, Upper Saddle River, New Jersey 07458, ISBN 0-1334-9002-5, ca. 95 $, enthält das Muster einer Function-Point-Prüfung mit zweimal 45 Multiple-Choice-Fragen (statt zweimal 50 Fragen – wie in der richtigen Prüfung) und einer etwas kleineren Fallstudie als in der richtigen Prüfung sowie der zugehörigen Musterlösung. Eine Vorbereitung durch ca. fünf- bis sechsmaliges Üben dieser Prüfung hat sich bewährt, da typische Prüfungsfragen darin enthalten sind. Kandidaten, die mehr als 16.000 Function Points in ihrer beruflichen Praxis gezählt haben, haben gute Chancen, die Prüfung zu bestehen.

Die Prüfungsgebühr beträgt (Stand 2003) 150 $, für Nichtmitglieder der IFPUG 300 $. Davon sind 25 $ Bearbeitungsgebühr, die unter keinen Umständen ersetzt werden. Die Gebühr ist zusammen mit der Anmeldung zu entrichten.

Unmittelbar vor der Prüfung ist das offizielle Anmeldeformular der IFPUG in Englisch auszufüllen, mit dem man auch unterschreibt, dass man den Code of Ethics der IFPUG als CFPS einhält (Rückseite des Anmeldeformulars).

Hinweise zum Prüfungsablauf

Die Prüfung dauert 3 Stunden. ***Prüfungssprache ist Englisch***, das heißt, auch schriftliche Antworten müssen in Englisch abgegeben werden.

Achtung: Der Zeitdruck in der Prüfung ist ungeheuer und wird immer wieder unterschätzt. Die Prüfung ist nicht trivial!

Das Ergebnis der Prüfung wird ca. vier bis sechs Wochen später schriftlich mitgeteilt.

Das CPM (Counting Practices Manual) ist ***zur Prüfung zugelassen***, kann also mitgebracht werden, ebenfalls eine Referenzkarte (Faltblatt) irgendeiner Firma. Die Prüfung umfasst viele Einzelheiten aus dem CPM, die Zeit reicht aber nicht, alles nachzuschlagen. Die »Hints« im CPM gelten ebenfalls als Regeln. Eigene Aufzeichnungen sind erlaubt. Vorteilhaft ist, ein eigenes CPM mitzubringen, in dem man die wichtigsten Regeln bereits markiert hat, um schneller nachschlagen zu können. Wenn man nicht weiß, wo man etwas im CPM nachschlagen kann, besteht kaum eine Chance, die Prüfung zu bestehen.

Elektronische Hilfsmittel sind nicht erlaubt, lediglich primitive Taschenrechner.

Fragen zum Wortverständnis können an den Leiter der Prüfung gestellt werden.

Für die Prüfungsteile 1 und 2 sollte man die ersten beiden Stunden einplanen (ca. eine Minute pro Frage), damit noch genügend Zeit für das Verständnis und die Zählung der Fallstudie übrig bleibt.

Hinweise zum Aufbau der CFPS-Prüfung

Die Prüfung besteht aus drei Teilen mit insgesamt 150 Punkten:

- Teil 1: 50 Fragen zu IFPUG-Regeln
- Teil 2: 50 Fragen zur Anwendung der IFPUG-Regeln, aber etwas schwieriger als Teil 1
- Teil 3: eine Fallstudie für eine komplette Function-Point-Zählung mit ca. 15 Transaktionen und Datenbeständen. Die Fragestellungen sind verbal und verlaufen in der Regel parallel zu den zu zählenden Transaktionen, Masken und Berichten.

Je Prüfungsteil müssen 90% der Punkte erreicht werden.

Die Durchfallquote beträgt ca. 35%, bei der Prüfung im Mai 1997 in Berlin 50% (englische Sprachkenntnisse waren eine deutliche Hürde!). Eine Wiederholung der Prüfung bei Nichtbestehen ist binnen sechs Monaten für 25 $ möglich. Eine zweite Wiederholung wird wie eine neue Prüfung (150 $ bzw. 300 $) behandelt.

Die Fragen halten sich eng an das CPM (Counting Practices Manual), teilweise wörtliche Zitate, und sind teilweise sehr formal gestellt (fehlende, geänderte oder eingefügte Worte!). Bei Widersprüchen zwischen Regeln und Beispielen im CPM gelten die Regeln! Zu empfehlen ist bei der Lösung die Angabe der benutzten Regel mit Seitenangabe!

Alle 100 Fragen von Teil 1 und 2 sind im ***Multiple-Choice-Stil***. Es gibt jeweils nur eine richtige Antwort! Typisch sind Antwortkombinationen wie a) abc, b) xyz, c) a und b, d) weder a noch b, und ähnliche mehr. Es ist zu empfehlen, möglichst viele Antworten mit Kommentaren zu versehen (wozu die Zeit kaum reicht).

6.2.6 Die ISBSG

Die International Software Benchmarking Standards Group (ISBSG, gesprochen: IceBags – Eistüten) begann als ein loser Zusammenschluss von internationalen IT-Metrikorganisationen. Sie verwenden für die Schätzung des

Projektumfangs zum überwiegenden Teil die Function-Point-Methode (meistens nach IFPUG). Diese IT-Metrikorganisationen trugen Informationen und Techniken mit dem Ziel zusammen, die Praktiken zur Software-Entwicklung zu verbessern. Im Juli 1994 trafen sich Vertreter von IT-Metrikorganisationen aus USA, England, Australien und Neuseeland und gründeten die ISBSG.

Im Februar 1995 wurde diese Arbeit durch einen weiteren Workshop fortgeführt, bei dem auch Vertreter aus Italien, Frankreich und Deutschland sowie Beobachter aus Singapur und Indien anwesend waren. Die Organisationen aus den Niederlanden und aus Kanada erklärten sich bereit, die Initiative zu unterstützen.

Das bisher letzte Release 8 der ISBSG-Benchmarking-Datenbank erschien im Juni 2003 auf der Basis von 2.048 Projekten auf Diskette. Die bisher letzte Untersuchung der ISBSG-Benchmarking-Datenbank erschien im Juni 2002 auf Basis von 1.238 Projekten (The Software Metrics Compendium) sowohl in Buchform als auch auf Diskette. Der bisher letzte Report *The Benchmark* Release 8 (es gab kein Release 7, die Nr. wurde der Datenbankversion angeglichen) wurde Mitte Januar 2004 anhand von 2.027 Projekten publiziert. Alle Unterlagen der ISBSG können auch über das DASMA-Sekretariat bezogen werden. Der Vorstandsvorsitzende der DASMA ist der deutsche ISBSG-Repräsentant.

Die Australian Software Metrics Association (ASMA) begann mit der Entwicklung eines Systems (***Venturi***) zum Zusammentragen und zur Analyse von Produktivitätsdaten von australischen Software-Projekten. Den Nutzen dieser Arbeit erkannt, trafen sich im Juni 1994 einige nationale Organisationen, um, aufbauend auf der Arbeit der ASMA, Standards im Bereich der Software-Messung zu entwickeln. Die in der ***ISBSG-Datenbank*** verwendeten Kennzahlen sind sehr stark an die Function-Point-Methode angelehnt. Es ist sinnvoll für ein Unternehmen, das an einer ISBSG-Studie teilnehmen möchte, wenn es schon über Daten verfügt, die auf der Function-Point-Methode beruhen.

Während des Workshops im Februar 1995 wurde unter Beteiligung von Australien, England und Neuseeland die erste Ausgabe des ***ISBSG-Reports*** vorgelegt. Im Februar 1998 wurde die ISBSG, auch mit der DASMA als Gründungsmitglied, als eingetragener Verein nach australischem Recht gegründet. Es ist das Ziel der ISBSG, die internationalen Software-Entwickler und das Geschäftsmanagement im Bereich Informationstechnologie durch Bereitstellung von Software-bezogenen Benchmarking-Daten, die standardisiert, verifiziert, aktuell und repräsentativ sind, bei ihrer Arbeit zu unterstützen.

Die Mission der ISBSG ist die Unterstützung internationaler Software-Entwickler, um weltweit das Software-Engineering zu verbessern, sowie die Unterstützung des Managements von IT-Ressourcen durch die Bereitstellung einer Datenbank mit standardisierten, verifizierten, aktuellen und repräsentativen Daten für aktuelle Technologien.

Die Mitglieder der ISBSG

- ***ASMA*** (Australian Software Metrics Association, *www.asma.org.au*) – lead member
- ***IFPUG*** (International Function Point Users Group, *www.ifpug.org*) – lead member
- ***NASSCOM*** (National Association of Software and Service Companies, Indien, *www.nasscom.org*) – lead member
- ***AEMES*** (Association Espanola de Metricas del Software, *www.aemes.org*)
- ***DASMA*** (Deutschsprachige Anwendergruppe für Software-Metrik und Aufwandschätzung, *www.dasma.org*)
- ***FISMA*** (Finnish Software Metrics Association, *www.fisma-network.org*)
- ***GUFPI-ISMA*** (Gruppo Utenti Function Point Italia – Italian Software Metrics Association, *www.gufpi.org*)
- ***JFPUG*** (Japanese Function Point User Group, *www.jfpug.gr.jp*)
- ***NESMA*** (Netherlands Software Metrieken Gebruikers Associatie, *www.nesma.nl*)
- ***SwiSMA*** (Swiss Software & Service Metrics Association, *www.swisma.ch*)
- ***UKSMA*** (United Kingdom Software Metrics Association, *www.uksma.co.uk*) – associate member
- darüber hinaus enge Zusammenarbeit mit Brasilien und Kanada

Die Ziele der ISBSG

Das primäre Ziel der ISBSG war die Entwicklung von internationalen Software-Entwicklungsstandards. Das Sammeln der Daten und das Etablieren der ISBSG-Datenbank ermöglicht es Software-Unternehmen, einen Service zu nutzen, der eine echte Alternative zu unternehmensinternen Untersuchungen darstellt. Die ISBSG-Datenbank erspart den Unternehmen, eine eigene Datenbank entwickeln zu müssen, und bietet gleichzeitig die Gelegenheit zu einem Vergleich der eigenen Unternehmensdaten mit denen eines Netzwerks, das aus den besten Unternehmen der Welt besteht. ***Das ist Benchmarking im eigentlichen Sinn.***

Weitere Ziele:

- Den Vergleich von Verfahren zur Software-Erstellung auf einer internationalen Basis zu ermöglichen
- Das Herausfinden der weltbesten Verfahren zur Software-Erstellung zu erleichtern
- Das globale Verständnis der Verfahren zur Software-Erstellung zu erhöhen, zu beherrschen und zu verbessern
- Die Übersetzung und Verbreitung von Informationen zu aktuellen Verfahren zur Software-Erstellung zu ermöglichen
- Die Erweiterung verfügbarer Daten
- Die Weiterentwicklung des Arbeitsgebiets Software-Messung durch die Entwicklung eines gemeinsamen Vokabulars und durch ein einheitliches Verstehen von Begriffen
- Die Bereitstellung von besseren Informationen, um Geschäftsentscheidungen international zu unterstützen
- Ein internationales Netzwerk von Praktikern zu unterstützen

Die ISBSG-Benchmarking-Datenbank

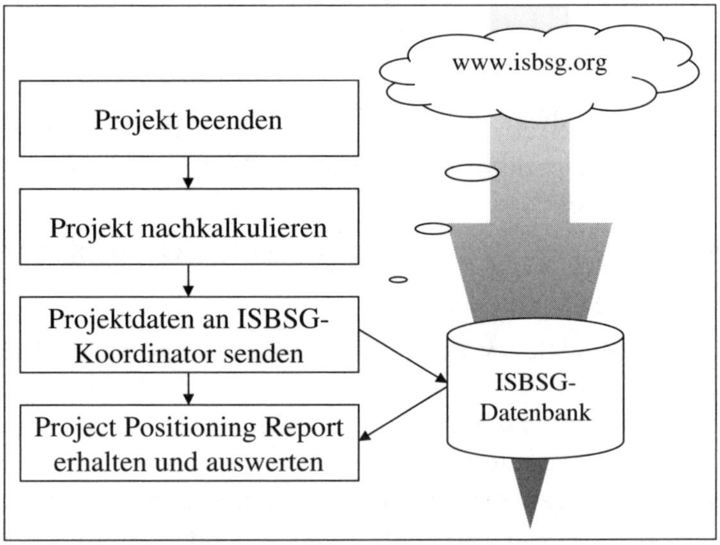

Abbildung 6.6: Die ISBSG-Benchmarking-Datenbank

Leistungen der ISBSG

- ***IT-Projekt-Benchmarking-Service***: Das Verfahren erlaubt den Mitgliedern in einer nationalen IT-Metrikorganisation oder der ISBSG, kostenlos und mit minimalem Aufwand Projekte an die ISBSG-Datenbank zu übergeben. Die Projekte werden mit ähnlichen Projekten aus der Datenbank verglichen. Es wird ein kostenloser Bericht erstellt, der die Projektdaten grafisch aufbereitet. Nach fünf eingereichten Projekten erhält der Einreicher ein kostenloses Exemplar des aktuellen Benchmarking-Reports.
- Die Excel-basierte Software zum Einreichen der Daten nachkalkulierter Projekte für die ISBSG-Datenbank steht im Internet unter der URL *http://www.isbsg.org* unter Useful Documentation.
- ***Best Practice Netzwerk***: An diesem Netzwerk kann jeder teilnehmen, der zur Datenbank beigetragen hat und in der ISBSG registriert ist (in Deutschland über den nationalen ISBSG-Koordinator bei der DASMA).
- ***The Benchmark***: Ein allgemeiner Benchmarking-Bericht, der im Abstand von ca. neun Monaten erscheint, über 200 Auswertungen und Darstellungen der gesammelten Daten umfasst und einen hohen Stellenwert für Software-Entwickler, -Berater sowie für Unternehmen und akademische Organisationen aufweist. Die Unternehmen, die sich an dem Aufbau der ISBSG-Datenbank beteiligen, erhalten den Bericht kostengünstiger.
- ***Reports***: 2003 publizierte die ISBSG einen Bericht über Software-Entwicklung in öffentlichen Verwaltungen, der interessante Erkenntnisse aus der ISBSG-Datenbank liefert, aber nicht unmittelbar auf deutsche Verhältnisse übertragen werden kann. Darin sind auch einige Fallstudien aufgezeigt. Die Untersuchungen ergaben unter anderem, dass die Software Entwicklung in den öffentlichen Verwaltungen 8% produktiver ist als im Rest der Datenbank. Auch früher hat die ISBSG besondere Reports veröffentlicht, so z.B. 2002 *The Software Metrics Compendium*, 2001 *Practical Project Estimation* und 1999 *Software Project Estimation – A Workbook for Macro-Estimation of Software Development Effort and Duration*.
- ***Kundenspezifische Analysen und Berichte***: Auf Wunsch einer beitragenden Organisation wird sowohl der Standardreport als auch ein auf das Datenmaterial des Unternehmens zugeschnittener Report zur Verfügung gestellt.
- ***Forschungsanfragen***: Interessierte Gruppen (z.B. Institute) können auf Antrag die Daten für Forschungszwecke kostenlos erhalten und verwenden.

- ***Datenbasis der ISBSG-Datenbank***: Die Datenbasis der ISBSG-Datenbank steigt ständig an. Zusammen mit der 2002 durchgeführten Studie beinhaltet die ISBSG-Datenbank Ende 2003 einen Datenstamm von nunmehr ***2.282 IT-Projekten*** (396 Projekte in 1997, 451 in 1998, 789 in 2000, 1.238 in 2002) aus 20 Ländern weltweit, wobei Australien den größten Beitrag lieferte. Mehr als 50% der Projekte stammt aus den letzten beiden Jahren, das heißt, die Daten sind sehr aktuell. Sie repräsentieren vermutlich die Top 25% der Software-Industrie. Eine detaillierte Aufschlüsselung der Projektherkunft wird in der Auswertung der ISBSG-Studie *The Benchmark* gegeben. Mitte 2002 wurden bereits mehr als 200 neue Projekte aus Japan für das nächste Release eingereicht, mit dem Hinweis, dass eine gleiche Größenordnung noch in 2003 nachgeliefert wird. Inzwischen (Stand 2003) enthält die ISBSG-Datenbank auch über 70 in COSMIC Full Function Point gezählte Projekte.
- ***Die Datenbasis der ISBSG-Datenbank*** kann auch für eigene Auswertungen auf Diskette bzw. CD-ROM bezogen werden.

Die Homepage der ISBSG *http://isbsg.org* bietet zahlreiche Informationen aus erster Hand zu ihren Leistungen.

6.2.7 Die ISO

Die ***International Organization for Standardization (ISO) wurde 1947 gegründet*** und hat inzwischen über 11.000 internationale Standards in allen Bereichen der Ökonomie entwickelt.

Der Name ISO kommt aus dem Griechischen und bedeutet »gleich«. Die Verbindung von gleich zu Standard führte zur Wahl des Namens ISO. Die ISO untersteht keiner Regierung und gehört auch nicht der UNO an, obwohl sie eng mit vielen Gremien der UNO zusammenarbeitet. ***Die Mitarbeit der ca. 30.000 Experten aus über 120 Ländern in den ca. 2.850 Fachausschüssen der ISO ist freiwillig.*** Die Gremienarbeit wird vom Zentralsekretariat in Genf gesteuert, das auch die Standards veröffentlicht.

Alle ISO-Standards werden freiwillig angewandt, die ISO hat keine gesetzlichen Möglichkeiten, Vorschriften zu erlassen. Da die ISO-Standards nach dem Bedarf des Marktes und durch Konsens der mitarbeitenden internationalen Experten entwickelt werden, ist ihr Einsatz weit verbreitet. Für den Bereich des ***Software-Managements*** sind speziell die Standards ISO 9000 *for quality management and quality assurance* und ISO 14000 *on environmental manage-*

ment maßgebend. Die ***DASMA*** arbeitet im Fachausschuss (Working Group 12) für ***Software-Metriken*** in der ISO-Untergruppe ISO/IEC JTC1/SC7 mit.

Dieser Ausschuss (Working Group 12) hat einen Standard für die funktionale Größenmessung (Functional Size Measurement, ISO 14143) entwickelt. Motiv für die Entwicklung dieses Standards war, dass die Anwendbarkeit funktionaler Größenmessung in den letzten Jahren erheblich verbessert worden ist und ein weites Spektrum verschiedenster Anwendungsbereiche umfasst. Anfang der 90er Jahre gab es bereits über 30 funktionale Größenmessmethoden und keine anerkannten Kriterien für deren Bewertung.

Wegen der steigenden Nutzung funktionaler Größenmessmethoden wurden auch die fehlerbehafteten und antiquierten Maße der LOC-Methoden nicht mehr benötigt. Funktionale Größenmessung ist anwendbar und wurde eingesetzt in gering und hoch eingeschränkten Software-Umgebungen, von »harten« Realtime-Systemen wie in Raumfahrt und Maschinensteuerung bis hin zu »weichen« Anwendungen wie in Telekommunikation, kommerzieller IT und Stapelverarbeitung.

Der ISO-Standard 14143-1 *Informationstechnik – Software-Messung – funktionale Größen(Umfangs-)messung* umfasst folgende 5 Teile:

- Teil 1: Definitionen von Konzepten
- Teil 2: Übereinstimmungs-Assessment von Software-Größen(Umfangs)-Messmethoden im Vergleich zu ISO/IEC 14143-1
- Teil 3: Überprüfung funktionaler Größen(Umfangs)-Messmethoden
- Teil 4: Referenzmodell
- Teil 5: Bestimmung funktionaler Einsatzbereiche zur Verwendung funktionaler Größen(Umfangs)-Messmethoden

Informationen über die ISO finden sich in ihrer Homepage: *http://www.iso.ch/9000e/forum.html.*

Die Messung des Funktionsumfangs ist zwar ein wichtiger Bestandteil der Anforderungen, aber nur einer von vielen. Andere sind zum Beispiel Antwortzeitverhalten und Transaktionszahlen, Verlässlichkeit (Verfügbarkeit, Fehlertoleranz, Integrität etc.) Portabilität, Wartbarkeit und Effizienz, um nur einige zu nennen. Für die Messung vieler dieser Anforderungen gibt es bisher keine generell akzeptierten Maße oder Standards.

6.2.8 Das MAIN-Netzwerk

Das ***Metrics Association's International Network (MAIN)*** wurde 2002 in Brüssel mit dem Ziel gegründet, den ***Austausch von Informationen zwischen den europäischen Usergroups*** im Software-Metrik-Bereich durch Organisation von ***Konferenzen und Workshops*** etc. zu koordinieren. Es wurde beschlossen, die Informationen über Aktivitäten und Resultate der nationalen europäischen IT-Metrikorganisationen auszutauschen und eine gemeinsame Vertretung in der ***ISO, ISBSG*** und anderen internationalen IT-Metrikorganisationen sicherzustellen.

MAIN versteht sich als ein internationales Netzwerk autonomer Software-Metrikorganisationen mit den Zielen:

- Erfahrungsaustausch zwischen den beteiligten Metrikorganisationen
- Beeinflussung internationaler Prozesse zur Definition von Standards
- Unterstützung beim Aufbau nationaler Metrikorganisationen

Die Ziele des MAIN-Netzwerks sind:

- Unterstützung bei der Organisation von Software-Metrikkonferenzen in Zusammenarbeit mit anderen Organisationen
- Initiierung und Steuerung von Arbeitsgruppen
- Entwicklung einer allgemeinen Sammlung von Dokumenten wie z.B. Metrikuntersuchungen, Fallstudien, Schulungsmaterial, Richtlinien für Messungen, Informationssammlung über Forschungsvorhaben und Benchmarking-Datenbank

Die Aufgaben der ***Non-profit-Organisation MAIN*** sind:

- die ***Unterstützung*** der europäischen IT-Metrikorganisationen
- die ***Verbreitung*** des Einsatzes von Software-Metriken
- ***best practice*** in der Software-Entwicklung und -Lieferung ermöglichen

Darüber hinaus will das MAIN-Netzwerk bei der Gründung von IT-Metrikorganisationen in Ländern Unterstützung bieten, die noch keine IT-Metrikorganisation haben.

Die Mehrheit der europäischen Metrikorganisationen ist Mitglied des MAIN-Netzwerks, das zwar noch in der Startphase ist, aber bereits 2002 eine ***internationale Metrikkonferenz*** in Zusammenarbeit mit anderen europäischen

IT-Metrikorganisationen durchführte. Im Jahr 2002 fand die MAIN-Konferenz im Oktober in Magdeburg zusammen mit dem International Workshop on Software Measurement (IWSM) und der DASMA-Tagung Metrikon 2002 statt. Im Januar 2004 fand die vor Veröffentlichung dieser Buchauflage letzte internationale Konferenz in Rom zusammen mit der GUFPI-ISMA-Tagung (GUFPI-ISMA = italienischer Metrikverband) statt. Das MAIN-Netzwerk unterhält enge Kontakte zu außereuropäischen IT-Metrikorganisationen, wie IFPUG (USA) und ASMA (Australien). Die JFPUG (Japan) ist assoziiertes Mitglied, ebenso die COSMIC-Initiative für Full Function Points. Das MAIN-Netzwerk arbeitet auch am ISO-Standardisierungsprozess mit und fördert die COSMIC-Initiative.

Folgende nationale IT-Metrikorganisationen sind derzeit MAIN-Mitglied:

- ***AEMES*** (Association Espanola de Metricas del Software)
- ***DANMET*** (Danish Software Metrics Association)
- ***DASMA*** (Deutschsprachige Anwendergruppe für Software-Metrik und Aufwandschätzung). Sie hatte Ende 2003 ca. 60 Mitglieder.
- ***FFPUG*** (French Function Point User Group)
- ***FISMA*** (Finnish Software Metrics Association)
  Die FISMA hat eine eigene Datenbank, die mit dem Experience Software Tool verwaltet wird (*http://www.sttf.fi*). Diese Daten sind 2003 auch in die ISBSG-Datenbank überführt worden. Ende 2003 hatte die FISMA ca. 40 Mitglieder und einige Arbeitsgruppen.
- ***FPUGA*** (Function Point User Group Austria)
- ***GUFPI-ISMA*** (Gruppo Utenti Function Point Italia – Italian Software Metrics Association).
  Die GUFPI hat das IFPUG CPM 4.1 ins Italienische übersetzt und ebenso die CFPS-Prüfung. Sie hatte Ende 2003 ca. 50 Mitglieder und 4 Arbeitsgruppen.
- ***IT/KVIV*** (Genootschap Software Metrics Belgium)
- ***NESMA*** (Netherlands Software Metrieken Gebruikers Associatie)
- ***SwiSMA*** (Swiss Software & Service Metrics Association)
- ***UKSMA*** (United Kingdom Software Metrics Association)
- ***JFPUG*** (Japanese Function Point User Group)
- Interessent: ***CIM*** (Centre d'Interet sur les Metriques – Canadian Metrics Association)

Ein russischer Metrikverband befindet sich derzeit mit Unterstützung der FISMA im Aufbau und ist ebenso Interessent für die Mitgliedschaft im MAIN-Netzwerk wie die GI-Fachgruppe 2.1.10 Software-Messung und -Bewertung.

6.3 Internetadressen zu Software-Metriken und IT-Metrikorganisationen

Unter den hier aufgeführten Internetadressen finden Sie viele weiterführende Links. Diese IT-Metrikorganisationen sind sehr stark untereinander vernetzt und verweisen mit Links aufeinander, aber auch auf andere metrikrelevante URLs.

AEMES, Spanischer Metrikverband	*http://www.aemes.fi.upm.es*
ASMA, Australischer Metrikverband	*http://www.asma.org.au*
ASQF, Arbeitskreis Software-Qualität Franken	*http://www.asqf.de*
BFPUG, Brasilianischer Metrikverband	*http://www.bfpug.com.br*
CIM, Centre d'Interet sur les Metriques – Canadischer Metrikverband	*http://www.lrgl.uqam.ca/cim*
COSMIC, The Common Software Metrics International Consortium (Full Function Points)	*http://www.cosmicon.com*
DASMA, Deutschsprachiger Anwenderverband für Software-Metriken und Aufwandschätzung e.V.	*http://www.dasma.org*
ESI, The European Software Institute, Spanien	*http://www.esi.es*
FISMA, Finnischer Metrikverband	*http://www.stf.fi*
GI-Fachgruppe 2.1.10 Software-Messung und -Bewertung, Universität Magdeburg, Forschungslabor von Prof. Dumke	*http://ivs.cs.uni-magdeburg.de/sw-eng/us/*

Tabelle 6.2: Links zum Thema Software-Metriken

GUFPI-ISMA, Italienischer Metrikverband	*http://www.gufpi.com*
Fraunhofer Institut (***IESE***) in Karlsruhe, Prof. Rombach	*http://www.iese.fhg.de*
IFPUG, International Function Point User Group, US-amerikanischer Metrikverband	*http://www.ifpug.org*
ISBSG, Australischer Metrikverband	*http://www.isbsg.org*
ISO homepage	*http://www-iso.ch/9000e/ forum.html*
IT/KVIV, Genootschap Software Metrics Belgium, belgischer Metrikverband	*http://www.ti.kviv.be*
MAIN – Metrics Association's International Network Europäischer Dachverband der Metrikverbände	*http://www.mai-net.org*
NASA, US-amerikanische Raumfahrtbehörde, Parametric Cost Estimation, COCOMO	*http://www.jsc.nasa.govv/bu2/*
NESMA, Holländischer Metrikverband	*http://www.nesma.nl* *http://www.nesma.org*
PSM, The Practical Software and Systems Measurement Support Center, DoD	*http://www.psmsc.com*
SEI, Software Engineering Institute, CMMI	*http://www.sei.cmu.edu*
SwiSMA, Swiss Software & Service Metrics Association	*http://www.swisma.ch*
TU Berlin, Thomas Fetcke	*http://user.cs.tu-berlin.de/ ˜fetcke/metrics-sites.html*
UKSMA, Englischer Metrikverband	*http://www.uksma.co.uk*
Forschungslabor der ***Universität Quebec***, Canada, Prof. Alain Abran	*http://www.satune.info.uqam.ca/ recherche/index.html*

Tabelle 6.2: Links zum Thema Software-Metriken *(Forts.)*

6.4 Management Summary

Software-Messungen sind so wichtig, dass das DoD für alle Projekte die Planung und das Tracking von Metriken fordert.

Das CMMI hilft festzustellen, was zu tun ist, um Prozessverbesserungen zu erreichen, sagt aber nichts darüber aus, wie das zu tun ist. Der CMMI-Reifegrad (level) ist zunehmend für Unternehmen ein wichtiger Indikator für die Software-Qualität.

Mit GQM werden die Qualität von Produkten, Prozessen oder Mitarbeitern der Systementwicklung bewertet.

Die Balanced Scorecard ist nicht primär ein Kennzahlensystem, sondern vor allem ein Managementkonzept, das es ermöglicht, die Unternehmensziele auf allen Ebenen transparent und ganzheitlich abzubilden.

Die Mitgliedschaft in den beiden Organisationen DASMA und IFPUG ist unbedingt zu empfehlen. Die Kosten sind im Vergleich zum Nutzen äußerst gering (der Jahresbeitrag für die Mitgliedschaft in der IFPUG beträgt ca. 500 $, der für die Mitgliedschaft in der DASMA 200 bzw. 70 oder 20 Euro).

7 Benchmarking von IT-Projekten

Kennzahlen eignen sich hervorragend dazu, IT-Projekte miteinander zu vergleichen und daraus zu lernen. Das ist das Ziel von Benchmarking: eine Standortbestimmung und gezielte Maßnahmen zur Optimierung der IT-Projekte und zur Weiterentwicklung des Projektmanagements. Den Zusammenhang zwischen Benchmarking, Aufwandschätzung, Planung und Controlling zeigt Abbildung 7.1.

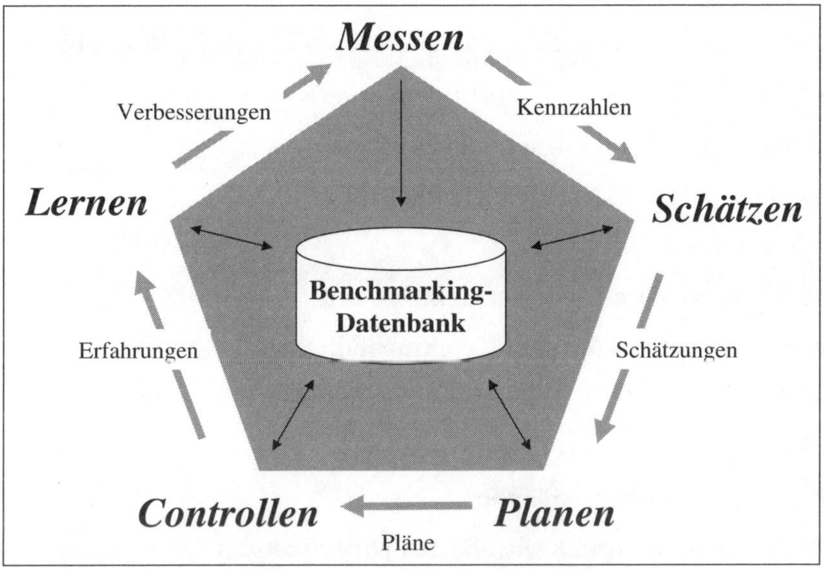

Abbildung 7.1: Benchmarking von IT-Projekten

Die zentrale Frage beim Benchmarking ist, wie wir von anderen lernen können, um selbst besser zu werden. Deshalb stellen wir kurz Benchmarking dar und zeigen anhand der ISBSG-Studie *The Benchmark*, welche Möglichkeiten sich aus dem Vergleich von Kennzahlen anhand einer solchen Benchmarking-Studie eröffnen. Weitere Informationen zum Thema Benchmarking findet der interessierte Leser im Anhang und im Internet auf der Homepage des Deutschen Benchmarking Zentrums (DBZ, *http://www.benchmarkingforum.de*) und des Benchmarking Centers (BMC, *http://www.avk.fhg.de/bmc*) sowie der ISBSG (*http://www.isbsg.org*). Die Projekte, die bei der ISBSG für deren Benchmarking-Datenbank eingereicht werden, repräsentieren den besten Teil der Software-Industrie (vielleicht die besten 25%?). Darüber sollte sich der Anwender dieser Studie stets klar sein. Deshalb sollte er eigene Benchmarks durchführen, um realistische Werte für seine Entwicklungsumgebung zu erhalten.

Die industrielle Nutzung von Benchmarking ist auf die Bemühungen von Robert C. Camp von der Xerox Corporation in den 80er Jahren zurückzuführen, die im Wettbewerb mit der Konkurrenz Benchmarking schon früh einsetzte. Durch die bei Xerox erzielten Erfolge wurden die entwickelten Vorgehensweisen zuerst in den USA und später auch in Deutschland übernommen, um auf dem stark umkämpften Weltmarkt bestehen zu können.

7

Robert C. Camp empfiehlt folgende Schritte im Benchmarking-Prozess:

- Was soll dem Benchmarking-Prozess unterzogen werden?
- Vergleichbare Unternehmen identifizieren
- Methode der Datensammlung festlegen
- Daten sammeln
- Feststellen, wo eine Leistungslücke besteht
- Feststellung der zukünftigen Leistungsfähigkeit
- Kommunikation der Ergebnisse, Akzeptanz-Gewinnung
- Aufstellen von Zielen in den Prozessen
- Entwickeln von Aktionsplänen
- Gezielte Aktionen und Kontrolle des Fortschritts
- Aufgezeigte Anpassungen vornehmen

Für die Definition von Benchmarking existieren sowohl in der Theorie als auch in der Praxis viele ähnliche Beschreibungen. Das American Productivity & Quality Center (APQS, *http://www.apqc.org*) definiert Benchmarking folgendermaßen:

> *Benchmarking bezeichnet den Prozess fortlaufenden Vergleichens und Messens der eigenen Organisation mit weltweit führenden anderen Organisationen. Ziel ist dabei, der eigenen Organisation bei der Verbesserung der Leistungsfähigkeit zu helfen.*

Beim Benchmarking wird grundsätzlich zwischen internem und externem Benchmarking unterschieden (siehe Abbildung 7.2). Beim internen Benchmarking werden konzernbezogene Unternehmen bzw. unternehmensbezogene Bereiche oder im Falle eines IT-Ressorts Projekte miteinander verglichen. Beim externen Benchmarking werden marktbezogene Vergleiche mit Wettbewerbern, branchenbezogene Trendanalysen oder branchenunabhängige Vergleiche beobachtet, um Best-Practice-Prozesse zu identifizieren.

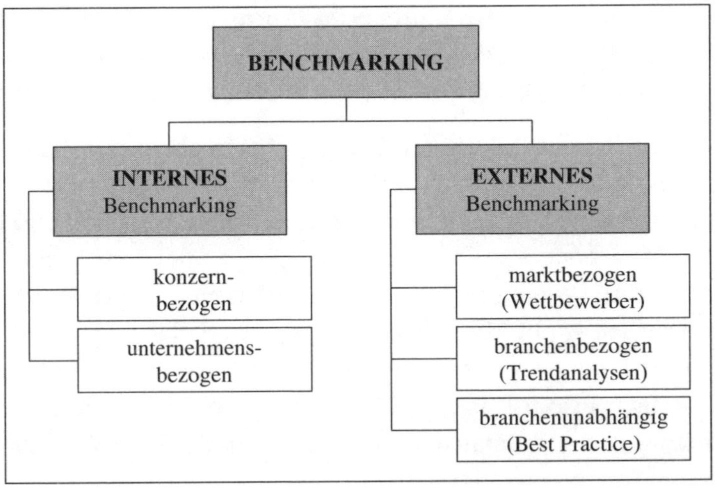

Abbildung 7.2: Internes und externes Benchmarking

Wichtig ist dabei, dass Benchmarking ein kontinuierlicher Prozess ist und keine einmalige Sache. Wurde mit Benchmarking einmal begonnen, so sollte es regelmäßig angewendet werden, um die gewünschten Erfolge dauerhaft zu erzielen.

Benchmarking wird von den führenden Unternehmen dazu genutzt, ihre Lernfähigkeit und ihr Wissen durch systematische Informationsgewinnung und offenen Erfahrungsaustausch nach fairen Spielregeln zu steigern. Bei kontinuierlicher Anwendung und regelmäßigem Vergleichen der Daten ergibt sich ein weiterer positiver Effekt. Durch das ständige Messen und Vergleichen mit Anderen werden kontinuierlich neue Ideen für eigene Verbesserungen gefunden.

So zeigen z.B. jährliche Benchmarking-Studien der Boston Consulting Group für Versicherungsunternehmen, dass deren IT-Kosten seit 1996 kontinuierlich steigen, teilweise um 8% bis 12% jährlich, auf 3,2% in 2001. Ein wichtiger Indikator sind bei diesen Benchmarking-Studien auch die IT-Kosten pro Versicherungsvertrag und die IT-Kostenquote, das sind die IT-Kosten geteilt durch die Brutto-Beitragseinnahmen. Die IT-Kostenquote stieg ebenfalls um 1,6% bis 3,4% in 1996 jährlich weiter an auf 5,0% in 2001. Demgegenüber blieb der Anteil der IT-Mitarbeiter an den gesamten Mitarbeitern zwischen 6,3% und 10,8% (mit einem Ausreißer von 16,9%) relativ konstant. Das sind wichtige Kennzahlen für die an der Studie beteiligten Unternehmen.

> *Benchmarking setzt voraus, dass die Betroffenen bereit sind, sich zu ändern und besser zu werden, d.h. auch, sich vergleichen zu lassen. Wie bei allen Veränderungsprogrammen, so muss auch beim Benchmarking die Unternehmensleitung Unterstützung signalisieren. Benchmarking verlangt eben, dass alle Beteiligten Fairplay betreiben, was nicht immer vorausgesetzt werden kann.*

Gleichzeitig hilft Benchmarking ehrgeizige, aber realistische Ziele zu setzen. Da die Mitarbeiter an der Zielsetzung mitwirken, steigen Motivation und Leistung. Vor diesem Hintergrund müssen Unternehmen die Lernfähigkeit sowohl des einzelnen Mitarbeiters, aber auch die der gesamten Organisation aktiv weiterentwickeln. Dazu ist eine neue Offenheit im Umgang mit Unternehmensdaten nötig. Der Erfolg am Markt kann heute nicht dadurch garantiert werden, dass man Informationen für sich behält, die ohnehin rasch veralten. Anstatt ängstlich scheinbar erfolgskritische Daten zu hüten, muss ein aktiver und vor allem fairer Informationsaustausch stattfinden, um die Wissensbasis beständig zu aktualisieren und zu erweitern.

Benchmarking hilft,

- Zielsetzungen konkret zu definieren
- Verbesserungspotenziale zu identifizieren
- die Wirksamkeit von Verbesserungsmaßnahmen zu messen
- den kontinuierlichen Verbesserungsprozess zu unterstützen
- folgende Fragen zu beantworten:
  - Wie produktiv waren unsere letzten (kritischen) Projekte?
  - Welche Unterschiede gibt es zwischen den verschiedenen Organisationseinheiten?
  - Nimmt die Produktivität unserer Anwendungsentwicklung zu oder ab, und um welchen Prozentsatz?
  - Werden die Projektlaufzeiten kürzer?
  - Nehmen Aufwand und Kosten ab?
  - Wie schneiden wir im Vergleich zu anderen Unternehmen ab?

Vor zwei Stolpersteinen sollte man sich beim Benchmarking vorsehen:

1. Wenn Schlüsse aus den Daten gezogen werden, sollte sehr sorgfältig auf organisatorische Probleme im sprachlichen Umgang mit vergleichenden und bewertenden Formulierungen geachtet werden.
2. Das Spiel mit den Zahlenverhältnissen sollte vermieden werden. Wenn 10 Mitarbeiter 10 Monate Aufwand betreiben, können Sie nicht mit 20 Mitarbeitern in 5 Monaten fertig werden. Sie werden unter Umständen dann in 8 Monaten fertig, haben also 20% der Zeit gespart (mit 200% Einsatz). Was dabei häufig nicht beachtet wird, ist, dass sich dann nicht selten die Fehlerrate versechsfacht. Das ist als 200/20/6x-Effekt bekannt.

Weitere Hindernisse bezüglich der Benchmarking-Daten zeigt Abbildung 7.3.

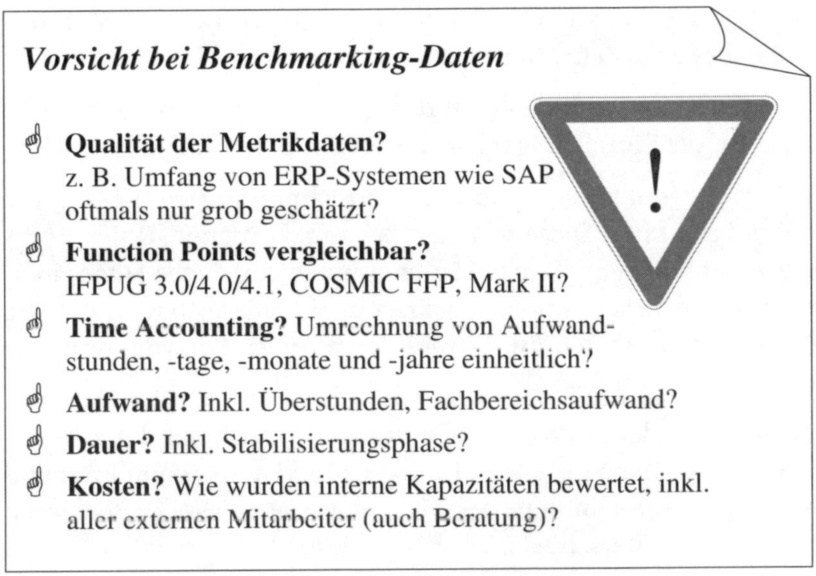

Abbildung 7.3: Vorsicht bei Benchmarking-Daten

Erfahrungen beim Vergleich von Benchmarking-Studien unterschiedlicher Anbieter zeigten, dass die Qualität der zugrunde liegenden Metrikdaten sehr differiert. So ist zu beachten, ob ERP-Systeme mit in den Vergleich einfließen oder nicht. Das Problem ist in dem Fall, dass der Umfang dieser Systeme oft nur grob geschätzt werden kann.

In einem anderen Fall war der Benchmarking-Anbieter nicht in der Lage, Auskunft zu geben, mit welcher Function-Point-Methode der Umfang der Software gemessen wurde. Einige Benchmarking-Anbieter schätzen den Umfang der Software grundsätzlich oder leiten ihn durch Backfiring her. Das hat in der Praxis in einem Beispiel dazu geführt, dass ein Programm mit 800 nach IFPUG 4.0 gezählten Function Points in den Reports eines Benchmarking-Anbieters mit 90 Function Points auftauchte, da der Anbieter grundsätzlich den Umfang mit einer proprietären Formel aus den KLOCs abgeleitet hat.

Beim Benchmarking mit einer japanischen Konzerntochter wurde festgestellt, dass der Aufwand mit 8 Stunden pro Personentag in der Benchmarking-Studie angegeben war, obwohl dort längere Arbeitszeiten üblich sind. Das verfälscht dann z.B. natürlich Vergleiche bezüglich Produktivität.

Häufig werden auch geleistete Überstunden nicht mit in Aufwandbetrachtungen einbezogen. Ebenso wird oft der Aufwand von Fachbereichsmitarbeitern nicht in der Nachkalkulation berücksichtigt. Und: Wurden die Mitarbeiter ermutigt, alle ihre geleisteten Stunden zu erfassen?

Wichtig ist auch der Umfang des Projekts. Wird zum Beispiel die Stabilisierungsphase bei der Einführung mit in die Kalkulationen einbezogen oder nicht?

Bei den Kosten werden häufig interne Verrechnungssätze pro Stunde eines Entwicklers berechnet. Diese weichen bei verschiedenen Unternehmen oft erheblich voneinander ab. Daneben gibt es unterschiedliche Honorare für Beratereinsatz. Manchmal werden dabei nur die Beraterkosten für die Mitarbeit einbezogen und die Kosten für die reine Beratung außen vor gelassen.

Bei einer Benchmarking-Studie hatte ein Anbieter als Vergleichsgruppe einige Unternehmen, deren Projekte alle nur ca. ein Zehntel des Umfangs der Projekte des Auftraggebers hatten. Da war dann klar, wer beim Produktivitätsvergleich besser abgeschnitten hat. Schlecht war nur, dass der Benchmarking-Anbieter auf den Unterschied nicht hingewiesen hatte.

Da diese Unterschiede in den Daten dazu führen würden, dass Äpfel mit Birnen verglichen werden, ist große Sorgfalt darauf zu legen, die zugrunde liegenden Daten sorgfältig zu hinterfragen. Diese Beispiele zeigen aber auch, dass bei der Auswahl des Benchmarking-Anbieters eine ebenso große Sorgfalt an den Tag zu legen ist. Manche Benchmarking-Anbieter legen dem Auftraggeber nicht einmal offen, welche Unternehmen zur Vergleichsgruppe gehören, gegen deren Durchschnitt dann das Benchmarking durchgeführt wird.

Zum Vergleich dienen beim Benchmarking Unternehmen mit ähnlichen Abläufen, die so genannten Peer-Unternehmen. Als Vergleichsmaßstab wird die beste Methode (Best Practice) herangezogen, zu der man dann die Leistungslücke feststellen kann. Dieses externe Benchmarking ist wirkungsvoller als internes Benchmarking, da man auf Problemlösungen aufmerksam gemacht wird, die innerhalb des eigenen Unternehmens noch nicht gefunden wurden. Leider ist es nicht einfach, Peer-Unternehmen zu finden, da jeder sich scheut, die Konkurrenz schlau zu machen.

In den Aufgabenbereich des Competence Centers für Aufwandschätzung gehört die Unterstützung der Projektleiter zur effizienten Durchführung ihrer IT-Projekte. Dazu gehört auch die Bereitstellung von Know-how über Projektkennzahlen jeglicher Art, wie sie z.B. in der ISBSG-Studie zahlreich zu finden sind.

Die AXA Service AG hat 2002 bei einer internationalen Umfrage nach dem Einsatz von Benchmarking von 17 Unternehmen aus aller Welt folgende Rückmeldung bekommen:

Zwei Firmen setzen internes Benchmarking ein, fünf externes und drei beide Varianten. Von den fünf Firmen mit externem Benchmarking nutzen je zwei die ISBSG-Datenbank und die Compass-Methode und ein Unternehmen die PeP-Methode (Performance Enhancement Program – an die Firma Quantimetrics verkauft). Sieben Unternehmen setzen kein Benchmarking ein.

7.1 Die ESA/INSEAD-Projekt-Datenbank

1988 hat die Cost-engineering-Abteilung der ESA (European Space Agency) begonnen, eine Software-Metrik-Datenbank für Aufwand- und Produktivitätsmessung unter Beteiligung von Industrieunternehmen aufzubauen. Ende 1993 wurde entschieden, dass INSEAD (Institut Européen d'Administration des Affaires in Fontainebleau, Frankreich, ein weltbekanntes europäisches Institut für Business-Management) als neutraler Partner die Verwaltung dieser europäischen Datenbank von Nicht-MIS-Projekten übernimmt. Seit 1996 wurde die Datensammlung und Verbreitung der Ergebnisse von diesen militärischen und industriellen Projekten durch INSEAD durchgeführt.

Eine ähnliche Datensammlung wurde in den USA durch die Space System Cost Analysis Group (SSCAG) der NASA und des DoD initiiert. Beide Datenbanken (ESA/INSEAD und SSCAG) wurden regelmäßig verglichen.

Die Daten werden von INSEAD durch einen Fragebogen im Internet erhoben (*http://inside.insead.edu/elab/esa/questionnaire/index.cfm*). Die ersten drei Teile des Fragebogens sind verpflichtend auszufüllen mit Angaben über den Einreicher, das Projekt und COCOMO-Kostentreibern, die restlichen drei Teile können dann wahlweise beantwortet werden. Eine Registrierung für die Teilnahme ist unter folgender Internetadresse möglich: *http://inside.insead.edu/elab/esa/questionnaire/register/regform.cfm.*

Kontaktadressen sind (Stand 2003): Prof. Kishore Sengupta (*kishore.sengupta@insead.edu*) und Research Associate Sharavan Kumar Chargonda (*chargonda.sharavan-kumar@insead.edu*).

Nach Erhalt des Fragebogens werden die Daten von INSEAD geprüft, unter anderem durch telefonischen Rückruf beim Einreicher. Jedes teilnehmende Unternehmen erhält den periodisch erscheinenden Datenanalyse-Bericht und den kompletten Datensatz und hat die Möglichkeit des Benchmarkings mit den anderen Datensätzen.

7

Mitte 1995 enthielt die ESA/INSEAD-Datenbank 108 Projekte von 37 Firmen aus 8 europäischen Ländern. Die 108 Projekte umfassen 5,51 Millionen LOCs (im Bereich 2 bis 413 KLOCs, durchschnittlich 51.010 LOCs) sowie 22 Programmiersprachen und 30.125 Personenmonate Aufwand (im Bereich von 7,8 bis 4.361, durchschnittlich 284). Jeweils 39%, 30% und 23% der Projekte sind aus dem militärischen Umfeld, aus Raumfahrt und Industrie. 35% der Projekte wurden in Ada, 11% in C, 8% in Fortran, 7% in Pascal, 7% in COBOL und 5% in Assembler entwickelt. 35% der Projekte sind aus England, 28% aus Frankreich, 15% aus Italien, 7% aus Deutschland, 6% aus den Niederlanden. Personenmonate sind mit 144 Personenstunden definiert, der Aufwand mit Personenmonaten und die Produktivität mit LOCs pro Personenmonat.

Interessant ist der Ansatz, Produktivitätsvergleiche des eigenen Unternehmens mit dem Durchschnitt der Datenbank in der Form anzugehen, dass die Daten des eigenen Unternehmens für die Bildung des Datenbankdurchschnitts vor dem Vergleich aus der Datenbank entfernt werden.

Ergebnis der Auswertung der ESA/INSEAD-Datenbank ist, dass hauptsächlich Unterschiede der Unternehmen für die Produktivitätsabweichungen der Projekte in der Datenbank verantwortlich sind. Als beste Vergleichskriterien wurden Anwendungssystem, Kategorie (on board, message switching, realtime, ground support equipment, simulators, ground control, tool, other) und Programmiersprache identifiziert. Es wurde festgestellt, dass akkurate Aufwandschätzungen bereits mit einer geringen Anzahl Erfahrungsdaten möglich sind, aber nur innerhalb eines Unternehmens.

7.2 Die ISBSG-Studien

Einer der wirksamsten Wege ist der Einsatz neutraler Benchmarking-Studien über ein Netzwerk (neben der Verwendung der Datenbanken in den Schätztools, wie z.B. Checkpoint/KnowledgePLAN). ***Für das Benchmarking von IT-Projekten drängt sich da geradezu die ISBSG-Studie »The Benchmark« auf, denn sie wird von den IT-Metrikorganisationen als Netzwerk genutzt.***

Diese Datenbank wird fortlaufend durch Beiträge der Mitglieder und anderer interessierter Teilnehmer aktualisiert und fortgeschrieben. Jährlich wird die Datenbasis untersucht und ein Report veröffentlicht: *The Benchmark*. 1998 wurde auf Basis des Release 5 ein *Software Project Estimation Workbook* herausgegeben, 2001 auf Basis des Release 6 die Publikation *Practical Project Estimation*. Das jeweils aktuelle Release des Reports *The Benchmark*, die sogenannte Data Disc mit den Repository-Daten und weitere Publikationen der ISBSG können z.B. über die DASMA bezogen werden.

Die Data Disc enthält zur Auswertung der Datenbank zwei Tools, den Estimation Reality Checker (für Regressionsanalysen und viele grafische Darstellungen) und das Comparative Estimation Tool (Excel-basiert, für vergleichende Aufwandschätzungen).

Ausgabe	Erscheinungstermin	Anzahl Projekte
Release 4	April 1997	396
Release 5	März 1998	451
Release 6	April 2000	789
Release 7	Juni 2002	1.238
Release 8	Februar 2003	2.040

Tabelle 7.1: Die Entwicklung der ISBSG-Datenbank *The Benchmark*

Tabelle 7.1 zeigt die Fortentwicklung der ISBSG-Datenbank ab Release 4. Außerdem ist der Tabelle die Aktualität der Daten zu entnehmen, denn mehr als 50% der über 2.000 Projekte aus 20 Ländern sind in den beiden letzten Jahren in die Datenbank aufgenommen worden.

Firmen, die sich am Benchmarking beteiligen wollen, können ihre Projekte mit *collection forms* aus Useful Documentation auf der Homepage der ISBSG (*www.isbsg.org*) erfassen (siehe Kapitel *Tools zur Aufwandschätzung*). Der deutsche Koordinator bei der DASMA leitet die Dateien dann an die ISBSG weiter, die dem teilnehmenden Unternehmen anschließend die ermittelten Kennzahlen zu dem eingereichten Projekt (oder mehreren) mit einem Vergleich zum Durchschnitt ähnlicher Projekte aus der Datenbank zuschickt. Im Folgenden werden einige Ergebnisse aus *The Benchmark* vorgestellt, um den Nutzen der Teilnahme an einer solchen Trittbrettstudie zu zeigen. Einige Ergebnisse der ISBSG-Studie sind auch im Kapitel *Software-Metriken, Prozessmetriken* dargestellt.

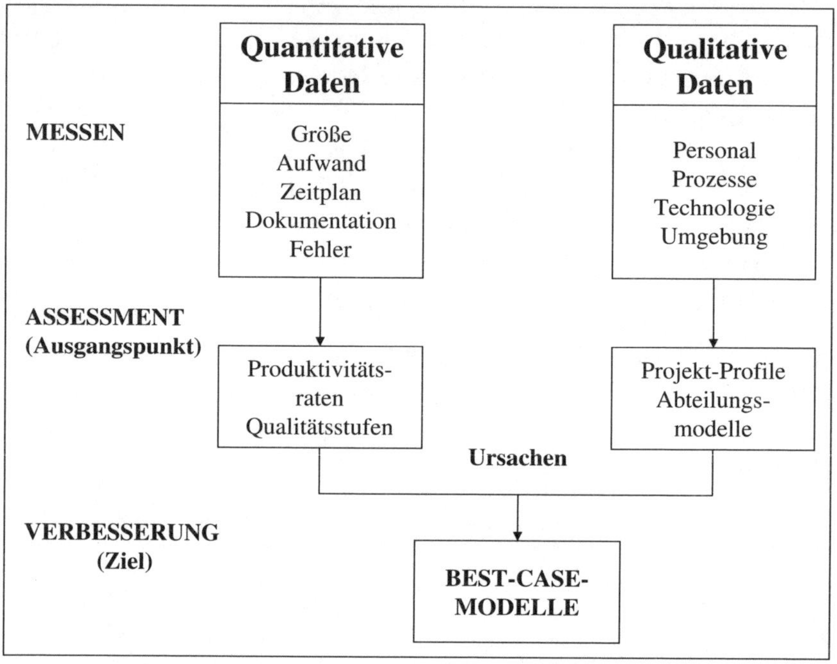

Abbildung 7.4: Benchmarking-Modellentwicklung

Die Auswertung der Benchmarking-Studie (siehe Abbildung 7.4) ***soll dabei helfen, IT-Projekte effektiver zu gestalten.*** Zu diesem Zweck hat die Studie eine Unterteilung, die IT-Projekte aus verschiedenen Blickwinkeln beleuchtet. Im Einzelnen sind dies:

- Untersuchungen der Projektgröße und des Arbeitsaufwands
- Untersuchungen der Entwicklungsproduktivität
- Untersuchungen bezüglich der Produktivität unterteilt in die verschiedenen Entwicklungsplattformen (Mainframe, Midrange und PC)
- Vergleich der Entwicklungsplattformen
- Effekte, die sich durch die Anzahl der Mitarbeiter ergeben

Im Folgenden werden die Ergebnisse der ISBSG-Studien dazu dargestellt. Leider ist der Inhalt der vier Releases leicht unterschiedlich, so dass nicht immer die Vergleichszahlen von allen vier Releases dargestellt werden konnten. Diese und weitere Auswertungen können mit der Data Disc ab Release 6 vom Käufer selbst durchgeführt werden.

7.2.1 Vom Unternehmen nicht beeinflussbare Projektmerkmale

Projektkontext

Hier wird die Herkunft der untersuchten Projekte beschrieben. Die Projektherkunft nach vier großen Regionen ist in Tabelle 7.2 für Release 6 und Juni 2002 aufgeschlüsselt.

	Release 6		Juni 2002		Release 8
ASEAN	250 Projekte	Australien 219, Hongkong 3, Indien 7, Japan 19, Neuseeland 2	254 Projekte	Australien 220, Indien 15, Japan 19	Australien 21%, Japan 20%, Indien 5%
Europa	210 Projekte	Dänemark 1, deutschsprachiges Europa 6, England 87, Frankreich 61, Italien 1, Niederlande 47, Norwegen 4, Portugal 2, Schweden 1	213 Projekte	England 87, Frankreich 61, Niederlande 65	England 7%, Frankreich 5%, Niederlande 10%
Nord-Amerika	246 Projekte	Kanada 88, USA 158	337 Projekte	Kanada 99, USA 238	USA 18%, Kanada 7%
Süd-Amerika	2 Projekte	Brasilien 2	33 Projekte	Brasilien 33	Brasilien 4%

Tabelle 7.2: Projektherkunft

Unternehmensart

Über die Hälfte der untersuchten Projekte wurden in Branchen entwickelt, die aus Tabelle 7.3 hervorgehen.

Branche	Release 4	Release 5	Release 6	Juni 2002	Release 8
Banken	13%	14%	15%	12%	7%
Behörden	17%	18%	13%	12%	8%
Dienstleistungen				10%	10%
Energie (Gas – Wasser)	10%	10%	7%	6%	3%
Finanzdienstleistungen	15%	15%	12%	11%	
Kommunikation				7%	29%
Verarbeitende Industrie	9,5%	12,5%	9%	10%	8%
Versicherungen				19%	7%

Tabelle 7.3: Branchenanteile

Geschäftsfelder

Dieser Parameter gibt an, für welche Endbenutzer die Projekte realisiert wurden (siehe Tabelle 7.4).

	Release 4	Release 5	Release 6	Juni 2002	Release 8
Banken	22%	22%	23%	19%	13%
Finanzdienstleistungen	14%	13%	16%	13%	9%
Verarbeitende Industrie	9%	8%	7%	9%	8%
Versicherungen			7%	14%	13%
Telekommunikation			2%	4%	26%

Tabelle 7.4: Geschäftsfelder

Entwicklungsart

	Release 4	Release 5	Release 6	Juni 2002	Release 8
Neuentwicklung	65%	64%	53%	50%	41%
Weiterentwicklung	28%	25%	41%	46%	56%
Redevelopment	5%	5%	6%	4%	3%

Tabelle 7.5: Entwicklungsart

Tabelle 7.5 zeigt, dass die meisten eingereichten Projekte Neuentwicklungen sind. Die Abnahme der Neuentwicklung und Zunahme der Weiterentwicklung könnte ein Jahr-2000-Effekt sein.

Anwendungsart

Tabelle 7.6 kann entnommen werden, dass am häufigsten Software für Management-Informationssysteme entwickelt wird (mit sinkendem Anteil).

	Release 4	Release 5	Release 6	Juni 2002	Release 8
MIS	38%	42%	43%	28%	27%
Buchungs- und Produktionssysteme	34%	32%	33%	28%	39%
Bürokommunikation	11%	12%	7%	4%	4%
Entscheidungs-unterstützungssysteme			3%	2%	
Netzwerkmanagement				2%	
Prozessverarbeitung				2%	2%

Tabelle 7.6: Anwendungsart

Projekt-Einsatzgebiet

Hier ist erkenntlich, dass 77% der Software-Entwicklungen intern entwickelt werden und für hausinterne Nutzung gedacht sind.

Endbenutzer

	Release 4	Release 5	Release 6	Juni 2002	Release 8
Einplatzsysteme	36%	34%	10%	13%	7%
2–5 User	16%	25%	26%	7%	12%
Mehr als 5 User	48%	41%	65%	13%	81%

Tabelle 7.7: Endbenutzer

Die meisten Projekte sind entweder für Einzelplatzanwendungen oder zur Nutzung für mehr als fünf gleichzeitige Nutzer entwickelt worden.

Im Release 8 wird angegeben, dass Projekte für 1–5 User 1,3 Monate weniger als der Durchschnitt dauern, Projekte für mehr als 5 User dagegen 4 Monate länger.

Portabilität

Nur 26% (Juni 2002 27% sowie Release 8: 26%) aller Projekte sind als »generell einsetzbar« entwickelt worden.

Client-Server (C/S)

30% der Projekte wurden in einer C/S-Umgebung entwickelt (Juni 2002: 44% sowie Release 8: 41%).

7.2.2 Vom Unternehmen beeinflussbare Projektmerkmale

Programmiersprachen

COBOL ist immer noch Favorit unter den hauptsächlich eingesetzten Programmiersprachen (siehe Tabelle 7.8).

	Release 4	Release 5	Release 6	Juni 2002	Release 8
COBOL	44%	24%	25%	16%	20%
COBOL II		5%	5%	8%	7%
Visual Basic	5%	2%	6%	7%	7%
PL/I	14%	9%	6%	5%	5%
C++		1%	4%	5%	17%
SQL	8%	6%	6%	7%	6%
Natural	15%	15%	9%	7%	5%
Oracle	3%	2%	5%	6%	7%

Tabelle 7.8: Programmiersprachen

Art der Programmiersprache

Die große Anzahl der verwendeten Programmiersprachen erschwert das Vergleichen der verschiedenen Projekte. Dennoch wurde in Tabelle 7.9 eine Aufteilung der Programmiersprachen in 3GL- und 4GL-Sprachen sowie Generatoren vorgenommen.

	Release 4	Release 5	Release 6	Juni 2002	Release 8
3GL	46%	44%	45%	51%	64%
4GL	38%	47%	46%	33%	30%
Programmgenerator	16%	9%	9%	5%	5%

Tabelle 7.9: Art der Programmiersprache

Entwicklungsplattform

Die meisten Projekte wurden gemäß der folgenden Tabelle 7.10 auf Mainframe entwickelt, wobei der Prozentanteil stetig abnimmt, während er bei PCs zunimmt.

	Release 4	Release 5	Release 6	Juni 2002	Release 8
Mainframe	68%	69%	62%	43%	60%
Midrange	19%	16%	22%	19%	17%
PC	7%	15%	16%	17%	23%

Tabelle 7.10: Entwicklungsplattformen

Methoden

In der Datenerhebung fällt auf, dass nur ein Achtel der eingereichten Projekte ohne jegliche Methode arbeiten. Mehr als die Hälfte der eingereichten Projekte wurden mit inhouse entwickelten Methoden realisiert. In der neuesten Untersuchung vom Juni 2002 benutzen 21% eine gekaufte (und vielleicht adaptierte) Methode für die Systementwicklung.

Entwicklungstechniken

Den Anteil der am häufigsten genannten Entwicklungstechniken zeigt jeweils die folgende Tabelle 7.11.

Entwicklungstechnik	Release 6	Juni 2002	Release 8
Datenmodellierung und Prozessmodellierung	44%		47%
Event-Modellierung	11%	12%	
Prozess-Modellierung	40%	38%	
Data-Modellierung	64%	59%	42%
Business-Area-Modellierung	16%	17%	
Prototyping	30%	29%	17%
Rapid Prototyping	11%	14%	18%
Regressionstest	20%	21%	

Tabelle 7.11: Eingesetzte Entwicklungstechniken

Entwicklungstechnik	Release 6	Juni 2002	Release 8
Objektorientierte Modellierung	19%	23%	11%
OOA	8%	10%	
OOD	11%	13%	

Tabelle 7.11: Eingesetzte Entwicklungstechniken *(Forts.)*

Die Projektgröße

Die Projektgröße wird mit Hilfe der Function-Point-Methode gemessen. Das ist Voraussetzung für die Aufnahme der Projekte in die Datenbank. Besonders dominant ist darunter die Function-Point-Methode nach IFPUG-Standard 4.0 (Release 4.1 gibt es erst seit 1999). Die Projekte, die nicht nach dem IFPUG-Standard 4.0 erfasst wurden, sind mit Mark II Function Points oder IFPUG-Standard 3.0 erfasst. Umrechnungsfaktoren sind im Kapitel *Varianten der Function-Point-Methode, Die Mark-II-Methode,* zu finden. Da die zu vergleichenden Werte übereinstimmen müssen (Äpfel mit Äpfel vergleichen), wird im Folgenden auf den IFPUG-Standard 4.0 Bezug genommen.

Die Mehrzahl der Projekte in der ISBSG-Datenbank hat weniger als 2.000 Function Points. Die Projektgröße gemessen in Function Points ist recht unterschiedlich und geht bis zu 5.000 Function Points für Neuentwicklungen. Einige der Projekte scheinen in der Tat sehr klein, aber es gibt in der IT-Industrie keine Übereinstimmung darüber, wann ein Projekt zu klein sein könnte, um die Function Points zu erfassen. Beim Release 5 liegt der Median von 365 erfassten Projekten bei 300 Function Points (nach IFPUG 4.0), in der neuesten Untersuchung vom Juni 2002 bei 275 Function Points auf Basis von 1.238 Projekten. Bei den 18 nach der MARK-II-Function-Point-Methode erfassten Projekten liegt der Median bei 500 Function Points. Im Release 8 wird 2004 von einer Abnahme der durchschnittlichen Projektgröße bei gleich bleibendem Aufwand berichtet.

John Moses und Malcolm Farrow berichten von einer statistischen Untersuchung, dass die Function Points zu 41% den Entwicklungsaufwand beeinflussen, zusammen mit der maximalen Teamgröße sogar zu 60%, bei Hinzunahme der Programmiersprache sogar zu 62%. Gegenüber anderen Untersuchungen können sie aber keinen Einfluss der Entwicklungsplattform feststellen.

Function-Point-Gesetzmäßigkeiten für Projekt-Neuentwicklungen und -Weiterentwicklungen

Für Projekt-Neuentwicklungen und Weiterentwicklungsprojekte war es möglich, die Prozentanteile der Function Points zu errechnen. Sie sind in der folgenden Tabelle zusammengestellt (siehe hierzu auch Kapitel *Die Anwendung der Function-Point-Methode, Function-Point-Prognose*):

FP-Komponente	Neuentw. Release 6	Neuentw. Juni 2002	Weiterentw. Release 6	Weiterentw. Juni 2002
External Inputs (EI)	33,5	29,3	32,7	34,4
External Outputs (EO)	23,5	24,3	32,0	29,4
External Inquiries (EQ)	16,0	14,8	13,2	14,1
Internal logical files (ILF)	22,1	23,5	15,6	16,5
External Interface files (EIF)	5,0	8,1	6,5	5,6
Anzahl Projekte	363	311	216	454

Tabelle 7.12: Prozentanteile der Function Points

Abbildung 7.5 zeigt in einem Beispiel, wie diese Werte für einen Vergleich mit einem eigenen Projekt verwendet werden können.

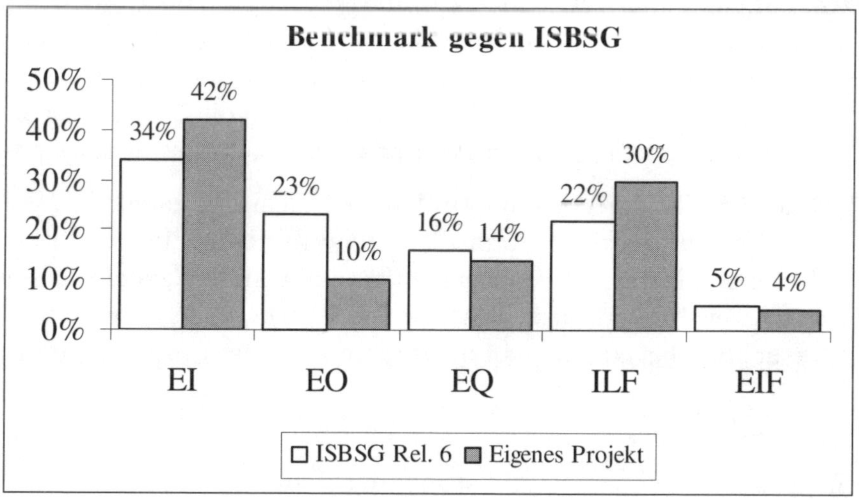

Abbildung 7.5: Benchmarking-Beispiel

7

Regionale Verteilung

Tabelle 7.13 zeigt die in Release 5 ermittelte regionale Verteilung durchschnittlicher Function Points für Neuentwicklungen, die Untersuchung vom Juni 2002 gibt darüber keine Auskunft:

FP-Komponente	ASEAN	Europa	Nordamerika	Total
External Inputs (EI)	4,0	4,2	4,9	4,3
External Outputs (EO)	5,6	4,9	5,2	5,4
External Inquiries (EQ)	3,9	3,8	3,8	3,8
Internal logical files (ILF)	7,4	7,2	7,6	7,4
External Interface files (EIF)	5,6	5,3	5,5	5,5
Anzahl Projekte	116	32	90	238

Tabelle 7.13: Durchschnittliche FP für Neuentwicklungsprojekte

Diese Untersuchung dient einerseits der Überprüfung des IFPUG-Standards und andererseits der Verbesserung der Schätzgenauigkeit bei IT-Projekten. Wird der Umfang eines IT-Projekts in einer frühen Phase grob geschätzt, so wird z.B. bei den SPR Function Points (siehe Kapitel *Varianten der Function-Point-Methode, SPR Function Points*) die mittlere Gewichtung der Transaktionen bzw. Datenbestände verwendet. Zumindest bezüglich der Datenbestände (ILF, EIF, siehe Kapitel *Die Function-Point-Methode*) empfiehlt sich nach den o.a. Zahlen der ISBSG-Studie, diese nur mit einfach zu bewerten, wenn keine Function-Point-Zählung durchgeführt wird, hingegen die Transaktionen (EI, EO, EQ, siehe Kapitel *Die Function-Point-Methode*) mit mittel zu bewerten.

Im IT-Ressort der AXA Service AG wurden die gleichen Untersuchungen mit Zahlen aus eigenen Function-Point-Zählungen mit dem Ziel durchgeführt, die Schätzgenauigkeit bei IT-Projekten zu erhöhen (siehe Kapitel *Die Anwendung der Function-Point-Methode, Function-Point-Prognose*). Die Ergebnisse dieser Untersuchung liegen näher an den Ergebnissen der ISBSG-Studie als an den IFPUG-Standards.

Das zweite Thema für die Analyse sind die Verhältnisse von Eingaben, von Ausgaben und von Abfragen zu den internen Dateien (ILF). Normalerweise erwartet man eine add/update/delete-Funktion auf eine Datei, zusammen mit einer Abfrage und einem zusammenfassenden Bericht (Ausgabe). So würde man mindestens drei Eingaben erwarten, eine Ausgabe und eine Abfrage pro

Datei. Obgleich dieses Argument stark vereinfacht ist, gestattet es eine Plausibilitätsprüfung. Die beobachteten Verhältnisse des Release 5 (siehe Tabelle 7.14) stimmen mit dieser Annahme grob überein. Release 6 und Juni 2002 enthalten darüber keine Angaben.

Verhältnis	ASEAN	Europa	Nordamerika	Total
Inputs/Datei	2,6	3,8	0,9	2,9
Outputs/Datei	1,1	2,6	1,9	1,5
Abfragen/Datei	0,9	1,9	1,3	1,1
Anzahl Projekte	116	32	90	238

Tabelle 7.14: Verhältnisse der Function-Point-Komponenten

Auch diese Untersuchung dient der Unterstützung bei Function-Point-Zählungen in der Praxis. Es ist teilweise sehr schwer, die Transaktionen auf eine Datei zu erfassen. Leichter ist es, die Dateien zu finden, auf die eine Anwendung zugreift. Sind die Dateien gefunden, so kann anhand der Function-Point-Verhältnisse darauf geschlossen werden, wie viele Transaktionen in der Anwendung anfallen, und somit die Anzahl der Function Points geschätzt werden. Eine Prognose des Systemumfangs ist so in einer frühen Phase der Projektdurchführung mit sehr wenig Aufwand, aber größerer Ungenauigkeit möglich, bevor eine Function-Point-Zählung durchgeführt werden kann (siehe Kapitel *Die Anwendung der Function-Point-Methode, Function-Point-Prognose*).

Der Aufwand

Stufe	Ist-Zeiten
Stufe 1: Entwicklungsteam (IT-Kernteam)	Projektteam, Projektmanagement, Projektverwaltung
Stufe 2: Entwicklungsteam und Entwicklungsteam-Unterstützung	Stufe 1 und Datenbank-Administration, Datenadministration, Qualitätssicherung, Datensicherheit
Stufe 3: Stufe 2 und Rechenzentrum-Unterstützung	Stufe 2 und Software-Unterstützung, Hardware-Unterstützung, Helpdesk-Unterstützung
Stufe 4: Stufe 3 und Endbenutzer-Unterstützung	Stufe 3 und Fachbereich Mitarbeit

Tabelle 7.15: Stufen der erfassten Ist-Zeiten

Der Aufwand wird in Personenstunden (PH, Person hours) vielfältig untersucht. Dabei werden die erfassten Ist-Zeiten in vier Stufen eingeteilt (siehe Tabelle 7.15).

Von Release 5 und der Untersuchung vom Juni 2002 ist bekannt, wie viele Projekte jeweils den Aufwand für jede der vier Stufen von Tabelle 7.15 erfasst haben. Tabelle 7.16 fasst die Angaben zusammen.

ISBSG-Datenbank	**Release 5**		**Juni 2002**	
Projekte	**Anzahl**	**Anteil**	**Anzahl**	**Anteil**
Stufe 1	293	68%	688	56%
Stufe 2	80	18%	240	19%
Stufe 3	18	4%	19	1%
Stufe 4	43	10%	291	24%
Summe	434	100%	1.238	100%

Tabelle 7.16: Projekte je Stufe der erfassten Ist-Zeiten

Die Bandbreite des erfassten Projektaufwands beträgt minimal 5 (Juni 2002: 10) und maximal 106.480 (Juni 2002: 645.694) Personenstunden (PH). Der Median lag bei 2.228 PH (Juni 2002: 2.791 PH).

Untersuchung des Aufwands in den Projektphasen

Die Phasen, die in der ISBSG-Studie verwendet werden, sind: Planung, Spezifikation, Umsetzung, Test und Einführung. Die Unternehmen erfassen die Phasen auf unterschiedliche Arten. Ein Unternehmen hat z.B. einen Gesamtaufwand für die Planung und Spezifikation zur Verfügung gestellt, hat aber den Aufwand für die zwei Phasen nicht separat angegeben. Das zeigt die Probleme, die beim Benchmarking mit der Vergleichbarkeit von Informationen auftreten.

Im Release 6 werden zwei Betrachtungen der Aufwände in einem Projekt untersucht: Eine ausführliche Untersuchung, die auf den Daten basiert, bei denen die Unternehmen alle Phasen separat verzeichnen konnten (77 Projekte), sowie zwei gröbere Untersuchungen, basierend auf den zusammengefassten Daten Planung/Spezifikation und Umsetzung/Test/Einführung einmal mit 45 Projekten und einmal mit allen 122 Projekten. Die Ergebnisse der letzten beiden Auswertungen liegen eng beieinander.

Anzahl Projekte:	N = 77	N = 45	N = 122	Durchschnitt
Planung	10%	39%	36%	36%
Spezifikation	22%			
Realisierung	7%	61%	64%	63%
Test	15%			
Einführung	46%			

Tabelle 7.17: Aufwandanteile in den Projektphasen

Obwohl die Aufzeichnungsmethoden und -stufen der Unternehmen unterschiedlich detailliert angelegt werden, sind die Ergebnisse nahezu identisch. ***Der Aufwand für Planung/Spezifikation beträgt ca. 30% (knapp 1/3), der Aufwand für Realisierung und Test ca. 60% (knapp 2/3) und der Aufwand für die Einführung ca. 10% des gesamten Projektaufwands.***

Die Untersuchung der verschiedenen Stufen des angegebenen Aufwands in Release 6 ergab, dass der Aufwand des IT-Kernteams (Stufe 1) 75% des Gesamtaufwands beträgt.

Die Aufwanduntersuchung in der Benchmarking-Studie kann für eine Schätzung mit der Prozentsatzmethode Hinweise auf die Phasenanteile geben. Siehe hierzu auch Kapitel *Methoden der Aufwandschätzung, Die Prozentsatzmethode*. Besser sind dafür natürlich im hauseigenen Umfeld gewonnene Zahlen geeignet.

Die Entwicklungsproduktivität

Die Projektlieferrate (eng. Project Delivery Rate – PDR) wird in Stunden pro Function Point (h/FP) gemessen. Der Projektlieferrate als Produktivitätsmaßstab gilt die hauptsächliche Untersuchung in dieser Benchmarking-Studie. Sie gibt an, wie viele Stunden gebraucht werden, um 1 FP zu realisieren. Das bedeutet: ***Je größer die PDR, desto niedriger ist die Produktivität.*** Die Produktivität in Function Points pro Personenmonat kann aus der PDR errechnet werden, indem 120 (Netto-Stunden pro Monat) durch die PDR geteilt wird. Die Projektlieferrate ist auch ein Maß für die Effizienz der IT-Anwendungsentwicklung, denn: Je weniger Stunden für die Realisierung eines Function Points benötigt werden, desto effizienter ist die IT-Anwendungsentwicklung.

Tabelle 7.18 zeigt die Ergebnisse von Release 6 und Juni 2002 nach Branchen der teilnehmenden Unternehmen.

PDR	**Release 6**			**Juni 2002**		
Organisationen	**N**	**Mittelwert**	**Median**	**N**	**Mittelwert**	**Median**
Luft-/Raumfahrt	10	5,9	4,8			
Banken	52	13,4	13,2	47	14,6	14,6
Chemie	5	7,0	6,8			
Kommunikation	18	8,7	7,5	262	16,0	11,6
Öffentliche Dienste	10	8,2	7,0	11	12,8	8,6
Computer	3	8,6	11,1	7	14,6	9,1
Elektrizität, Gas, Wasser	36	9,6	6,4	20	15,7	13,0
Energie	4	1,1	1,0			
Finanzdienstleister	53	9,4	8,0	11	9,7	9,6
Versicherungen	10	12,3	11,0	20	16,1	14,4
Produktion	21	5,8	4,6	5	15,5	17,4
Medizin und Gesundheitswesen	5	3,6	2,1			
Bergwerk	4	6,5	4,1			
Professional Services	3	2,3	1,8			
Öffentliche Verwaltungen	49	12,1	6,5	13	12,1	8,6
Transport und Lagerung	3	5,1	4,6			
Großhandel und Wiederverkäufer	8	4,4	3,9	9	16,9	11,2
				4	6,6	5,0
Andere	32	10,2	7,3	12	3,7	5,6
Summe	***326***	***9,7***	***7,3***	***421***	***15,1***	***11,2***

Tabelle 7.18: PDR-Ergebnisse von Release 6 und Juni 2002 nach Branchen

Interessant ist die Projektlieferrate für die drei Entwicklungsplattformen (siehe Tabelle 7.19).

PDR je Entwicklungs-plattform	Release 6			Juni 2002		
	N	Mittelwert	Median	N	Mittelwert	Median
Mainframe	226	11,2	9,0	212	14,5	10,7
Midrange	51	7,9	6,1	95	17,5	12,1
PC	51	5,6	3,5	83	18,1	12,8
Summe	***328***	***9,8***	***7,3***	***390***	***16,0***	***12,0***

Tabelle 7.19: Projektlieferrate nach Entwicklungsplattform

Im Release 8 wird berichtet, dass Mainframe-Projekte 1,2 Monate länger als der Durchschnitt dauern, Midrange-Projekte 0,8 Monate weniger und PC-Projekte 2 Monate weniger.

7

The Benchmark, Release 6 und Juni 2002, liefern auch Untersuchungen der Projektlieferrate bezüglich der Programmiersprachen auf diesen drei Plattformen. Tabelle 7.20 zeigt hiervon einen Ausschnitt.

Programmiersprache	Release 6 (nur Mainframe)			Juni 2002 (alle Plattformen)		
	N	Mittelwert	Median	N	Mittelwert	Median
ABAP				5	15,5	13,8
Access (R. 6 nur PC)	21	1,7	1,8	28	3,3	2,0
C (R. 6 nur Midrange und PC)	12	15,0	10,3	27	15,6	14,9
COBOL	70	13,3	11,8	64	20,1	16,0
COBOL II	18	16,1	16,7	32	17,0	13,8
EASYTRIEVE	9	11,5	10,8	8	12,9	13,0
IDEAL	4	7,3	6,8			
JAVA				10	26,8	19,6
NATURAL	41	7,3	6,6	21	12,7	9,6
Oracle (R. 6 nur Midrange und PC)	11	4,2	3,3	49	13,4	10,3
PL/I	22	7,1	5,5	8	15,9	13,6

Tabelle 7.20: Projektlieferrate nach Programmiersprache

Programmiersprache	Release 6 (nur Mainframe)			Juni 2002 (alle Plattformen)		
	N	Mittelwert	Median	N	Mittelwert	Median
SQL (R. 6 nur Midrange und PC)	13	6,1	6,5	56	16,9	13,6
TELON	11	11,7	8,6	7	14,6	10,9
VISUAL BASIC	4	8,1	7,3	54	13,3	7,5
Andere 4GL	20	12,6	10,0	10	12,1	8,4
Programmgeneratoren	8	13,7	5,3			
Gesamt (R. 6 nur Mainframe)	***207***	***10,9***	***8,9***	***379***	***15,0***	***11,9***

Tabelle 7.20: Projektlieferrate nach Programmiersprache *(Forts.)*

Die Projektlieferrate über alle Projekte in Release 6 beträgt 8 Stunden pro Function Point, wenn nur der Aufwand für das IT-Kernteam (Stufe 1) gemessen wurde und 9,5 Stunden pro FP, wenn auch die Endbenutzer-Beteiligung mit gemessen wurde (Stufe 4). ***Im gesamten Durchschnitt aller Organisationen, Plattformen und Programmiersprachen hinweg liegt die Projektlieferrate im Release 6 bei ca. 9 bis 10 Stunden pro Function Point. Im Juni 2002 sind es eher 15 bis 16 Stunden.*** Im Release 8 wird 2004 eine Projektlieferrate von 60 bis 80 FP pro Monat Projektdauer bzw. normalisiert auf Personenmonate von 19 bis 20 FP pro Personenmonat bis 1998 angegeben. Dieser Wert hat sich bis zum Release 8 halbiert auf ca. 10 FP pro Personenmonat.

Die Projektdauer

Die Projektlieferrate ist nicht das einzige Maß, das die Entwicklungseffizienz misst. Die Projektdauer (Monate) als Maß für die Gesamtverarbeitungszeit eines Projekts spielt für ein Unternehmen eine nicht unwesentliche Rolle. Dazu nennt das Release 5 einige Zahlen. ***Von den untersuchten 267 Projekten dauerten nur 10 länger als 30 Monate. Die Projektdauer war bei vielen Projekten 3 Monate, 6 Monate oder 12 Monate. Weiterhin ist eine Häufigkeit bei 4 bzw. 7 und 8 Monaten festzustellen.*** In der Untersuchung vom Juni 2002 finden sich die folgenden Angaben über insgesamt 412 Projekte (Release 6 hat dazu keine Angaben). ***Die meisten Projekte dauerten 2 bis 8 Monate (mit gleicher Häufigkeit). Nur 15% der Projekte dauerten länger als 12 Monate.*** Im

Release 8 wird 2004 festgestellt, dass die durchschnittlichen Projektdauern um 30% von 11 auf 8 Monate seit 1996 zurückgegangen sind.

Die Untersuchung vom Juni 2002 gibt darüber hinaus auch für 412 Projekte die Projektdauer in Bezug auf Umfang und Aufwand an. Siehe dazu die folgenden beiden Tabellen.

Umfang (Function Points)	Projektdauer
Bis 300 FPs	1 bis 6 Monate bei 40 bis 60 FPs pro Monat
300 bis 800 FPs	5 bis 11 Monate, Durchschnitt: 8 Monate
800 bis 1.400 FPs	10 bis 18 Monate, Durchschnitt: 12 bis 14 Monate
Ab 1.400 FPs	Typischerweise min. 12 Monate, Durchschnitt: 18 Monate, aber es sind nur 7% der Projekte

Tabelle 7.21: Projektdauern in Abhängigkeit vom Umfang

Aufwand	Projektdauer
Bis 800 Stunden	Die Dauer steigt mit dem Aufwand. Durchschnitt ist 1 Monat pro 100 bis 200 Stunden Aufwand
800 bis 2.000 Stunden	3 bis 7 Monate, Durchschnitt: 5 Monate
2.000 bis 3.200 Stunden	4 bis 9 Monate, Durchschnitt: 7 Monate
3.200 bis 20.000 Stunden	8 bis 12 Monate, Durchschnitt: 10 Monate
Ab 20.000 Stunden	Typischerweise min. 14 Monate, Durchschnitt: 24 Monate

Tabelle 7.22: Projektdauer in Abhängigkeit vom Aufwand

Im Kapitel *Software-Metriken, Prozessmetriken* sind darüber hinaus Regressionsformeln aus der Untersuchung vom Juni 2002 im Vergleich mit Formeln aus anderen Quellen zusammengestellt.

Die Teamgröße

Zur Auswirkung der Teamgröße wurden in der Benchmarking-Studie ausführliche Untersuchungen angestellt. Betrachtet man die Entwicklungsplattformen, so ist das Ergebnis wie erwartet. ***Je größer die Mitarbeiteranzahl in einem Projekt ist, desto niedriger ist die Produktivität.*** Das erklärt sich unter anderem daraus, dass die Mitarbeiter mit steigender Anzahl einen größeren

Kommunikationsbedarf haben. Während der Projektlaufzeit erfolgt ein ständiges Absprechen der verschiedenen Abteilungen und Gruppen, was sich auf die Produktivität auswirkt. Die folgenden Zahlen des Release 6 basieren auf 244 Projekten, zu denen verlässlich Messungen des Aufwands und der Function Points vorlagen (Juni 2002: 518 Projekte).

Für Projekte über 1.400 Function Points steigt die Teamgröße unverhältnismäßig stark an (ab fünf Team-Mitgliedern), bis dahin beträgt sie durchschnittlich vier bis sechs Mitarbeiter. ***Ab 4 Teammitgliedern steigt die Teamgröße überproportional zum Projektumfang.***

7

Wenn man die Projektgröße durch die Teamgröße teilt, erhält man eine Kennzahl, die angibt, für wie viele Function Points ein Mitarbeiter verantwortlich ist. Für bis zu 3 Teammitglieder gibt es eine durchschnittliche Verantwortlichkeit für ca. 115 bis 190 Function Points pro Mitarbeiter im Projekt (Juni 2002: Mittelwert 140 Function Points pro Mitarbeiter), der Median beträgt 80 bis 120 FP pro Mitarbeiter (Juni 2002: 80 bis 100 Function Points pro Mitarbeiter). ***Teams von zwei bis drei Mitarbeitern betreuen also die meisten Function Points pro Mitarbeiter.*** Die Untersuchung vom Juni 2002 gibt die in Tabelle 7.23 aufgeführten Durchschnitte an:

Maximale Teamgröße	Betreute Function Points
4	60 bis 100
5 bis 9	35 bis 70
> 10	20 bis 50

Tabelle 7.23: Betreute Function Points in Abhängigkeit von der Teamgröße

Für Projekte über 3.000 Function Points sind gemäß Release 6 typische Teamgrößen zwischen 30 und 50 Mitarbeiter mit Projektlieferraten von 20 bis 40 Stunden pro Function Point, d.h. eine Produktivität von 3 bis 6 FP pro Personenmonat (siehe Tabelle 7.24).

Dementsprechend wird im Release 8 festgestellt, dass Teams bis 4 Personen 1,5 Monate weniger als der Durchschnitt benötigen, Teams von 5 bis 12 Personen einen halben Monat mehr und größere Teams 2,6 Monate länger.

Projektumfang in Function Points	Maximale Teamgröße (Mitarbeiter)			
	Release 6		Juni 2002	
	Anzahl	Mittelwert	Anzahl	Mittelwert
Bis 300 FPs	1 bis 6		1 bis 6	4 bis 6
Bis 500 FPs	2 bis 10	5	2 bis 10	6 bis 8
Bis 1.000 FPs	4 bis 12	6 bis 8		
Bis 1.400 FPs			4 bis 15	8 bis 12
1.000 bis 1.500 FPs	5 bis 15	5 bis 7		
1.400 bis 2.000 FPs			5 bis 20	10 bis 15
Ab 1.500 FPs	7 bis 25	> 10		
Ab 2.000 FPs			> 10	> 20

Tabelle 7.24: Teamgröße in Abhängigkeit des Projektumfangs

Darüber hinaus nennt die ISBSG-Studie Release 7 folgende Regressionsformeln für die PDR (Projektlieferrate) mit maximaler Teamgröße (mTG):

Alle Plattformen	(375 Projekte):	$PDR = 2{,}96 * mTG^{0{,}636}$ mit $R^2 = 0{,}297$
Mainframe	(105 Projekte):	$PDR = 4{,}40 * mTG^{0{,}382}$ mit $R^2 = 0{,}109$
Midrange	(79 Projekte):	$PDR = 2{,}66 * mTG^{0{,}655}$ mit $R^2 = 0{,}292$
PC	(65 Projekte):	$PDR = 1{,}57 * mTG^{0{,}853}$ mit $R^2 = 0{,}324$

7.2.3 Weitere Resultate der Studie

Systeme, die in Fremdvergabe entwickelt wurden, haben eine größere Produktivität als intern entwickelte. Das gilt auch für den Unterschied zwischen Einzel- und Mehrplatzsystemen. Ebenso haben Projekte mit Upper-Case-Technologie eine bessere Produktivität als andere. Projekte von Banken haben die geringste Produktivität.

Die Hauptaussage der Studie ist, dass die Programmiersprache der Haupteinflussfaktor für die Projektlieferrate ist. An zweiter Stelle folgt die Entwicklungsumgebung, an dritter Stelle die Teamgröße und dann die Art der Organisation.

Im Release 5 waren durchschnittlich 31 Merkmale pro Projekt eingereicht worden, im Release 6 nur 22, da die ISBSG inzwischen eine Information über die Mindestmerkmale zusammengestellt hat, die erforderlich sind, damit ein

Projekt in die ISBSG-Datenbank aufgenommen wird (keine Angaben darüber im Juni 2002).

Insgesamt betrachtet bietet diese Studie für den Praktiker einen reichen Fundus an Kennzahlen über die Systementwicklung.

7.3 Management Summary

Kennzahlen eignen sich hervorragend dazu, Projekte miteinander zu vergleichen und daraus zu lernen.

Das ist das Ziel von Benchmarking: eine Standortbestimmung und gezielte Maßnahmen zur Optimierung der IT-Projekte und zur Weiterentwicklung des Projektmanagements.

Die zentrale Frage beim Benchmarking ist, wie wir von anderen lernen können, um selbst besser zu werden.

Benchmarking bezeichnet den Prozess fortlaufenden Vergleichens und Messens der eigenen Organisation mit weltweit führenden anderen Organisationen. Ziel ist dabei, der eigenen Organisation bei der Verbesserung der Leistungsfähigkeit zu helfen.

Wichtig ist dabei, dass Benchmarking ein kontinuierlicher Prozess ist und keine einmalige Sache.

Benchmarking wird von den führenden Unternehmen dazu genutzt, ihre Lernfähigkeit und ihr Wissen durch systematische Informationsgewinnung und offenen Erfahrungsaustausch nach fairen Spielregeln zu steigern.

Benchmarking setzt voraus, dass die Betroffenen bereit sind, sich zu ändern und besser zu werden, das heißt auch, sich vergleichen zu lassen. Wie bei allen Veränderungsprogrammen, so muss auch beim Benchmarking die Unternehmensleitung Unterstützung signalisieren. Benchmarking verlangt eben, dass alle Beteiligten Fairplay betreiben, was nicht immer vorausgesetzt werden kann.

Zum Vergleich dienen beim Benchmarking Unternehmen mit ähnlichen Abläufen, die so genannten Peer-Unternehmen.

In den Aufgabenbereich des Competence Centers für Aufwandschätzung gehört die Unterstützung der Projektleiter zur effizienten Durchführung ihrer IT-Projekte. Dazu gehört auch die Bereitstellung von Know-how über Projektkennzahlen jeglicher Art, wie sie z.B. in der ISBSG-Studie zahlreich zu finden sind.

Einer der wirksamsten Wege ist der Einsatz neutraler Benchmarking-Studien über ein Netzwerk (neben der Verwendung der Datenbanken in den Schätztools, wie z.B. Checkpoint/KnowledgePLAN). Für das Benchmarking von IT-Projekten drängt sich da geradezu die ISBSG-Studie »The Benchmark« auf, denn sie wird von den Metrikorganisationen als Netzwerk genutzt.

Die Auswertung der Benchmarking-Studie soll dabei helfen, IT-Projekte effektiver zu gestalten.

De Projektgröße wird mit Hilfe der Function-Point-Methode gemessen. Das ist Voraussetzung für die Aufnahme der Projekte in die Datenbank.

Die Mehrzahl der Projekte in der Datenbank hat weniger als 2.000 Function Points.

Der Aufwand für Planung/Spezifikation beträgt ca. 30% (knapp 1/3), der Aufwand für Realisierung und Test ca. 60% (knapp 2/3) und der Aufwand für die Einführung ca. 10% des gesamten Projektaufwands.

Die Untersuchung der verschiedenen Stufen des angegebenen Aufwands in Release 6 ergab, dass der Aufwand des IT-Kernteams (Stufe 1) 75% des Gesamtaufwands beträgt.

Die Aufwanduntersuchung in der Benchmarking-Studie kann für eine Schätzung mit der Prozentsatzmethode Hinweise auf die Phasenanteile geben. Besser sind dafür natürlich im hauseigenen Umfeld gewonnene Zahlen geeignet.

Die Projektlieferrate über alle Projekte im Release 6 beträgt 8 Stunden pro Function Point, wenn nur der Aufwand für das IT-Kernteam (Stufe 1) gemessen wurde und 9,5 Stunden pro FP, wenn auch die Endbenutzer-Beteiligung mit gemessen wurde (Stufe 4).

Im gesamten Durchschnitt aller Organisationen, Plattformen und Programmiersprachen hinweg liegt die Projektlieferrate im Release 6 bei ca. 9 bis 10 Stunden pro Function Point. Im Juni 2002 sind es eher 15 bis 16 Stunden.

Von den untersuchten 267 Projekten dauerten nur 10 länger als 30 Monate. Die Projektdauer ist bei vielen Projekten 3 Monate, 6 Monate und 12 Monate. Weiterhin ist eine Häufigkeit bei 4 bzw. 7 und 8 Monaten festzustellen.

Die meisten Projekte dauerten 2 bis 8 Monate (mit gleicher Häufigkeit). Nur 15% der Projekte dauerten länger als 12 Monate.

Je größer die Mitarbeiteranzahl in einem Projekt ist, desto niedriger ist die Produktivität.

Für Projekte über 1.400 Function Points steigt die Teamgröße unverhältnismäßig stark an (ab 5 Team-Mitgliedern), bis dahin beträgt sie durchschnittlich 4 bis 6 Mitarbeiter.

Ab 4 Teammitgliedern steigt die Teamgröße überproportional zum Projektumfang.

Teams von 2 bis 3 Mitarbeitern betreuen die meisten Function Points pro Mitarbeiter.

Systeme, die in Fremdvergabe entwickelt wurden, haben eine größere Produktivität als intern entwickelte. Das gilt auch für den Unterschied zwischen Einzel- und Mehrplatzsystemen. Ebenso haben Projekte mit Upper-Case-Technologie eine bessere Produktivität als andere. Projekte von Banken haben die geringste Produktivität.

Die Hauptaussage der Studie ist, dass die Programmiersprache der Haupteinflussfaktor für die Projektlieferrate ist. An zweiter Stelle folgt die Entwicklungsumgebung, an dritter Stelle die Teamgröße und dann die Art der Organisation.

Insgesamt betrachtet, bietet diese Studie für den Praktiker einen reichen Fundus an Kennzahlen über die Systementwicklung.

8 Die IFPUG-Function-Point-Methode

Die Function-Point-Methode ist eine Methode zur Messung der Größe bzw. des Umfangs einer Anwendung aus Benutzersicht. Das heißt, es wird die vom Benutzer geforderte Funktionalität gemessen, die von der Fachabteilung nachgefragt, anhand des logischen Systementwurfs quantifiziert und für sie erbracht wird. Dieses Maß ist unabhängig von der für die Implementierung verwendeten Technologie, da nicht die technische Realisierung der Anwendung betrachtet wird. Function Points werden aus dem Fachkonzept abgeleitet und wer immer die Function Points zählt, wird viel über die fachlichen Anforderungen an das Projekt lernen.

8

Folgende Ziele können mit der Function-Point-Methode erreicht werden:

- einheitliche und integrierte Software-Messung
- Verbesserung der Schätzgenauigkeit und des Projektmanagements
- Qualitätsverbesserung des Software-Entwicklungsprozesses
- Erfahrungstransfer von Schätz-Know-how
- Reduktion von Komplexität und Unsicherheit beim Schätzvorgang
- Grundlage für Kennzahlen und Metriken

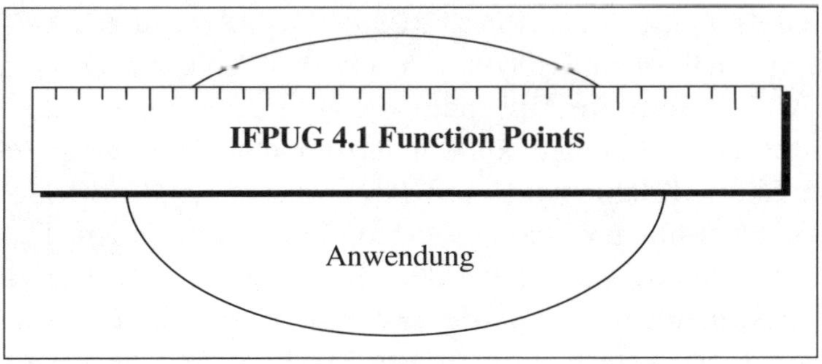

Abbildung 8.1: Zählen einer Anwendung

Die genauen Zählregeln nach IFPUG 4.1 findet der interessierte Leser im Kapitel *Function-Point-Zählregeln*. Im Internet sind zahlreiche Informationen über die Function-Point-Methode zu finden, so z.B. unter *http://www.lrgl.uqam.ca* (Universität Quebec at Montreal, Canada), *http://www.compass-analysis.com* (David Locke, *davidl@compass-analysis.com*) und natürlich unter den Homepages der Metrikorganisationen, z.B. der DASMA *http://www.dasma.org* und der IFPUG *http://www.ifpug.org*, letztere mit einer ***FAQ-Liste*** (Frequently asked Questions). Capers Jones hat in seiner Homepage *http://www.spr.com* Links zu fast allen Function-Point-Websites.

Es gibt im Internet auch eine ***discussion usergroup*** mit über 500 Teilnehmern, geleitet von Denis St. Pierre und seinen Kollegen vom Computer Research Institute of Montreal (CRIM), die Function-Point-Themen über einen Listserver per E-Mail an die eingetragenen User verbreitet. Um Teilnehmer zu werden, genügt eine E-Mail an den Empfänger *cim@crim.ca* mit dem Inhalt *SUB FUNCTION.POINT.LIST* eigener Name, wobei der Titel der E-Mail leer gelassen werden muss. Denis St. Pierre hat die E-Mail-Adresse denis.st.pierre@crim.ca. Ebenso gibt es im CompuServe Network Diskussionsforen, die oft Function Points behandeln, z.B. das CASE Forum und die Foren für Information Management und Cost Estimating.

In den letzten Jahren sind weltweit zunehmend Erfahrungen mit der Messung des Funktionsumfangs von Software gewonnen worden. Speziell vier gut anwendbare Methoden (siehe Kapitel *Varianten der Function-Point-Methode*) haben sich sehr verbreitet: IFPUG (Release 4.0 bzw. 4.1), NESMA (niederländischer Metrikverband) Release 2, Mark II Release 1.3.1 und COSMIC Full Function Points Release 2.2. Die IFPUG-, NESMA- und Mark-II-Methode haben sich angenähert und gehen vom gleichen Verständnis aus, dass die Funktionalität von Software-Anwendungen auf funktionalen Anforderungen basiert, und zwar unabhängig von der verwendeten Technologie und unabhängig von Skills, Erfahrungen und Performance der Entwickler. Ebenso stimmen sie darin überein, dass die Anforderungen in einem Katalog logischer Transaktionen dargestellt werden können, wobei jede Transaktion aus einer Nachrichteneingabe über die Systemgrenzen hinweg besteht sowie einer dazugehörigen Verarbeitung und einer relevanten Antwort als Ausgabe über die Systemgrenzen hinweg.

8.1 Historie

Die Function-Point-Methode wurde 1979 von A. J. Albrecht bei IBM entwickelt und wird seit 1981 bei der IBM Deutschland und bei einigen großen deutschen IT-Entwicklern eingesetzt. 1986 wurde die International Function-Point-Users Group (IFPUG) zum Zweck einer ***internationalen Standardisierung*** dieser Methode gegründet. Die Mitglieder der IFPUG erhalten kostenlos das so genannte IFPUG ***Counting Practices Manual*** (CPM), das die standardisierte und vereinheitlichte Version der Function-Point-Methode beschreibt. Das erste CPM der IFPUG erschien 1989 und ist mittlerweile (Release 4.1) in Deutsch, Englisch, Französisch, Italienisch, Japanisch, Koreanisch und Spanisch erhältlich. Die aktuelle Version des CPMs beschreibt die Function-Point-Methode nach IFPUG Release 4.1. Darüber hinaus gibt die IFPUG vierteljährlich die Zeitschrift ***metric views*** heraus – nicht zu verwechseln mit der halbjährlich erscheinenden ***Metrics News*** der GI-Fachgruppe 2.1.10 Software-Messung und -Bewertung (Prof. Dumke).

8

Abbildung 8.2 zeigt den zeitlichen Verlauf der Weiterentwicklung der Function-Point-Methode.

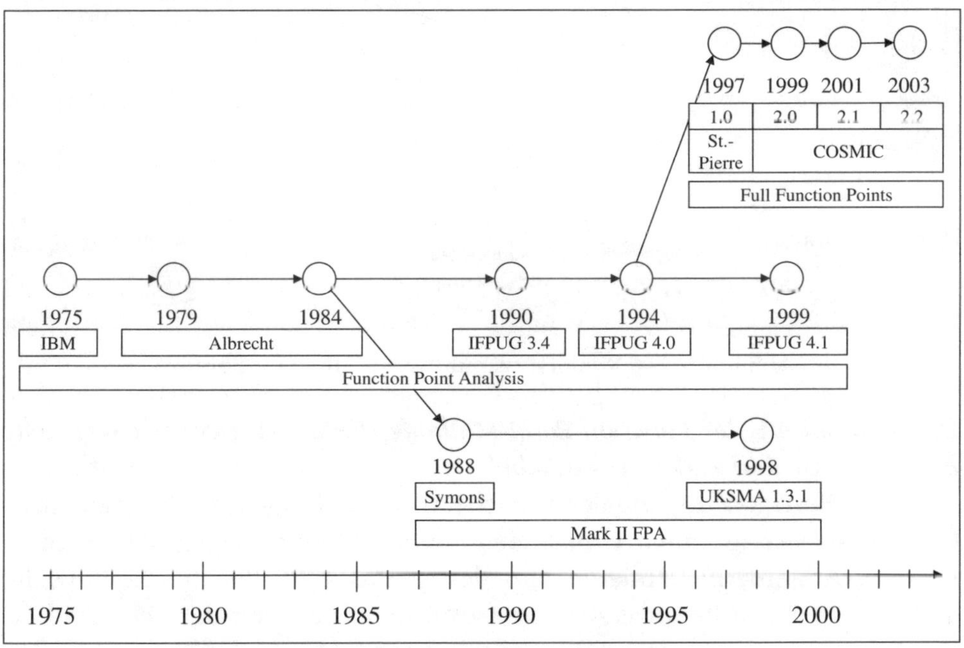

Abbildung 8.2: Historie der Function-Point-Methode

Seit dem Release 4.1 der IFPUG basiert Software-Funktionalität ganz klar auf einem transaktionsorientierten Stimulus-Response-Modell, das heißt, Eingaben, Ausgaben und Abfragen sind alles Transaktionstypen mit jeweils einer Eingabeseite, einer dazugehörenden Verarbeitung und einer Ausgabeseite. Das war in früheren Releases nicht klar und hat damals den Einsatz der Function-Point-Methode erschwert.

8.2 Der Nutzen der Function-Point-Methode

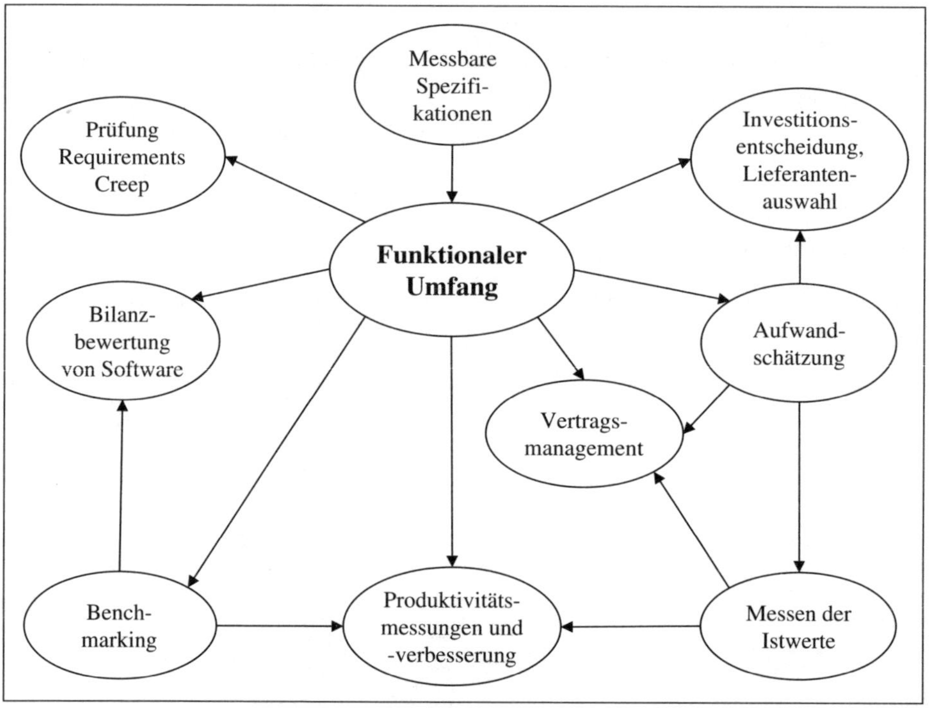

Abbildung 8.3: Weiterverwendung der Function Points

Die Anwendung der Function-Point-Methode (FPM) ist leicht nachvollziehbar, erlernbar und zudem praktikabel. Dies sind nicht unwesentliche Faktoren unter Berücksichtigung der Tatsache, dass Zählungen im Rahmen einer Qualitätssicherung unter Umständen auditiert oder freigegeben werden müssen. Außerdem definieren Function Points (FP) objektiv die Anwendungssysteme aus Benutzersicht und zwar konsistent mit dem Verständnis der Anwender über die Funktionalität der Anwendungssysteme und in der Sprache der Benutzer. Das ganze Projektteam wird durch die Function-Point-

Methode dazu gezwungen, das System aus der Sicht der Endbenutzer zu modellieren. Die funktionalen Elementarprozesse entsprechen den Business Requirements (Geschäftsprozesse). Das führt zu einem besseren Design und zu besseren Steuerungsmöglichkeiten im Projektverlauf.

Wird die Function-Point-Methode zusammen mit den Endbenutzern durchgeführt, so werden diese zur Mitarbeit und mehr Engagement motiviert und die Benutzerzufriedenheit mit dem Projekt kann gesteigert werden. Das ist ein sehr wichtiges Projekterfolgskriterium.

Abbildung 8.3 zeigt die Möglichkeiten, gemessene Function Points (FP) im Software-Engineering-Prozess und Projektmanagement gewinnbringend weiterzuverwenden.

Die folgende Aufstellung beschreibt diese und einige andere (siehe auch Abbildung 8.4) Weiterverwendungsmöglichkeiten der Function Points (FP) in einer Kurzdarstellung.

Der Nutzen der Function-Point-Methode (FPM) ist vielfältig:

- FPs als Input für Aufwandschätzungen und Projektmanagement
- FPs als Basis für Projektplanung und Architekturüberlegungen
- FPs als Basis für Projektstrukturierung und Releaseplanung
- FPs als Basismetrik für Qualitätsplanung und Management-Reviews
- FPM zur impliziten Prüfung der Anforderungen auf Vollständigkeit und Missverständnisse und damit zur Verbesserung der Qualität
- FPM zum Design der Testfälle und zum Schätzen des Testaufwands
- FPM liefert Metriken für Stabilität und Zuverlässigkeit
- FPs als Basis für Benchmarking und Risikostudien
- Benutzerorientierte Dokumentation der Anwendung
- FPs zur Messung des Requirements Creep
- FPs zur Messung diverser Produktivitäts- und Qualitätskennzahlen
- FPs unterstützen den Reuse in der IT-Anwendungsentwicklung durch die frühzeitige und einheitliche Darstellung von Geschäftsvorfällen für Schätzungen im Zeitpunkt der Studie, für Auftragserteilung, für Projekt-Aufwandschätzungen, für Testfallermittlung, für Weiterentwicklungsprojekte, für Projekterweiterungen und für die Dokumentation

Abbildung 8.4 fasst den Nutzen der Function-Point-Methode zusammen.

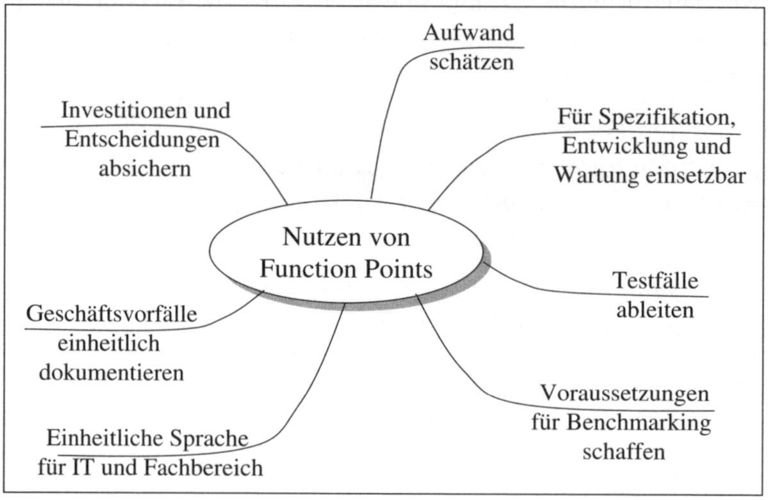

Abbildung 8.4: Nutzen der Function-Point-Methode

Die prinzipiellen Vorteile der Function-Point-Methode sind, dass sie sowohl unabhängig von der Entwicklungsumgebung als auch von den Entwicklern ist. Bei konsequenter Anwendung der Function-Point-Methode nach IFPUG 4.1 und der sorgfältigen Dokumentation der Zählergebnisse erhält das Unternehmen projektübergreifende, konsistente Daten über den Umfang der realisierten und noch zu realisierenden Anwendungen. Diese Informationen bilden zum einen die ***Basis für eine solide Schätzung*** des für die Realisierung nötigen Aufwands. Darüber hinaus werden erst durch diesen international anerkannten Standard ***unternehmensübergreifende Benchmarks*** möglich.

Damit werden leichtere und verbesserte Aufwandschätzungen möglich sowie Arbeitserleichterungen und Qualitätsverbesserungen, indem Geschäftsvorfälle für Aufträge und Projekte einheitlich deklariert werden, Testfälle leicht ableitbar sind und Produktivitätssteigerungen messbar werden.

Abbildung 8.5 zeigt die Einsatzmöglichkeiten der Function-Point-Methode.

Die Kenntnis des Projektumfangs hilft Software-Entwicklern zu entscheiden, welche Funktionalitäten eventuell »abgespeckt« werden können, um Termine für die Fertigstellung von Anwendungssystemen einhalten zu können. Mit der Kenntnis der Function Points können derart mehrere Szenarios durchgerechnet werden und Releaseplanungen vorgenommen werden. Function Points bringen damit beiden Seiten Transparenz und gemeinsames Verständnis.

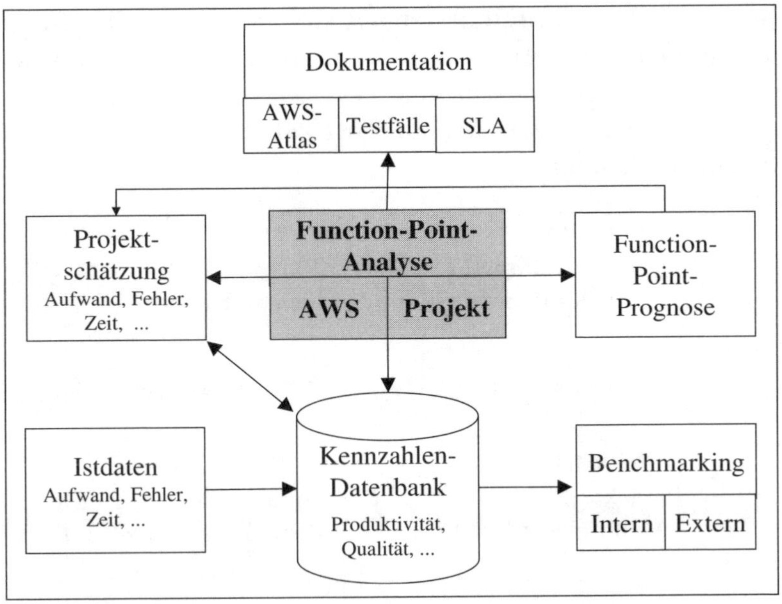

Abbildung 8.5: Einsatzmöglichkeiten der Function-Point-Methode

Function Points und Preisvergleiche

Eine weitere interessante Möglichkeit ist der Preisvergleich von Anbietern und Software beim Kauf von Fremdsoftware (englisch: contract metrics), der sich laut Capers Jones in den USA derzeit zunehmend verbreitet (in Deutschland sind auch schon Fälle bekannt). Abbildung 8.6 zeigt die Einsatzmöglichkeiten.

Anhand der Vergleichskriterien lässt sich dabei auch mit den Anbietern diskutieren. Das gilt auch für die Fremdvergabe von Software-Erstellung. Capers Jones berichtet davon, dass übliche Standardsoftware wie z.B. Spreadsheets für 0,25 Euro pro Function Point gekauft werden können. Nischensysteme kosten demnach zwischen 10 Euro und mehr als 300 Euro pro Function Point. Entwicklungskosten von Anwendungssystemen variieren von 200 Euro pro Function Point für kleine Endanwendersysteme bis mehr als 5.000 Euro pro Function Point für große Militär- und Verteidigungssysteme. Solche Preise können mit durchschnittlichen Entwicklungskosten von 1.500 Euro pro Function Point in Westeuropa und 350 Euro pro Function Point in Osteuropa verglichen werden, um eine Make-or-buy-Entscheidung zu treffen.

Auch Differenzen zwischen Lieferant und Abnehmer von fremderstellter Software lassen sich oft anhand von Function-Point-Zählungen objektivieren.

Capers Jones berichtet von mindestens 25 Gerichtsurteilen in den USA, bei denen Function Points wegen Vertragsbruchs (15 Urteile) oder wegen Steuervergehen (10 Fälle) eine Rolle spielten. Hier zeigt sich, dass Function Points viele Ängste von Endbenutzern über die Unzulänglichkeit von Aufwandschätzungen beseitigen helfen.

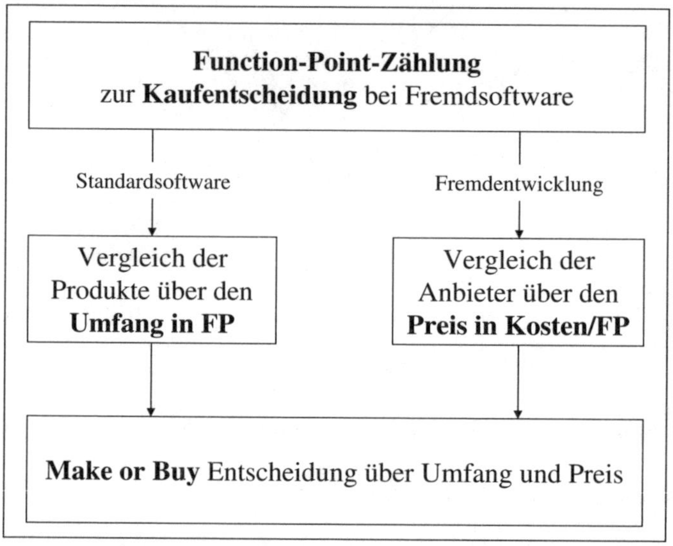

Abbildung 8.6: Function Points beim Kauf von Fremdsoftware

Beispiele für solche contract metrics sind

- Kosten pro ausgeliefertem Function Point für Neu- oder Weiterentwicklung
- Festpreis für eine bestimmte Anzahl von Function Points (Neu- oder Weiterentwicklung)
- Festpreis für die Wartung eines Portfolios in einem bestimmten Umfang (gemessen in Function Points)
- Staffelpreise, falls der vertragliche Umfang unter- bzw. überschritten wird
- Zur Steuerung von Performance-Verbesserungen (Zielvorgaben, Bonussystem):
  - Eine bestimmte Anzahl von Function Points pro Stunde für Neu- oder Weiterentwicklung
  - Kosten pro Function Point für Neu- oder Weiterentwicklung

- Eine bestimmte Anzahl von Function Points pro Mitarbeiter für die Wartung von Anwendungssystemen
- Eine bestimmte Anzahl von Fehlern pro Function Point

Generell ist bei Verträgen auf folgende Bestandteile zu achten:

- Anzahl von Function Points
- Staffelungen für mehr oder weniger Function Points
- Geschätzte Kosten, Dauer, Mitarbeiteranzahl sowie deren Qualifikation und Einsatzzeiträume
- Tracking des Projektfortschritts und Maßnahmen bei Verzug.

Zusammenfassend ist festzustellen:

> *Der Aufwand zur Planung, Durchführung und Dokumentation von Function-Point-Zählungen ist in jedem Fall gerechtfertigt. Er ist unvergleichbar geringer als der sich daraus ergebende Nutzen.*

8.3 Anwendungsbereiche der Function-Point-Methode

Die Function-Point-Methode findet ihre Anwendung sowohl bei der Entwicklung neuer Systeme als auch bei der Weiterentwicklung bzw. Erweiterung bereits vorhandener Software-Produkte. Sie wird zurzeit in folgenden Bereichen eingesetzt.

1. Aufwandschätzung der Entwicklungskosten bei kommerziellen Anwendungen
2. Schätzen des Wartungsaufwands bereits implementierter Systeme
3. Vergleich der Funktionalität von altem und neuem System beim Reengineering (Rebuild)
4. Ermittlung von Produktivitätstrends in der Software-Entwicklung
5. Über Kosten pro Function Point sind Kostenschätzungen möglich und über Stunden pro Function Point (Auslieferungsgeschwindigkeit) ist eine Aufwandschätzung als Basis für die Planung von Ressourcen und Terminen möglich.
6. Wenn aufgrund von Kosten- oder Termindruck Teile eines Projekts auf spätere Auslieferungen verschoben werden müssen, kann anhand der Function Points die Funktionalität bestimmt werden, deren Realisierung verschoben wird.

7. Durch Fehlermetriken (Fehler pro Function Point) kann die Testphase besser geplant werden.
8. Anhand der Function Points einzelner Funktionalitäten eines Projekts ist es möglich, festzustellen, welches die komplexesten Projektteile sind.
9. Für ***Risikoabschätzungen*** können Function Points herangezogen werden, weil bekannt ist, dass Projekte mit weniger als 500 Function Points nur ein Risiko für einen Fehlschlag von 20% haben, während dies bei Projekten mit mehr als 5.000 Function Points bei mehr als 40% liegt.
10. Pam Morris hat mit Regressionsanalysen eine Korrelation ($R^2 = 0{,}8638$) festgestellt zwischen dem Umfang eines Anwendungssystems, gemessen in Function Points (FP), und der Anzahl der Mitarbeiter (M), die für die Wartung des Anwendungssystems erforderlich sind

    $M = 0{,}0012 * FP$.

    Demnach sind für die Wartung eines Anwendungssystems in der Größe von 1.000 Function Points ca. 1,2 Mitarbeiter erforderlich oder 1 Mitarbeiter je 833 Function Points.

Die Beschränkung auf ***kommerzielle Anwendungen*** (z.B. Management-Informationssysteme, MIS) wird damit begründet, dass bei technischen und betriebssystemnahen Problemen die Entwicklungskosten von anderen Faktoren beeinflusst werden. Kommerzielle Anwendungen haben ihren Schwerpunkt in der Manipulation großer Datenbestände, in der Dateneingabe und der Datenausgabe.

In ***technischen oder wissenschaftlichen Anwendungen*** (z.B. in Forschung und Entwicklung, Produktion) liegen dagegen die Schwerpunkte in der Verarbeitung der Daten. Hier sind besonders komplexe Rechenoperationen und kombinatorische Probleme zu nennen. Das ist ein Aspekt, der von der Function-Point-Methode nicht explizit berücksichtigt wird und deshalb zur Entwicklung von Varianten der Function-Point-Methode geführt hat.

Speziell für ***die Problematik technischer IT-Projekte*** ist eine stärkere Orientierung an Verarbeitungskriterien möglich. Im technischen Bereich sind die Daten-Eingaben und -Ausgaben oft trivial, während Aspekte der Verarbeitung eine wichtigere Rolle spielen.

Im Kapitel *Varianten der Function-Point-Methode* zeigen wir eine solche Fortentwicklung (Full Function Points), die vom Ansatz her allgemeiner ist als die

»klassische« Function-Point-Methode. Auch diese Aspekte sind also bei einer entsprechenden Anpassung der Function-Point-Methode darstellbar. Das zeigt, dass sie sehr flexibel einsetzbar ist.

In einer vergleichenden Studie über 15 Software-Projekte hat Chris Kemerer gezeigt, dass die Function-Point-Methode nicht nur für kommerzielle Anwendungen einsetzbar ist. Das ist nicht verwunderlich, wenn man bedenkt, dass die Function-Point-Methode ihren Ausgangspunkt bei der Entwicklung von Betriebssystemen hatte. Darüber hinaus fand Kemerer, dass die Function-Point-Methode trotz ihrer Schwächen die beste der vier untersuchten Methoden (SLIM, COCOMO, Estimacs, Function-Point-Methode) ist.

8.4 Die Beurteilung der Function-Point-Methode

8

Noth und Kretzschmar kommen in dem von ihnen durchgeführten Test zum Urteil, dass die Function-Point-Methode zu den wenigen Methoden gehört, die für den Einsatz in der Praxis empfohlen werden können. Das schlägt sich auch im Testprotokoll (siehe Tabelle 8.1) nieder (1 = Kriterium sehr gut erfüllt, 5 = Kriterium sehr schlecht bzw. überhaupt nicht erfüllt – trifft bei keinem der Kriterien zu):

Bewertungskriterien		**1**	**2**	**3**	**4**	**5**
Benutzerfreundlichkeit	Einsetzbarkeit			x		
	Erlernbarkeit				x	
	Zeitaufwand				x	
	Rechnerunterstützung		x			
	Transparenz	x				
Projektsteuerung	Frühzeitigkeit	x				
	Strukturierung				x	
	Iterativität	x				
	Sensitivitätsanalysen				x	

Tabelle 8.1: Testprotokoll Function-Point-Methode

Bewertungskriterien		1	2	3	4	5
Ergebnisqualität	Genauigkeit	x				
	Nachvollziehbarkeit	x				
	Bewertbarkeit		x			
	Einflussabdeckung	x				
	Parameterzahl			x		
	Objektivität				x	
	Stabilität		x			
	Fehlerlokalisierung		x			
	Anpassung	x				
	Adaptivität	x				

Tabelle 8.1: Testprotokoll Function-Point-Methode *(Forts.)*

Nach Noth hat die Function-Point-Methode hauptsächlich folgende Vorteile:

- Die Beurteilung des Leistungsumfangs orientiert sich am Funktionsumfang, was als die beste Vorgehensweise angesehen wird.
- Durch den Einsatz einer unternehmensspezifischen Erfahrungskurve kann eine Vielzahl von Einflüssen als nahezu gleich und damit als vernachlässigbar angesehen werden.
- Es ist möglich, das Verfahren an die unternehmensspezifischen Gegebenheiten anzupassen.

Der größte Nachteil dieses Verfahrens besteht darin, dass eine detaillierte Schätzung auf Modulebene nicht möglich ist.

Damit ist das Verfahren nur für die Grobplanung geeignet!

Diese Aussage muss relativiert werden, denn aus fachlicher Sicht ist sehr wohl eine Detailplanung möglich.

Eine weitere Beurteilung der Function-Point-Methode wurde von Ruede vorgenommen, der sich am Anforderungskatalog von Herrmann orientiert:

- ***Genauigkeit*:**

  Ein hohes Maß an Genauigkeit wird durch den Erfahrungsaustausch zwischen bereits abgeschlossenen IT-Projekten und neuen Anwendungsprojekten erreicht. Die Methode wird im Laufe der Zeit bei kontinuierlicher Anwendung sicherere Ergebnisse bringen.

- ***Eindeutigkeit***

  Eine Function-Point-Zählung kann auch von Benutzern inhaltlich und rechnerisch nachvollzogen werden.

- ***Frühzeitigkeit***

  Dadurch, dass die Benutzeranforderungen die Basis für die Bewertung sind, kann die Methode sehr frühzeitig eingesetzt werden. Siehe hierzu auch Kapitel *Die Anwendung der Function-Point-Methode, Function-Point-Prognose.*

- ***Erfassbarkeit***

  Die notwendigen Informationen sind einfach zu ermitteln.

- ***Objektivität***

  »Managementbare« Faktoren und persönliche Einflüsse fließen nicht in die Kalkulation ein.

- ***Transparenz***

  Die Bewertung kann mit dem Benutzer zusammen vorgenommen werden. Das Ergebnis ist erklärbar, kontrollierbar.

- ***Detaillierbarkeit***

  Einzelaktivitäten, Programme und Module können nicht einzeln bewertet werden, nur die Anwendung insgesamt. (Hierzu ist anzumerken, dass aus fachlicher Sicht die Detaillierung möglich ist.)

- ***Stabilität***

  Die Ergebnisse sind konstant, auch wenn sich Techniken und Methoden ändern.

- ***Flexibilität***

  Durch den iterativen Prozess und den Plan-/Ist-Vergleich werden die Abweichungen erkennbar. Die Bewertung kann korrigiert werden.

- ***Benutzerfreundlichkeit***

  Das Verfahren ist leicht erlernbar, die Zahl der Parameter ist überschaubar und die Bewertung ist nicht zeitaufwendig.

Damit erfüllt die Function-Point-Methode weitgehend die Anforderungen, die an ein Verfahren zur Aufwandschätzung gestellt werden.

Über die Testkriterien hinaus nennt Ruede noch zwei wesentliche Vorteile der Function Point Methode:

1. Der Trend im Anwendungsentwicklungsbereich geht in Richtung IT-Organisation und vernachlässigt die durch Tools ersetzbaren Gebiete der Programmierung. Die Function-Point-Methode ist auf dem richtigen Weg, da die Benutzeranforderungen die Basis für die Kalkulation sind.
2. Mit der Methode kann man die Produktivität im Anwendungsbereich aufzeigen und darstellen, wie sich diese durch die Förderung positiver und die Vermeidung negativer Handlungen entwickelt.

Die am Ende des vorigen Abschnitts erwähnte Studie von Kemerer zeigte darüber hinaus, dass der Vergleich von Function-Point-Zählungen zwischen verschiedenen Organisationen möglich ist.

Bei vielen Anwendern wurde die Function-Point-Methode gewählt, weil sie im Zuge der Projektentwicklung (Phasenkonzept) zu einem frühen Zeitpunkt anwendbar ist und sie bei geringem Erkenntnisstand hinreichend genaue Ergebnisse liefert, weil die Anwendung der Methode unkompliziert ist und sie die Gewinnung von Erfahrungswerten ermöglicht.

Function Points sind unbeliebt, weil ...

VORURTEIL	GEGENARGUMENT
... sie von Theoretikern erstellt und praxisfern sind.	Ursprünglich von A. Albrecht in einem Projekt zur Erstellung von Systemsoftware entwickelt.
... sie Verwaltungsaufwand produzieren.	Der Aufwand ist im Vergleich zu Nutzen und Projektgesamtaufwand vernachlässigbar gering.
... sie nicht für objektorientierte Anwendungsentwicklung geeignet sind.	Die FP stellen ein Meta-Modell dar, daher ist eine Abbildung der Requirements, egal in welcher Beschreibung, möglich.

Abbildung 8.7: Argumentationshilfen gegen Vorurteile gegenüber der Function-Point-Methode

Ziele sind, kleine Einheiten zu erfassen, um flexible Vergleiche und frühzeitige Erkennung von Plan-/Ist-Abweichungen zu ermöglichen, Planungsgrundlagen zu schaffen und das Controlling eines IT-Projekts zu verbessern, genauere Schätzungen für Folgeprojekte zu ermöglichen und Auswirkungen von Veränderungen im Entwicklungsumfeld transparenter zu gestalten.

Ein wichtiges Thema ist die Argumentation gegen weit verbreitete Vorurteile gegenüber der Function-Point-Methode, die dazu führen, dass Function Points unbeliebt sind. Abbildung 8.7 bietet dazu eine Argumentationshilfe an.

8.5 Zeitpunkte der Zählung

Der günstigste Zeitpunkt für eine erste Zählung von Function Points ist der Abschluss der Phase Bedarfsanalyse und Lösungsentwurf (Fachkonzept, Requirements Analysis). Diese Phase umfasst

- die Beschreibung der Benutzeranforderungen
- die Beschreibung der Datenstrukturen

und damit alle für die Function-Point-Zählung benötigten Informationen.

Der Inhalt des Kapitels *Die Grundlagen der Aufwandschätzung, Der Zeitpunkt der Aufwandschätzung* trifft voll und ganz auf die Function-Point-Methode zu, ebenso wie die bereits mehrfach und im nächsten Absatz noch einmal explizit beschriebene (weil in der Praxis kaum anzutreffende) kontinuierliche Wiederholung der Zählung.

> *Es kann nicht sinnvoll sein, dass eine Schätzung nur einmalig durchgeführt wird, da mit der Dauer des IT-Projekts bessere Erkenntnisse über die Projektanforderungen vorliegen.*

Es bietet sich also an, die Methode am Ende jeder Phase des Entwicklungsprozesses anzuwenden. Damit kann auch das Tracking des Requirements Creep gesichert werden.

Auch IBM empfiehlt einen Vergleich der Function Points über die gesamte Entwicklungszeit, um herauszufinden, wie sich die Function Points verändert haben, sei es durch neue Erkenntnisse oder durch Änderungen der Projektanforderungen oder den Requirements Creep. ***Die Bewertung der Function Points muss Bestandteil der Dokumentation, der Reviews, des Projektcontrollings und der Freigaben am Ende jeder Projektphase sein.***

Die Wiederholung der Schätzung zu verschiedenen Zeitpunkten des IT-Projekts ermöglicht frühzeitig Korrekturen der vorherigen Schätzungen und damit eine zunehmende Präzisierung und Annäherung des Schätzwertes an den tatsächlichen Aufwand.

Für den Einsatz vor der Fertigstellung des Fachkonzepts kann, natürlich mit größerer Fehlermarge, der Einsatz einer Function-Point-Prognose empfohlen werden (siehe Kapitel *Die Anwendung der Function-Point-Methode, Function-Point-Prognose*). Dazu ist aber vorher eine Untersuchung der Altdaten von Function-Point-Zählungen mittels einer Regressionsanalyse erforderlich. Unsere Erfahrungen zeigen, dass dazu bereits eine Datenbasis von 16 bis 20 gezählten Projekten ausreichend ist. Auch der Einsatz der SPR-Methode (siehe Kapitel *Varianten der Function-Point-Methode, SPR Function Points*) ist vor dem fertig gestellten Fachkonzept möglich.

8.6 Die Vorgehensweise bei der Zählung der Function Points

Vor Beginn einer Function-Point-Zählung müssen folgende Informationen zur Verfügung stehen:

- Die Ausgaben, die vom Anwendungssystem erstellt werden
- Die Eingaben, die über die Systemgrenzen hereinkommen
- Die internen logischen Dateien, die von der Anwendung gepflegt werden
- Die Entitäten und Relationen der internen logischen Dateien
- Die Abfragen, die an das Anwendungssystem gestellt werden können
- Die Schnittstellen zwischen der Anwendung und anderen Anwendungssystemen
- Die Schlüsselprozesse des Anwendungssystems

Der Ablauf einer Function-Point-Zählung lässt sich dann wie folgt darstellen:

1. Zähltyp festlegen
2. Umfang der Zählung und Systemgrenze festlegen
3. Ungewichtete Function Points zählen
4. Einflussfaktor ermitteln
5. Gewichtete Function Points errechnen
6. Dokumentation der Zählung

Abbildung 8.8 stellt den Ablauf dar.

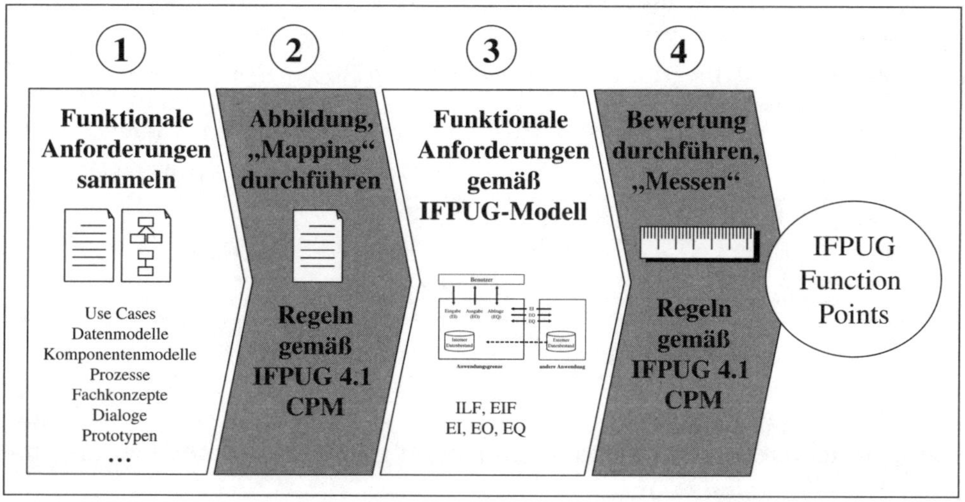

Abbildung 8.8: Ablauf einer Function-Point-Zählung

Die Zählungen wie auch die Schätzungen sollten durch die Projektleitung bzw. durch von diesen beauftragte Personen mit Unterstützung des Competence Centers durchgeführt werden. Die Freigabe der Zählungen und Schätzungen ist abhängig von einer abschließenden Prüfung durch das Competence Center. Somit kommt noch ein Punkt hinzu:

7. Qualitätssicherung der Zählung durch ein Competence Center

Im Folgenden werden die Punkte im Einzelnen erläutert.

8.6.1 Schritt 1: Zähltyp festlegen

Die Function-Point-Methode unterscheidet zwischen drei Zähltypen, von denen zwei die Zählung von IT-Projekten betreffen:

1. Neuentwicklungsprojekt
2. Weiterentwicklungsprojekt
3. Anwendungssystem

Die Beziehung zwischen diesen Zähltypen veranschaulicht die Abbildung 8.9.

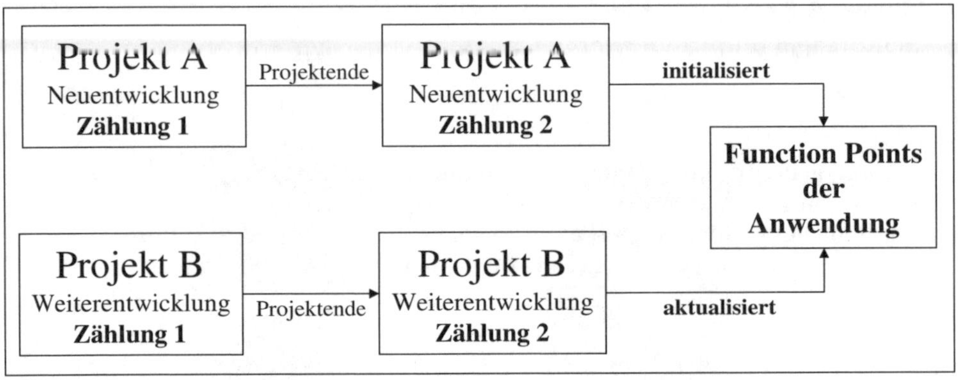

Abbildung 8.9: Zähltypen nach IFPUG 4.1

Bei einer ***Neuentwicklung*** wird ein Anwendungssystem erst erstellt und somit ausschließlich Funktionalität hinzugefügt, gezählt werden hier die hinzugefügten Function Points.

8

Ein ***Weiterentwicklungsprojekt*** kann jedoch unter Umständen sowohl neue Funktionalität hinzufügen, als auch Funktionalität entfernen bzw. ändern. Hier werden nur die geänderten, gelöschten und hinzugefügten Benutzerfunktionen gezählt.

An Abbildung 8.9 erkennt man außerdem, dass die Function-Point-Methode den so genannten ***schleichenden Funktionszuwachs*** berücksichtigt: Es sind mindestens zwei Zählungen vorgesehen. Eine bei Projektstart und eine weitere nach Projektabschluss, um zum einen die geplante und zum anderen die tatsächlich realisierte Funktionalität ermitteln zu können.

Nach Beenden eines Weiterentwicklungsprojekts muss die Function-Point-Zählung für das ***Anwendungssystem*** aktualisiert werden.

In der IT-Anwendungsentwicklung eines großen Versicherungsunternehmens wurden die im Folgenden dargestellten Standards zur Abgrenzung von Anwendungssystemen (AWS) für Function-Point-Zählungen entwickelt:

- Ein AWS hat mindestens einen Benutzer.
- Ein AWS besitzt mindestens ein EI und EO/EQ nach IFPUG-Standard.
- Ein AWS hat souveräne Datenhaltung, -Verwaltung und -Aufbereitung, d.h. mindestens einen internen Datenbestand (ILF).
- Schnittstellen müssen für den Benutzer fachlich begründet sein.

- Ein AWS behandelt Geschäftsvorfälle fallabschließend bis auf zentrale Schnittstellen und/oder vergleichbare nachgelagerte Prozesse.
- Ein AWS wird innerhalb einer Organisationseinheit gepflegt (hausspezifischer Standard).
- Unterschiedliche Produkte begründen keine Abgrenzungen zwischen AWS.
- Bestandsverwaltung und Leistungsbearbeitung werden in der Regel unterschiedliche AWS sein (hausspezifischer Standard).
- Statistische Auswertungen des AWS-eigenen Datenbestands begründen noch kein eigenes AWS.
- AWS-eigene Batch- oder Schnittstellen-Bearbeitung ist von der Online-Bearbeitung nicht zu trennen.
- Verschiedene AWS haben verschiedene fachliche Funktionalitäten.
- Unterschiedliche Benutzer können ein Indiz für unterschiedliche AWS sein, ausgenommen Schnittstellensysteme.
- Verschiedene Mandanten werden in derselben Datenbank nur dann verwaltet, wenn es neben getrennten Prozessen auch gemeinsame Prozesse gibt. In diesem Fall liegen keine unterschiedlichen AWS vor.

8.6.2 Schritt 2: Umfang der Zählung und Systemgrenze festlegen

Die Function-Point-Methode nach IFPUG 4.1 unterscheidet zwischen dem Umfang einer Zählung (Counting Scope) und einem Anwendungssystem. Der Umfang einer Zählung kann durchaus mehrere Anwendungssysteme umfassen, die dann aus Benutzersicht (nicht aus technischer Sicht) unterschiedliche Funktionalitäten beinhalten und für die dann auch verschiedene Systemgrenzen festgelegt werden.

Durch die Festlegung der Systemgrenze des zu zählenden Anwendungssystems wird bestimmt, welche Funktionalität dem eigenen IT-Projekt und welche externen Anwendungen zugerechnet wird. Es wird geschätzt, dass inzwischen weltweit von ca. 30.000 Anwendungssystemen die Function Points gezählt wurden.

Grundsätzlich gilt, dass die Systemgrenze aus Benutzersicht festgelegt werden muss. Wie Abbildung 8.10 verdeutlicht, befindet sich der Benutzer außerhalb des Systems. Nach Festlegen der Grenze müssen Datenbestände, die von der eigenen Anwendung gepflegt (create, change, delete) werden, innerhalb und externe Datenbestände außerhalb der Systemgrenze gepflegt werden. Zudem muss bei Weiterentwicklungsprojekten darauf geachtet werden, dass die neue Systemgrenze mit der Systemgrenze des Basissystems übereinstimmt.

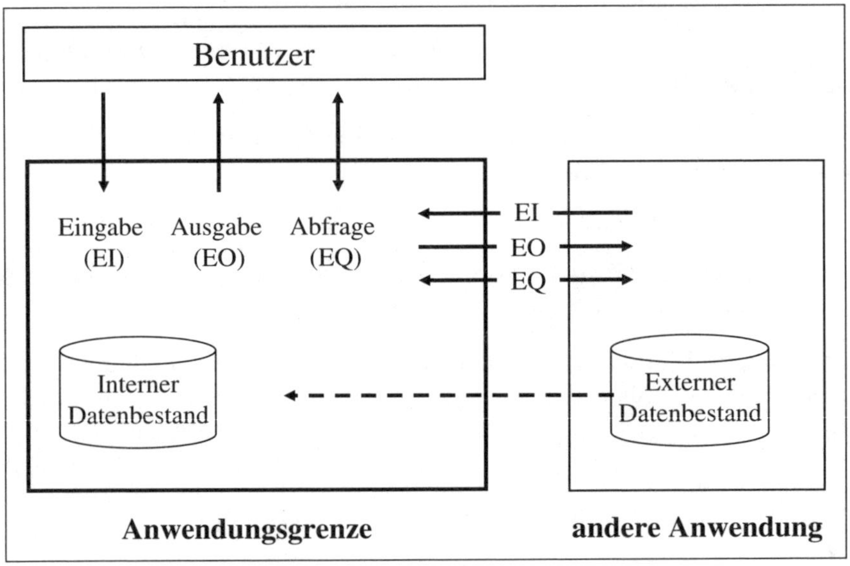

Abbildung 8.10: Festlegen der Systemgrenze

Da die Systemgrenze erheblichen Einfluss auf die Anwendungsfunktionalität hat, ist es unerlässlich, die Festlegung der Systemgrenze klar zu dokumentieren. Hierzu gehört auch die Niederschrift von eventuellen Annahmen, aufgrund derer die Grenze bestimmt worden ist.

In der Praxis hat sich herausgestellt, dass diese Abbildungen sehr gut als Architekturdiagramme in einem Anwendungssystematlas wiederverwendet werden können.

8.6.3 Schritt 3: Durchführung der Function-Point-Zählung nach IFPUG 4.1

Es werden fünf Funktionstypen unterschieden:

Daten-Function-Points	***ILF (Internal Logical Files):*** Interne Datenbestände mit ihren Satzarten und Datenelementen; Daten, die innerhalb der Systemgrenzen der Anwendung gepflegt werden
	EIF (External Interface Files): Externe Schnittstellen-Datenbestände mit ihren Satzarten und Datenelementen; Daten, die außerhalb der Systemgrenzen (von anderen Anwendungen) gepflegt werden
Transaktions-Function-Points	***EI (External Inputs):*** Externe Eingabedaten mit ihren logischen Datengruppen und Datenelementen
	EO (External Output): Externe Ausgabedaten mit ihren logischen Datengruppen und Datenelementen
	EQ (External Inquiries): Externe Abfragen mit ihren logischen Datengruppen und Datenelementen

Tabelle 8.2: Funktionstypen nach IFPUG 4.1

Die Function Points werden nach spezifischer Formel je nach Art der Zählung (siehe dazu Schritt 5) ermittelt:

- ***Sowohl für hinzugefügte, als auch entfernte oder geänderte Funktionalität müssen die Function Points gezählt werden.***
- Hinzugefügte Funktionalität vergrößert den Umfang des IT-Projekts und der Anwendung.
- Entfernte Funktionalität vergrößert den Umfang des IT-Projekts und verkleinert den Umfang der Anwendung.
- Geänderte Funktionalität vergrößert den Umfang des IT-Projekts und verkleinert oder vergrößert den Umfang der Anwendung bzw. lässt ihn unverändert.

Die Function Points werden dann anhand einer ***Komplexitätsmatrix*** in Gering, Mittel und Hoch (*low, average, high*) klassifiziert und das Ergebnis des Schätzvorgangs in einer Übersicht (siehe Tabelle 8.3) zusammengestellt:

Funktionstyp	Komplexität	FP	Anzahl	S FP
ILF	low	7		
	average	10		
	high	15		
EIF	low	5		
	average	7		
	high	10		
EI	low	3		
	average	4		
	high	6		
EO	low	4		
	average	5		
	high	7		
EQ	low	3		
	average	4		
	high	6		
Summe ungewichtete Function Points				

Tabelle 8.3: Übersicht einer Function-Point-Zählung

Diese Function Points werden ***ungewichtete Function Points*** genannt. Anhand von 14 Systemmerkmalen wird dann über deren Summe ein Faktor bestimmt, mit dem diese Function Points multipliziert werden. Das Ergebnis sind dann die gewichteten Function Points. So entspricht auch nur die Function-Point-Methode bis zur Berechnung der ungewichteten Function Points den Kriterien der ISO für eine funktionale Metrik. ***Der Schritt von den ungewichteten Function Points zu den gewichteten Function Points ist der Schritt weg von der Messung des Umfangs hin zur Berücksichtigung von Einflüssen auf die Systementwicklung für die Aufwandschätzung.***

Im Folgenden werden die fünf Schätzobjekte beschrieben.

Bewertung der Datenbestände

Es werden interne logische Datenbestände (ILF = Internal logical file) und externe Datenbestände (EIF = External interface file) unterschieden. Der hauptsächliche Unterschied zwischen beiden besteht darin, dass ein ILF von der eigenen Anwendung und ein EIF von einer externen Anwendung gepflegt wird, das heißt, ein EIF ist immer ein ILF einer externen Anwendung. Der Begriff ***pflegen*** beinhaltet, dass die eigene Anwendung Daten von einem ILF anlegen (new oder insert), ändern (change, update), löschen (delete) oder ansehen (view) kann.

Äußerst wichtig ist hier wieder, dass die Datenbestände ***ausschließlich aus Benutzersicht*** gesehen werden. Bei der Zählung der Function Points nach Ende des IT-Designs oder nach Einführung der Anwendung (Nachkalkulation) fällt es schwer, die Forderung zu erfüllen, »alles aus Benutzersicht« zu zählen. Hier hilft nur, sich möglichst oft an diese Prämisse der Function-Point-Methode zu erinnern, dass man den Standpunkt des Benutzers einnehmen soll. Technisch gesehen können z.B. die Mitarbeiterdaten einer Anwendung in mehreren verschiedenen Tabellen gespeichert sein, aus Benutzersicht ist dies jedoch *ein* logisch zusammengehöriger Datenbestand.

Voraussetzung ist ein logisches Datenmodell, dessen Entitäten gezählt werden (keine Supra-Entitäten, keine IT-technischen Felder oder Dateien, wie z.B. Gruppenfelder oder Filler). Zu den ILFs zählen z.B. Bestandsdaten oder Produktdaten.

Die EIFs sind Schnittstellen aus dem Fachkonzept. Das sind die Datenbestände, die von anderen Anwendungen gepflegt und in der gezählten Anwendung referenziert werden. Das heißt, ein EIF ist ein ILF einer anderen Anwendung. Man kann auch sagen, dass ein EIF ein logischer Reuse Datenbestand ist.

Die Komplexität der internen und externen Datenbestände hängt von zwei Faktoren ab:

1. Anzahl der Datenelemente (DET, engl. Data Element Type)
2. Anzahl der Untergruppen (RET, engl. Record Element Type)

Diese sind lt. IFPUG folgendermaßen definiert:

DET: Ein DET ist ein für den Benutzer erkennbares, eindeutig bestimmbares, nicht rekursives Feld in einem ILF oder EIF.

RET: Ein RET ist eine vom Benutzer erkennbare Untergruppe von Datenelementen in einem ILF oder EIF.

Das Beispiel in Abbildung 8.11 zeigt den Aufbau eines Teils einer Gehaltsabrechnung aus Benutzersicht mit 7 DETs und 2 RETs.

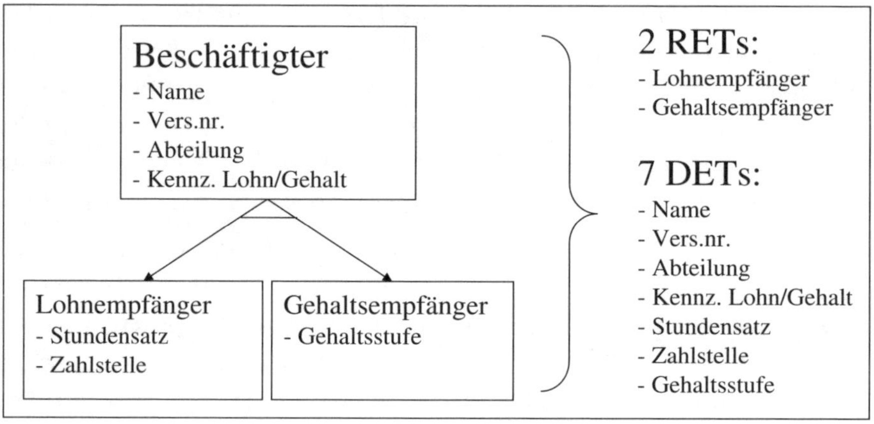

Abbildung 8.11: Beispiel zur Bestimmung der Komplexität von Datenbeständen

Festgehalten werden die Entitäten und die Anzahl der Felder. Immer dann, wenn mindestens ein Feld vorhanden ist, wird ein RET gezählt. Schlüsselfelder werden nur einmal gezählt.

Nach Bestimmen der RETs und DETs lässt sich der Komplexitätsgrad eines Datenbestands anhand einer Komplexitätsmatrix ablesen. Dieser kann

- einfach (engl. low)
- mittel (engl. average)
- hoch (engl. high)

sein.

Danach kann aus einer weiteren Matrix abgelesen werden, wie viel Function Points für einen Datenbestand mit welchem Komplexitätsgrad zu zählen sind. Tabelle 8.4 zeigt die Matrix zur Bestimmung des Komplexitätsgrads und Tabelle 8.5 die Matrix zum Bestimmen der ungewichteten Function Points von Datenbeständen nach IFPUG 4.1. Das Beispiel aus der Abbildung 8.11 hat demnach den Komplexitätsgrad *low* bzw. einfach (2 RET, 7 DET). In Abhängigkeit davon, ob der Datenbestand als ILF oder EIF gezählt wird, hat er dann 7 (ILF) bzw. 5 (EIF) ungewichtete Function Points. Dadurch, dass die ILFs höher bewertet werden, wird der Tatsache Rechnung getragen, dass diese Datenbestände in der eigenen Anwendung gepflegt werden, EIFs aber von einer externen Anwendung.

RETs/DETs	1 bis 19 DETs	20 bis 50 DETs	> 50 DETs
1 RET	low	low	average
2–5 RETs	low	average	high
> 5 RETs	average	high	high

Tabelle 8.4: Beispiel zur Bestimmung der Komplexität von Datenbeständen

Komplexitätsgrad	ungewichtete Function Points	
	ILF	EIF
low	7	5
average	10	7
high	15	10

Tabelle 8.5: Ungewichtete Function Points für Datenbestände nach IFPUG 4.1

Neuen Anwendern der IFPUG-Methode fällt immer wieder schwer, den Unterschied zwischen EIF und EI festzustellen. Dazu gibt es eine leichte Hilfe. Wenn Daten gespeichert werden, ist ein EI zu zählen, wenn Daten durchgereicht werden, ein EIF.

Bewertung der Transaktionen

Bei den Transaktionen unterscheidet man externe Eingaben (EI, engl. External Input), externe Ausgaben (EO, engl. External Output) und externe Abfragen (EQ, engl. External InQuiry). Diese sind lt. IFPUG folgendermaßen definiert:

EI: Eine externe Eingabe ist ein Elementarprozess, der Daten oder Steuerinformationen verarbeitet, die von außen über die Systemgrenze der Anwendung eingebracht werden. Bei einem EI ist die ***primäre Absicht*** des Elementarprozesses, eine ILF zu pflegen oder das Systemverhalten zu ändern. Gezählt werden alle Eingaben (Daten oder Steuerungsinformationen, die von außerhalb der Anwendung kommen), die eine unterschiedliche Verarbeitungslogik nach sich ziehen oder ein unterschiedliches Format haben.

EO: Eine externe Ausgabe ist ein Elementarprozess, der Daten oder Steuerinformationen erzeugt, die über die Systemgrenze der Anwendung nach außen fließen.

EQ: Eine externe Abfrage ist ein Elementarprozess, der in einer Kombination von Eingabe/Ausgabe Daten austauscht. Die Ausgabe enthält keine abgeleiteten bzw. verarbeiteten Daten. ILFs bleiben unverändert.

Bei einem EO oder EQ ist die ***primäre Absicht*** des Elementarprozesses, dem Anwender Informationen zu präsentieren. Gezählt werden alle Ausgaben (Daten oder Steuerungsinformationen), die von der Anwendung erstellt werden und über die Grenzen der Anwendung hinausgehen.

Typische Beispiele für Transaktionen sind:

- ***EI:*** Anlegen eines neuen Mitarbeiters über einen Dialog
- ***EO:*** Online- oder gedruckte Berichte, Exportdateien
- ***EQ:*** Dateneingaben am Bildschirm zum Anzeigen von Mitarbeiterdaten ohne die Möglichkeit, die angezeigten Daten zu verändern

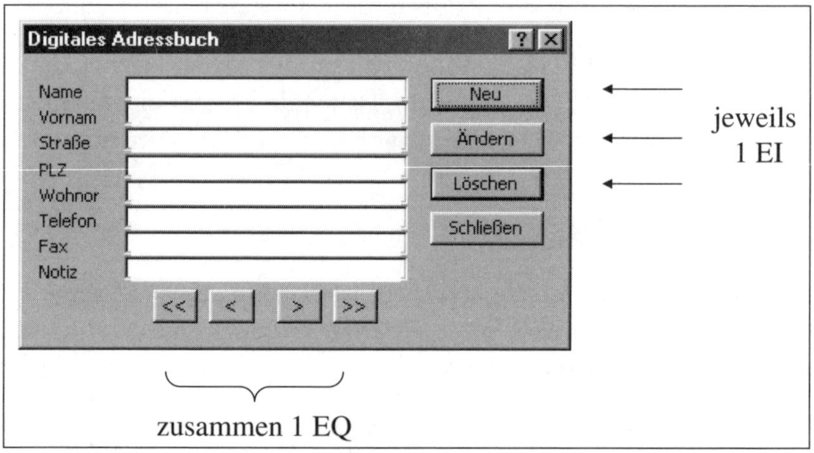

Abbildung 8.12: Beispiel für Transaktionen nach IFPUG 4.1

Das Beispiel in Abbildung 8.12 zeigt einen Dialog zur Pflege eines elektronischen Adressbuches mit 3 EIs und einem EQ. Um die Function Points einer Transaktion zählen zu können, muss analog zum Vorgehen bei den Datenbeständen zunächst die Komplexität der Transaktion bestimmt werden.

Der Komplexitätsgrad einer Transaktion hängt ähnlich wie bei den Datenbeständen von folgenden zwei Faktoren ab:

- Anzahl der Datenelemente (DET, engl. Data element type)
- Anzahl der referenzierten Datenbestände (FTR, engl. File type record)

Die Anzahl der DETs bei Transaktionen wird ähnlich ermittelt wie bei den Datenbeständen. Gezählt werden die Felder, die von der Transaktion betroffen sind plus eventuelle Schaltflächen.

Die Anzahl der FTRs bezeichnet einfach die Anzahl der externen und internen Datenbestände, die für die Abarbeitung der Transaktion benötigt werden.

Der EI *Neu* zum Hinzufügen einer Adresse des Beispiels aus Abbildung 8.12 besitzt z.B. 9 DETs (8 DETs für die Felder Name, Vorname, ... sowie 1 DET für die Schaltfläche *Neu*) und 1 FTR (unter der Annahme, dass nur ein Datenbestand referenziert wird). Laut der Komplexitätsmatrix für EIs (siehe Tabelle 8.6) würde dieser EI den Grad *low* besitzen. Eine entsprechende Matrix gibt es auch für EOs und EQs (siehe Tabelle 8.7).

FTRs/DETs	**1 bis 4 DETs**	**5 bis 15 DETs**	**> 15 DETs**
0–1 FTR	low	low	average
2 FTRs	low	average	high
> 2 FTRs	average	high	high

Tabelle 8.6: Komplexitätsgrade für externe Eingaben nach IFPUG 4.1

FTRs/DETs	**1 bis 5 DETs**	**6 bis 19 DETs**	**> 19 DETs**
0–1 FTR	low	low	average
2–3 FTRs	low	average	high
> 3 FTRs	average	high	high

Tabelle 8.7: Komplexitätsgrade für externe Ausgaben und Abfragen nach IFPUG 4.1

Für die Komplexitätsbestimmung von Abfragen (EQs) muss man sich vergegenwärtigen, dass diese eigentlich aus einer externen Eingabe (EI) und einer externen Ausgabe (EO) bestehen. Hierbei werden die Anzahl der DETs der Eingabeseite und der Ausgabeseite addiert, wobei übereinstimmende Felder nur einmal gezählt werden. Gleiches gilt für die Bestimmung der FTRs.

Der Beispiel-EQ aus Abbildung 8.12 hat auf der Eingabeseite z.B. 2 DETs (Feld *Name*, Button als Auslöser) und 0 FTR. Die Ausgabeseite besitzt 8 DETs und 1 FTR. Somit ergeben sich für die externe Abfrage insgesamt 9 DETs und 1 FTR (Feld *Name* wird nur einmal gezählt), was anhand der Komplexitätstabelle für EOs und EQs ebenfalls einem Komplexitätsgrad *low* entspricht.

Die für die Transaktionen zu zählenden Function Points lassen sich schließlich wieder aus einer Matrix (siehe Tabelle 8.8) ablesen. Hiernach hätten sowohl der EI als auch der EQ (beide *low*) des Adressdialog-Beispiels jeweils 3 ungewichtete Function Points.

Komplexitätsgrad	**ungewichtete Function Points**		
	EI	**EO**	**EQ**
low	3	4	3
average	4	5	4
high	6	7	6

Tabelle 8.8: Ungewichtete Function Points für Transaktionen nach IFPUG 4.1

8.6.4 Schritt 4: Einflussfaktor ermitteln

Nach Zählung der ungewichteten Function Points muss der so genannte Einflussfaktor (VAF, engl. Value adjustment factor) ermittelt werden, der schließlich zu den gewichteten Function Points führt.

Der VAF basiert auf den folgenden 14 Systemmerkmalen, mit denen die allgemeine Funktionalität einer Anwendung klassifiziert wird:

1. Datenkommunikation
2. Verteilte Verarbeitung
3. Leistungsfähigkeit
4. Begrenzte Kapazität
5. Transaktionsrate
6. Interaktive Dateneingabe
7. Benutzerfreundlichkeit
8. Interaktive Änderung
9. Komplexe Verarbeitung
10. Wiederverwendbarkeit
11. Installationshilfen
12. Betriebshilfen
13. Mehrfachinstallation
14. Änderungsfreundlichkeit

Der Einflussfaktor (DI, engl. Degree of influence) jedes dieser Merkmale muss auf einer Skala von 0 (kein Einfluss) bis 5 (starker Einfluss) bewertet werden. Dazu existieren genaue Definitionen im CPM der IFPUG (siehe Kapitel *Die Zählregeln der Function-Point-Methode*). Anschließend werden die 14 Systemmerkmale zum Gesamteinflussfaktor (TDI, engl. Total degree of influence) addiert. Der berechnet sich dann anhand folgender Formel:

$$VAF = (TDI * 0{,}01) + 0{,}65$$

Dies hat zur Folge, dass der VAF maximal den Wert 1,35 bzw. minimal den Wert 0,65 annehmen kann. Ein typischer Wert für Host-Anwendungen im Bereich Finanzdienstleistungen liegt erfahrungsgemäß bei 1,0 bis 1,1. Erfahrungen anderer Firmen zeigen, dass Werte von 0,95 bis 1,1 für den Einflussfaktor typisch für europäische Verhältnisse sind.

Im Rahmen der ***Qualitätssicherung*** zur Durchführung eines IT-Projekts ist die Bewertung von 12 so genannten Qualitätsmerkmalen vorgesehen, die Bestandteil des so genannten Qualitätssicherungsplans sind. Da diese Qualitätsmerkmale mit den 14 Systemmerkmalen der Function-Point-Methode korrelieren, kann man über eine Excel-Tabelle bei Eingabe der Systemmerkmale oder aber der Qualitätsmerkmale die jeweils anderen Merkmale berechnen lassen (siehe Kapitel *Grundlagen der Aufwandschätzung, Aufwandschätzung und Qualität*).

8

8.6.5 Schritt 5: Gewichtete Function Points errechnen

Wie Abbildung 8.9 (siehe Schritt 1: *Zähltyp festlegen*) verdeutlicht, werden die folgenden drei Zähltypen unterschieden:

1. Neuentwicklungsprojekt
2. Weiterentwicklungsprojekt
3. Anwendungssystem

Je nach Zähltyp werden die gewichteten Function Points nach einer anderen Formel berechnet:

Function Points für ein Neuentwicklungsprojekt: Bei einer Neuentwicklung wird Funktionalität hinzugefügt. Darüber hinaus kann noch Funktionalität dadurch entstehen, dass eventuell vorhandene Altdaten konvertiert und in das neue System integriert werden müssen (Bestandsübernahmen). Aus diesen zwei Größen werden die gewichteten Function Points eines Neuentwicklungsprojekts in Verbindung mit dem vorher berechneten Einflussfaktor nach folgender Formel berechnet:

DFP = (UFP + CFP) * VAF

wobei gilt:

DFP: Function Points eines Neuentwicklungsprojekts (engl. Development FP)

UFP: Ungewichtete Function Points (engl. Unadjusted FP)

CFP: Function Points aus Bestandsübernahmen (engl. Conversion FP)

VAF: Einflussfaktor (engl. Value adjustment factor)

Da der VAF nur Werte zwischen 0,65 und 1,35 annimmt, kann er die Summe der ungewichteten Function Points um ± 35 Prozent verändern.

Function Points für ein Weiterentwicklungsprojekt: Eine Weiterentwicklung verändert die Funktionalität einer Anwendung. Hierbei kann:

8

- neue Funktionalität hinzugefügt werden
- bestehende Funktionalität verändert werden
- bestehende Funktionalität gelöscht werden
- Konvertierungsfunktionalität entstehen

Da sich die Bewertung der Systemmerkmale des Erweiterungsprojekts gegenüber denen des Basissystems geändert haben können, werden zwei Einflussfaktoren (VAFA, VAFB) unterschieden. ***Die Function Points einer Weiterentwicklung*** werden dann wie folgt berechnet:

EFP = [(ADD+CHGA+CFP) * VAFA] + (DEL*VAFB)

wobei gilt:

EFP: Function Points eines Weiterentwicklungsprojekts (engl. Enhancement FP)

ADD: Hinzugefügte Function Points (engl. Added FP)

CHGA: Ungewichtete Function Points, die durch Änderung an bestehender Funktionalität entstehen. Hierbei werden die Function Points ***nach*** der Änderung betrachtet (engl. Changed after).

CFP: Function Points aus Bestandsübernahmen (engl. Conversion FP)

VAFA: Einflussfaktor ***nach*** der Erweiterung (engl. VAF after)

DEL: Ungewichtete Function Points, die durch Löschung von bestehender Funktionalität entstehen (engl. deleted FP)

VAFB: Einflussfaktor ***vor*** der Erweiterung (engl. VAF before)

Beispiele für Erweiterungen der Funktionalität sind z.B.:

- Eine Batch-Verarbeitung zum Datenaustausch mit einer anderen Anwendung entfällt (Löschen von Funktionalität)
- Der Benutzer verlangt zusätzliche Berichte aus dem System (Hinzufügen von neuer Funktionalität).
- Ein bereits zur Verfügung stehender Bericht soll um zwei Felder erweitert werden (Änderung von bestehender Funktionalität)

Function Points für ein Anwendungssystem: Hier muss unterschieden werden, ob das Anwendungssystem erstmals erstellt (Initialisierung durch Neuentwicklungsprojekt) oder aber eine bestehende Anwendung erweitert wird (Aktualisierung durch ein Weiterentwicklungsprojekt). In beiden Fällen gilt, dass eventuelle Bestandsübernahmen (Konvertierungsfunktionalität) die Größe der Anwendung nicht beeinflussen. Somit errechnen sich die Function Points einer Anwendung nach der Initialisierung durch ein Neuentwicklungsprojekt wie folgt:

$$AFP = ADD * VAF$$

wobei gilt:

AFP: Function Points der Anwendung nach Initialisierung (engl. Application FP)

ADD: Ungewichtete Function Points des Neuentwicklungsprojekts (engl. Added FP)

VAF: Einflussfaktor der Anwendung (engl. Value adjustment factor)

Wenn die bestehende Anwendung durch ein Erweiterungsprojekt aktualisiert wird, errechnen sich die Function Points dagegen folgendermaßen:

$$AFP = [(UFPB + ADD + CHGA) - (CHGB + DEL)] * VAFA$$

wobei gilt:

AFP: Function Points der Anwendung nach Initialisierung (engl. Application FP)

UFPB: Ungewichtete Function Points der Anwendung ***vor*** der Erweiterung (engl. Unadjusted Function Points before)

ADD: Ungewichtete Function Points, die der Anwendung neu hinzugefügt werden (engl. Added FP)

CHGA: Ungewichtete Function Points, die durch Änderung an bestehender Funktionalität entstehen. Hierbei werden die Function Points ***nach*** der Änderung betrachtet (engl. Changed after).

CHGB: Ungewichtete Function Points, die durch Änderung an bestehender Funktionalität entstehen. Hierbei werden die Function Points ***vor*** der Änderung betrachtet (engl. Changed before).

DEL: Ungewichtete Function Points, die durch Löschung von bestehender Funktionalität entstehen (engl. Deleted FP)

VAFA: Einflussfaktor nach der Erweiterung (engl. VAF after)

Wartungsprojekte: Es wird ausdrücklich darauf hingewiesen, dass ein reines Wartungsprojekt die Funktionalität einer Anwendung ***nicht*** verändert. Ist dies der Fall, so gilt das IT-Projekt als Weiterentwicklung!

8.6.6 Schritt 6: Dokumentation der Zählung

Die erste Zählung eines Neuentwicklungsprojekts steht und fällt mit der Planung der Zählung, das heißt, es müssen die richtigen Personen mit genügend Zeit und den notwendigen Unterlagen zusammenkommen. Die erneute Zählung nach Abschluss des IT-Projekts zur Feststellung der tatsächlich realisierten Funktionalität steht und fällt zusätzlich mit dem Vorhandensein der sauber dokumentierten Erstzählung. Ist diese vollständig und strukturiert dokumentiert, ist der Aufwand für eine erneute Zählung minimal.

> *Wer die Dokumentation der Function-Point-Zählung unterlässt, handelt – wie schon erwähnt – grob fahrlässig.*

Zur Dokumentation einer Function-Point-Zählung gehören Angaben über:

1. den Zähltyp
2. die Systemgrenze
3. die Datenbestände und Transaktionen
4. den Einflussfaktor (Bewertung der 14 Systemmerkmale)
5. die ungewichteten und gewichteten Function Points
6. alle eventuell getroffenen Annahmen, die Einfluss auf die Function-Point-Zählung haben können

Die Vorgehensweise sollte zumindest in dem Maße formal sein, dass man verwertbare Dokumente für das Berichtswesen erhält. Dies bedeutet, dass im einfachsten Fall Formulare zur Verfügung gestellt werden, um obige Informationen strukturiert dokumentieren zu können. Weiter muss klar festgelegt sein, welche Formulare für eine Zählung auszufüllen sind und wer diese auszufüllen hat. Im Anhang ist eine Checkliste, die als Musterformular entsprechend dem IFPUG-Standard 4.1 eingesetzt werden kann.

Zudem sollte hier dieselbe Disziplin gelten wie im betrieblichen Rechnungswesen: Im HGB ist erstens eine Buchführungspflicht und zudem auch die Art und Weise, wie diese zu erfolgen hat, im Detail festgelegt. Unter anderem heißt es dort: »Die Buchführung muss so beschaffen sein, dass sie einem sachverständigen Dritten innerhalb angemessener Zeit einen Überblick über die Geschäftsvorfälle und über die Lage des Unternehmens vermitteln kann.« Vor dem Hintergrund der Tatsache, dass die Zählungen von einem Competence Center oder auch externen zertifizierten Function-Point-Zählern (CFPS) geprüft bzw. auditiert werden müssen, sollte die Dokumentation von Zählungen so aufgebaut sein, dass sich ein erfahrener Function-Point-Zähler in kurzer Zeit ein Bild des Anwendungssystems machen kann.

Viele Firmen nutzen zur Dokumentation der Function-Point-Zählungen ein Tool wie z.B. die Standardsoftware Function Point Workbench. Bis auf die Dokumentation der Systemgrenze und eventuell getroffener Annahmen können mit diesem Tool alle oben genannten Informationen übersichtlich und einheitlich dokumentiert werden. Das Tool stellt eine konsequente Umsetzung des Standards IFPUG 4.1 dar. In der täglichen Praxis hat sich gezeigt, dass der Aufwand für die Zählung einer Weiterentwicklung minimal ist, wenn eine sauber strukturierte Erstzählung in der Function Point Workbench vorliegt.

Die grafische Dokumentation der Systemgrenze kann mit Grafiksoftware wie z.B. MS PowerPoint oder Visio erfolgen. ***Darüber hinaus empfiehlt es sich, für jedes IT-Projekt ein so genanntes Logbuch zu führen,*** in dem zusätzlich zu den genannten sechs Angaben die folgenden Informationen zur Zählung festgehalten werden:

- Wer hat was wann getan?
- Zu welchem Zeitpunkt im IT-Projekt wurde die Zählung vorgenommen?
- Welche Besonderheiten treffen für das IT-Projekt zu bzw. wie kann es in das Projektportfolio eingeordnet werden?

- Welche Annahmen und Entscheidungen wurden mit welcher Begründung getroffen?
- Wie wurde bei der Zählung/Schätzung vorgegangen?
- Was ist als Nächstes wann von wem noch zu tun?
- Welche Dokumentation wurde zur Zählung benutzt?
- Eine Cross Reference zwischen physischen Dateien und logischen Funktionen

Dieses Logbuch ist ein Standard-Textverarbeitungsdokument und wird ebenso wie die Dokumentation der Systemgrenze zu den Unterlagen der Function Point Workbench hinzugefügt. Im Anhang A ist ein Beispiel für ein solches Logbuch zu finden.

Durch diese Vorgehensweise erhält das Unternehmen saubere, gut strukturierte und vor allem einheitliche Unterlagen über alle durchgeführten Function-Point-Zählungen. Zu ***zählende Weiterentwicklungsprojekte*** können auf präzise Angaben des zugrunde liegenden Basissystems aufbauen und jede Zählung ist leicht verifizierbar.

8.6.7 Schritt 7: Qualitätssicherung der Zählung durch ein Competence Center

Die Freigabe einer Function-Point-Zählung sollte von einer neutralen Stelle, geeigneterweise vom Competence Center, erfolgen. Dieses hat durch einen so genannten Prüfbericht die Möglichkeit, auf etwaige formale, aber auch inhaltliche Widersprüche aufmerksam zu machen. Anhand einer Checkliste können die drei folgenden Punkte untersucht werden:

1. Voraussetzungen
2. Vorgehen
3. Dokumentation

Punkt 1 untersucht, ob die Voraussetzungen für die Zählung erfüllt waren. Hierzu gehört unter anderem, dass die Function-Point-Zähler entsprechend geschult waren und das zu zählende System hinreichend genau kannten. Punkt 2 überprüft das formale Vorgehen bei der Zählung und zusätzlich über Stichproben die Konsistenz zwischen der grafischen Systemübersicht und den in einem Schätztool dokumentierten Transaktionen und Datenbeständen. Der letzte Punkt stellt schließlich sicher, dass alle nötigen Informationen entsprechend dokumentiert sind.

Das Ergebnis der Checkliste wird abschließend in einem Resümee in Form von Fließtext zusammengefasst. Beide zusammen ergeben dann den Prüfbericht der Function-Point-Zählung. Im Anhang A findet der interessierte Leser ein Muster einer solchen Checkliste.

8.7 Das Vorgehen bei der Einführung der Function-Point-Methode

Die Einführung der Function-Point-Methode erfolgt analog dem in Kapitel *Die Grundlagen der Aufwandschätzung, Die Einführung der Aufwandschätzung* beschriebenen Vorgehen bei der Einführung der Aufwandschätzung. Dort sind alle relevanten Themen beschrieben. Auch ***der Aufwand für die Einführung der Aufwandschätzung*** kann auf die Einführung der Function-Point-Methode übertragen werden. Günter Büren berichtet in einem von der Europäischen Union geförderten Projekt von einem Einführungsaufwand von 113 Personentagen in einer kleinen Unternehmensberatung.

Als Faustregel lässt sich sagen, dass ein guter Function-Point-Zähler ca. 300 bis 1.000 Function Points pro Tag zählen kann. Die bessere Leistung wird dann erzielt, wenn alle erforderlichen Unterlagen aktuell gehalten und verfügbar sind und ein Tool zur Erfassung der Zählung eingesetzt wird. ***Daraus ergibt sich ein bis zu dreifacher Aufwand, wenn die Projektdokumentation nicht greifbar bzw. unvollständig und nicht auf aktuellem Stand ist und keine Tools eingesetzt werden.***

> *Andererseits zeigt es, dass der Aufwand für Function-Point-Zählungen auch bei großen IT-Projekten im Bereich weniger Personentage liegt. Professor Dumke sagt hierzu, dass die Arbeit von zehn Personenjahren an einem Personentag in Function Points gezählt werden kann.*

Kritische Erfolgsfaktoren bei der Einführung der Function-Point-Methode im Unternehmen sind:

- die Einbettung der Methode in die Organisation (Information und Partizipation der Beteiligten, Entwicklung eines Handbuchs und Aufbau von Standards)
- vergleichbare (stabile) Entwicklungsumgebung im Einsatzbereich der Methode

- keine überzogenen Erwartungen an die Methode
- Unterstützung des Managements
- die Einsicht, das Messung unabdingliche Voraussetzung für die Schätzung, Planung und das Management der Aufgaben ist
- die Erfassung des Aufwands mit Tooleinsatz
- das Planen und Aufbringen des erforderlichen (geringen) Aufwands
- die Bereitschaft, Einblick in Arbeitsweise und Dokumentation zu geben
- das Controllen der Durchführung der Messungen und Aufwandschätzungen
- Ausbildung der Mitarbeiter und Skill-Aufbau in einem Competence Center

8.8 Die Grenzen der Function-Point-Methode

Die Function-Point-Methode wird natürlich von Anwendern der LOC-Metrik kritisiert, wie z.B. von Barry Boehm, aber ebenso von Charles Symons und Alain Abran, die eigene Methoden entwickelt haben (Mark II, Full Function Points, resp.).

Vielen Argumenten gegen die Function-Point-Methode kann man mit dem IFPUG-Standard begegnen, obwohl auch dieser Standard noch einige Schwächen aufweist (auch noch in der neuen Version 4.1). ***Aber alle Untersuchungen haben bisher gezeigt, dass keine andere Methode besser und ebenso früh wie die Function-Point-Methode im Software-Lebenszyklus eingesetzt werden kann.***

In der Praxis wird häufig die Frage nach der Präzision von Aufwandschätzmethoden gestellt. Siehe hierzu auch die Kapitel *Die Schätzproblematik, Die Schätzgenauigkeit* und *Die Anwendung der Function-Point-Methode, Function-Point-Prognose.*

Shigeru Nishiyama hat 1999 in einer sorgfältigen Studie fünf Neuentwicklungsprojekte von zwei verschiedenen Function-Point-Spezialisten (FPA und FPB) zählen lassen und die Unterschiede sehr genau analysiert. Seine Regressionsanalyse ergab

$$FPB = 0{,}97 * FPA + 4{,}01 \text{ mit } R^2 = 0{,}9999.$$

Der geringe Unterschied von ca. 3% beruhte einerseits auf verschiedenen Interpretationen vager Beschreibungen des Fachkonzepts und andererseits auf Überschneidungen bei der Unterscheidung von EIs, EOs und EQs im CPM der IFPUG.

Function Points korrelieren nicht mit allem, sie können zum Beispiel weder zur Messung von Kundenzufriedenheit noch zur Verhaltenskontrolle benutzt werden. Pam Morris nennt explizit einige weitere Gegenbeispiele:

- In der Wartungsphase
  - Fehlerbehebung
  - Tabellenänderungen
  - Perfektive und korrektive Wartung
  - Produktionskontrolle
  - Antwortzeitverhalten des Systems
  - Sicherheit und Zugriffskontrollen
- Beratung und Ad-hoc-Unterstützung
- Projektfortschritt und Einführung

8.9 Management Summary

Die prinzipiellen Vorteile der Function-Point-Methode sind, dass sie sowohl unabhängig von der Entwicklungsumgebung als auch von den Entwicklern ist.

Auch Differenzen zwischen Lieferant und Abnehmer von fremderstellter Software lassen sich oft anhand von Function-Point-Zählungen objektivieren.

Die Function-Point-Methode ist eine Methode zur Messung der Größe bzw. des Umfangs einer Anwendung aus Benutzersicht.

Die Anwendung der Function-Point-Methode ist leicht nachvollziehbar, erlernbar und zudem praktikabel.

> *Der Aufwand zur Planung, Durchführung und Dokumentation von Function-Point-Zählungen ist in jedem Fall gerechtfertigt. Er ist unvergleichbar geringer als der sich daraus ergebende Nutzen.*

Die Function-Point-Methode findet ihre Anwendung sowohl bei der Entwicklung neuer Systeme als auch bei der Weiterentwicklung bzw. Erweiterung bereits vorhandener Software-Produkte.

In einer vergleichenden Studie über 15 Software-Projekte hat Chris Kemerer gezeigt, dass die Function-Point-Methode nicht nur für kommerzielle Anwendungen einsetzbar ist.

Noth und Kretzschmar kommen in dem von ihnen durchgeführten Test zum Urteil, dass die Function-Point-Methode zu den wenigen Methoden gehört, die für den Einsatz in der Praxis empfohlen werden können.

Der günstigste Zeitpunkt für eine erste Zählung von Function Points ist der Abschluss der Phase *Bedarfsanalyse* und *Lösungsentwurf* (Fachkonzept, Requirements Analysis).

Es kann nicht sinnvoll sein, dass eine Schätzung nur einmalig durchgeführt wird, da mit der Dauer des Projektes bessere Erkenntnisse über die Projektanforderungen vorliegen.

Die Bewertung der Function Points muss Bestandteil der Dokumentation, der Reviews, der Projektkontrolle und der Freigaben am Ende jeder Projektphase sein.

Die Zählungen wie auch die Schätzungen sollten durch die Projektleitung bzw. durch von diesen beauftragte Personen mit Unterstützung des Competence Centers durchgeführt werden.

Die Function-Point-Methode unterscheidet zwischen drei Zähltypen: Neuentwicklungsprojekt, Weiterentwicklungsprojekt, Anwendungssystem.

Die Function-Point-Methode nach IFPUG 4.1 unterscheidet zwischen dem Umfang einer Zählung (Counting Scope) und einem Anwendungssystem.

Grundsätzlich gilt, dass die Systemgrenze aus Benutzersicht festgelegt werden muss.

Da die Systemgrenze erheblichen Einfluss auf die Anwendungsfunktionalität hat, ist es unerlässlich, die Festlegung der Systemgrenze klar zu dokumentieren. Hierzu gehört auch die Niederschrift von eventuellen Annahmen, aufgrund derer die Grenze bestimmt worden ist.

In der Praxis hat sich herausgestellt, dass die Abbildung der Systemgrenze sehr gut als Architekturdiagramme in einem Anwendungssystematlas wiederverwendet werden können.

Sowohl für hinzugefügte als auch entfernte oder geänderte Funktionalität müssen die Function Points gezählt werden.

Der Schritt von den ungewichteten Function Points zu den gewichteten Function Points ist der Schritt weg von der Messung des Umfangs hin zur Berücksichtigung von Einflüssen auf die Systementwicklung.

Es werden interne logische Datenbestände (ILF = Internal logical file) und externe Datenbestände (EIF = External interface file) unterschieden.

Die EIFs sind Schnittstellen aus dem Fachkonzept.

Bei den Transaktionen unterscheidet man externe Eingaben (EI, engl. External Input), externe Ausgaben (EO, engl. External Output) und externe Abfragen (EQ, engl. External InQuiry).

Die Anzahl der FTRs bezeichnet einfach die Anzahl der externen und internen Datenbestände, die für die Abarbeitung der Transaktion benötigt werden.

Nach Zählung der ungewichteten Function Points muss der so genannte Einflussfaktor (VAF, engl. Value adjustment factor) ermittelt werden, der schließlich zu den gewichteten Function Points führt.

Die erste Zählung eines Neuentwicklungsprojekts steht und fällt mit der Planung der Zählung, das heißt, es müssen die richtigen Personen mit genügend Zeit und den notwendigen Unterlagen zusammenkommen. Die erneute Zählung nach Abschluss des IT-Projekts zur Feststellung der tatsächlich realisierten Funktionalität steht und fällt zusätzlich mit dem Vorhandensein der sauber dokumentierten Erstzählung. Ist diese vollständig und strukturiert dokumentiert, ist der Aufwand für eine erneute Zählung minimal.

Wer die Dokumentation der Function-Point-Zählung unterlässt, handelt – wie schon erwähnt – ***grob fahrlässig***.

Die Vorgehensweise sollte zumindest in dem Maße formal sein, dass man verwertbare Dokumente für das Berichtswesen erhält. Zudem sollte hier dieselbe Disziplin gelten wie im betrieblichen Rechnungswesen.

Darüber hinaus empfiehlt es sich, für jedes Projekt ein so genanntes ***Logbuch*** zu führen.

Die Freigabe einer Function-Point-Zählung sollte von einer neutralen Stelle, geeigneterweise vom Competence Center, erfolgen.

Als Faustregel lässt sich sagen, dass ein guter Function-Point-Zähler ca. 300 bis 1.000 Function Points pro Tag zählen kann. Die bessere Leistung wird dann erzielt, wenn alle erforderlichen Unterlagen aktuell gehalten und verfügbar sind und ein Tool zur Erfassung der Zählung eingesetzt wird. ***Daraus ergibt sich ein bis zu dreifacher Aufwand, wenn die Projektdokumentation nicht greifbar bzw. unvollständig und nicht auf aktuellem Stand ist und keine Tools eingesetzt werden.***

> *Andererseits zeigt es, dass der Aufwand für Function-Point-Zählungen auch bei großen IT-Projekten im Bereich weniger Personentage liegt. Professor Dumke sagt hierzu, dass die Arbeit von zehn Personenjahren an einem Personentag in Function Points gezählt werden kann.*

Aber alle Untersuchungen haben bisher gezeigt, dass keine andere Methode besser und ebenso früh wie die Function-Point-Methode im Software-Lebenszyklus eingesetzt werden kann.

9 Varianten der Function-Point-Methode

Wegen der Verbreitung der Function-Point-Methode und deren Weiterentwicklung in verschiedenen Varianten lohnt sich eine Gegenüberstellung zum Vergleich. Durch die besondere Bedeutung der COSMIC Full Function Points (siehe auch *Standards und IT-Metrikorganisationen, Wichtige IT-Metrikorganisationen, Das COSMIC Consortium*) ist dieser Methode ein ganzer Abschnitt in diesem Kapitel gewidmet. Eine Kurzdarstellung weiterer Varianten der Function-Point-Methode schließt sich daran an. Capers Jones hat eine Liste von 35 Varianten der Function-Point-Methode veröffentlicht.

Alle Function-Point-Varianten bestehen aus zwei bis vier Teilen:

1. Schätzung von Modellparametern (Datenbestände, Objekte, Funktionen u.a.)
2. Bewerten von Systemmerkmalen
3. Berechnen des Schätzergebnisses anhand einer Erfahrungskurve
4. Erstellen einer Erfahrungskurve vor Einführung der Methode

Die ersten beiden Teile werden zur Messung des Umfangs (der Größe) der zu entwickelnden Anwendung eingesetzt. Die beiden anderen Teile dienen der darauf basierenden Aufwandschätzung.

Ein direkter Vergleich der Modellparameter und Systemmerkmale folgt für folgende Varianten der Function-Point-Methode:

- ***IBM USA:*** Die A.J.-Albrecht-Methode, auch IFPUG Version 3.0 genannt
- ***IBM Deutschland:*** Eine von der IBM Deutschland zeitweise verwendete Variante mit nur sieben Systemmerkmalen. Diese Variante konnte sich in der Praxis nicht durchsetzen.
- ***Data-Point-Methode:*** Von Harry Sneed entwickelte Methode
- ***Object-Point-Methode:*** Eine Entwicklung der Software AG, die sich in der Praxis nicht durchsetzen konnte. Derzeit werden einige andere Object-Point-Methoden im objektorientierten Paradigma diskutiert.

- *Mark-II-Methode:* Von Mark Symons entwickelte Methode, in England weit verbreitet und vorrangig für 4GL-Projekte entwickelt. Diese Methode wird vom englischen Metrikverband UKSMA unterstützt, der dafür neben einem Handbuch auch Zertifizierungen für Zähler anbietet.
- *Die NESMA Function Points:* Von der Niederländischen Metrikorganisation entwickelte Methode zur Zählung von Weiterentwicklungsprojekten

In einer Kurzdarstellung werden diese Methoden erläutert, ebenso wie die SPR Function Points, Feature Points und 3D Function Points.

Die Varianten der Function-Point-Methode liefern alle ein Maß für den funktionalen Umfang der zu entwickelnden Software. Die gemessene Größe ist einer der Haupteinflussfaktoren für die Aufwandschätzung. Dazu ist es laut Ton Dekkers notwendig, dass die Anzahl der Function Points über einem Minimalwert liegt. Für eine verlässliche Abschätzung eines (neuen) Entwicklungsprojektes sollten mehr als 200 FP oder 100 CFSU betrachtet werden. Ähnliches gilt für Verbesserungs- und Wartungsprojekte. So sollte ein Produkt mindestens 100 Maintenance FP (MFP, NESMA Function Points) oder 60 Maintenance CFSU (MCFSU, COSMIC-FFP-Methode) haben.

Inzwischen (Stand 2003) sind folgende Varianten der Function-Point-Methode als ISO-Standard für die Messung des funktionalen Umfangs von Software international anerkannt:

Methode	ISO-Standard
IFPUG Function Points Vs. 4.1 (ungewichtet)	ISO/IEC 20926
COSMIC Full Function Points Vs. 2.1	ISO/IEC 19761
Mark II Function Points	ISO/IEC 20968
NESMA Function Points	ISO/IEC 24570

Tabelle 9.1: ISO-Standards für funktionale Umfangmessung von Software

9.1 Unterschiede bei Modellparametern

Tabelle 9.2 zeigt, wie unterschiedliche Varianten der Function-Point-Methode den Umfang des Schätzobjekts anhand verschiedener Modellparameter messen.

<table>
<tr><th>IBM USA
(A. J. Albrecht)</th><th>IBM
Deutschland
(wie IBM USA)</th><th>Data Point
(Harry Sneed)</th><th>Object Point
(Software
AG)</th><th>Mark II
(UKSMA,
England)</th></tr>
<tr><td colspan="5">Modellparameter</td></tr>
<tr><td>1. Eingabedaten</td><td>1. Eingabedaten</td><td rowspan="2">1. Datenobjekte
– Attribute
– Keys
– Nutzung
– Integrationsgrad
– Änderung in %</td><td>1. Masken</td><td>1. logical transaction (Vorgang)</td></tr>
<tr><td>2. Ausgabedaten</td><td>2. Ausgabedaten</td><td>2. Listen</td><td>2. Input data</td></tr>
<tr><td>3. Datenbestände</td><td>3. Datenbestände</td><td rowspan="3">2. Nachrichtenobjekte
– Felder
– Sichten
– Nutzung
– Komplexität
– Änderung in %</td><td>3. Informationsobjekte</td><td>3. Output data</td></tr>
<tr><td>4. Referenzdaten</td><td>4. Referenzdaten</td><td>4. Verarbeitungsfunktionen</td><td>4. Entity reference</td></tr>
<tr><td>5. Abfragen</td><td>5. Abfragen</td><td></td><td></td></tr>
</table>

Tabelle 9.2: Modellparameter der Varianten der Function-Point-Methode

9.2 Unterschiede bei den Systemmerkmalen

Die Systemmerkmale erlauben, die aufgrund der Zählung und Gewichtung berechneten Function Points (100%) innerhalb einer gewissen Bandbreite zu variieren, um im Prinzip folgende Einflüsse auf den Projektumfang bei der Schätzung zu berücksichtigen:

- zu entwickelnde Software:
  - Leistungsumfang
  - Komplexität
  - Qualität
- Entwicklungsprozess:
  - ablauforganisatorische Maßnahmen
  - Entwicklungsmethoden
  - eingesetzte Ressourcen
  - Qualität des Personals
  - Hardware-Verfügbarkeit
  - Software-Verfügbarkeit

Tabelle 9.3 zeigt, welche unterschiedlichen Systemmerkmale die o.a. Varianten der Function-Point-Methode zur Gewichtung der gezählten Function Points verwenden.

IBM USA (A. J. Albrecht)	**IBM Deutschland**	**Data Point**	**Object Point (Software AG)**	**Mark II**
System-merkmale: (Bewertung jeweils 0 bis 5)	**System-merkmale:**	**Qualitäts-faktoren:**	**System-merkmale:**	**zusätzliche Kriterien: (Bewertung jeweils 0 bis 5)**
1. Datenkom-munikation	1. Verflechtung mit anderen Ver-fahren (0 bis 5)	1. Zuver-lässigkeit	1. Unbekannte System-umgebung	1. Sicherheits-maßnahmen
2. Verteilte Verarbeitung	2. DDP-Konzept (0 bis 5)	2. Sicherheit	2. Betreten von technischem Neuland	2. Zugriff durch Externe
3. Antwortzeit	3. Transaktions-rate (0 bis 5)	3. Effizienz	3. Betreten von fachlichem Neuland	3. Dokumen-tation
4. Platzbedarf	4. Verarbei-tungslogik – Rechen-operationen (0 bis 10) – Kontrollverfah-ren (0 bis 5) – Ausnahme-regelungen (0 bis 10) – Logik (0 bis 5)	4. Datenun-abhängigkeit	4. Spezielle Zugriffs-mechanismen	4. Ausbildungs-anforderungen
5. Trans-aktionsrate		5. Benutzer-freundlich-keit	5. Endbenut-zerhilfen	5. Spezielle Hard-/Software
6. Online-Dateneingabe		6. Übertrag-barkeit	6. RZ-Hilfen	6. Schnittstellen mit anderen Projekten
7. Benutzer-komfort bei der Eingabe		7. Integrität	7. Fremd- und Mehrsprachig-keit	7. Werkzeug-unterstützung
8. Online-Update	(siehe 4.)	8. Wartbar-keit	8. Erschwerte Testanforde-rungen	
9. Verarbei-tungslogik	5. Wieder-verwendung (0 bis 5)	**Projekt-bedingungen**	9. Umfang-reiches Berichtswesen	

Tabelle 9.3: Systemmerkmale der Varianten der Function-Point-Methode

IBM USA (A. J. Albrecht)	IBM Deutschland	Data Point	Object Point (Software AG)	Mark II
System-merkmale: (Bewertung jeweils 0 bis 5)	**System-merkmale:**	**Qualitäts-faktoren:**	**System-merkmale:**	**zusätzliche Kriterien: (Bewertung jeweils 0 bis 5)**
10. Wieder-verwendung	6. Datenbestand-Konvertierung (0 bis 5)	1. Projekt-verteilung	10. Beteiligung mehrerer Fachbereiche	
11. Installa-tionskomfort	7. Benutzerbe-dienung (0 bis 5)	2. Projekt-erfahrung	11. Anzahl Installationen	
12. Bedie-nungskomfort		3. Projekt-kenntnisse		
13. Mehrplatz-anwendung		4. Projekt-automation		
14. Einfache Änderung		5. Rechenbe-dingungen		
		6. Projektun-terstützung		
		7. Qualitäts-sicherung		
		8. Spezifi-kations-formalismen		
		9. Program-miersprache		
		10. Test-automation		
maximale Summe: 70	**maximale Summe: 60**	**Keine Angaben**	**Keine Angaben**	**maximale Summe: 30**
Bandbreite: (+/– 35%) (65–135%)	**Bandbreite: (+/– 30%) (70–130%)**	**Bandbreite: (+/– 12,5%) (87,5–112,5%)**	**Keine Angaben**	**Bandbreite: (65–123%)**

Tabelle 9.3: Systemmerkmale der Varianten der Function-Point-Methode *(Forts.)*

9.3 COSMIC Full Function Points

Die IFPUG-Methode ist anerkannt für die Zählung und die darauf aufsetzenden Schätzungen von so genannten Geschäftsanwendungen und MIS-Systemen (Management-Informations-Systemen). Auf Basis des aktuellen Standards nach IFPUG 4.1 gibt es für diesen Bereich weltweit viele ausgebildete Zähler und vor allem Referenzdaten.

Ein wesentlicher Kritikpunkt an der IFPUG-Methode war und ist jedoch, dass die Methode nicht für die Messung von Echtzeit-Anwendungen, Anwendungen zur Prozesskontrolle oder auch Betriebssystemen geeignet ist (vgl. Tabelle 9.4).

Methode/Anwendungsbereiche	**A/S**	**MIS**	**RT**	**CS**
De Marco's Bang	X			
Feature Points	X			
Boeing 3-D			X	
IFPUG 4.1		X		
Mark II FPA		X	(X)	
COSMIC-FFP v1			X	X
COSMIC-FFP v2		X	X	X

Legende:

A/S: Algorithmik/Wissenschaftliche Programme, MIS: Management-Informations-Systeme, RT: Real-Time-(Echtzeit-)Anwendungen, Embedded-Systeme, CS: Kontroll-Systeme, X: trifft zu, (X): trifft eingeschränkt zu

Quelle: Morris, P.: Total Metrics Resource - Discussion Paper - Evaluation of functional size measurements for real-time embedded and control systems. *http://www.totalmetrics.com/* (2000). zitiert 15 Dez. 2003

Tabelle 9.4: Überblick Messmethoden und Anwendungsbereiche

Darüber hinaus wurde zwar die Technologieunabhängigkeit der Methode begrüßt, gleichzeitig aber das Fehlen von verschiedenen Sichten (Endbenutzer, Entwickler etc.) auf die zu zählende Software bemängelt.

Genau in diese Lücke stößt das ***COmmon Software MetrIcs Consortium (COSMIC)*** mit der Methode der so genannten ***COSMIC Full Function Points (COSMIC-FFP)***.

Das COSMIC Consortium wurde 1998 als freiwillige Vereinigung von verschiedenen Experten der Software-Messung aus Australien, Deutschland, Finnland, Irland, Italien, Japan, Kanada, Niederlande und den USA gegründet (vgl. Abbildung 9.1). Die beiden Haupttreiber sind ***Professor Alain Abran*** (École de Technologie Supérieure in Montreal, Canada) und ***Charles Symons*** (Software Measurement Services Ltd, UK).

Die erste Version der Full-Function-Point-Methode wurde 1998 von Alain Abran mit seinen Mitarbeitern am Software Engineering Management Research Laboratory der UQAM (University of Quebec at Montreal) veröffentlicht. Nach zahlreichen internationalen Feldversuchen und weiter entwickelten Versionen wurde die aktuelle Version 2.2 Anfang 2003 durch die ISO in einem vergleichsweise kurzen Prüfungsprozess als internationaler Standard anerkannt (ISO/IEC 19761:2003).

Das Handbuch hierzu kann im Internet kostenlos unter folgender Adresse heruntergeladen werden: *http://www.lrgl.uqam.ca/cosmic-ffp*.

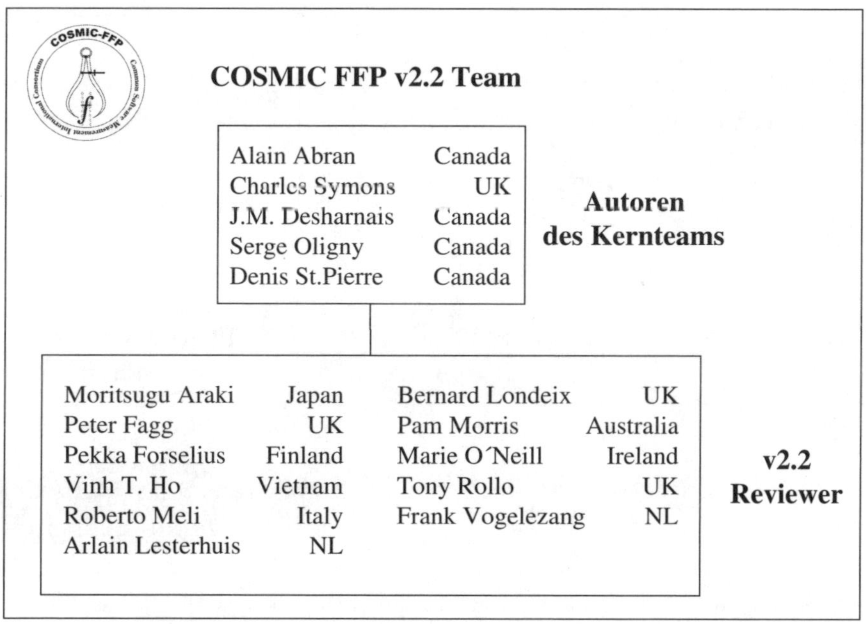

Abbildung 9.1: COSMIC-FFP-Team Version 2.2

Das Hauptziel des COSMIC-FFP-Projekts war die Entwicklung, Markteinführung und Akzeptanzschaffung für eine neue Methode zur Software-Messung, die

- für möglichst viele Anwendungsbereiche geeignet ist (Prioritär-Business- und Real-Time-Software vgl. Tabelle 9.4);
- als eine Komponente zur Aufwandschätzung auch früh im Software-Erstellungsprozess dienen kann;
- für Performance-Messungen geeignet ist.

9.3.1 Die Vorgehensweise

Das Vorgehen bei einer Zählung nach COSMIC-FFP v2.2 ist dem Vorgehen bei einer IFPUG-Zählung sehr ähnlich (vgl. Abbildung 9.2). Nach dem Festlegen von Zweck und Umfang der Zählung und dem Sammeln der Benutzeranforderungen (FUR = Functional User Requirements) werden in der so genannten »Mapping-Phase« die Benutzeranforderungen zunächst in das durch die COSMIC-FFP-Methode vorgegebene Software-Modell überführt. Im letzten Schritt werden die identifizierten Komponenten nun einzeln in ihrer funktionalen Größe bewertet und die Ergebnisse aggregiert.

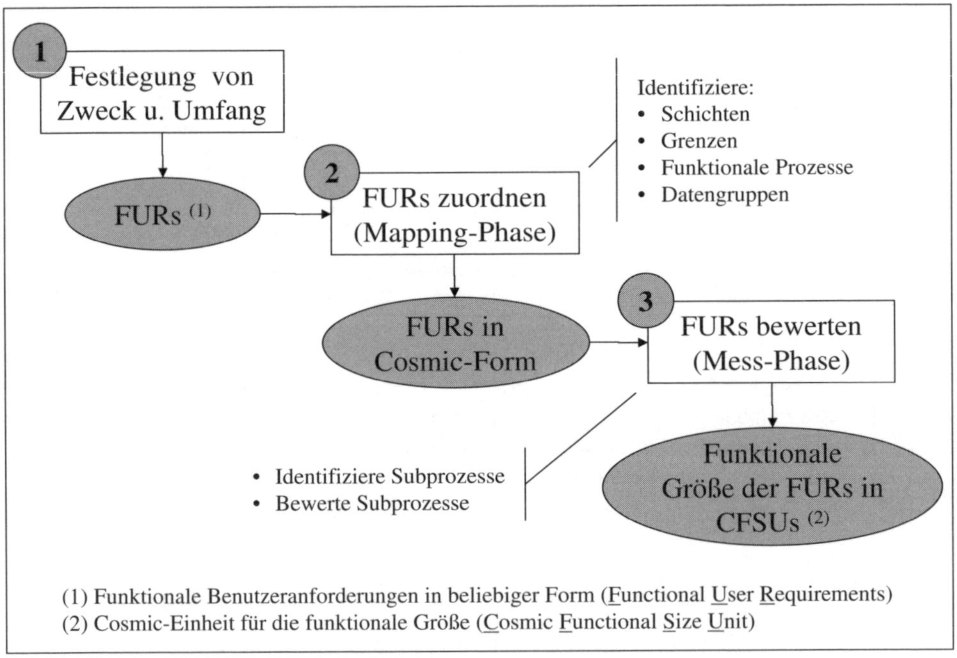

Abbildung 9.2: Vorgehen bei einer Zählung nach COSMIC-FFP v2.2

Vergleichbar zu IFPUG 4.1 zerlegt die COSMIC-FFP-Methode die Benutzeranforderungen zunächst in eindeutige funktionale Prozesse und Datengruppen.

Anders als bei IFPUG leitet die COSMIC-FFP-Methode die funktionale Größe jedoch nicht von der Anzahl und Komplexität der Eingaben, Ausgaben, Abfragen sowie internen und externen Datenbestände ab, sondern von der Anzahl der zur Durchführung eines Prozesses notwendigen Datenbewegungen (vgl. Abbildung 9.3). Es wird hier zwischen vier verschiedenen ***Typen von Datenbewegungen*** unterschieden:

- ***Eingabe (ENTRY):*** Ein ENTRY bewegt Attribute einer Datengruppe von einem Benutzer über die Anwendungsgrenze zu dem funktionalen Prozess, der diese Daten benötigt. Es erfolgt keine Aktualisierung (Update) der Daten, Datenmanipulationen wie z.B. Validierung der Daten etc. sind jedoch enthalten.
- ***Ausgabe (EXIT):*** Ein EXIT bewegt Attribute einer Datengruppe aus dem funktionalen Prozess über die Anwendungsgrenze zum Benutzer. Es erfolgt hier kein Lesen der Daten, Datenmanipulationen wie z.B. Formatierungen etc. sind jedoch enthalten.
- ***Lesen (READ):*** Ein READ bewegt Attribute einer Datengruppe von einem persistenten Speicher in den funktionalen Prozess, der diese Daten benötigt.
- ***Schreiben (WRITE):*** Ein WRITE bewegt Attribute einer Datengruppe von einem funktionalen Prozess zurück in einen persistenten Speicher.

Hinweis: Es ist zu beachten, dass sich eine Datenbewegung auf genau eine Datengruppe bezieht. Werden in einem funktionalen Prozess beispielsweise Informationen aus drei unterschiedlichen persistenten Datengruppen (z.B. Mitarbeiter, Abteilung, Beziehung Mitarbeiter<->Abteilung) benötigt, so werden auch drei READ-Bewegungen gezählt. Mit dem expliziten Hinweis des Manuals darauf, dass es sich bei den Datengruppen im Wesentlichen um Entitäten eines ER-Modells in der dritten Normalform handelt, ist das COSMIC-FFP-Manual hier etwas klarer als IFPUG, in der Praxis werden allerdings auch die Datenbestände nach IFPUG in dieser Form gezählt.

COSMIC-Prinzipien für die zu messende Software:

- Sie erhält Eingaben (Input) und erzeugt sinnvolle Ergebnisse (Output) für Benutzer.
- Sie manipuliert Informationseinheiten, die als Datengruppen mit einzelnen Attributen dargestellt werden.
- Ihre funktionale Größe ist direkt proportional zu der Anzahl der Datenbewegungen, die zur Ausführung von funktionalen Prozessen notwendig sind.

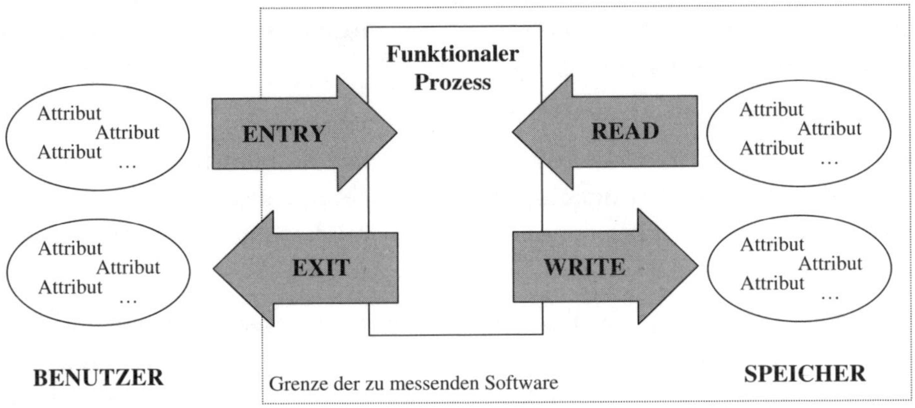

Legende: Datengruppe Datenbewegungen Prozess

Quelle: In Anlehnung an COSMIC-Manual v2.2

Abbildung 9.3: COSMIC-Modell für Software-Messung

Anders als bei IFPUG werden die Datengruppen zur Identifikation der Datenbewegungen zwar bestimmt, gehen jedoch nicht direkt in das Ergebnis der funktionalen Größe mit ein. Die funktionale Größe leitet sich bei den COSMIC-FFP rein aus der Anzahl der Datenbewegungen ab. Eine Datenbewegung, z.B. ein READ entspricht dabei einer ***CFSU = COSMIC Functional Size Unit***.

Ein Vorteil dieser Vorgehensweise ist, dass im Gegensatz zur IFPUG-Methode eine andere Auslegung des Elementarprozesses keinen Einfluss auf das Zählergebnis hat. Bei IFPUG stellt sich oft die Frage, ob es sich bei funktionalen Anforderungen um einen oder mehrere Elementarprozesse handelt. Da IFPUG die funktionale Größe im Wesentlichen an der Anzahl der Elementarprozesse festmacht, hat dies mehr oder weniger große Auswirkungen auf die sich ergebende funktionale Größe.

Bei der COSMIC-FFP-Methode hat dies keinen Einfluss, da die funktionale Größe – eine Ebene tiefer – aus der Anzahl der Datenbewegungen bestimmt wird. Kritisch ist hier eher die korrekte Bestimmung der Datengruppen, da hieraus die Datenbewegungen abgeleitet werden.

9.3.2 Das Schichtenkonzept

Ein weiterer wesentlicher Unterschied zur IFPUG-Methode ist das so genannte ***Schichtenkonzept (Software-Layers)***.

Das IFPUG-Modell lässt aus Gründen der Vergleichbarkeit und der Technologieunabhängigkeit nur die Endbenutzersicht zu. Hierbei wird die physische Architektur der zu schaffenden Software als »Black Box« gesehen. So wird z.B. bewusst ignoriert, dass zur Realisierung der Benutzeranforderungen sowohl Elemente der Client-Anwendung als auch Elemente der Server-Anwendungen angepasst werden müssen.

Die COSMIC-FFP-Methode geht hier einen Schritt weiter, indem sie die Möglichkeit bietet, sowohl die reine IFPUG-Endbenutzersicht als auch weitere Sichten, wie z.B. die Entwickler-Sicht, abzubilden.

Abbildung 9.4 zeigt die klassische Endbenutzersicht, bei der die übrigen Schichten der Systemarchitektur ignoriert werden und nur die eigentliche Anwendung betrachtet wird.

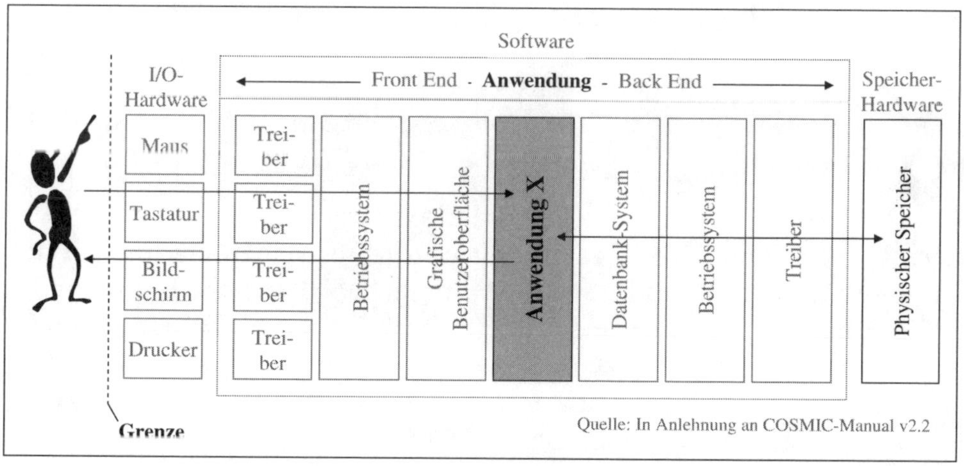

Abbildung 9.4: COSMIC-Schichtenbeispiel für klassische Geschäftsanwendungen aus der Endbenutzerperspektive (wie IFPUG)

In einem anderen Fall möchte ein Entwickler die Größe der Benutzeranforderungen bestimmen, die Auswirkung auf eine Drei-Komponenten-Architektur hat, die aus den Komponenten

- grafische Benutzeroberfläche
- Geschäftsregeln
- Datenservices

besteht (vgl. Abbildung 9.5).

Diese drei Schichten haben jeweils andere »Benutzer«, wobei die COSMIC-FFP-Methode unter *Benutzer* explizit nicht nur menschliche Benutzer, sondern auch andere Schichten, Software oder Hardware versteht. So stellen z.B. das Betriebssystem des Front Ends und die Schicht der Geschäftsregeln aus Abbildung 9.5 die Benutzer der grafischen Benutzeroberfläche dar. Aus Sicht des Entwicklers werden nun alle Datenbewegungen über die gestrichelt eingezeichneten Anwendungsgrenzen betrachtet. Zum Vergleich: Bei IFPUG würden die internen Grenzen zwischen den Schichten ignoriert!

Abbildung 9.6 zeigt schließlich noch ein weiteres Beispiel aus der Entwicklersicht, bei dem die Benutzeranforderungen Auswirkungen auf alle vier Schichten des Modells haben.

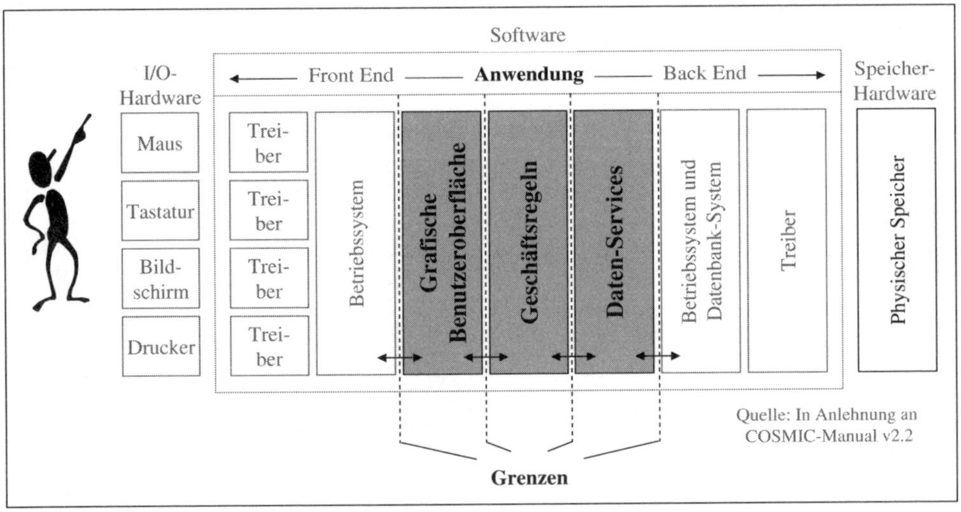

Abbildung 9.5: COSMIC-Schichtenmodell für mehrschichtige Software aus der Entwicklerperspektive – Beispiel 1

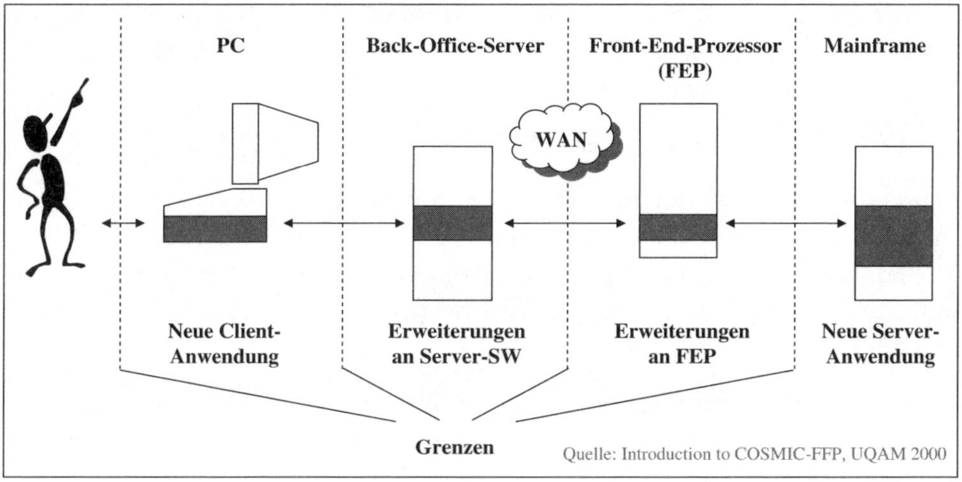

Abbildung 9.6: COSMIC-Schichtenmodell für mehrschichtige Software aus der Entwicklerperspektive – Beispiel 2

9.3.3 COSMIC Full Function Points und IFPUG Function Points

Durch die Möglichkeit, unterschiedliche Sichten in verschiedenen Schichtenkonzepten abbilden zu können, bietet die COSMIC-FFP-Methode gegenüber IFPUG deutlich mehr Möglichkeiten. Hier ist jedoch auch Vorsicht geboten, da die Ergebnisse von Zählungen mit unterschiedlichen Sichten nicht direkt vergleichbar sind. Dies ergibt sich dadurch, dass durch Hinzufügen von weiteren Schichten weitere Grenzen und damit weitere Datenbewegungen entstehen, die bei weniger Schichten nicht entstehen bzw. ignoriert würden. Insofern ist auch der Vergleich von Produktivitätskurven aus diesem Blickwinkel zu hinterfragen.

Trotzdem stellt die COSMIC-FFP-Methode eine sinnvolle Erweiterung der bekannten Methoden zur funktionalen Größenbestimmung dar, deren Akzeptanz, Verbreitung und damit auch die Anzahl der verfügbaren Fallbeispiele und Referenzzählungen Schritt für Schritt wächst.

Eine Überprüfung von fünf Applikationen mit IFPUG Function Points und COSMIC-FFP ergab kaum Differenzen im kommerziellen Umfeld, aber ca. 70% Unterschied bei Realtime-Systemen.

Günter Büren von Büren und Partner GmbH in Nürnberg berichtet aus einem von der Europäischen Union geförderten Projekt folgenden Zusammenhang mit 20% Standardabweichung:

1 IFPUG Vs. 4.1 FP = 1,12 COSMIC-FFP Vs. 2.0.

Alain Abran arbeitet derzeit mit seinen Mitarbeitern an weiteren Untersuchungen über Korrelationen der COSMIC-FFP-Methode zu anderen FP-Methoden. Die COSMIC-FFP-Methode hat eine schnell wachsende Einsatzbreite weltweit und stellt derzeit die qualifizierteste und größte Konkurrenz zur IFPUG-Function-Point-Methode dar.

Vor allem bei Weiterentwicklungen muss beachtet werden, dass der Umfang in CFSU anders gemessen wird als bei der IFPUG-Methode. Das führt zu kleineren Zahlen.

Der ISBSG-Report *The Benchmark*, Release 8 vom Januar 2004 berichtet von den 66 COSMIC-FFP-Projekten in der Datenbank eine durchschnittliche Projektgröße von 254 CFSU (Median 120 CFSU). Insgesamt wird festgestellt, dass Realtime-Projekte kleiner sind als MIS-Projekte, länger dauern als diese, mehr Aufwand haben und geringere Produktivität (siehe Tabelle 9.5).

	Realtime-Projekte			MIS-Projekte		
	Anzahl	**Median**	**Durchschnitt**	**Anzahl**	**Median**	**Durchschnitt**
Umfang	15	76 CFSU	203 CFSU	38	165 CFSU	293 CFSU
Aufwand	11	2.544 Std.	5.614 Std.	25	2.501 Std.	6.939 Std.
Dauer	15	13 Monate	14,5 Monate	38	3,0 Monate	6,9 Monate
PDR	11	40,3 Std./ CFSU	82,2 Std./ CFSU	25	10,2 Std./ CFSU	36,7 Std./ CFSU
Projektlieferrate	15	9,0 CFSU/ Monat	11,5 CFSU/ Monat	38	45,9 CFSU/ Monat	74 CFSU/ Monat

Tabelle 9.5: Unterschiede von COSMIC-FFP-Realtime- und MIS-Projekten

Release 8 liefert auch anhand von 52 COSMIC-FFP-Projekten einen Überblick über die Prozentanteile der CFSU für die vier Komponenten (siehe Tabelle 9.6).

	Median	Durchschnitt
% CFSU für Entries	36,3	33,4
% CFSU für Exits	35,2	34,6
% CFSU für Reads	17,1	19,3
% CFSU für Writes	9,7	12.7

Tabelle 9.6: CFSU für die vier Komponenten der COSMIC-FFP

Zum Abschluss stellt Tabelle 9.7 noch einmal die wesentlichen Merkmale beider Methoden gegenüber.

IFPUG	**COSMIC-FFP v2.2**
Misst Prozesse und Daten: 3 Funktionstypen für Prozesse Externe Eingabe (EI) Externe Ausgabe (EO) Externe Abfrage (EQ) 2 Funktionstypen für logische Datenbestände: Interne Datenbestände (ILF) Externe Datenbestände (EIF)	Misst ausschließlich (Sub-)Prozesse bzw. Datenbewegungen: 4 Funktionstypen für (Sub-)Prozesse Eingabe von Daten (ENTRY) Lesen von Daten (READ) Schreiben von Daten (WRITE) Ausgabe von Daten (EXIT)
Minimum: 3 FP	Minimum: 2 CFSU
Maximum: 7 FP	Maximum: unendlich
Betrachtet wird der Zugriff auf logische, persistente Datenbestände – einmal pro Prozess (FTR).	Betrachtet werden eindeutige Zugriffe auf logische, persistente Datenbestände auf Ebene Lesen und/oder Schreiben (READ, WRITE).
Betrachtet werden eindeutige Datenfelder (DETs) zur Komplexitätsbestimmung der Prozesse.	Betrachtet werden Gruppen von Datenfeldern im Rahmen der Subprozesse ENTRY und EXIT.
Prozesse können je nach Anzahl verwendeter Datenfelder (DET) und Datenbestände (FTR) eine Komplexität von *low, average* oder *high* besitzen.	Jeder eindeutige (Sub-)Prozess (READ, WRITE, ENTRY, EXIT) zählt als ein CFSU. Hierbei wird unterstellt, dass die einzelnen Subprozesse von der Komplexität her gleich sind. Damit wird klar, dass sowohl IFPUG als auch COSMIC-FFP ungeeignet für stark algorithmische Software sind.

Tabelle 9.7: Unterschiede IFPUG 4.1 vs. COSMIC-FFP 2.2

IFPUG	COSMIC-FFP v2.2
Keine Regeln zur Berücksichtigung von Schichtenarchitekturen bei der Software-Entwicklung	Explizite Regeln zur Berücksichtigung von mehrschichtigen Architekturansätzen (Layer-Konzept)
Klarer Fokus auf die (externe) Endbenutzersicht ohne weitere Berücksichtigung von Implementierungsaspekten	Regeln so gestaltet, dass die Software aus verschiedenen Blickwinkeln (z.B. Endbenutzer, Entwickler) und Architekturkonzepten (z.B. Client/Server) gezählt werden kann.
Es gibt genau eine Grenze für die zu zählende Anwendung (Application Boundary).	Zwischen zwei unterschiedlichen Schichten (Layern) existiert jeweils eine Grenze (Boundary). Da die zu zählende Anwendung aus mehreren Schichten bestehen kann, kann es auch mehr als eine Grenze geben. Damit stellt das IFPUG-Konzept (Endbenutzersicht, keine Unterscheidung von Layern) eine Untermenge der mit der COSMIC-FFP-Methode darstellbaren Zählmöglichkeiten dar.
Alle Zählungen sind prinzipiell vergleichbar, sofern die Regeln des Standards IFPUG 4.1 eingehalten wurden.	Alle Zählungen mit gleichem Blickwinkel und gleichem Layerkonzept sind vergleichbar.

Tabelle 9.7: Unterschiede IFPUG 4.1 vs. COSMIC-FFP 2.2 *(Forts.)*

9.3.4 COSMIC Full Function Points und NESMA Function Points

Frank Vogelezang und Ton Dekkers haben nach einem Jahr Erfahrung mit den COSMIC Full Function Points anhand von elf Projekten in einer Bank eine Regressionsformel für die Umrechnung von NESMA Function Points in COSMIC Full Function Points entwickeln können:

CFSU (COSMIC-FFP) = 1,2 * FP (NESMA) – 87

Der Korrelationskoeffizient für die Formel ist 0,99 – also eine sehr gute Korrelation.

9.4 Kurzdarstellungen weiterer Varianten der Function-Point-Methode

9.4.1 Die Data-Point-Methode

Die Data-Point-Methode ist eine von Harry Sneed entwickelte Variante der Function-Point-Methode zur Schätzung anhand der Datenobjekte. Die Größe der Software wird aus Datenmodell und Benutzeroberfläche abgeleitet und anhand der Informationsobjekte sowie deren Datenelemente, Attribute und Relationen gemessen. Zur Benutzeroberfläche gehören die Masken, Berichte und Systemnachrichten. Die **Data Points** ergeben sich aus der Anzahl der

- Informationsobjekte
- Attribute
- Kommunikationsobjekte
- Aus- und Eingabedaten
- Datensichten bzw. Views

Anstelle der 14 allgemeinen Systemmerkmale der Function-Point-Methode treten acht Qualitätsfaktoren und zehn Projektbedingungen. Harry Sneed bietet mit der Fa. Case Consult GmbH zur Data-Point-Methode auch Toolunterstützung an (PC-CALC – siehe *Tools zur Aufwandschätzung, Internetadressen von Tools*).

9.4.2 Die Object-Point-Methode

Die Object-Point-Methode wurde 1990 von Marita Oriolo bei der Software AG als Variante der Function-Point-Methode zur Schätzung bei ***objektorientierter Systementwicklung*** entwickelt. Die ***Object Points*** werden durch Zählen und Faktormultiplikation von Kriterien folgender Schätzobjekttypen ermittelt:

- Masken
- Druckausgaben
- Informationsobjekte
- Datentransfer
- Verarbeitungsfunktionen

Anstelle der 14 allgemeinen Systemmerkmale der Function-Point-Methode verwendet die Object-Point-Methode elf Systemmerkmale. Um diese Object-Point-Methode ist es in letzter Zeit sehr ruhig geworden. Von der Software AG war vor einigen Jahren zu hören, dass die Methode nicht mehr unterstützt wird.

Ebenfalls 1990 hat sich Luiz Laranjeira von der Universität in Austin, Texas, mit der Größenschätzung von ***objektorientierten Systemen*** befasst. 1993 schrieb dann als Nächster Mark Lorenz von IBM über das Messen und die Maße in seinem Buch *Objektorientierte Software-Entwicklung*. 1994 folgte die wichtige Arbeit von Chidamber und Kemerer vom Massachusetts Institute of Technology (M.I.T.) .

Inzwischen wird für die Aufwandschätzung bei objektorientierter Software-Entwicklung auf Tagungen über andere ***Object-Point-Methoden und Metriken*** von Henderson-Sellers, von Hateras Software sowie von Lorenz und Minkiewicz gesprochen. In diesem Zusammenhang berichtet Jenson auch von ***Effort Points***.

Ebenso werden aber auch viele Untersuchungen über den Einsatz der ***IFPUG Function Points*** im objektorientierten Umfeld publiziert (z.B. Thomas Fetcke sowie Bill Catherwood et al.).

In Deutschland berichtet Harry Sneed 1996 von einer ***Object-Point-Methode***, die er entwickelt hat. Dabei unterscheidet er zwischen Objektmodell (Klassen), Kommunikationsmodell (Nachrichten oder Schnittstellen) und Prozessmodell (Prozesse oder Transaktionen) des Schätzobjekts.

Das Objektmodell berücksichtigt in einer Klassentabelle deren Typ, Attribute, Beziehungen und Methoden sowie den Reuse durch eine Anpassungsrate. Daraus werden so genannte ***Class Points*** berechnet nach der Formel

> Class Points = durchschnittliche Anpassungsrate * ((Σ Attribute) + 2 * (Σ Beziehungen) + 3 * (Σ Methoden))

Das Kommunikationsmodell stellt in einer Nachrichtentabelle deren Typ, Komplexität (gering = 0,75, mittel = 1,0, hoch = 1,25), Anzahl Parameter, Quellen und Ziele sowie eine Anpassungsrate zusammen. Daraus werden so genannte ***Message Points*** berechnet nach der Formel

> Message Points = durchschnittliche Anpassungsrate * durchschnittliche Komplexität * ((Σ Parameter) + 2 * (Σ Quellen) + 2 * (Σ Ziele))

Das Prozessmodell umfasst in einer Prozesstabelle deren Typ mit Gewichtung (Batch = 2, Online = 4, System = 6, Realtime = 8), Anzahl Varianten sowie Komplexität (gering = 0,75, mittel = 1,0, hoch = 1,25). Daraus werden je Prozess so genannte ***Process Points*** berechnet nach der Formel

Process Points = Komplexität * (Prozesstyp + Varianten)

Class Points, Message Points und Process Points werden dann addiert und ergeben die unjustierten Object Points. Anschließend wird der Durchschnitt von zwölf gewichteten Qualitätsmerkmalen (DQ) errechnet und der Durchschnitt von zehn Projekteinflussfaktoren (DP), aus dem ein Gesamtprojekteinflussfaktor EF nach der Formel

EF = 1 – DP / 100

errechnet wird. Die justierten Object Points werden dann nach folgender Formel berechnet:

Justierte Object Points = unjustierte Object Points * DQ * EF

Die Veröffentlichung von Harry Sneed zu diesem Thema ist leider nicht ganz vollständig und teilweise inkonsistent, so dass der praktische Einsatz der Methode erschwert wird.

Darüber hinaus hat die Swiss Bank einen OO Metrics Club gegründet. Bei den IT-Metrikorganisationen, die Mitglied des MAIN-Netzwerks sind, gibt es keine weiteren Informationen darüber.

Bei dieser Vielfalt bleibt abzuwarten, ob sich ein internationaler Standard für eine ***Object-Point-Methode*** herausbildet oder ob die bewährte Function-Point-Methode auch für die Messung im objektorientierten Umfeld eingesetzt wird. Die Fallstudie III der IFPUG zeigt, dass dies problemlos möglich ist.

9.4.3 Die Mark-II-Methode

Die Mark-II-Methode ist eine in England verbreitete, von Charles R. Symons 1988 entwickelte Methode zur Schätzung des Aufwands, die vorrangig bei der Systementwicklung mit 4GL-Sprachen eingesetzt wird. Mark II baut auf der Function Point Methode auf und benutzt zusätzliche technikorientierte und Umgebungsparameter sowie andere Berechnungsregeln. Sie schließt die Zählung der Entities und Relationships des Datenmodells ein. Das ***Mark II Counting Practises Manual*** steht auf der Homepage der UKSMA (United Kingdom

Software Metrics Association) *http://www.uksma.co.uk* im PDF-Format zur freien Verfügung. Die UKSMA bietet, ähnlich wie die IFPUG, ***Zertifizierungen als (Mark-II-)Function-Point-Zähler*** an. Sie ist von der ISO als PAS (Public Available Specification) für eine funktionale Metrik anerkannt worden.

Mark II wurde laut Mark Symons entwickelt,

- um die Subjektivität zu reduzieren, indem statt Dateien die Anzahl von Entitäten und deren Performance gemessen werden;
- um gleiche Function-Point-Zahlen zu erhalten, wenn ein System als Ganzes oder die Summe der dazugehörenden Teilsysteme unabhängig von der Systemgrenze gezählt wird;
- um eher den Entwicklungsaufwand zu erfassen als die an den Endbenutzer ausgelieferte Funktionalität;
- um den 14 Systemmerkmalen weitere sieben Komplexitätsfaktoren hinzuzufügen.

Die Mark-II-Methode verbessert die Messung sehr einfacher und sehr komplexer Transaktionen und ist eine konzeptuell einfache Abbildung moderner Systemanalysemethoden, die leicht kalibrierbar ist (nur vier Variablen). Sie hat eine begrenzte, aber auch außerhalb Englands wachsende Einsatzbreite, obwohl noch eine weiter gehende Kalibrierung und Verbesserung hinsichtlich des Einsatzes für Realtime-Systeme möglich scheint.

Mark II gewichtet die Eingaben stärker und die Ausgaben weniger als IFPUG. Bei kleineren Projekten ergeben sich in der Praxis leichte Unterschiede bei der Messung der Projektgröße.

Frühe Vergleiche mit der IFPUG Version 3.0 durch die UKSMA für deren bei der ISBSG eingereichten Projekte ergaben folgende ***Korrelationen***:

IFPUG 3.0 FP = 41,4 + 0,77 * Mark II FP

Mark II FP = 20,3 + 1,25 * IFPUG 3.0 FP

Dabei haben folgende Faktoren starken Einfluss auf diese Gleichungen:

- das Verhältnis von Transaktionen zu Datenelementen
- das Verhältnis von Entitäten zu Datenelementen
- das Verhältnis von Dateien zu Datenelementen
- das Verhältnis von Transaktionen, Outputs und Abfragen

Mark II benutzt neben den 14 Systemmerkmalen der IFPUG weitere fünf:

- Anforderungen aus anderen Software-Systemen
- Sicherheit, Prüfbarkeit, Datenschutz
- Anwenderschulung
- Direkte Nutzung durch Dritte
- Dokumentation

Der Benutzer kann diese 19 Systemmerkmale modifizieren oder weitere hinzufügen.

Mark II ist stärker datenorientiert als die IFPUG-Methode und durch einfachere Regeln leichter erlernbar.

Interessant ist, dass die Fa. ExperTeam aus Köln 1992 in ihrer Software-Entwicklungsumgebung LBMS Project Engineer das Vorgehensmodell der Bundeswehr abgebildet hat und darin Mark II als Schätzmethode integriert hat, so dass das Ergebnis der Schätzung sofort in der Work Breakdown Structure (WBS) als konkreter Planaufwand der Aktivitäten eingetragen wird.

Mark II und die COSMIC-Full-Function-Point-Methode liefern ein mehr lineares Maß für den Funktionsumfang als IFPUG und NESMA.

9.4.4 SPR Function Points

SPR Function Points stellen eine Vereinfachung der Function Points nach IFPUG 4.0 dar. SPR (Software Productivity Research) ist die Unternehmensberatung von Capers Jones (inzwischen an Artemis verkauft). Die Komplexität der Datenbestände und Transaktionen wird durchgängig mit *average* bewertet und der Einflussfaktor errechnet sich nur noch aus zwei statt 14 Systemmerkmalen: Problemkomplexität und Datenkomplexität.

Eine Besonderheit der SPR Function Points ist außerdem die Möglichkeit, die ungewichteten Function Points zu approximieren, falls nur Teile bekannt sind. SPR Function Points können also mit Checkpoint bzw. KnowledgePLAN eingesetzt werden, wenn nur

- die ILFs oder
- die EIFs oder
- die EIs oder
- die EOs oder

- die EQs

bekannt sind.

Diese Vorgehensweise wird auch allgemein zur ***Approximation*** von Function Points eingesetzt, hat aber eine größere Fehlermarge als andere Function-Point-Prognosemethoden. Im IT-Ressort der AXA Service AG wurde bei einem Vergleich 1998 festgestellt, dass die Fehlermarge bei Verwendung der SPR Function Points erheblich größer ist als beim Einsatz der hausintern ermittelten Prozentanteile der Komponenten der Function-Point-Methode.

9.4.5 Feature Points

Feature Points sind eine Vereinfachung der Function Points nach IFPUG 4.0. Sie wurden 1986 von Capers Jones entwickelt, um bei der Entwicklung von Systemsoftware deren Umfang besser messen zu können. Dazu werden als sechste Komponente neben den Datenbeständen und Transaktionen der Function-Point-Methode die ***Algorithmen*** bewertet. Dabei werden die Dateien weniger gewichtet. Außerdem verwendet die ***Feature-Point-Methode*** im Gegensatz zur Function-Point-Methode nur zwei Systemmerkmale. Das Problem der Methode liegt darin, dass sie den Begriff »Algorithmen« noch nicht scharf genug definiert, um einheitlich eingesetzt zu werden. Außerdem fehlen Erfahrungen über Korrelationen zu anderen Function-Point-Varianten.

9.4.6 NESMA Function Points für Weiterentwicklungsprojekte

Die NESMA (niederländische Metrikorganisation) hat 2001 einen Standard für die Function-Point-Zählung von Weiterentwicklungsprojekten auf Basis des IFPUG-Standards 4.1 entwickelt. Der Titel des Handbuchs, das in der NESMA-Homepage (*http://www.nesma.nl/download/FPA*) zugänglich ist, lautet: Function Point Analysis for Software Enhancement Guidelines Version 1.0.

Auf der IFPUG-Herbsttagung 2000 in San Diego wurde der NESMA-Standard vorgestellt. Dieser Vortrag ist ebenfalls in der Homepage der NESMA veröffentlicht: *http://www.nesma.nl/english/download.htm*. In dem Handbuch werden Bestandsübernahmen (migration, conversion), Wartung und Weiterentwicklung definiert (siehe Abschnitt *Aufwandschätzung von Wartungsaufträgen*) in Kapitel *Methoden der Aufwandschätzung*.

Weiterentwicklung ist demnach jede Änderung an der Funktionalität eines Anwendungssystems. Das resultiert im Hinzufügen, Ändern oder Löschen von Funktionen. Weiterentwicklung, die nur Funktionen hinzufügt und nicht ändert, wird wie Neuentwicklung behandelt.

Wartung wird bei der NESMA in korrektive, perfektive und adaptive Wartung unterteilt. Bei der Aufwandschätzung wird neben der Funktionalität für hinzugefügte, geänderte und gelöschte Funktionalität auch noch die Funktionalität hinzugerechnet, die getestet wird.

Bei der NESMA-Methode werden für die Berechnung der EFP (Enhanced Function Points: Weiterentwicklung-Function-Points) die IFPUG Function Points mit einem impact factor gewichtet, der nach diversen Regeln ermittelt wird und zwischen 0,25 und 1,5 liegt, je nachdem, wie sehr die Funktionalität des Anwendungssystems von der Weiterentwicklung betroffen ist. IFPUG und NESMA zählen auch die Datenbestände innerhalb der Systemgrenzen.

Demgegenüber gehen Mark II und COSMIC Full Function Points davon aus, dass Datenbestände durch die Anforderung eines Ausgabe-Response auf den Eingabe-Stimulus impliziert werden. Dies wird in der Eingabe, der zugehörigen Verarbeitung und der Ausgabe berücksichtigt. Deshalb werden bei der Mark-II- und COSMIC-Full-Function-Point-Methode die Datenbestände nicht gezählt (zur Vermeidung doppelter Zählung).

Die NESMA hat laut John Landmesser ebenfalls eine früh einsetzbare Function-Point-Prognose-Methode entwickelt, Indicative-Function-Point-Zählung. Dabei werden die ILFs gezählt und für jede Update-Datei 3 EI, 2 EO und 1 EQ mit mittlerer Gewichtung geschätzt und für jede Read-only-Datei 1 EO und 1 EQ mit mittlerer Gewichtung. Dazu werden alle EIs, EOs und EQs gezählt und mit mittlerer Gewichtung geschätzt. Summation ergibt dann die Function Points, die allerdings um 50% von den tatsächlichen Function Points abweichen können.

9.4.7 3D Function Points

3D Function Points wurden 1991 nach zweijähriger Entwicklungszeit von Boeing Computer Services entwickelt. Die Methode geht ähnlich wie die Feature-Point-Methode davon aus, dass eine Systementwicklung anhand von Daten, Funktionen und Kontrollflüssen gemessen werden kann. Daten werden wie bei der IFPUG-4.0 Methode gemessen. Hinzu kommt die Anzahl und Komplexität von Funktionen sowie die Anzahl der Kontroll-Statements (Systemzustände und Zustandsübergänge).

9.5 Ausblick

Zusammenfassend kann nach der Betrachtung der Varianten der Function-Point-Methode festgestellt werden, dass mit der Erfassung von Inputs, Outputs, Algorithmen, logischen Dateien, Entitäten, Relationships und Datenelementen eine brauchbare Basis für eine Metrik vorhanden ist.

Da bisher vier Methoden bei der ISO als PAS (Public Available Standard) für eine funktionale Metrik anerkannt wurden (Full Function Points, IFPUG Vs. 4.1 ohne die 14 Systemmerkmale, Mark II Function Points und NESMA Function Points), wird der Markt entscheiden, welche Methode sich durchsetzen wird.

Mathias Lother, Reiner Dumke und Alain Abran haben auf der IWSM 2001 einige vergleichende Angaben zusammengestellt, die in der folgenden Tabelle 9.8 aus ihren drei Tabellen im Überblick zusammengefasst sind.

Methode	**Einsatzbereich**				**Tool-Unterstützung**	**Daten in der ISBSG-Datenbank**
	Algorithmisch/ Wissen-schaftlich	**Management-Informations-systeme**	**Realtime embedded**	**Control Systems**		
DeMarco's Big Bang	Ja				PC-CALC, SoftCalc	Nein
Feature Points	Ja				SoftCalc	Nein
Boeing 3D			Ja		Checkpoint/ Knowledge-PLAN	Nein
IFPUG		Ja			Checkpoint/ Knowledge-PLAN, PC-CALC, Function Point Work-bench, FPC Analyzer, Visual Func-tionPointer	Ja

Tabelle 9.8: Varianten der Function-Point-Methode im Vergleich

Methode	Einsatzbereich				Tool-Unterstützung	Daten in der ISBSG-Datenbank
	Algorithmisch/ Wissenschaftlich	Management-Informationssysteme	Realtime embedded	Control Systems		
Mark II		Ja	potentiell		Mark II Function Point Analyzer	Ja
COSMIC-FFP Vs. 1			Ja	Ja	Hierarchy Master FFP, FPC Analyzer, FFP Extract/ Counter	Ja
COSMIC-FFP Vs. 2		Ja	Ja	Ja	Hierarchy Master FFP	Geplant

Tabelle 9.8: Varianten der Function-Point-Methode im Vergleich *(Forts.)*

Im Sinne der Anwender ist wünschenswert, dass möglichst wenige Methoden existieren, damit eine Vergleichbarkeit gewährleistet ist.

Hier gilt die Devise: Weniger ist mehr – aber diese Methoden müssen dann auch eingesetzt werden!

9.6 Management Summary

Anders als bei IFPUG leitet die COSMIC-FFP-Methode die funktionale Größe jedoch nicht von der Anzahl und Komplexität der Eingaben, Ausgaben, Abfragen sowie internen und externen Datenbestände ab, sondern von der Anzahl der zur Durchführung eines Prozesses notwendigen Datenbewegungen.

Anders als bei IFPUG werden die Datengruppen zur Identifikation der Datenbewegungen zwar bestimmt, gehen jedoch nicht direkt in das Ergebnis der funktionalen Größe mit ein. Die funktionale Größe leitet sich bei den COSMIC-FFP rein aus der Anzahl der Datenbewegungen ab. Eine Datenbewegung, z.B. ein READ entspricht dabei einer ***CFSU = COSMIC Functional Size Unit***. Ein Vorteil dieser Vorgehensweise ist, dass im Gegensatz zur IFPUG-

Methode eine andere Auslegung des Elementarprozesses keinen Einfluss auf das Zählergebnis hat.

Ein weiterer wesentlicher Unterschied zur IFPUG-Methode ist das so genannte ***Schichtenkonzept (Software-Layers)***.

Die COSMIC-FFP-Methode hat eine schnell wachsende Einsatzbreite weltweit und stellt derzeit die qualifizierteste und größte Konkurrenz zur IFPUG-Function-Point-Methode dar.

Zusammenfassend kann nach der Betrachtung der Varianten der Function-Point-Methode festgestellt werden, dass mit der Erfassung von Inputs, Outputs, Algorithmen, logischen Dateien, Entitäten, Relationships und Datenelementen eine brauchbare Basis für eine Metrik vorhanden ist.

Im Sinne der Anwender ist wünschenswert, dass möglichst wenige Methoden existieren, damit eine Vergleichbarkeit gewährleistet ist. Hier gilt die Devise: Weniger ist mehr – aber diese Methoden müssen dann auch eingesetzt werden!

10 Die Anwendung der Function-Point-Methode

In diesem Kapitel berichten wir über unterschiedliche Einsatzmöglichkeiten und Erkenntnisse aus dem praktischen Einsatz der Function-Point-Methode im betrieblichen Alltag.

10.1 Function-Point-Prognose

Aufwandschätzungen werden möglichst früh vom Auftraggeber gefordert. Da Function-Point-Zählungen das Fachkonzept als Voraussetzung erfordern, haben sich so genannte Function-Point-Prognosen oder -Schätzungen zur Approximation von Function Points als hilfreich erwiesen (siehe auch Kapitel »Varianten der Function-Point-Methode«, »SPR Function Points«).

Unsere Erfahrungen zeigen, dass die dazu erforderlichen Informationen bereits sehr früh, zu Beginn eines Auftrags, im Gespräch mit dem Projektleiter ermittelt werden können. Dazu können zusammen mit dem Competence Center die Schnittstellen und Bestandteile des Projekts zusammengestellt und die Grenzen der Anwendung in einem Systembild dokumentiert werden. Das Verfahren funktioniert so gut, weil die Function Points aller Anwendungssysteme gezählt sind und damit die Schnittstellen auch früh und vollständig berücksichtigt werden können.

Hier zeigen wir die Ergebnisse von Untersuchungen von derzeit 78 IT-Anwendungssystemen in der AXA Service AG (das IT-Ressort der AXA Versicherung in Köln), die im Dezember 1998 ausführlich in der Zeitschrift *Metrics News* unter dem Titel *Function Point Prognosis* auf der Basis von 20 Anwendungssystemen publiziert wurde. Spätere wiederholte Untersuchungen in den Jahren 1997, 1998 und 2001 mit wachsender Anzahl gezählter Anwendungssysteme (letzte sehr ausführliche Veröffentlichung in der *Metrics News* Juni 2002: *Function Point Prognosis Approved*) haben die Validität dieser Prognoseformeln in der AXA Service AG bestätigt. Diese Prognosemethode wurde mittels Regressionsanalyse entwickelt. Dabei wird die Anzahl der Function

Points aufgrund der Anzahlen der EIs und EOs berechnet. Das setzt voraus, dass wenigstens die Anzahl der EIs und EOs bekannt ist. Bei dieser Function-Point-Prognose wurde eine Fehlermarge von ca. 15% gegenüber den beim Vorliegen des Fachkonzepts gezählten Function Points ermittelt (Regressionskoeffizient $R^2 > 0{,}948$, siehe Tabelle 10.1).

2001	Anzahl Anwendungssysteme	R^2	Fehler in %	Prognoseformel
Total	78	0,9483	13	**FP = 7,8 * IO + 43**
Host	69	0,9498	12	**FP = 7,9 * IO + 40**
PC	9	0,9503	21	**FP = 6,4 * IO + 172**
1998	39	0.9589	20	**FP = 7,6 * IO + 50**
Host	28	0.9580		**FP = 7,9 * IO + 11**
PC	11	0.9760		**FP = 6,5 * IO + 134**
1997	20	0.9525	13 (Median 11)	**FP = 7,3 * IO + 56**

Tabelle 10.1: Function-Point-Prognose-Formeln der AXA Service AG

10

Abbildung 10.1 zeigt exemplarisch das Resultat einer solchen Regressionsanalyse:

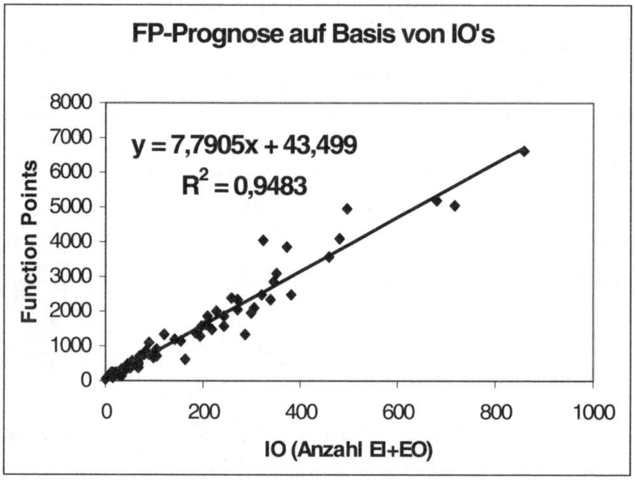

Abbildung 10.1: Regressionsanalyse zur Function-Point-Prognose (IO = Anzahl EI plus Anzahl EO)

Aus Japan wird eine Function-Point-Prognose berichtet, die anhand der Anzahl von Reports (Listen, Berichten), Screens (Bildschirmmasken) und Files (Datenbestände) mit einer Regressionsanalyse zu folgender Prognoseformel kommt:

$$PFP = 12{,}31 * R + 6{,}01 * S + 8{,}05 * F$$

(PFP = Prognose Function Points, R = Reports, S = Screens, F = Files)

mit einem Regressionskoeffizient R^2 von 0,99 und einer Fehlermarge < 20%.

Ebenso kann aufgrund der Erfahrungen, welchen Anteil EIs, EOs, EQs, ILFs, EIFs an der Gesamtzahl der Function Points ausmachen, anhand einer dieser Größen auf die Gesamtzahl der Function Points geschlossen werden. Dieses Vorgehen ist auch ein wesentlicher Bestandteil der ***SPR Function Points***. Hierzu gibt es ebenso eine Untersuchung der AXA Service AG. Auch die ISBSG hat dazu in ihrer Studie vom Juni 2002 wieder aktuelle Zahlen beigetragen. Die Prozentverteilung der Anteile der Funktionstypen aus diesen beiden Untersuchungen zeigt Tabelle 10.2.

2001	**Anzahl**	**Prozentanteil**				
Plattform	**Anwendungssysteme**	**EI**	**EO**	**EQ**	**ILF**	**EIF**
Total	78	22	39	8	16	14
Host	69	21	40	8	16	15
PC	9	28	31	12	19	10
ISBSG Juni 2002	311 Neuentwicklungen	29	24	15	24	8
Metricviews		26–39	22–24	12–14	24	4–12
Checkpoint		20	24	10	43	3
1998 Total	39	25	39	14	17	6
1996/7 Total	20	27	39	11	18	5
1997 Total	12	18	43	12	18	9
1996 Total	8	34	35	11	18	2

Tabelle 10.2: Prozentanteile der Funktionstypen der Function-Point-Methode

Ein Vergleich der ISBSG-Studien zeigt, dass z.B. von 1997 bis 2002 der Anteil der EIs von mehr als 35% auf weniger als 30% gesunken ist, während der Anteil von EQs von weniger als 15% auf 15% angestiegen ist und der Anteil von EIFs von weniger als 5% auf mehr als 5%.

Bei der Untersuchung im IT-Ressort der AXA Service AG wurde anhand einer Fehlerbetrachtung eine Fehlermarge beim Einsatz dieses Verfahrens für eine Function-Point-Prognose von mehr als 37 (EOs) bis 48 Prozent (EQs) je nach Funktionstyp ermittelt. Diese Prozentanteile werden wegen der hohen Fehlermarge bei einer Function-Point-Prognose nur zu Plausibilitätsprüfungen bei der Qualitätssicherung von Function-Point-Zählungen als Faustregeln eingesetzt.

Ein weiteres Resultat der Auswertung der Datensammlung war, dass der VAF (engl. Value Adjustment Factor) in der AXA Service AG typischerweise im Bereich von 0,73 bis 1,22 mit einem Mittelwert von 0,95 liegt (0,94 für Host- und 0,96 für PC-Anwendungen). Der Durchschnitt für Bestandsübernahmen (Migration, Conversion) ist 0,73. Diese Werte werden ebenso für Plausibilitätsprüfungen bei der Qualitätssicherung von Function-Point-Zählungen als Faustregeln eingesetzt.

Aus Tagungsbeiträgen sind weitere Function-Point-Prognosen bekannt, z.B.

32 bis 40 Function Points pro ILF

(35 bis 38 für GUI – Graphical User Interfaces)

oder von der NESMA (Niederländische Metrikorganisation):

PFP = 35 * #ILF + 15 * #EIF

(PFP = Prognose Function Points, # = Anzahl)

Ebenso interessant ist ein Benchmarking von durchschnittlichen Function Points, d.h. die Beantwortung der Frage: »Wie viele Function Points hat typischerweise ein EI, EO, EQ, ILF oder EIF?« Diese durchschnittlichen Function Points sind von der IFPUG für die fünf Komponenten vorgegeben (jeweils Komplexität *mittel*). Die ISBSG-Datenbank (Release 5, keine Angaben in Release 6 und 7) ermittelt davon abweichende Zahlen, ebenso die AXA Service AG (Tabelle 10.3).

Plattform	Anzahl	Durchschnittliche Function Points				
2001	**Anwendungssysteme**	**EI**	**EO**	**EQ**	**ILF**	**EIF**
Total	78	4,7	5,9	4,4	8,6	6,5
Host	69	4,7	5,9	4,6	8,7	6,5
PC	9	4,3	5,7	3,8	7,6	6,5
IFPUG		4	5	4	10	7
ISBSG	Release 5	4,3	5,4	3,8	7,4	5,5
	Release 5 Europe	4,2	4,9	3,8	7,2	5,3
1998						
Total	39	4,6	5,7	4,3	8,2	6,1
Host	28	4,8	5,7	4,5	8,5	6,2
PC	11	4,0	5,7	3,9	7,3	5,4
1997						
Total	*20*	*4,6*	*5,5*	*4,3*	*8,1*	*5,7*

Tabelle 10.3: Durchschnittliche Function Points

10

Aus der vorigen Tabelle ist ersichtlich, dass die durchschnittlichen Function Points in der AXA Service AG im Verlaufe der Jahre zugenommen haben. Das könnte z.B. ein Hinweis auf die wachsende Komplexität der Anwendungsentwicklung in diesem Umfeld sein. Allerdings ist bei dieser Annahme zu berücksichtigen, dass keine Vergleichbarkeit gegeben ist, da der Umfang der Zählungen ebenfalls zugenommen hat. Die durchschnittlichen Function Points werden weltweit als sehr stabil in der jeweiligen Entwicklungsumgebung angesehen und werden deshalb auch gerne als Faustregel für die schnelle Function-Point-Prognose eingesetzt, da dabei der Mehraufwand für die Klassifikation der Komponenten in *einfach, mittel, komplex* eingespart werden kann. Die SPR Function Points arbeiten z.B. mit den durchschnittlichen Function Points der IFPUG.

Für die Verwaltung eines ILF würde man typischerweise mindestens drei Eingaben (EI) für hinzufügen, löschen, ändern erwarten, eine Ausgabe (EO) und eine Abfrage (EQ). Aus den Zählungen der ISBSG-Datenbank und der AXA Service AG wurden davon abweichende Werte ermittelt (siehe Tabelle 10.4):

Anwendungssysteme	AXA Service AG			ISBSG Rel. 5	
	2001	1998	1997	Europa	Total
Anzahl	78	39	20	32	238
EI pro ILF	2,6	2,7	2,7	3,8	2,9
EO pro ILF	3,6	3,3	3,7	2,6	1,5
EQ pro ILF	0,9	1,4	1,2	1,9	1,1
EIF pro ILF	0,6	0,5	0,4	–	–

Tabelle 10.4: Interne Dateien im Verhältnis zu den anderen Komponenten

Ebenso ermittelte die AXA Service AG das Verhältnis der jeweils anderen Komponenten zu den Eingaben (EI) und Ausgaben (siehe Tabelle 10.5):

78 Anwendungssysteme	2001
EO pro EI	1,3
EQ pro EI	0,3
ILF pro EI	0,4
EIF pro EI	0,2

78 Anwendungssysteme	2001
EI pro EO	0,7
EQ pro EO	0,3
ILF pro EO	0,3
EIF pro EO	0,2

Tabelle 10.5: Eingaben, Ausgaben im Verhältnis zu den anderen Komponenten

Das Verhältnis der Function Points der jeweils anderen Komponenten zu den ILFs, EIs und EOs wurde ebenfalls ermittelt (siehe Tabelle 10.6):

78 AS	2001
EI-FPs pro ILF	12,2
EO-FPs pro ILF	21,0
EQ-FPs pro ILF	4,0
EIF-FPs pro ILF	4,2

78 AS	2001
EO-FPs pro EI	8,0
EQ-FPs pro EI	1,5
ILF-FPs pro EI	3,3
EIF-FPs pro EI	1,6

78 AS	2001
EI-FPs pro EO	3,4
EQ-FPs pro EO	1,1
ILF-FPs pro EO	2,4
EIF-FPs pro EO	1,2

Tabelle 10.6: Function-Point-Anteile im Verhältnis zu den anderen Komponenten

Ebenso können die 14 Systemmerkmale der Function-Point-Zählungen verglichen werden. Abbildung 10.2 zeigt einen solchen Vergleich, wobei die grauen Balken von der niedrigsten bis zur höchsten Bewertung reichen und der Median durch einen Strich im Balken angezeigt ist.

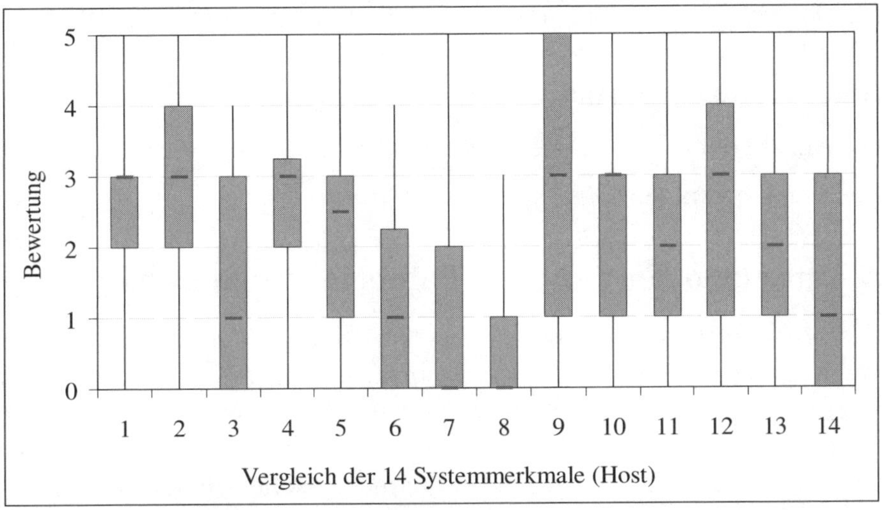

Abbildung 10.2: Vergleich der 14 Systemmerkmale

Diese und weitere Ansätze zeigen den erheblichen Bedarf an verlässlichen Informationen für frühe Schätzungen. Vor allem unterstreichen sie, wie wertvoll es ist, Daten über die Function-Point-Zählungen zentral zu sammeln, um daraus lernen und die Qualität der Aufwandschätzung verbessern zu können. Weiterhin ist den Zahlen zu entnehmen, dass die jeweiligen Function-Point-Prognosen sehr spezifisch auf das jeweilige Umfeld bezogen sind. Sie bieten also für andere Anwender nur grobe Anhaltspunkte und sind von diesen deshalb als ***Faustregeln*** nur für Prüfungen der eigenen Zählungen und Schätzungen einsetzbar.

Weitere aus der Literatur bekannte Faustregeln sind zum Beispiel (FP = Anzahl Function Points):

- Die Anzahl der IT-Mitarbeiter in einem Projekt (ITM): ITM = FP / 150
- Die Anzahl der Mitarbeiter für die Wartung eines Anwendungssystems (MAW): MAW = FP / 3.500
- Die durchschnittlichen Kosten in Euro für die Software-Entwicklung in Westeuropa (K): K = FP * 1.500
- Das jährliche Wachstum (W) des Software-Umfangs nach dem 1. Release: W = FP * 7%
- Der Requirements Creep pro Monat Projektlaufzeit (RQ): RQ = FP * 2%

- Die Anzahl der Kalendermonate vom Fachkonzept bis zur Auslieferung (M): M = FP0,4
- Das Fehlerpotenzial (F): $F = FP^{1,2}$
- Die Anzahl der erforderlichen Testfälle (T): $T = FP^{1,25}$
- Die Seitenanzahl der Dokumentation (S): $S = FP^{1,15}$

10.2 Umsetzen der Function Points in Personenmonate

Für die Aufwandschätzung bieten Function-Point-Zählungen eine hervorragende Ausgangsbasis. Dazu können die im Kapitel *Software-Metriken, Prozessmetriken* angegebenen Regressionsformeln für den Aufwand bzw. für die Produktivität, die Kosten und die Dauer verwendet werden sowie die entsprechenden Informationen aus der ISBSG-Studie (siehe Kapitel *Benchmarking von IT-Projekten, Vom Unternehmen beeinflußbare Projektmerkmale*) zu Aufwand, Entwicklungsproduktivität, Projektdauer und Teamgröße.

Die Volkswagen AG hat schon sehr früh Erfahrungen mit der Function-Point-Methode gesammelt und dazu folgende Werte für die Aufwandschätzung veröffentlicht (A = Aufwand in Personenstunden, FP = gewichtete FP):

Projekte mit 125–300 FP: $A = 9{,}94 * FP - 876$

Projekte mit 300–6.000 FP: $A = 8{,}5 * FP + 0{,}001179 * (FP)^2 - 550$

Dort wurde auch die bekannte »Badewannenkurve« (so genannt wegen ihrer Form – sie fällt von ca. 1,4 Stunden pro FP im ersten Jahr auf ca. 0,6 Stunden pro FP im sechsten Jahr und steigt dann wieder auf ca. 1 Stunde pro FP ab dem 13. Jahr) für den Wartungsaufwand ermittelt:

$$Sj = 1{,}604 - 0{,}37268 * j + 0{,}04684 * j^2 - 0{,}00166 * j^3 + 1{,}604$$

(j = Jahr, Sj = Service in Stunden pro FP für das entsprechende Jahr)

und der Wartungsaufwand W für den kompletten Lebenszyklus eines Anwendungssystems:

$$Wj = FP * S(j - 0{,}5) * Bj$$

(j = 1, 2, 3, ... ; B = Prozentuale Verringerung bzw. Vergrößerung pro Jahr bei Bedarf;

S = 65% für Wartung, 25% für Anwenderbetreuung, 10% für Betriebsaufrechterhaltung

In diesem Zusammenhang wird auch die IBM-Erfahrungskurve eingesetzt (siehe Kapitel *Methoden der Aufwandschätzung, Schätzung durch eine Erfahrungskurve*).

Solche Formeln gelten stets spezifisch für die jeweilige Entwicklungsumgebung, das heißt, sie sind nicht auf andere Unternehmen übertragbar. Es wäre Zufall, wenn eine von den angegebenen Formeln für ein anderes Unternehmen passen würde. Deshalb muss jedes Unternehmen seine eigenen Regressionsanalysen durchführen, um brauchbare Resultate zu bekommen. Diese Analysen müssen regelmäßig durchgeführt werden, da sich die Systemmerkmale im Laufe der Zeit ändern. Die VW-Kurve ist bereits sehr alt, ISBSG hat viele Projekte aus dem amerikanischen und ASEAN-Umfeld, in dem höhere Qualitätsanforderungen als in Europa üblich sind. Das sind mögliche Erklärungen für Unterschiede.

In multivariaten Analysen zeigt sich stets, dass mehr als ein Parameter (wie z.B. Function Points) den Aufwand der Systementwicklung beeinflussen. Deshalb ist der Einsatz von Schätztools sinnvoll, denn sie können viele Einflussparameter berücksichtigen. Zum Start eines Metrikprogramms kann es aber schon hilfreich sein, aus drei kleinen, drei mittleren und drei großen Projekten per Nachkalkulation (Function Points und Ist-Aufwand) eine Regressionsanalyse durchzuführen, um einen ersten Ansatz für eine Schätzgleichung zu entwickeln.

10

10.3 Function Points und Termine

Je größer die zu entwickelnden Software-Produkte sind, desto bedeutungsvoller ist eine Verkürzung der IT-Projektlaufzeit. So bestehen statistische Zahlen, aus denen hervorgeht, dass mit zunehmendem Funktionsumfang des Software-Produktes die Anzahl der verspäteten und abgebrochenen IT-Projekte steigt. Diese IT-Projekte sind als gescheitert zu betrachten, weil das Ergebnis zu spät kommt. Der angesprochene Sachverhalt wird mit der aus Capers Jones entnommenen und geringfügig modifizierten Tabelle 10.7 bestätigt.

Die in Tabelle 10.7 enthaltenen Function Points geben den entsprechenden Funktionsumfang der jeweiligen Software-Produkte an.

Function Points	Wahrscheinlichkeit von Terminen				
	verfrüht	pünktlich	verspätet	abgebrochen	Summe
100	6,1%	74,8%	11,8%	7,3%	100%
200	5,5%	73,2%	12,5%	8,8%	100%
300	5,0%	71,7%	13,1%	10,2%	100%
400	4,5%	70,1%	13,8%	11,7%	100%
500	3,9%	68,5%	14,4%	13,1%	100%
600	3,4%	67,0%	15,1%	14,6%	100%
700	2,8%	65,4%	15,7%	16,0%	100%
800	2,3%	63,9%	16,4%	17,4%	100%
900	1,8%	62,3%	17,0%	18,9%	100%
1.000	1,2%	60,8%	17,7%	20,3%	100%
1.500	1,2%	58,9%	18,0%	21,9%	100%
2.000	1,1%	57,1%	18,4%	23,4%	100%
2.500	1,1%	55,3%	18,7%	24,9%	100%
3.000	1,0%	53,5%	19,0%	26,5%	100%
3.500	0,9%	51,7%	19,4%	28,0%	100%
4.000	0,9%	49,9%	19,7%	29,6%	100%
4.500	0,8%	48,0%	20,1%	31,1%	100%
5.000	0,8%	46,2%	20,4%	32,6%	100%
5.500	0,7%	44,4%	20,8%	34,2%	100%
6.000	0,6%	42,6%	21,1%	35,7%	100%
6.500	0,6%	40,8%	21,4%	37,2%	100%
7.000	0,5%	38,9%	21,8%	38,8%	100%
7.500	0,4%	37,1%	22,1%	40,3%	100%
8.000	0,4%	35,3%	22,5%	41,9%	100%
8.500	0,3%	33,5%	22,8%	43,4%	100%
9.000	0,3%	31,7%	23,1%	44,9%	100%
9.500	0,2%	29,8%	23,5%	46,5%	100%
10.000	0,1%	28,0%	23,8%	48,0%	100%
Durchschnitt	***1,7%***	***52,2%***	***18,7%***	***27,4%***	***100%***

Tabelle 10.7: Wahrscheinlichkeit von Terminen in Abhängigkeit der Function Points

10.4 Produktivitätsanalysen

Die Function-Point-Methode ist hervorragend geeignet, um Produktivitätsanalysen durchzuführen. Hierzu ist jedoch zu sagen, dass diese Analysen nicht zum Vergleichen von Personen oder deren Leistungen herangezogen werden sollten, da in diesem Fall mit gravierenden Akzeptanzproblemen bei den Mitarbeitern zu rechnen ist. Die Folge ist dann, dass die Einsatzbreite der Methode erheblich eingeschränkt wird, denn dies ist die Ursache der Vorbehalte der Mitarbeiter gegenüber der Methode. Ein solcher Missbrauch kann Jahre erfolgreicher Aufbauarbeit eines Metrikprogramms in kurzer Zeit zunichte machen.

Beim Produktivitätsvergleich von IT-Projekten und Unternehmen muss man sich vergegenwärtigen, dass keine zwei IT-Projekte bei mehreren hundert bekannten Parametern je gleich und damit vergleichbar sind. Noch weniger trifft das für Unternehmen zu. Produktivitätsvergleiche können also stets nur Anhaltspunkte bieten, um nach Unterschieden für die verschiedene Produktivität zu suchen.

Unter diesen Voraussetzungen sind alle veröffentlichten Produktivitätskennzahlen mit äußerster Vorsicht und allenfalls als grobe Faustregeln für Plausibilitätsprüfungen zu verwenden. Entsprechend groß ist auch die Streuung der Werte. Großunternehmen mit zahlreichen organisatorischen Schnittstellen und sehr großem Kommunikationsaufwand sowie starker Beteiligung des Fachbereichs berichten z.B. von 2 bis 15 Function Points pro Personenmonat beim Einsatz von 3GL-Sprachen, wo kleine Unternehmen beim Einsatz von SmallTalk für Entwicklungen in kleinen Teams von einer Produktivität bis 160 Function Points pro Personenmonat berichten.

Deshalb bedürfen die folgenden Zahlen der ISBSG fraglos weiterer detaillierter Untersuchungen. Durch den Einsatz der ISBSG-»The Benchmark, Rel. 8«-Datendiskette (erhältlich über die DASMA) ist es z.B. möglich, die Auswertungen beliebiger Teilmengen der Daten von den 2.048 Projekten selbst durchzuführen. Dem vorigen ISBSG-Report *The Benchmark, Release 6* sind (neben den in den Kapiteln *Software-Metriken, Prozessmetriken* und *Benchmarking von IT-Projekten, Vom Unternehmen beeinflussbare Projektmerkmale* aufgeführten) folgende Produktivitätskennzahlen zu entnehmen:

Produktivität des IT-Kernteams:

- 2,4 bis 160 FP pro Personenmonat (PM)
- Durchschnitt 32 FP/PM
- Median 21 FP/PM

Produktivität der Entwicklungsteams incl. Endbenutzerbeteiligung:

- Maximum 23 FP/PM
- Median 16,7 FP/PM

10.5 Function Points und Fehleranzahl

Ein durchschnittliches Projekt arbeitet etwa 80% seiner Zeit an ungeplanter Behebung von Fehlern, die vorher im Projekt entstehen. Deshalb hat die Planung der Fehlerbehebung eine große Bedeutung. Dazu ist es wichtig, die Anzahl von Fehlern im Software-Entwicklungsprozess zu erheben, ein Vorgehen, das sich in der Praxis immer mehr durchsetzt. In der Literatur gibt es dazu zahlreiche Kennzahlen, ebenfalls in den Aufwandschätztools, z.B. Checkpoint und KnowledgePLAN.

Capers Jones hat z.B. als Fehlerpotenzial durchschnittlicher Projekte die in Tabelle 10.8 angegebenen Fehleranzahlen pro Function Point veröffentlicht.

Das führt bei einer üblichen Fehlerbehebungsrate von 85% dazu, dass das fertige Software-Produkt mit 0,75 Fehlern pro Function Point an den Endbenutzer ausgeliefert wird

Fachkonzept	1,00
Design	1,25
Codierung	1,75
Benutzerdokumentation	0,60
Fehlerbehebung	0,40
Gesamt	***5,00***

Tabelle 10.8: Fehlerpotenzial je Phase

10.6 Ergebnisse aus der praktischen Anwendung der Function-Point-Methode

Da die genauen Zählregeln der Function-Point-Methode nach IFPUG 4.1 (siehe Kapitel *Function-Point-Zählregeln*) sehr abstrakt sind, haben wir anschließend einige typische Fragestellungen der täglichen Zählpraxis zusammengestellt und teilweise an Beispielen erläutert. Die Beachtung der folgenden Tipps und Hinweise für in der Praxis regelmäßig auftretende Geschäftsvorfälle, die aus ersten Erfahrungen bei der Einführung der Function-Point-Zählung in einem großen Unternehmen stammen, dienen zur Unterstützung bei anfänglichen Fragen und darüber hinaus zur Standardisierung der Zählungen.

10.6.1 Überblick über die Geschäftsvorfälle

Abbildung 10.3 gibt einen Überblick über die grundsätzlich auftretenden Fälle beim Zählen. Da es in der Praxis immer abweichende Sonderfälle gibt, folgen später gesammelte Erfahrungen als Tipps und Hinweise.

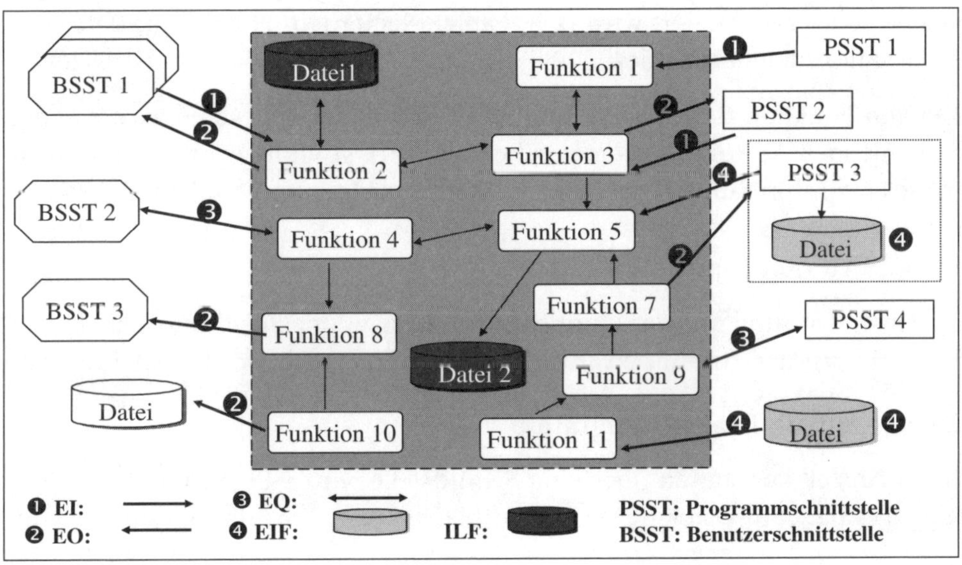

Abbildung 10.3: Typische Zählsituationen

10.6.2 Internal Logical Files – ILF

Gezählt werden die Entitäten des relationalen Datenmodells, auch der sonstigen Dateien (z.B. sequenzielle). ***Aufpassen bei Verknüpfungsentitäten mit***

eigenen Attributen: Werden z.B. Mitarbeiter und Aufgaben separat gepflegt und gibt es zwischen diesen Entitäten eine m:n Verknüpfung, so wird die Verknüpfungsentität zwischen beiden ebenfalls als ILF gezählt, sofern in der Verknüpfung beschreibende Attribute vorhanden sind.

Backup-Dateien werden nur gezählt, wenn sie vom Benutzer gefordert wurden, nicht, wenn sie aus IT-technischen Sicherheitsgründen erstellt werden.

10.6.3 External Interface Files – EIF

Gezählt werden die I/O-Parameter der externen Schnittstellen-Datenbestände aus dem Fachkonzept (relationales Datenmodell), d.h. nur benutzte Input- und Output-Felder. Es geht um das Lesen von Daten von außerhalb der Systemgrenzen oder um interne Datenbestände, die von anderen Anwendungen benutzt werden. Interne Schnittstellen des Projekts werden nicht berücksichtigt, auch nicht im Design festgelegte Schnittstellen. EIFs helfen, die Systemgrenzen zu definieren. Sie sind Read-only-Entitäten. Ein EIF wird für jeden extern gepflegten Datenbestand gezählt, der von der gezählten Anwendung gelesen oder referenziert wird (z.B. Fehler, Sicherheit, Hilfe, Edit, Referenz, Transaktionsdatenbestände).

Der von Funktion 11 aus Abbildung 10.3 gelesene Datenbestand wird von der zu zählenden Anwendung aus gesehen als 1 EIF gezählt, wenn nur lesenderweise eine Information abgefragt wird und keine interne Verarbeitung erfolgt.

10.6.4 External Input – EI

Fehlerverarbeitung und das Quittieren von Bestätigungsmeldungen bei einem Input (EI) werden zusammen als 1 DET für die entsprechende Eingabe gezählt.

Dialog-Aufruf, Dialog-Integration

Beim Anstoß von außen über eine Schnittstelle wird 1 EI gezählt, z.B. wenn über das Standard-Dialog-Konzept-Startbild der erste Prozess angestoßen wird.

Schnittstellen Client/Server <-> Host

Übernahme von Daten durch die zu zählende Anwendung (z.B. PC-Anwendung) von einer externen Anwendung (z.B. Host): 1 EI für die zu zählende Anwendung, 1 EO für die Host-Anwendung. Werden vorher noch Selektionsdaten an den Host übergeben, so ist dies als EO für die zu zählende Anwendung zu werten. Achtung: je 1 EI je fachlicher Funktion und zusätzlich Unterscheidung zwischen Neuanlage, Ändern und Löschen.

Logon

Ein Logon mit Security-Prüfung wird als 1 EI gezählt, wenn das Systemverhalten dadurch geändert und/oder interne logische Dateien verändert werden.

Update

Wenn von der eigenen Anwendung im Batch oder Dialog ein Update einer Datei erfolgt, wird dies als EI gezählt. Diese Datei muss natürlich auch als ILF oder EIF gezählt werden.

Werden für ein Update auch vom Benutzer drei Bildschirmmasken gefordert, so wird nur 1 EI gezählt, da es nur einen zusammenhängenden Verarbeitungsprozess dazu gibt.

Werden vom Benutzer mehrere Möglichkeiten für ein Update gefordert, z.B. Eingabe über Tastatur oder Scannen eines Barcodes, so wird für jede dieser Transaktionen ein EI gezählt.

Batch

Ein EI wird für jede Transaktion gezählt, die eine gesonderte Verarbeitung erfordert.

Bestandsübernahmen – BÜ

Bestandsübernahmen werden je Satzart als 1 EI gezählt. Werden zusätzlich noch Listen oder anderer Output erstellt, so sind diese zusätzlich als EOs zu werten.

Masken

Optionsfelder

Optionsfelder (engl. radio buttons) werden als Datenelemente von Eingaben behandelt. Hierbei ist zu beachten, dass Optionsfelder in einem Gruppenfeld als ***ein*** Datenelement gezählt werden, da innerhalb der Gruppe nur ein Optionsfeld ausgewählt sein kann. Die beiden Optionsfelder des Gruppenfeldes *Ausrichtung* aus Abbildung 10.4 werden somit als 1 DET berücksichtigt.

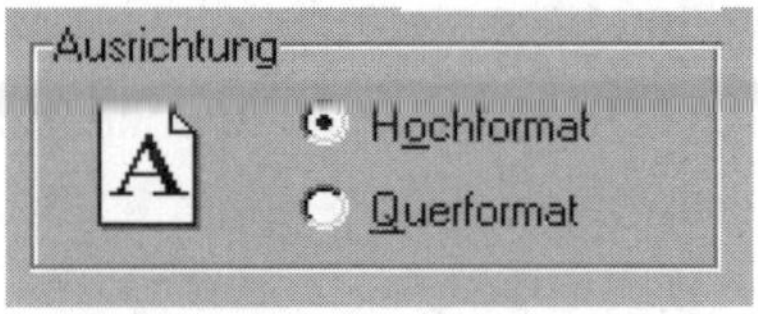

Abbildung 10.4: Optionsfelder

Kontrollkästchen

Für Kontrollkästchen (engl. check boxes) gilt, dass im Gegensatz zu Optionsfeldern gleichzeitig mehrere Kontrollkästchen ausgewählt sein können. Aus diesem Grund wird jedes Kontrollkästchen als ein Datenelement gezählt. Somit werden die beiden Kontrollkästchen aus Abbildung 10.5 als 2 DETs berücksichtigt.

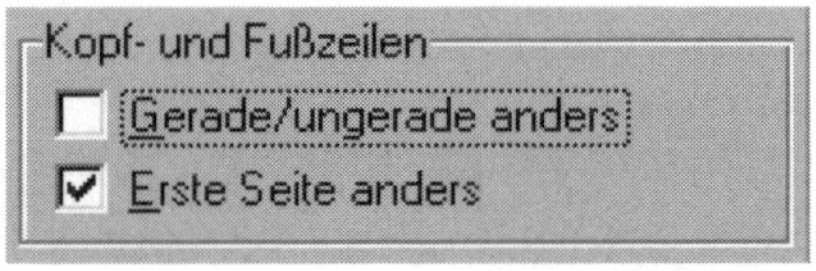

Abbildung 10.5: Kontrollkästchen

Eingabe- und Ausgabefelder

Auch die Eingabe- und Ausgabefelder werden als Datenelemente behandelt. Die Ein- und Ausgabefelder für die Kundeninformationen *Straße, PLZ, Ort* und *Datum der letzten Bestellung* aus Abbildung 10.7 weiter unten werden somit jeweils als 1 DET bei einer entsprechenden Eingabe, Ausgabe oder Abfrage berücksichtigt.

Bei Masken werden die Eingabe- und Ausgabefelder als DETs gezählt, ohne Literale.

Erfolgt eine Fehlerbehandlung bei einer Elementarfunktion (EI, EO, EQ), so wird dies als 1 DET für diese gezählt.

Bei Tabellen wird nur die Anzahl der Spalten als DET gezählt, ohne Literale.

Enter-, OK-Button und Programmfunktionstaste werden zusammen als 1 DET gezählt (Auslöser), auch wenn zusätzlich ein Kennzeichen zur Bezeichnung eingegeben wird.

Ein EI bzw. EO wird z.B. gezählt für folgenden Gesamtvorgang:

- Aufruf einer Masken-ID, Display der Leermaske incl. Kundennummer o.Ä.
- Speicherung oder Output und gegebenenfalls Display eines Returncodes inklusive Plausibilitätsprüfung(en)

Für alle Menümasken mit ausschließlich Literalen wird insgesamt nur 1 EI *low* gezählt.

Bei Aufteilung einer Elementarfunktion auf mehrere aufeinander folgende Masken wird nur eine Eingabe gezählt, da aus Benutzersicht nur eine Maske erforderlich (IT-technische Realisierung) ist.

Wird für die drei Elementarfunktionen add, change, delete dieselbe Maske verwendet, werden trotzdem drei Eingaben gezählt.

10.6.5 External Output – EO

Werden in Batch-Transaktionen von der zu zählenden Anwendung Daten an eine externe Anwendung übergeben, so wird dies für die zu zählende Anwendung als 1 EO und für die externe Anwendung als 1 EI gezählt.

- EOs werden auch gezählt für abgeleitete Daten, d.h. Retrieval von Daten, mit denen gerechnet wird (nicht als EQ zählen)
- Outputs, die keine abgeleiteten Daten (reines Retrieval) enthalten, werden als EQ, nicht als EO gezählt
- Bei EOs werden alle Dateien als FTRs gezählt, die während der Verarbeitung des EOs gelesen und/oder aktualisiert werden
- Beim Delete werden die impliziten EQs (zum Anzeigen des zu löschenden Satzes) nicht gezählt

Online-Berichte

Typische externe Ausgaben bei Anwendungen mit einer grafischen Benutzeroberfläche (engl. GUI) sind sehr oft Online-Berichte in textueller oder grafischer Form. Dieselbe Information kann oft als:

- textueller Online-Bericht
- Kuchendiagramm
- Balkendiagramm
- usw.

dargestellt werden.

Hierbei gilt, dass jede Ausgabeform als eigene externe Ausgabe (EO) gezählt werden muss. Dasselbe gilt für den Fall, dass die Berichte auf verschiedenen Medien (Online, Papier, Microfiche o.Ä.) ausgegeben werden können.

- Zwei identisch formatierte Berichte, einer auf Detailebene und einer als Zusammenfassung (Summenfelder) werden je Bericht als 1 EO gezählt.
- Ein Befehl oder Parameter (unique) in einem vom Benutzer geforderten Report-Generator zur Erstellung flexibler Berichte wird als 1 DET pro Parameter in dem entsprechenden Bericht gezählt.
- Bei Grafiken wird für Namensfeld und numerische Entsprechung nur 1 DET für beide zusammen gezählt (IT-technische Sicht).
- Eine Exportdatei wird als 1 EO gezählt.

Schnittstellen Client/Server <-> Host

Übergabe von Daten durch die zu zählende Anwendung (z.B. PC-Anwendung) an eine externe Anwendung (z.B. Host): 1 EO für die zu zählende Anwendung, 1 EI für die Host-Anwendung. Wurden vorher noch Selektionsparameter von der externen Anwendung empfangen, so ist dies als EI für die zu zählende Anwendung zu werten. Achtung: je 1 EI je fachlicher Funktion und zusätzlich Unterscheidung zwischen Neuanlage, Ändern und Löschen.

Reine Sprünge in andere Systeme ohne Datenaustausch werden als Menüführung betrachtet und nicht gezählt.

10.6.6 External Inquiries – EQ

Gezählt werden Anforderungen von außerhalb der Anwendung, für die die eigene Anwendung Daten liefert, vorausgesetzt, dass keine Verarbeitung in der eigenen Anwendung erfolgt. Dazu zählt auch das Verzweigen in den Dialog der anderen Anwendung (aber die Schnittstelle wird dann nicht als EIF gezählt).

EQs sind Paare von Informationsflüssen, die nur gespeicherte Daten lesen.

- Ein Update und eine Abfrage werden als 1 bis 3 EI + 1 EQ gezählt.
- Alle Ausgabeteile von EQs sind keine EIFs – werden nicht gezählt.
- Eine Maske mit z.B. 23 Feldern im Ausgabeteil und 1 Feld im Eingabeteil, nicht die komplette Maske doppelt zählen!

- Bei Eingabeteilen von EQs für FTR nur die Anzahl Satzarten zählen, die zur Bearbeitung benutzt werden (in der Regel null), oder mehr, wenn diese zur Ergänzung nötig sind.
- Bei Ausgabeteilen von EQs für FTR nur Dateien zählen, die zur Bearbeitung benötigt werden (in der Regel viele).
- Hilfe wird als EQ pro Ebene der Hilfe, nicht pro Maske und nicht als EO gezählt. Das heißt für ein Hilfesystem wird je Hilfeart (Systemhilfe, Dialoghilfe, Feldhilfe) je eine Abfrage gezählt.
- Beim Logon mit Security (Passwortabfrage) werden maximal 2 FTRs und maximal 4 DETs (Benutzername, Passwort, Error, Help) gezählt.
- Eine Abfrage mit ausgedruckter Antwort wird als EQ gezählt, nicht als EO.
- List-Boxen oder Tabellen zum Auswählen werden als EQ gezählt, wenn sie dynamisch Daten von EIFs bzw. ILFs zurückliefern.
- Kein EQ wird gezählt für abgeleitete Daten (d.h. Retrieval von Daten, mit denen gerechnet wird – EO zählen).
- Identische EQs nicht mehrfach zählen (z.B. Datenretrieval vor Update und Change oder gleiche Abfragen in unterschiedlichen Masken).

Umrechnung

Wenn ***keine*** Umrechnungen erfolgen, wird bei Abfragen 1 EQ gezählt, sonst 1 EI und 1 EO.

Verzweigen

Bei der Verzweigung in den Dialog einer anderen Anwendung wird stattdessen 1 EQ gezählt, z.B. wenn in den zentralen Kunden-Dialog verzweigt wird, dort ein Kunde ausgewählt wird und dann in die eigene Anwendung zurückgegangen wird.

Dropdown-Listenfelder

Diese Auswahllisten sind äußerst typisch für moderne ***GUI-Oberflächen***. Es muss unterschieden werden zwischen dynamischen und statischen Listenfeldern. Die dynamischen stellen den Inhalt des Listenfeldes in dem Augenblick zusammen, in dem der Benutzer die Liste aufklappt, die statischen hingegen bei Initialisierung des zugrunde liegenden Dialogs bzw. Fensters. Bei der

Function-Point-Zählung werden nur die dynamischen Dropdown-Listenfelder als externe Abfrage gezählt, die statischen hingegen gar nicht.

Sehr häufig findet man auch mehrere aufeinander folgende Abfragen in Verbindung mit Dropdown-Listenfeldern. Zum Beispiel: Ein Dialog zum Anzeigen von Kundeninformationen, der ein dynamisches Dropdown-Listenfeld für die verschiedenen Kunden sowie Anzeigefelder für verschiedene Kundeninformationen enthält. Wählt der Benutzer aus dem Listenfeld einen Kunden aus, so werden die übrigen Felder mit Daten des entsprechenden Kunden gefüllt (siehe Abbildung 10.7). In diesem Fall handelt es sich um zwei aufeinander folgende Abfragen. Die erste ist die Auswahl eines Kunden aus dem Dropdown-Listenfeld, die zweite ist die Anzeige der übrigen Kundeninformationen.

Abbildung 10.6: Dropdown-Listenfelder

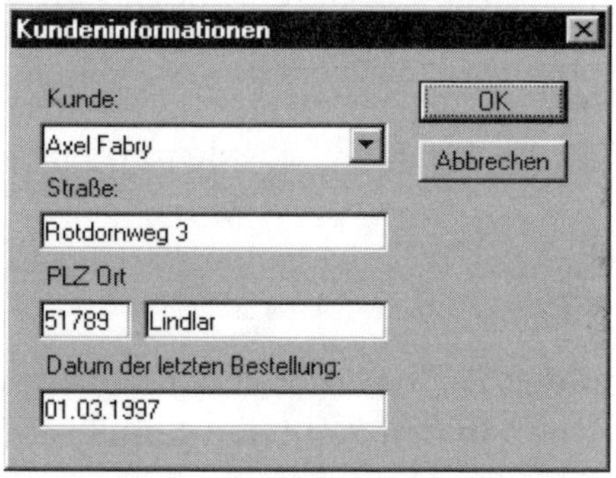

Abbildung 10.7: Beispieldialog Kundendaten

10.7 Function-Point-Zählung von Data-Warehouse-Projekten

Luca Santillo, ein zertifizierter Function-Point-Zähler der Firma DPO in Rom, hat auf der internationalen FESMA-Konferenz 2001 in Heidelberg seine Erfahrungen über die Aufwandschätzung von Data-Warehouse-Projekten vorgetragen. Im Folgenden ist seine Beschreibung der Problematik dargestellt.

Die Anforderungen an Data-Warehouse-Systeme unterscheiden sich erheblich von den Anforderungen an transaktionsorientierte Systeme.

	Transaktionsprozess	**Data Warehouse**
Aufgabe	Tägliche Operationen durchführen	Informationen wiedergewinnen und analysieren
Struktur	RDBMS optimiert für Transaktionsverarbeitung	RDBMS optimiert für Abfrageprozesse
Datenmodell	Normalisiert	Multidimensional
Zugriff	SQL	SQL plus fortgeschrittene Analysetools
Datentyp	Operationale Daten	Daten zur Analyse des Geschäfts
Datenart	Detailliert	Zusammengefasst und detailliert
Data Indexes	Wenig	Viele
Data Joins	Viele	Einige
Duplizierte Daten	Normalisiertes DBMS	Nicht normalisiertes DBMS
Aggregate und Abgeleitete Daten	Selten	Häufig

Tabelle 10.9: Vergleich Transaktionssysteme vs. Data-Warehouse-Systeme

Ein Data-Warehouse-System kann aus drei Teilen bestehend angesehen werden:

- Datensammlung
- Systemadministration
- Datenzugriff (OLAP, Online Analytical Processing)

Die Systemprozesse sollten

- in Übereinstimmung mit der organisatorischen Struktur sein (z.B. jede Organisationseinheit hat ein eigenes Data Warehouse)
- die Eigenständigkeit berücksichtigen
  - des-Data Warehouse-Systems bezüglich jeder Data Mart
  - jeder Data Mart bezüglich jeder anderen Data Mart

Die Benutzer eines Data Warehouse sind zahlreich.

- Data-Warehouse-Administrator
- Datenbank-Administrator
- Datenzugriff-(OLAP-)Administrator
- Endbenutzer
- Jedes Schnittstellensystem

Peter Hill gibt in dem Estimation Workbook der ISBSG folgende Informationen über Data-Warehouse-Systeme: »Viele Informationssysteme sind charakterisiert durch Code und Referenztabellen zum Zweck der Prüfung von Gültigkeit, Konsistenz und Integrität anderer Daten und zur Datenauswahl. In Data-Warehouse-Systemen beträgt der Anteil von Code und Referenztabellen im Verhältnis zum funktionalen Umfang bis zu 60% gegenüber ‚normalen' Management-Informationssystemen, wo er oft 30 bis 40% beträgt.« Diese Werte stammen aus einer Analyse der Benchmarking-Datenbank der ISBSG.

Bei der Messung des funktionalen Umfangs von Data-Warehouse-Projekten sind Besonderheiten bei der Anwendung der Function-Point-Methode zu beachten. So ist speziell die Definition der Systemgrenzen von großer Wichtigkeit, da sie sehr stark das Meßergebnis beeinflussen und unter Umständen zu nicht akzeptablen Aufwandschätzungen führen.

10.7.1 Empfehlungen für Function-Point-Zählregeln beim Sternschema-Design

Juan Grompone von interface.com.uy berichtete in einer E-Mail-Nachricht beim Listserv von Denis St. Pierre: »Die Erfahrung zeigt, dass Data-Warehouse-Projekte nur wenige Daten-Function-Points aufweisen, typischerweise in der Größenordnung von wenigen Prozent des Gesamtumfangs an Function Points (z.B. 3% für EIFs und 6% für ILFs). Dies gilt auch für EIs (z.B. 3 bis 6%). Andererseits überwiegen die EQs (z.B. 85%). Dabei sind die EIFs typischerweise die Datenquellen, die ILFs die Zieldaten-Hypercubes und die EIs füllen die ILFs.« Die Beispielwerte stammen aus zwei Data-Warehouse-Projekten. Sie haben einen Umfang von 1.439 und 1.564 ungewichteten Function Points. Die 14 Systemmerkmale ergaben dabei jeweils einen VAF von 1,05.

Diese Erfahrungen weichen von einer Data-Warehouse-Function-Point-Zählung mit OLAP-Design in der AXA Service AG erheblich ab. Das Anwendungssystem hat 3.178 ungewichtete Function Points mit 36% ILF, weniger als 1% EIF, 55% EI, 9% EO, weniger als 1% EQ und einen VAF von 1,07. Die unterschiedlichen Erfahrungen zeigen damit wieder, dass unterschiedliche Entwicklungsumgebungen zu anderen Metriken führen und dass man deshalb Metriken nicht blind aus der Literatur übernehmen kann.

Luca Santillo hat einen Vorschlag vorgelegt, wie der Umfang von Data-Warehouse-Projekten dem IFPUG-Standard konform gemessen werden kann. Dabei wurde das Sternschema-Design eingesetzt (siehe Abbildung 10.8). Die wichtigsten von ihm publizierten Standards werden im Folgenden dargestellt.

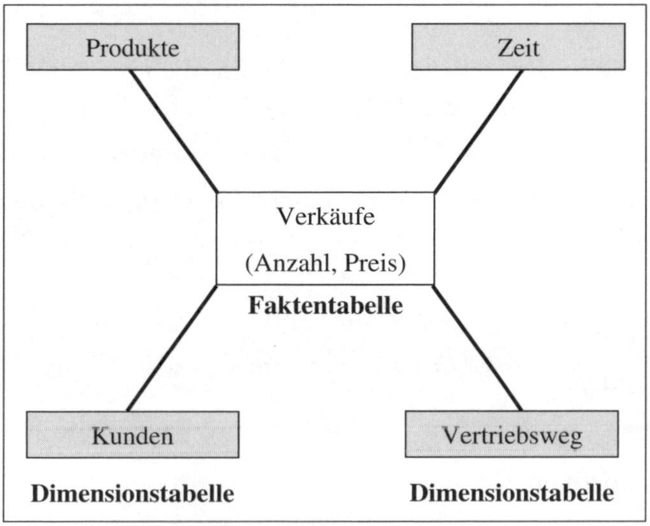

Abbildung 10.8: Sternschema-Design

Bewertung der Datenbestände

Bei der Datensammlung gibt es den speziellen Fall, dass das Data-Warehouse-System durch eigene Prozeduren (Extraktion, Transformation und Füllen) die Informationen dem Data-Warehouse-System (bzw. der unabhängigen Data Mart) bereitstellt. Dafür wird kein EIF gezählt, da das Ursprungssystem die geforderten Informationen per EO schickt und nicht das Zielsystem diese liest und sammelt.

Die Daten in Data-Warehouse-Systemen werden in einem neuen Datenbank-Design organisiert, dem Sternschema oder multidimensionalen Dateimodell. So sollte jeder Stern als ILF des Data Warehouse gezählt werden.

Jede (tatsächliche und dimensionale) Tabelle ist ein RET für diese ILFs. Analog ist jeder »logische« Kubus ein ILF, mit N+1 RET, wobei N die Anzahl der Dimensionen (die Achsen des Kubus) ist.

Im Falle des so genannten Schneeflockenschemas, in dem die hierarchischen Dimensionen in ihre Ebenen aufgesplittet wurden (z.B. Monat, Quartal, Jahr), sind die Tabellen zweiter Ordnung keine anderen RETs, da der gezählte RET für die ganze Dimension (Zeit in diesem Beispiel) zählt.

Es gibt nur 2 DETs in jeder Hierarchie, die Dimensionsstufe und den Wert (z.B. Zeitstufe: Monat, Quartal, Jahr und Zeitwert: Jan, Feb, ... QI, QII, ... , 2002, 2003, ...).

Andere Attribute in den Tabellen, außer denen, die eine zusätzliche Hierarchie implementieren, werden als zusätzliche DETs für die logischen Daten gezählt.

Technische Metadaten werden generell nicht als ILF gezählt. Ausnahme sind, bezüglich des Data-Warehouse-Administrators als Benutzer, folgende Dateien für:

- Benutzerprofile
- Zugriffsprivilegien
- Verarbeitungsregeln
- Benutzerstatistiken

Unternehmensmetadaten sind gute Kandidaten für ILFs, z.B.

- Data Dictionary (was bedeuten die Attribute?)
- Historische Daten (wann wurde einem Attribut ein Wert zugewiesen?)
- Daten über Verantwortliche für Daten (wer hat einem Attribut einen Wert zugewiesen?)

Bewertung der Transaktionen

Da das Lesen externer Daten aus Data-Warehouse-Sicht ein einziger logisch abgeschlossener Prozess ist, wird nur ein EI für jedes identifizierte Ziel gezählt. Für die Administration des Data Warehouse sind die üblichen Prozesse für create, update, delete und view der Metadaten zu zählen.

Der Zugriff der Benutzer wird je nach Art des Zugriffs als EO oder EQ gezählt. Es gilt also mindestens ein EO oder EQ pro logischem Stern des Data Warehouse.

Drill down oder Pull up bedeuten Lesen derselben Daten auf verschiedenen Hierarchieebenen, die alle DETs desselben logischen Sterns sind. So werden verschiedene Ebenen von Views nur einmal gezählt, da sie zum selben logischen EO gehören.

Der Drill-down-Trigger wird üblicherweise von OLAP-Tools als Listbox für jedes drillbare Attribut zur Verfügung gestellt. Dieser Mechanismus wird für jedes unterschiedliche Attribut jedes unterschiedlichen Sterns nur als EQ mit Komplexität *low* gezählt.

10.7.2 Empfehlungen für Function-Point-Zählregeln beim OLAP-Design

In der IT-Anwendungsentwicklung eines großen Versicherungskonzerns wurde von Anwendungsentwicklern und Mitarbeiters des Competence Centers basierend auf dem Ansatz von Luca Santillo der im Folgenden beschriebene hausinterne Function-Point-Standard für das OLAP-Design von Data Warehouses dem IFPUG-Standard konform entwickelt. Vorab erfolgt eine Erläuterung OLAP-spezifischer Begriffe.

Erläuterung OLAP-spezifischer Begriffe

OLAP (Online Analytical Processing) ermöglicht die mehrdimensionale Darstellung und Auswertung von Daten z.B. für Controlling, Rechnungswesen, Vertrieb usw. Diese werden in einem *OLAP Cube* gespeichert. Dabei wird zwischen Dimension, Hierarchie und Attributdimensionen unterschieden.

Abbildung 10.9 gibt einen grafischen Überblick über die darauf folgend beschriebenen OLAP-spezifischen Begriffe.

Dimensionen sind Strukturkomponenten von solchen mehrdimensionalen Datenwürfeln. Jede Dimension besteht aus Elementen, die zu einem Typ gehören oder einem Oberbegriff zugeordnet werden können. Zum Beispiel können einer Dimension Gesellschaft die Namen von Unternehmensbeteiligungen als Elemente zugeordnet werden (im Falle der Versicherung z.B. Krankenversicherung, Lebensversicherung, Bausparkasse usw.). Dimensionen stellen somit den Index dar, anhand dessen die Werte in einem Datenwürfel identifiziert werden können.

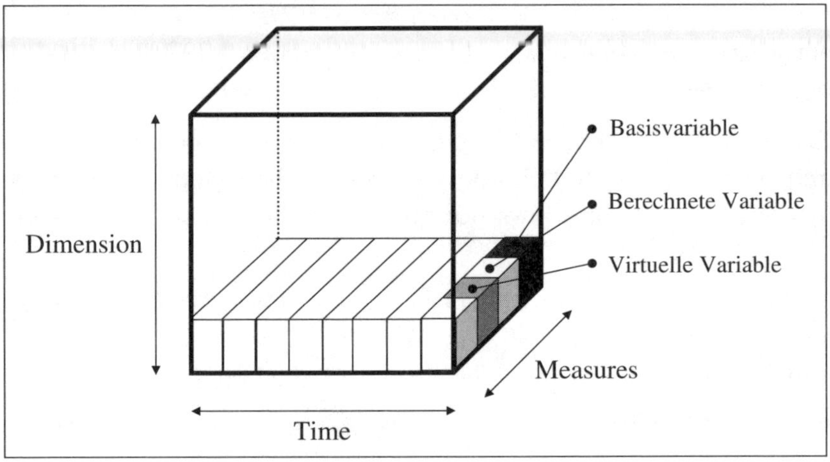

Abbildung 10.9: OLAP-spezifische Begriffe

Hierarchie bezeichnet die Darstellung der Stufen einer Dimension. Innerhalb einer Dimension können mehrere Hierarchiestufen vorhanden sein. In dem oben beschriebenen Beispiel könnte die Dimension Gesellschaft zum Beispiel zwei Hierarchiestufen besitzen: in der ersten Stufe die Konzernholding und in der Stufe darunter die einzelnen Beteiligungsgesellschaften.

Als ***Attributdimensionen*** versteht man eine zusätzliche ein- oder mehrstufige Hierarchie, die Elemente (Inputelemente) einer bereits vorhandenen (Basis-) Dimension beschreibt bzw. gruppiert.

Zur Navigation in den mehrdimensionalen hierarchischen Strukturen bedient man sich des ***Drill down***. Dies geschieht zur Aufschlüsselung aggregierter Werte. Innerhalb einer Dimension kann durch Drill down ein verdichteter Wert einer höheren Hierarchiestufe in seine Komponenten niedrigerer Hierarchiestufen zerlegt werden.

Der umgekehrte Fall wird mit ***Roll up oder Drill up*** bezeichnet.

Mit ***Aggregation oder Konsolidierung*** wird die Verdichtung hierarchisch untergeordneter Werte zu einem übergeordneten Wert, z.B. durch Summenbildung, bezeichnet.

Als ***Measures oder Variablen*** werden alle Kennzahlen bezeichnet, die in einem OLAP Cube vorhanden sind. Es existieren in der Regel verschiedene Typen von Variablen, z.B. Basis, berechnete und virtuelle Variablen. Virtuelle Variablen werden zur Laufzeit – also online – berechnet.

Alle Kennzahlen (Measures oder Variablen) werden aus einer zentralen Faktendatei befüllt. Diese Datei enthält sowohl die Dimensionsinhalte als auch pro Kennzahl die dazugehörigen Werte, die dann in einem OLAP Cube gespeichert werden.

Als System Files und Count Files werden alle Dimensionen einschließlich Time und Kennzahlen (Measures oder Variablen) eines OLAP Cube aufgelistet.

Bewertung von Datenbeständen der OLAP Cubes

Ein OLAP Cube wird als ein logisches ILF gezählt, das mehrere RETs enthalten kann.

Jede Basis und berechnete Kennzahlen (Measures oder Variablen) innerhalb eines OLAP Cube ist ein ILF mit mindestens einem RET. Ebenso ist jede Dimension ein ILF mit mindestens einem RET. Berechnete Kennzahlen (Measures oder Varibalen) bezeichnet hierbei basierend auf vorhandenen Basisvariablen berechnete Variablen, die auch physisch in dem Würfel abgelegt werden.

Jede fachliche Dimension Kennzahlen (Measures oder Variablen) wird als ein ILF mit mehreren DETs gezählt. Als DETs zählen dabei die Anzahl Dimensionen und der Wert. Virtuelle Variablen, die online berechnet werden, werden nur in Berichten gezählt. Die Dimension Time (Zeit) wird auch als 1 ILF gezählt. Enthält sie z.B. die Werte Monat und Jahr, dann werden dafür 2 DETs gezählt.

In jeder Hierarchiestufe der Dimension gibt es 2 DETs, die Hierarchiestufe und den Wert.

Die Attributdimensionen und die Time-Variablen gelten als zusätzliche RETs der zugeordneten Dimension. Jede Attributdimension zählt dabei als 1 RET.

Bewertung von Transaktionen der OLAP Cubes

Das Lesen der externen Daten aus OLAP-Cube-Sicht für den Batch-Prozess gilt als einziger logisch abgeschlossener Prozess. Jede Dimensionsdatei und jede Datei pro Variable werden als 1 EI gezählt.

Der Zugriff der Benutzer wird je nach Art des Zugriffs als EO oder EQ gezählt. Die Zählung eines Berichts wird also z.B. als 1 EO mal der Anzahl Dimensionen mal 2 (Online und Papierausgabe) gezählt. Als FTR werden dabei die Anzahl Dimensionen und die Anzahl der nicht online berechneten Variablen gezählt. DETs sind alle Felder in dem Bericht, einschließlich FTRs und allen online berechneten Variablen.

Drill down und Drill up bedeuten Lesen derselben Daten auf verschiedenen Hierarchiestufen. Die verschiedenen Views werden nur einmal gezählt, da sie zum selben logischen EO gehören.

Der Drill-down-Trigger ist in OLAP-Tools üblicherweise eine Listbox für jedes drillbare Attribut. Dieser Mechanismus wird nur als 1 EQ mit Komplexität *low* für jedes Attribut gezählt.

Virtuelle Variablen, die online berechnet werden, sind EOs.

Zusammenfassend kann festgestellt werden, dass die Function-Point-Methode auch sinnvoll bei Data Warehouse Systemen sowohl beim Sternschema als auch beim OLAP-Design eingesetzt werden kann.

10.8 Aufwandschätzung von Web-Entwicklungen

Web-Entwicklungen unterscheiden sich von konventioneller Software-Entwicklung durch ihre Einbettung in n-tier komponentenbasierte Architektur (oft 4 oder 5 tiers). Dabei werden häufig bestehende Alt-Anwendungen mit integriert. Bei der komponentenbasierten Software ist die Implementierung gekapselt. Diese Funktionsorientierung und Unabhängigkeit von der Implementierung ändern daher nicht die Zählweise der ungewichteten Function Points, unterstützen aber den Einsatz der Function-Point-Methode für die Messung des Software-Umfangs von Web-Entwicklungen. Damit ist dann eine gute Basis für die Aufwandschätzung vorhanden. Ewa Magiera beschreibt zutreffend, dass die Architektur und Topologie von Web-Entwicklungen hierarchisch komplex und eine Herausforderung ist. Sie hat 2004 über ihre Erfahrungen mit der COSMIC-Full-Function-Point-Methode (FFP) bei einer Web-Entwicklung berichtet.

Web-Entwicklungen können in drei Kategorien unterteilt werden:

- Erweiterungen von Alt-Anwendungen um Web-Frontends
- Neuentwicklung kompletter Web-Anwendungen
- Statische Webseiten

Für die Messung des Umfangs von Erweiterungen und Neuentwicklungen kann die Function-Point-Methode nach IFPUG 4.1 eingesetzt werden. Trotzdem sind bei der Durchführung von Function-Point-Zählungen in der Praxis einige Besonderheiten zu berücksichtigen. Das IFPUG New Environments Committee hat in der IFPUG-Website *www.ifpug.org* ein white paper zur Verfügung gestellt, das Anhaltspunkte für die Zählung von E-Commerce-Anwendungen mit n-tier komponentenbasierter Architektur gibt.

Capers Jones schreibt in dem 2002 veröffentlichten Sammelband der IFPUG (*IT Measurement – Practical Advice from the Experts*), dass (2002) empirische Daten zu Web-Entwicklungen fehlen. Er gibt als Grund an, dass viele dieser Anwendungssysteme so klein sind (weniger als 500 Function Points), dass die Firmen sich nicht darum kümmern, sie zu zählen. Dabei wurde bei gemessenen Web-Applikationen festgestellt, dass die Produktivität sehr hoch ist (oft mehr als 25 Function Points pro Personenmonat). Die Qualität ist dabei nicht besser, wobei es charakteristisch ist, dass Fehler schneller entdeckt werden, da jeder es merkt, wenn eine Website nicht (korrekt) funktioniert.

Wegen der Besonderheiten der neuen Umgebungen wird in diesem Kapitel auch in je einem Abschnitt auf die

- Aufwandschätzung von Web-Entwicklungen
- Function-Point-Zählung von Web-Entwicklungen
- Software-Reuse und Re-Development

eingegangen.

10.8.1 Erweiterungen von Alt-Anwendungen um Web-Frontends

Hintergrund von Erweiterungen der Alt-Anwendungen ist häufig der Wunsch, Funktionalität von existierenden Anwendungen in der gleichen oder auch veränderten Form einem größeren Benutzerkreis zur Verfügung zu stellen. Da Webbrowser mittlerweile der überwiegenden Zahl von Benutzern in einer Firma zur Verfügung stehen, damit Aufwande für Software-Verteilung und/oder -installation entfallen etc., bieten sich hier Web-Frontends als kostengünstige und schnelle Vorgehensweise geradezu an. Außerdem sind Web-Anwendungen im Vergleich zu traditioneller Software sehr einfach aufgebaut und werden in kleinen Teams sehr schnell entwickelt.

Üblicherweise werden solche Web-Frontends mit Hilfe von HTML-basierten Formularen, eingebetteten Scripts und dynamisch generierten HTML-Seiten implementiert, die für den Benutzer nicht sichtbar mit der existierenden Alt-Anwendung bzw. Datenbank kommunizieren.

Eine Aufwandschätzung kann hier natürlich genauso wie bei Software-Entwicklungen mit anderen Technologien über eine Expertenschätzung durchgeführt werden. Aber auch eine Aufwandschätzung auf Basis von Function Points nach IFPUG 4.1 ist dabei ebenso problemlos möglich.

Hier zeigt sich wieder einmal, dass die Technologieunabhängigkeit dieser Methode ein großer Vorteil ist: Die Erweiterung einer existierenden Materialverwaltung in Host-Technologie um einen Auskunftsdialog in Web-Technologie wird z.B. als Weiterentwicklungsprojekt nach IFPUG 4.1 gezählt. Die in diesem Web-Frontend kodierten Abfragen werden als externe Abfragen bzw. externe Ausgaben und evtl. hinzugefügte oder geänderte Daten als interne oder externe Datenbestände gemäß den Definitionen der Function-Point-Methode abgebildet. Weiteren Besonderheiten der Function-Point-Zählungen von Web-Anwendungen ist der letzte Abschnitt dieses Kapitels gewidmet.

Im Anschluss an die Umfangmessung nach IFPUG 4.1 kann dann mit Hilfe von Erfahrungsdaten über die Produktivität der Aufwand für diese Erweiterung abgeleitet werden.

Achtung: Wichtig hierbei ist, dass die Produktivität dieser Art von Entwicklungen u.U. deutlich von der Produktivität von Entwicklungen auf Basis von anderen Technologien abweichen kann. Daher ist es notwendig, hierfür eigene Schätz-Erfahrungsdaten aufzubauen.

Wegen der oft schnellen Entwicklungszeiten (time to market, rapid prototyping, agile programming) ist häufig mit unvollständigen Fachkonzepten zu rechnen. Damit sind Messungen des Software-Umfangs eine Herausforderung. Die schnelle Entwicklung neuer Techniken kann außerdem dazu führen, dass neu entwickelte Metriken und Messprozesse schon bei der Einführung veraltet sind.

10.8.2 Neuentwicklung kompletter Web-Anwendungen

Bei Web-Anwendungen handelt es sich im Grunde genommen um klassische Client-Server-Applikationen mit Web-Technologie als Frontend. Üblicherweise werden hier die Anwendungslogik in einem Applikationsserver und die Daten auf einem Datenbankserver abgelegt. Zusammen mit dem Client ergibt das die so genannte klassische 3-tier-Architektur (siehe Abbildung 10.10).

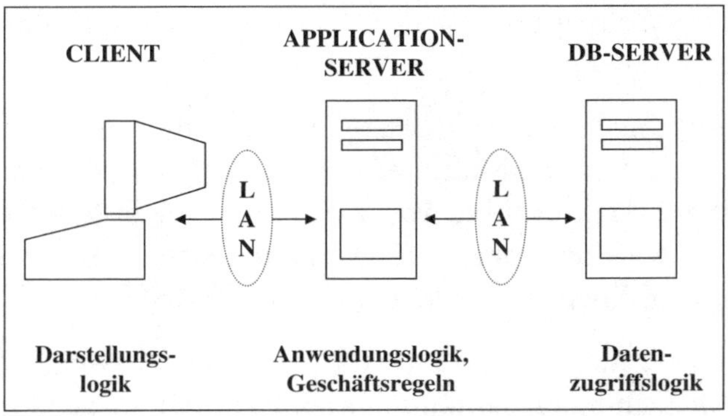

Abbildung 10.10: 3-tier-Architektur

Für die Möglichkeiten zur Umfangmessung gilt hier das Gleiche wie in der vorhergehenden Kategorie.

Loredana Frallicciardi hat einen interessanten Vorschlag für vier Metriken zur Messung der Brauchbarkeit von Web-Anwendungen veröffentlicht. Sie misst

- Benutzerfreundlichkeit u.a. durch Anzahl von
  - Highlighting von eingabepflichtigen Feldern
  - Drop-down-Listen
  - Navigationshilfen
  - Online-Hilfe-Dateien
- Verständlichkeit u.a. durch
  - Anzahl der Benutzerzugriffe auf Online-Hilfe-Funktionen
  - Anzahl schnell wieder verlassener Webseiten
  - Anzahl aufgetretener Fehlermeldungen während einer Session
  - notwendige Zeit zum Wechseln auf eine andere Website
- Effektivität u.a. durch Anzahl
  - der täglich vom Endbenutzer abgebrochenen Transaktionen
  - der täglich abgebrochenen Sessions ohne abgeschlossene Transaktionen
- Effizienz u.a. durch
  - benötigte Zeit, um eine Transaktion erfolgreich abzuschließen
  - Anzahl erfolgreich abgeschlossener Transaktionen während einer bestimmten Zeit (z.B. eine Stunde)

10

10.8.3 Statische Webseiten

Anders verhält es sich bei der Aufwandschätzung von statischen Webseiten. Hier werden verschiedene hart kodierte HTML-Seiten miteinander verlinkt, die sowohl textuelle als auch Multimedia-Objekte (Filme, Sounds etc.) enthalten können. Die Gestaltung und Verlinkung der Seiten geschieht entweder über spezielle Entwicklungsprogramme (HTML-Editoren) wie z.B. MS Frontpage o.Ä. oder aber direkt über einen einfachen Texteditor.

Der Aufwand dieser Art von Web-Entwicklungen steckt weniger in der Implementierung von fachlichen Funktionen als vielmehr in der Erstellung und Verlinkung der einzelnen Inhalte. Daher passt das IFPUG-Konzept auf Basis seines Metamodells mit Datenbeständen und Funktionen hier nicht richtig.

Damit bleibt eigentlich nur die Expertenschätzung auf Basis von Mengengerüsten (Anzahl und Umfang der Seiten, Komplexität der Verlinkung etc.).

10.8.4 Function-Point-Zählung von Web-Entwicklungen

10

Es ist schwierig, die Systemgrenzen festzulegen, da Web-Anwendungen häufig in Multi-tier(n-tier)-Architektur eingebettet sind und auch häufig an ERP-Systeme (Enterprise Resource Planning, z.B. SAP oder Peoplesoft) gekoppelt werden. Die ERP-Systeme müssen dabei angepasst (customized) und rekonfiguriert werden. ERP-programmierbare Business Objects und Remote Function Calls (RFCs) dieser Systeme werden dabei meistens als EI mit ILF oder als EIF gezählt. Häufig sind auch Management-Informationssysteme mit Web-Applikationen verbunden. Durch diese Interaktion mit anderen Anwendungssystemen ist die Bestimmung von EIFs und ILFs kein trivialer Prozess.

Oft ist die Zahl der Endbenutzer nicht vorhersagbar und kann sehr groß werden. Es gibt auch neue Arten von Endbenutzern: Webmaster und Anwendungssystem-Administratoren.

Daneben ist die Bestimmung aller Transaktionen (EI, EO, EQ) manchmal schwierig und sie können zahlenmäßig sehr viel mehr sein als in der traditionellen Anwendungsentwicklung.

Problematisch ist auch das Erkennen der elementaren Prozesse, da logische Geschäftsvorfälle oft viele physische Web-Screens mit eingebetteter Navigation erfordern und von der benutzerfreundlichen, (technischen) GUI-orientierten Implementierung Abstand gewonnen werden muss.

Sam Beyer und Vic Tolomei haben ihre Erfahrungen mit der Messung des funktionalen Umfangs eines B2B(Business to Business)-E-Commerce-Projekts beschrieben. Dabei handelte es sich um die Erstellung eines Web-basierten privaten Marktplatzes mit Real-Time-Transaktionen. Sie weisen auf das Problem hin, dass Web-GUIs dynamisch aufgebaut werden, so dass berücksichtigt werden muss, dass sich die DETs und FTRs von EIs, EOs, EQs zur Laufzeit ändern. Es gibt auch mehr Drill downs und Komboboxen mit komplexen dynamischen Abfragen als in herkömmlichen Entwicklungsumgebungen. Damit wird das Verhältnis von EQs zu EIs und EOs höher als in Großrechner- oder Client/Server-Anwendungen.

Jacqueline Jones hat in dem neuen IFPUG-Buch (*IT Measurement – Practical Advise from the Experts*) als Beispiel die Function-Point-Zählung des Java Pet Store (JPS) veröffentlicht. Das Beispiel kann gut für eine erste Orientierung genutzt werden.

Die AXA Service AG hat bei der Function-Point-Zählung einer B2C(Business to Customer)-Web-Anwendung die im Folgenden beschriebenen konkreten Regeln für einen Hausstandard entwickelt.

ILF

Als ILF werden z.B. Resource Property Files mit fachlich relevanten Einträgen gezählt. Ebenso wird ein ILF für die Standardsoftware gezählt, in der die Textbausteine für die Brieferstellung definiert sind. Für die Gesamtheit der XSL-Scripts wird ein ILF gezählt, wobei jedes unterschiedliche Script als ein DET zählt. Ebenso wird für Contentseiten ein ILF gezählt, dabei zählt jede Contentseite als ein RET. Ebenso wird ein Event-Logfile als ILF gezählt.

EIF

Die Gesamtheit der PDF-Dokumente wird als EIF gezählt, und zwar je Formular bzw. für jede Fachlichkeit ein RET, die Anzahl der Seiten entspricht dabei der Anzahl DETs.

EI

Das Login ist ein EI, ebenso das Event *Login schreiben*, dabei wird jeder Event als ein DET gezählt. Die Geschäftsvorfälle *Passwort vergessen* und *Passwort ändern* werden jeweils als EI gezählt.

EOs

Brieferstellung ist ein EO.

EQs

Links auf andere Systeme werden als einfache (*low*) EQs gezählt. Links zur Navigation werden nicht gezählt.

Jeder Geschäftsvorfall, der auf eine Contentseite zurückgreift, wird als 1 EQ gezählt. Ebenso statische Seiten (HTML oder JSP – Java Server Pages), wenn sie einen Geschäftsvorfall repräsentieren. Dabei wird für den Eingabeteil 1 DET für den Auslöser gezählt. Für den Ausgabeteil wird die Seite als 1 DET gezählt, die Anzahl der FTR ist null.

Bei jeder Funktion, die ein XSL-Script referenziert, wird ein zusätzlicher FTR gezählt. Beinhaltet ein JSP sowohl Contents als auch Ein- bzw. Ausgabefelder, so wird der Content nicht gezählt. Für jeden Aufruf von PDF-Formularen wird jeweils ein EQ gezählt, die Anzahl der Seiten entspricht dabei der Anzahl DETs.

10

Hinweis: In anderen Unternehmen findet sich zur Zählung von PDF-Dokumenten häufig auch folgende Vorgehensweise: Handelt es sich um ein System, das PDF-Dokumente auf Basis von operativen Daten erstellt, so werden die Daten als reguläre ILFs, die Erstellung und das Abspeichern eines PDF-Dokuments als EI gezählt. Wird das Dokument nicht gespeichert, handelt es sich stattdessen um 1 EO. Das Anzeigen der PDFs ist dann 1 EQ.

DETs

Durch Java Script oder JSP (Java Server Pages) generierte Hinweise und Fehlermeldungen werden je Geschäftsvorfall nur als 1 DET gezählt. Jeder Eintrag von Events in das Event-Logfile wird als 1 DET gezählt. Links innerhalb des Systems bei Verzweigungen von einer Seite in einen anderen Geschäftsvorfall werden als 1 DET gezählt.

VAF

Ein wesentlicher Unterschied zu klassischen Host-Anwendungen bei den Function Points von Web Anwendungen besteht in den gewichteten Function Points. Web-Applikationen (ebenso wie Client/Server-Anwendungen) haben bei der Hälfte der 14 Systemmerkmale, mit denen nichtfunktionale Anforderungen bewertet werden, hohe Bewertungen, z.B.:

1. Datenkommunikation: TP-System mit mehrfachen Protokollen
   – Bewertung 5
2. Verteilte Verarbeitung: in beide Richtungen
   – Bewertung 4 oder 5
3. Performance: vielleicht zutreffend
4. Stark ausgelasteter Rechner: vielleicht zutreffend
5. Transaktionsrate: vielleicht zutreffend
6. Online-Dateneingabe: mehr als 30% interaktive Dateneingabe
   – Bewertung 5
7. Benutzerfreundlichkeit Prototyping mit vielen benutzerfreundlichen Funktionen
   – Bewertung 4 oder 5
8. Online-Update: vielleicht zutreffend
9. Komplexe Verarbeitung: Zugangskontrolle, komplexe Logik, Multimedia
   – Bewertung mindestens 3
10. Wiederverwendbarkeit: Reuse von Code auf mehreren Ebenen
    – Bewertung 4 oder 5
11. Einführungsunterstützung: eher nicht zutreffend
12. Robustheit: vielleicht zutreffend
13. Portabilität: Zugriff von einer Vielzahl verschiedener unbekannter Sites
    – Bewertung mindestens 2
14. Flexible Abfragen: eher nicht zutreffend

Somit beträgt der VAF von Web-Anwendungen allein für 7 Systemmerkmale mindestens 0,92 und damit insgesamt mehr. Jacqueline Jones hat z.B. in ihrer Zählung des Java Pet Store (JPS) einen VAF von 1,22 ermittelt und die AXA Service AG bei einer B2C-Anwendung einen VAF von 1,07.

Das IFPUG Practices Committee untersucht derzeit die Frage der Relevanz der 14 allgemeinen Systemmerkmale für neuere Entwicklungsumgebungen.

10.8.5 Aufwandschätzung von Web-Entwicklungen mit der CoBRA-Methode

Die CoBRA-Methode (Cost, Benchmarking and Risk Assessment) wurde Ende der 90er Jahre am Fraunhofer Institut für Experimentelles Software Engineering entwickelt. Sie wurde 1998 in einem großen deutschen Software-Entwicklungsunternehmen in einem Pilotprojekt eingesetzt (mit LOC als Maß für den Software-Umfang). Melanie Ruhe hat 2002 in ihrer von der DASMA prämierten Diplomarbeit die Einsatzmöglichkeit der CoBRA-Methode in einem kleinen australischen Software-Unternehmen auf Web-Entwicklungen angewendet. Die Diplomarbeit steht (wie die anderen vier für die Preisverleihung eingereichten Diplomarbeiten) im Mitgliederbereich der DASMA-Homepage *www.dasma.org* zum Download zur Verfügung.

Beim Einsatz der CoBRA-Methode wird mit Expertenwissen ein Kausalmodell modelliert, mit Einflussfaktoren, die sich auf den Aufwand auswirken. Dazu wird der Umfang von abgeschlossenen Projekten und eines zu schätzenden Projekts mit einer anderen Methode gemessen. Die Einflussfaktoren werden bewertet und sowohl der Aufwand der abgeschlossenen Projekte als auch deren Kostentreiber berücksichtigt. Mit diesen Daten werden dann Monte-Carlo-Simulationen durchgeführt, die zu einer Wahrscheinlichkeitsverteilung des Aufwands führen. Damit kann dann sowohl der Aufwand von Projekten geschätzt werden als auch die Betrachtung von Risiken angeschlossen werden.

Folgende Kostentreiber (ähnlich wie in COCOMO II oder in den ISBSG-Benchmarking-Studien) wurde in der Untersuchung von den Experten zusammengestellt:

1. Neuigkeitsgrad der fachlichen Anforderungen (Rang 1,3)
2. Änderungsgeschwindigkeit der fachlichen Anforderungen (Rang 1,8)
3. Qualität des Projektmanagements (Rang 2,6)
4. Beteiligung der Enduser (Rang 2,6)
5. Qualität der Spezifikationsmethoden (Rang 2,9)
6. Kommunikationsfähigkeit des Projektteams (Rang 3,4)
7. Verlässlichkeit der Software (Reliability, Rang 4,5)
8. Technische Fähigkeiten der Entwickler (Rang 4,7)

9. Technologische Erfahrung des Projektteams (Rang 4,7)
10. Neuigkeitsgrad der Technologie (Rang 4,8)
11. Wartbarkeit (Rang 5,1)

Sensitivitätsanalysen ergaben, dass die Kostentreiber 2 und 3 den größten Einfluss auf den Aufwand hatten.

Melanie Ruhe hat in ihrer Diplomarbeit zwölf Projekte untersucht, deren Umfang mit Web Objects (WEBMO) gemessen wurde, wobei auch COSMIC Full Function Points bei der Auswahl als geeignet bewertet wurden. Sie hat eine Verbesserung der Schätzgenauigkeit um durchschnittlich 20% festgestellt.

10.8.6 Das WEBMO-Aufwandschätzverfahren

Das WEBMO-Aufwandschätzverfahren wurde 2000 von Donald J. Reifer auf der Basis von 64 Software-Projekten entwickelt. Es ist eine Erweiterung des COCOMO II Early Design Models. Dabei wird der Software-Umfang anhand von Web Objects gemessen, die eine Weiterentwicklung der Function Points für Intranet- und Internetumfeld sind. Aufgrund dieser Web Objects können dann die KLOCs geschätzt werden und daraufhin der Entwicklungsaufwand.

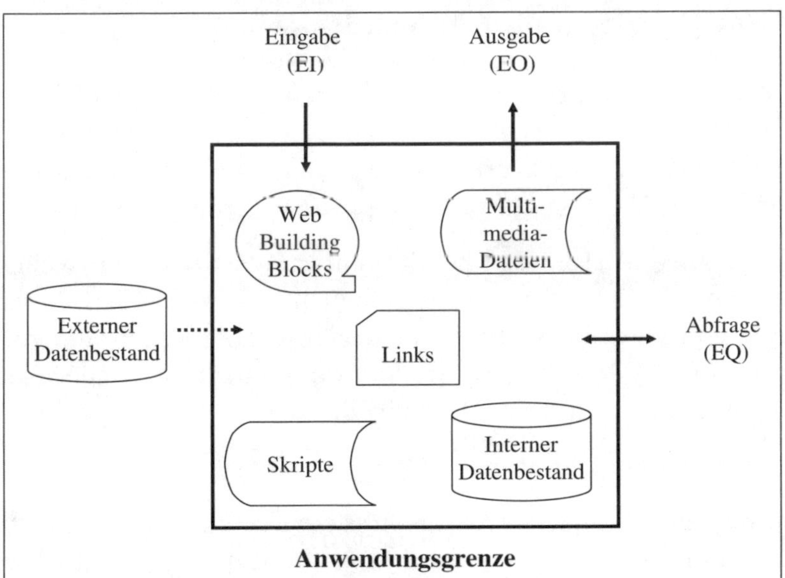

Abbildung 10.11: Web-Objects-Komponenten

Bei der Ermittlung der Web Objects werden zusätzlich zu den fünf Function-Point Funktionstypen die folgenden vier gezählt (siehe auch Abbildung 10.11):

1. Multimediadateien
2. Web-Komponenten
3. Scripts
4. Links (XML, HTML und Codezeilen von Abfragesprachen)

Dabei wird zwischen Operanden und Operatoren unterschieden und die Gewichtung erfolgt anhand von ähnlichen Tabellen wie bei der Function-Point-Methode. Je nach Programmiersprache gibt eine Tabelle dann die LOC pro Web Object an, um die KLOCs zu ermitteln. Zusammen mit weiteren neun Kostentreibern (ähnlich dem COCOMO II Early Design Model) können dann der Entwicklungsaufwand und die Projektdauer anhand von vorgegebenen Formeln berechnet werden.

Ähnlich wie bei den Object Points von Harry Sneed sind die Veröffentlichungen zu WEBMO unvollständig und teilweise inkonsistent (besonders für die Erfassung der Web Objects).

10.9 Software-Reuse und Re-Development

Viele moderne IT-Projekte nutzen vorhandene Software und fügen neue Funktionalität hinzu. Das ist wirtschaftlich, denn generell gilt, dass Hinzufügen neuer Funktionalität zu vorhandener weniger Aufwand erfordert als eine Neuentwicklung. Aber der Aufwand hängt von vielen Faktoren ab.

Einer der wichtigsten Faktoren bei der Software-Entwicklung ist die Erstellung von Komponenten, deren Reuse möglich ist. Das hat den Vorteil, dass auch zuvor gezählte Function Points wiederverwendet werden können. Damit steigt nicht nur die Produktivität der Software-Erstellung, sondern auch die der Function-Point-Zählungen. Deshalb gilt:

Reuse ist eine Schlüsselstrategie.

Reuse wird speziell für horizontale Services eingesetzt, die zur Unterstützung und Verbindung von Komponenten und Plattformen eingesetzt werden mit Funktionalitäten wie z.B. Sicherheit, Transaktionsmanagement, Einsicht in Directories, Datenmanagement u.a.m.

Reusability wirkt sich auf die Entwicklungskosten aus und damit auf den ROI eines Projekts. Deshalb sollte der speziell für Reuse erbrachte Aufwand separat gemessen werden, damit der echte ROI ermittelt werden kann (Reusability erfordert ein Data Dictionary und voll dokumentierte Komponenten).

Die Feststellung, welche Komponenten Reuse-fähig entwickelt werden sollen, ist deshalb eine der wichtigsten Entscheidungen zu Beginn eines Projekts. Dazu kann die Durchführung eines speziellen Workshops empfohlen werden. Natürlich sollte auch zusätzlich eine Schätzklausur durchgeführt werden.

Bei der Function-Point-Zählung von Reuse-Projekten ist darauf zu achten, dass Function Points nicht mehrfach gezählt werden, wenn es sich um Reuse von Funktionalität im gleichen Anwendungssystem handelt.

Bei der Weiterentwicklung bzw. dem Reuse von bestehenden Software-Paketen sind nach Luca Santillo die folgenden Aktivitäten zu beachten:

- ***Redesign*** kann entstehen, wenn die Anpassungen für den neuen Verwendungszweck nicht in das bestehende Design integriert werden können. Dazu ist dann zusätzlich zur Entwicklung der neuen Funktionalität ebenso die Anpassung von bereits entwickelter Funktionalität (Rework) erforderlich.
- ***Reimplementierung*** ist daraufhin in Form neuen Codes erforderlich.
- ***Retest*** ist auch dann erforderlich, wenn weder Redesign noch Reimplementierung anfallen. Damit wird das ordnungsgemäße Funktionieren der Software im neuen Umfeld sichergestellt.

Neben dem Reuse von vorhandener Software wird statt Neuentwicklung oft ein ***Re-Development*** vorhandener Software durchgeführt. Dazu ist meist nur ein technisches Design erforderlich und es werden keine oder wenig Änderungen an Hardware und Software durchgeführt. In solchen Projekten werden häufig automatisierte Tools zur Generierung von Code eingesetzt. Die ISBSG-Benchmarking-Datenbank weist 55 Re-Development-Projekte (3%) von 2.027 Projekten aus (1.132 = 56% sind Weiterentwicklungen und 838 = 41% Neuentwicklungen). Davon haben 2 einen Umfang von mehr als 2.300 Function Points, 6 mehr als 2.000 FP sowie 11 mehr als 1.000 FP und 30 weniger als 500 FP. Der Median für den Umfang der Re-Development-Projekte beträgt 984 FP. 99 der 2.027 Projekte hatten Customizing von Standardsoftware zum Ziel (3 davon waren Re-Development-Projekte, 36 Neuentwicklungen und 59 Weiterentwicklungen).

17 der Re-Development-Projekte lieferten detaillierte Informationen über die Anteile der Function-Point-Komponenten.

Prozent-Anteil	**EI**	**EO**	**EQ**	**ILF**	**EIF**
Median	32,7	24,9	9,2	24,1	9,1
Mittelwert	32,5	23,8	9,2	25,0	9,5

Tabelle 10.10: Prozentuale FP-Anteile bei Re-Development-Projekten

Die FP-Anteile sind ähnlich wie bei Neuentwicklungen mit mehr Anteil von EI und EIF und weniger EQ.

Die Phasenanteile der Re-Development-Projekte im Vergleich zu Neu- und Weiterentwicklungen aus der ISBSG-Benchmarking-Datenbank zeigt die folgende Tabelle:

Phase	**Alle Projekte**		**Neu-entwicklung**		**Re-Development**		**Weiter-entwicklung**	
	N	**%**	**N**	**%**	**N**	**%**	**N**	**%**
Planung		4		6		7		3
Spezifikation		23		20		9		27
Programmierung		41		48		29		37
Test		22		17		14		26
Installation		10		9		41		7
Summe	363		151		22		190	

Tabelle 10.11: Phasenanteile für die Prozentsatzmethode

Die ISBSG-Benchmarking-Datenbank weist darüber hinaus noch die Fehlerdichte (siehe Tabelle 10.12) und Project Delivery Rate (PDR, siehe Tabelle 10.13) aus:

Typ	**Anzahl**	**Median**	**Release 8**
Neuentwicklung	165 (52%)	0,0179	1 Fehler pro 56 FP
Re-Development	8 (3%)	0,0203	1 Fehler pro 49 FP
Weiterentwicklung	142 (45%)	0,0182	1 Fehler pro 55 FP
Summe	315		

Tabelle 10.12: Fehlerdichte in Anzahl Fehler pro 1.000 Function Points

Typ	Anzahl	Median	Mittelwert
Neuentwicklung	173	8,8	12,9
Re-Development	8	23,6	19,6
Weiterentwicklung	303	13,3	17,0
Summe bzw. Durchschnitt	484	11,4	15,5

Tabelle 10.13: Project Delivery Rate (PDR) in Stunden pro Function Point

Bei Tabelle 10.13 ist zu beachten, dass eine höhere Project Delivery Rate eine geringere Produktivität bedeutet.

10.10 Management Summary

Aufwandschätzungen werden möglichst früh vom Auftraggeber gefordert. Da Function-Point-Zählungen das Fachkonzept als Voraussetzung erfordern, haben sich so genannte Function-Point-Prognosen oder Function-Point-Schätzungen als hilfreich erwiesen.

Für die Aufwandschätzung bieten Function-Point-Zählungen eine hervorragende Ausgangsbasis.

In multivariaten Analysen zeigt sich stets, dass mehr als ein Parameter (wie z.B. Function Points) den Aufwand der Systementwicklung beeinflussen.

Je größer die zu entwickelnden Software-Produkte sind, desto bedeutungsvoller ist eine Verkürzung der IT-Projektlaufzeit.

Die Function-Point-Methode ist hervorragend geeignet, um Produktivitätsanalysen durchzuführen. Hierzu ist jedoch zu sagen, dass diese Analysen nicht zum Vergleichen von Personen oder deren Leistungen herangezogen werden sollten, da in diesem Fall mit gravierenden Akzeptanzproblemen bei den Mitarbeitern zu rechnen ist.

Beim Produktivitätsvergleich von Projekten und Unternehmen muss man sich vergegenwärtigen, dass keine zwei Projekte bei mehreren hundert bekannten Parametern je gleich und damit vergleichbar sind.

Unter diesen Voraussetzungen sind alle veröffentlichten Produktivitätskennzahlen mit äußerster Vorsicht und allenfalls als grobe Faustregeln für Plausibilitätsprüfungen zu verwenden. Entsprechend groß ist auch die Streuung der Werte.

Ein durchschnittliches Projekt arbeitet etwa 80% seiner Zeit an ungeplanter Behebung von Fehlern, die vorher im Projekt entstehen.

Bei der Messung des funktionalen Umfangs von Data-Warehouse-Projekten sind Besonderheiten bei der Anwendung der Function-Point-Methode zu beachten.

Zusammenfassend kann festgestellt werden, dass die Function-Point-Methode auch sinnvoll bei Data-Warehouse-Systemen sowohl beim Sternschema als auch beim OLAP-Design eingesetzt werden kann.

Bei der komponentenbasierten Software ist die Implementierung gekapselt, so dass die Endbenutzer(-Funktionalität) davon unabhängig sind (ist). Diese Funktionsorientierung und Unabhängigkeit von der Implementierung unterstützen den Einsatz der Function-Point-Methode für die Messung des Software-Umfangs von Web-Entwicklungen. Damit ist dann eine gute Basis für die Aufwandschätzung vorhanden.

Einer der wichtigsten Faktoren bei der Entwicklung von Websites ist die Erstellung von Komponenten, deren Reuse möglich ist. Das hat den Vorteil, dass auch zuvor gezählte Function Points wiederverwendet werden können. Damit steigt nicht nur die Produktivität der Software-Erstellung, sondern auch die der Function-Point-Zählungen.

Web-Applikationen haben bei der Hälfte der 14 Systemmerkmale, mit denen nichtfunktionale Anforderungen bewertet werden, hohe Bewertungen.

11 Function-Point-Zählregeln

In diesem Kapitel werden die wichtigsten Definitionen und Regeln des Counting Practises Manual (CPM) Version 4.1 der IFPUG dargestellt. Dann folgen die Definitionen für Zähltyp und Systemgrenze, die genauen Zählregeln für die Datenbestände ILF, EIF und die Transaktionen EI, EO, EQ sowie für die allgemeinen Systemmerkmale.

11.1 Überblick

Zähltyp festlegen		
Umfang der Zählung und Systemgrenze festlegen		
Bewertung der Datenbestände und Transaktionen		
Ungewichtete Function Points zählen	Daten-Function-Points	ILF (Internal Logical Files): Interne Datenbestände mit ihren Satzarten und Datenelementen; Daten, die innerhalb der Systemgrenzen der Anwendung gepflegt werden
		EIF (External Interface Files): Externe Schnittstellen-Datenbestände mit ihren Satzarten und Datenelementen; Daten, die außerhalb der Systemgrenzen (von anderen Anwendungen) gepflegt werden
	Transaktions-Function-Points	EI (External Inputs): Externe Eingabedaten mit ihren logischen Datengruppen und Datenelementen
		EO (External Outputs): Externe Ausgabedaten mit ihren logischen Datengruppen und Datenelementen
		EQ (External Inquiries): Externe Abfragen mit ihren logischen Datengruppen und Datenelementen

Tabelle 11.1: Überblick Function-Point-Zählregeln

Zähltyp festlegen		
Umfang der Zählung und Systemgrenze festlegen		
Bewertung der Datenbestände und Transaktionen		
Gewichtete Function Points ermitteln	Ermittlung Einflussfaktor (VAF = Value Adjustment Factor) durch Bewertung der 14 allgemeinen Systemmerkmale	1. Datenkommunikation 2. Verteilte Verarbeitung 3. Leistungsfähigkeit 4. Begrenzte Kapazität 5. Transaktionsrate 6. Interaktive Dateneingabe 7. Benutzerfreundlichkeit 8. Interaktive Änderung 9. Komplexe Verarbeitung 10. Wiederverwendbarkeit 11. Installationshilfen 12. Betriebshilfen 13. Mehrfachinstallation 14. Änderungsfreundlichkeit

Tabelle 11.1: Überblick Function-Point-Zählregeln *(Forts.)*

11.2 Zähltyp festlegen

Die Function-Point-Methode unterscheidet zwischen drei Zähltypen:

1. Neuentwicklungsprojekt
2. Weiterentwicklungsprojekt
3. Anwendungssystem

Die Beziehung zwischen diesen Zähltypen veranschaulicht Abbildung 11.1. An dieser Abbildung erkennt man außerdem, dass die Function-Point-Methode nach IFPUG 4.1 den so genannten ***schleichenden Funktionszuwachs*** berücksichtigt: Es sind mindestens zwei Zählungen vorgesehen, eine bei Projektstart und eine weitere nach Projektabschluss, um zum einen die geplante und zum anderen die tatsächlich realisierte Funktionalität ermitteln zu können.

Bei einer ***Neuentwicklung*** wird ein Anwendungssystem erst erstellt und somit ausschließlich Funktionalität hinzugefügt, gezählt werden hier die hinzugefügten Function Points.

Ein ***Weiterentwicklungsprojekt*** kann jedoch unter Umständen sowohl neue Funktionalität hinzufügen, als auch Funktionalität entfernen bzw. ändern.

Hier werden nur die geänderten, gelöschten und hinzugefügten Benutzerfunktionen gezählt. Die NESMA (niederländische Metrikorganisation) hat einen Standard für die Function-Point-Zählung von Weiterentwicklungsprojekten entwickelt (siehe Kapitel *Varianten der Function-Point-Methode*).

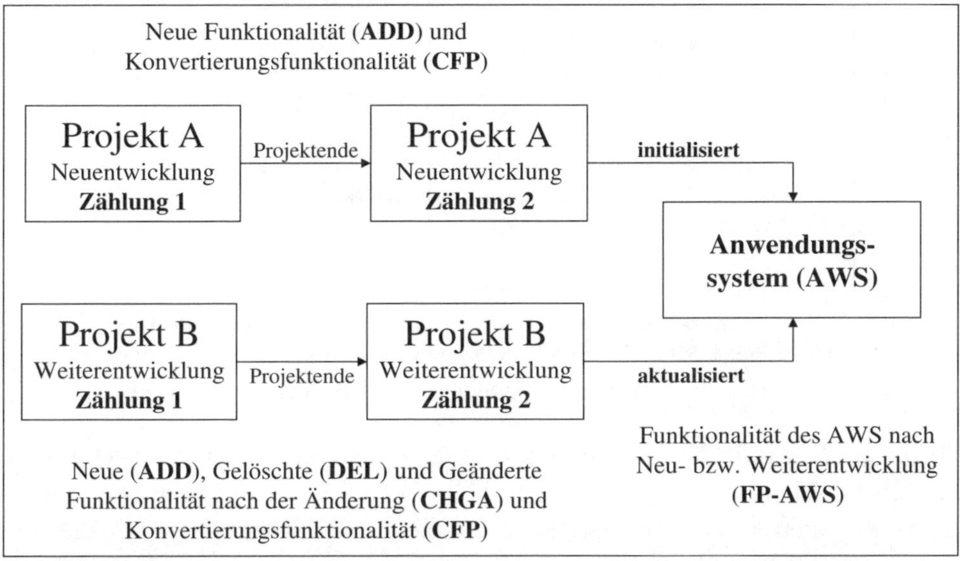

Abbildung 11.1: Zähltypen nach IFPUG 4.1 (Quelle: In Anlehnung an CPM/IFPUG)

Nach Beenden eines Weiterentwicklungsprojekts muss die Function-Point Zählung für das Anwendungssystem aktualisiert werden.

11.3 Umfang der Zählung und Systemgrenze festlegen

Die Function-Point-Methode nach IFPUG 4.1 unterscheidet zwischen dem Umfang einer Zählung (Counting Scope) und einem Anwendungssystem. Der Umfang einer Zählung kann durchaus mehrere Anwendungssysteme umfassen, die dann aus Benutzersicht (nicht aus IT-technischer Sicht) unterschiedliche Funktionalitäten beinhalten und für die dann auch verschiedene Systemgrenzen festgelegt werden.

> *Durch die Festlegung der Systemgrenze des zu zählenden Anwendungssystems wird bestimmt, welche Funktionalität dem eigenen Projekt und welche externen Anwendungen zugerechnet wird.*

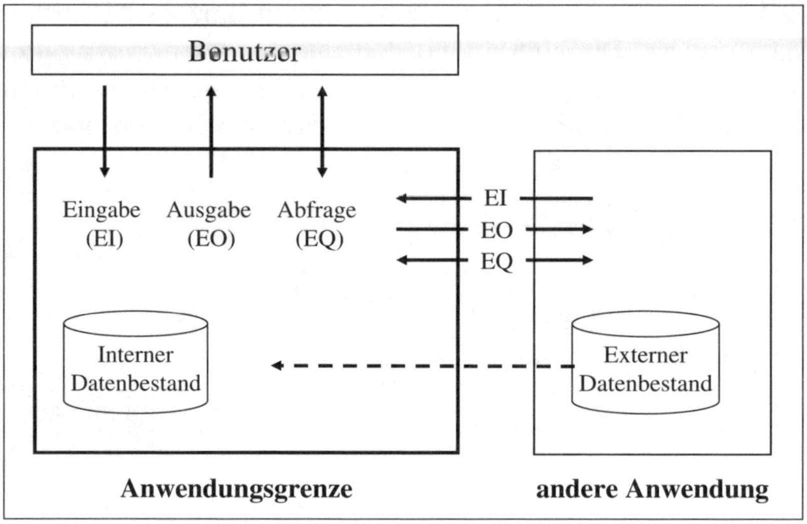

Abbildung 11.2: Systemgrenzen (Quelle: In Anlehnung an CPM/IFPUG)

Grundsätzlich gilt, dass die Systemgrenze aus Benutzersicht festgelegt werden muss. Wie Abbildung 11.2 verdeutlicht, befindet sich der Benutzer außerhalb des Systems. Nach Festlegen der Grenze müssen Datenbestände, die von der eigenen Anwendung gepflegt werden, innerhalb und externe Datenbestände außerhalb der Systemgrenze liegen. Zudem muss bei Weiterentwicklungsprojekten darauf geachtet werden, dass die neue Systemgrenze mit der Systemgrenze des Basissystems übereinstimmt.

11

Da die Systemgrenze erheblichen Einfluss auf die Anwendungsfunktionalität hat, ist es unerlässlich, die Festlegung der Systemgrenze klar zu dokumentieren. Hierzu gehört auch die Niederschrift von eventuellen Annahmen, aufgrund derer die Grenze bestimmt worden ist.

Abbildung 11.3 zeigt einen hausinternen Standard für die Definition eines Anwendungssystems.

In der Praxis hat sich herausgestellt, dass diese Abbildungen der Systemgrenzen sehr gut als Architekturdiagramme in einem Anwendungssystematlas wiederverwendet werden können.

Merkmale zur Bestimmung von Anwendungssystemen (AWS) nach IFPUG 4.1

- ✓ Mindestens ein Nutzer
- ✓ Eigene Datenhaltung (mindestens 1 ILF) und Prozesse zur Verwaltung (mindestens 1 EI und 1 EO/EQ)
- ✓ Geschäftsvorfälle des AWS werden fallabschließend behandelt (ausgenommen zentrale Schnittstellen und nachgelagerte Prozesse)

Weitere Hinweise zur Abgrenzung von AWS:

- ✓ Häufig werden AWS von separaten Organisationseinheiten gepflegt.
- ✓ Bilden Sie die AWS-Grenzen eher fachlich aus Anwendersicht und weniger technisch.
- ✓ Bilden Sie die AWS-Grenzen so, wie Sie anschließend Ihre Kennzahlen ermitteln und vergleichen wollen.

Abbildung 11.3: Beispiel eines hausinternen Standards für die Definition eines Anwendungssystems

11.4 Ungewichtete Function Points zählen

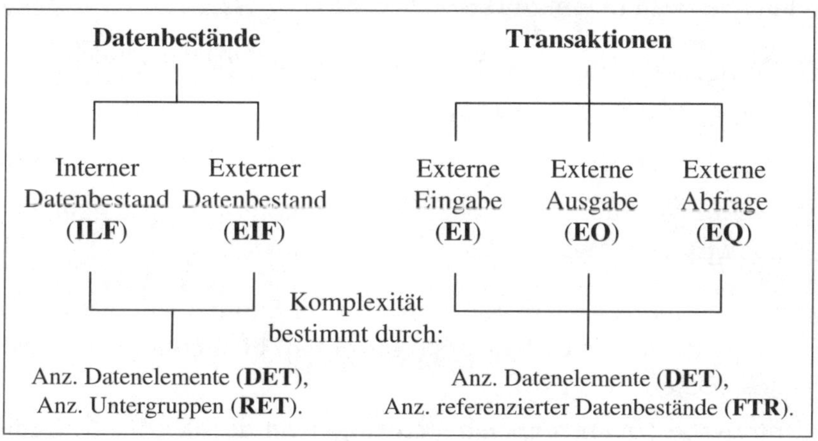

Abbildung 11.4: Datenbestände und Transaktionen

Um die ungewichteten Function Points zu ermitteln, müssen sowohl Datenbestände als auch Transaktionen identifiziert und anschließend deren Komplexität bewertet werden. Anhand dieser Komplexität errechnen sich schließlich die ungewichteten Function Points (vgl. Abbildung 11.4).

11.4.1 Bewertung der Datenbestände

Äußerst wichtig ist, dass die Datenbestände ausschließlich aus Benutzersicht gesehen werden.

- **ILF:** Daten, die *innerhalb* der Systemgrenzen gepflegt werden.
- **EIF:** Daten, die außerhalb der Systemgrenzen gepflegt werden.

Der Begriff *pflegen* beinhaltet, dass die eigene Anwendung Daten von einem ILF anlegen (new), ändern (change), löschen (delete) und anfordern (view) kann.

Die Komplexität der internen und externen Datenbestände hängt von zwei Faktoren ab:

1. Anzahl der Datenelemente (DET, engl. Data Element Type)
2. Anzahl der Untergruppen (RET, engl. Record Element Type)

Diese sind lt. IFPUG folgendermaßen definiert:

RET: Ein RET ist eine vom Benutzer erkennbare Untergruppe von Datenelementen in einem ILF oder EIF.

DET: Ein DET ist ein für den Benutzer erkennbares, eindeutig bestimmbares, nicht rekursives Feld in einem ILF oder EIF.

11

Record-Element-Typ-(Satzart-)Bestimmungsregeln (RET:Bestimmungsregeln) für ILF und EIF

Ein Record Element Type (RET, Satzart) ist eine vom Benutzer erkennbare Untergruppe von Datenelementen in einem ILF oder EIF.

Es gibt zwei Arten:

1. ***Optionale Untergruppen*** liegen vor, wenn der Benutzer die Wahl hat, ob er eine oder keine dieser Untergruppen in einem Elementarprozess benutzt, der solche Daten anlegt.
2. ***Obligatorische Untergruppen*** liegen vor, wenn der Benutzer mindestens eine benutzen muss.

Beim Zählen von RETs muss immer eine der beiden folgenden Regeln zutreffen:

- Zählen Sie 1 RET für jede obligatorische oder optionale Untergruppe von Informationen in dem ILF oder EIF;

oder:

- Zählen Sie 1 RET für das ILF oder EIF, wenn es keine Untergruppen gibt.

Datenelementtyp-Bestimmungsregeln (DET) für ILF und EIF

> *Ein Datenelementtyp (DET) ist ein aus Benutzersicht eindeutig bestimmtes, nicht rekursives Feld in einem ILF oder EIF.*

Zählen Sie 1 DET für jedes aus Benutzersicht eindeutig bestimmte, nicht-rekursive Feld in dem ILF oder EIF (zum Beispiel wird eine Versicherungsnummer, die in mehreren Feldern gespeichert ist, als 1 DET gezählt).

1. Wenn zwei Anwendungen dieselben ILF oder EIF referenzieren oder pflegen, aber jede Anwendung verschiedene DETs, zählen Sie nur die DETs, die von der jeweiligen Anwendung benutzt werden, um deren Komplexität zu bestimmen.
2. Zählen Sie 1 DET für jedes Datenfeld, das vom Benutzer gefordert wurde, um eine Beziehung mit einer anderen ILF oder EIF einzugehen.

ILF-Identifikationsregeln

Ein Datenbestand muss allen folgenden Regeln genügen, um als ***ILF (Internal Logical File)*** der Anwendung gezählt zu werden:

1. Die Gruppe von Daten oder Steuerungsinformationen ist aus Benutzersicht eine logisch zusammengehörige Gruppe von Informationen, die zur Erfüllung bestimmter Benutzeranforderungen benötigt wird.
2. Die Gruppe von Informationen wird durch mindestens einen eigenständigen, abgeschlossenen Verarbeitungsprozess innerhalb der Grenzen der Anwendung gepflegt.

EIF-Identifikationsregeln

Ein Datenbestand muss allen folgenden Regeln genügen, um als ***EIF (External Interface File)*** der Anwendung gezählt zu werden:

1. Gruppe von Daten oder Steuerungsinformationen ist aus Anwendersicht eine logisch zusammengehörige Gruppe von Informationen, die zur Erfüllung bestimmter Benutzeranforderungen benötigt wird.

   Die Gruppe von Informationen wird in der Anwendung referenziert, kommt aber von außerhalb der Systemgrenze.

2. Die Gruppe von Informationen wird nicht in der Anwendung gepflegt.
3. Die Gruppe von Informationen wird in wenigstens einer anderen Anwendung als ILF gezählt.

ILF- und EIF-Bestimmungsregeln

RETs/DETs	1–19 DETs	20–50 DETs	> 50 DETs
1 RETs	low	low	average
2–5 RETs	low	average	high
> 5 RETs	average	high	high

Tabelle 11.2: Komplexitätsgrade für Datenbestände nach IFPUG 4.1 (Quelle: CPM/IFPUG)

Komplexitätsgrad	ungewichtete Function Points	
	ILF	EIF
low	7	5
average	10	7
high	15	10

Tabelle 11.3: Ungewichtete Function Points für Datenbestände nach IFPUG 4.1 (Quelle: CPM/IFPUG)

11.4.2 Bewertung der Transaktionen

Externe Eingaben (EI)

Gezählt werden alle Eingaben (Daten oder Steuerungsinformationen, die von außerhalb der Anwendung kommen), die eine unterschiedliche Verarbeitungslogik nach sich ziehen, oder solche, die ein unterschiedliches Format haben.

Die verarbeiteten Daten pflegen eine oder mehrere ILFs. Die verarbeitete Steuerungsinformation kann, muss aber nicht, eine ILF pflegen.

Abbildung 11.5 dokumentiert eine Faustregel zur Unterscheidung von EIF und EI.

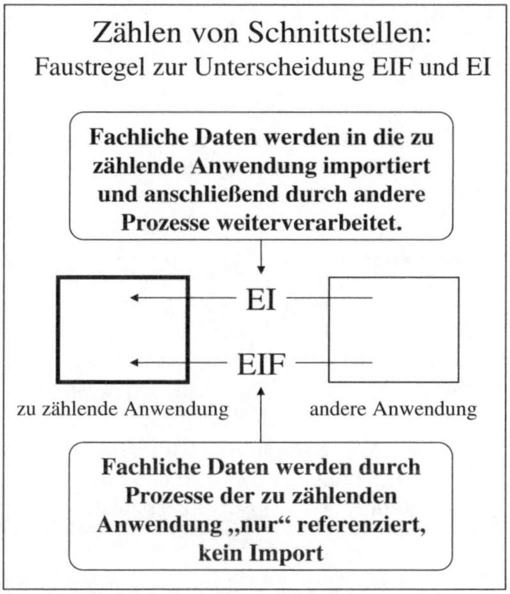

Abbildung 11.5: Faustregel zur Unterscheidung von EIF und EI

Externe Ausgaben (EO

Gezählt werden alle Ausgaben (Daten oder Steuerungsinformationen), die von der Anwendung erstellt und von der Anwendung nach außen abgegeben werden. Die Verarbeitungslogik muss mindestens eine mathematische Formel oder Berechnung enthalten oder verarbeitete Daten erzeugen. Ein EO kann auch eine oder mehrere ILFs pflegen und/oder das Systemverhalten ändern.

Externe Abfragen (EQ)

Dazu zählen die Dateneingaben am Bildschirm, die Datenausgaben nach sich ziehen und keine Veränderung von Datenbeständen (ILF) bewirken. Die Verarbeitungslogik darf keine mathematische Formel oder Berechnung enthalten und erzeugt keine verarbeiteten Daten. Es wird während der Verarbeitung weder eine ILF gepflegt noch das Systemverhalten verändert.

Abbildung 11.6 dokumentiert eine Faustregel zur Unterscheidung von EO und EQ.

Abbildung 11.6: Faustregel zur Unterscheidung von EO und EQ

Die primäre Absicht einer Transaktion

Der Hauptunterschied zwischen den Transaktionen ist ihre primäre Absicht.

	Transaktionstyp		
Funktion	**EI**	**EO**	**EQ**
Veränderung des Systemverhaltens	**PA**	F	NE
Pflege einer oder mehrerer ILFs	**PA**	F	NE
Dem Endbenutzer Informationen präsentieren	F	**PA**	**PA**

Legende:
PA = **P**rimäre **A**bsicht der Transaktion
F = **F**unktion der Transaktion, aber nicht primäre Absicht und nur manchmal vorhanden
NE = **N**icht **E**rlaubt für diese Transaktion

Tabelle 11.4: Primäre Absicht einer Transaktion (Quelle: CPM/IFPUG)

Verarbeitungslogik

Die Verarbeitungslogik ist definiert als vom Endbenutzer speziell geforderte Anforderung, um einen Elementarprozess abzuschließen.

Welche Formen von Verarbeitungslogik für EIs, EOs, EQs vorkommen können, zeigt Tabelle 11.5.

Form der Verarbeitungslogik	Transaktionstyp		
	EI	EO	EQ
Prüfungen werden durchgeführt (z.B. Plausibilitätsprüfungen)	C	C	C
Mathematische Formeln werden berechnet oder Berechnungen durchgeführt	C	M*	NE
Äquivalenzwerte werden konvertiert (z.B. Währungstabellen)	C	C	C
Daten werden gefiltert oder selektiert	C	C	C
Bedingungen werden analysiert	C	C	C
Eine oder mehrere ILFs werden aktualisiert	M*	M*	NE
Eine oder mehrere ILFs oder EIFS werden referenziert	C	C	M
Daten oder Kontrollinformationen werden gesucht	C	C	M
Bearbeitete Daten werden erzeugt	C	M*	NE
Das Systemverhalten wird verändert	M*	M*	NE
Vorbereitung der Präsentation und Präsentation von Informationen außerhalb der Systemgrenze	C	M	M
Fähigkeit zur Aufnahme von Daten oder Kontrollinformationen	M	C	C
Sortieren oder Verändern der Reihenfolge von Daten	C	C	C

Legende:

M = Es ist verbindlich, dass die Transaktion diese Art der Verarbeitungslogik durchführt.
M* = Es ist verbindlich, dass die Transaktion mindestens eine der mit M* gekennzeichneten Verarbeitungslogiken durchführt.
C = Die Transaktion kann diese Verarbeitungslogik durchführen, das ist aber nicht verbindlich.
NE = Die Transaktion darf diese Form der Verarbeitungslogik nicht durchführen.

Tabelle 11.5: Formen der Verarbeitungslogik (Quelle: CPM/IFPUG)

Nicht definierte Fälle

Tabelle 11.5 weiter oben gibt leider nicht alle möglichen Fälle an, die theoretisch auftreten können. Deshalb wurde von verschiedenen Stellen, so auch von uns, mit einer Entscheidungstabelle untersucht, welche Fälle auftreten können. Die IFPUG hat leider in den letzten Jahren nicht auf diese Hinweise über unvollständige Regeln reagiert. Die Entscheidungstabelle (siehe Tabelle 11.6) zeigt die fehlenden Regeln. Die AXA Service AG hat für diese Fälle einen eigenen Hausstandard festgelegt, der zur Information der interessierten Leser als *AXA Standard* mit in der Tabelle angegeben ist.

11

Regeln		1	2	3	4	5	6	7	8	9	10	11	12	13	14	15	16	17	18	19	20	21
FP nach IFPUG 4.1																						
Primärzweck Dateneingabe		j	j	j	j	j	j	n	n	n	n	n	n	n	n	n	n	n	n	n	n	n
Primärzweck Datenausgabe		j	n	n	n	n	n	j	j	j	j	j	j	j	j	j	j	j	j	j	j	n
Daten empfangen		–	j	j	j	j	n	–	–	–	–	–	–	–	–	–	–	–	j	n	–	–
ILF-Update		–	j	n	n	n	–	–	–	j	n	n	j	n	n	j	n	n	–	–	–	–
Systemverhalten ändern		–	–	j	n	n	–	–	–	–	j	n	–	j	n	–	j	n	–	–	–	–
Informationen ausgeben		–	–	–	j	n	–	j	j	j	j	j	j	j	j	j	j	j	j	j	n	–
Daten ableiten		–	–	–	–	–	–	j	n	n	n	n	n	n	n	n	n	n	n	n	–	–
Mathematische Formel verwenden		–	–	–	–	–	–	–	j	n	n	n	n	n	n	n	n	n	n	n	–	–
Retrieve (Suche)		–	–	–	–	–	–	–	–	j	j	j	–	–	–	–	–	–	n	n	–	–
ILF referenziert		–	–	–	–	–	–	–	–	–	–	–	j	j	j	–	–	–	n	n	–	–
EIF referenziert		–	–	–	–	–	–	–	–	–	–	–	–	–	–	j	j	j	n	n	–	–
EI			x	x																		
EO								x	x													
EQ												x			x			x				
Undefiniert (nicht zählen?)					x					x	x		x	x		x	x		x			
AXA Standard	EO									x	x		x	x		x	x					
	EQ				x														x			
Nicht möglich						x	x													x	x	x
EI, EO oder EQ wie nach Tabelle 11.5		x																				

Tabelle 11.6: Entscheidungstabelle für nicht definierte Fälle

EI-Identifikationsregeln

Bei einem EI ist die primäre Absicht des Elementarprozesses, eine ILF zu pflegen oder das Systemverhalten zu ändern.

Die Daten einer Transaktion müssen allen folgenden Regeln genügen, um als EIs (External Input) der Anwendung gezählt zu werden:

1. Die Daten kommen von außerhalb der Anwendung über die Systemgrenze.
2. Die Daten in mindestens einer ILF (Internal Logical File) werden durch einen eigenständigen, abgeschlossenen Verarbeitungsprozess der Anwendung gepflegt, falls die Daten nicht aus Kontrollinformationen bestehen, die das Systemverhalten ändern.
3. Mindestens eine der drei folgenden Bedingungen muss für die Transaktion zutreffen:
   - Die Verarbeitungslogik unterscheidet sich von der anderer EIs der Anwendung.
   - Die referenzierten ILFs oder EIFs unterscheiden sich von denen anderer EIs der Anwendung.
   - Die Datenelemente unterscheiden sich von denen anderer EIs der Anwendung.

File-Type-Referenced (FTR) – Bestimmungsregeln für EIs

Ein ***File Type Record*** (FTR – Datenbestand, engl. File Type Referenced) ist eine vom Benutzer definierte Gruppierung zusammengehöriger Daten oder Steuerungsinformationen in einem ILF, die bei der Bearbeitung des EI gelesen oder gepflegt wird oder von einem ILF gelesen wird.

Für EIs gelten folgende FTR-Regeln:

- Zählen Sie 1 FTR für jede ILF, die während der Verarbeitung des EI gepflegt wird.
- Zählen Sie 1 FTR für jede ILF oder EIF, die während der Verarbeitung des EI gelesen wird.
- Zählen Sie nur 1 FTR für jede ILF, die während der Verarbeitung des EO sowohl gepflegt als auch gelesen wird.

Datenelementtyp (DET) – Bestimmungsregeln für EIs

Ein Datenelementtyp (DET) ist ein aus Benutzersicht eindeutig bestimmtes, nicht rekursives Feld, das von dem EI in einer internen Datei (ILF) gepflegt wird.

1. Zählen Sie 1 DET für jedes aus Benutzersicht nicht rekursive Feld, das die Systemgrenze kreuzt und gebraucht wird, um den Elementarprozess abzuschließen.
2. Zählen Sie keine Felder, die durch das System gesucht und/oder in einem ILF gespeichert werden, wenn die Daten nicht die Systemgrenze überqueren.
3. Zählen Sie nur 1 DET für die Fähigkeit, eine Systemantwort als Meldung für einen aufgetretenen Fehler aus der Anwendung heraus zu senden, für die Bestätigung, dass die Verarbeitung beendet oder fortgesetzt werden kann.
4. Zählen Sie nur 1 DET für die Möglichkeit, eine Aktion durchzuführen, auch wenn es viele Methoden gibt, die denselben logischen Verarbeitungsprozess anstoßen.

Gemeinsame EO- und EQ-Identifikationsregeln

Beim EO oder EQ ist die primäre Absicht des Elementarprozesses, dem Anwender Informationen zu präsentieren.

Gezählt werden alle Ausgaben (Daten oder Steuerungsinformationen), die von der Anwendung erstellt und nach außen abgegeben werden.

Eine Transaktion muss allen folgenden Regeln genügen, um als ***EO (External Output) oder EQ (External Inquiry)*** der Anwendung gezählt zu werden:

1. Die Transaktion schickt Daten oder Steuerungsinformationen durch einen eigenständigen, abgeschlossenen Verarbeitungsprozess der Anwendung außerhalb der Systemgrenze.
2. Mindestens eine der drei folgenden Bedingungen muss für die Transaktion zutreffen:
   - Die Verarbeitungslogik unterscheidet sich von der anderer EOs oder EQs der Anwendung.
   - Die referenzierten ILFs oder EIFs unterscheiden sich von denen anderer EOs oder EQs der Anwendung;
   - Die Datenelemente unterscheiden sich von denen anderer EOs oder EQs der Anwendung.

Zusätzliche Identifikationsregeln für EOs

Zusätzlich zu den o.a. gemeinsamen Regeln für EOs und EQs muss ein EO mindestens eine der folgenden Regeln erfüllen:

1. Die Verarbeitungslogik des Elementarprozesses enthält mindestens eine mathematische Formel oder Berechnung.
2. Die Verarbeitungslogik des Elementarprozesses erzeugt verarbeitete Daten.
3. Die Verarbeitungslogik des Elementarprozesses pflegt mindestens eine ILF.
4. Die Verarbeitungslogik des Elementarprozesses ändert das Systemverhalten.

Zusätzliche Identifikationsregeln für EQs

Zusätzlich zu den o.a. gemeinsamen Regeln für EOs und EQs muss ein EQ alle folgenden Regeln erfüllen:

1. Die Verarbeitungslogik des Elementarprozesses sucht Daten oder Kontrollinformationen in einem ILF oder EIF.
2. Die Verarbeitungslogik des Elementarprozesses enthält keine mathematische Formel oder Berechnung.
3. Die Verarbeitungslogik des Elementarprozesses erzeugt keine verarbeiteten Daten.
4. Die Verarbeitungslogik des Elementarprozesses pflegt keine ILF.
5. Die Verarbeitungslogik des Elementarprozesses ändert das Systemverhalten nicht.

File-Type-Referenced (FTR) – Bestimmungsregeln für EO und EQ

> *Ein File Type Record (FTR – Datenbestand) ist eine vom Benutzer definierte Gruppierung zusammengehöriger Daten oder Steuerungsinformationen, die bei der Bearbeitung des EO oder der EQ gelesen wird.*

Für die Zählung von FTRs gilt genau eine gemeinsame Regel:

- Zählen Sie 1 FTR für jede ILF oder EIF, die während der Verarbeitung des EO oder der EQ gelesen wird.

Für EOs gelten zusätzlich folgende FTR-Regeln:

1. Zählen Sie 1 FTR für jede ILF, die während der Verarbeitung des EO gepflegt wird.

2. Zählen Sie nur 1 FTR für jede ILF, die während der Verarbeitung des EO sowohl gepflegt als auch gelesen wird.

Datenelementtyp-Bestimmungsregeln (DET) für EO und EQ

Die folgenden Regeln müssen bei der Zählung von DETs für EOs und EQs zutreffen:

1. Zählen Sie 1 DET für ein aus Benutzersicht eindeutig bestimmtes, nicht rekursives Feld, das über die Systemgrenze in die Anwendung hereinkommt und bestimmt, wann, welche und/oder wie Daten durch den Elementarprozess gesucht oder zusammengestellt werden.
2. Zählen Sie 1 DET für jedes aus Benutzersicht nicht rekursive Feld, das die Systemgrenzen verlässt.
3. Wenn ein DET das System verlässt und hereinkommt, zählen Sie es nur einmal für den Verarbeitungsprozess.
4. Zählen Sie nur 1 DET für die Fähigkeit, eine Systemantwort als Meldung für einen aufgetretenen Fehler aus der Anwendung heraus zu senden, für die Bestätigung, dass die Verarbeitung beendet oder fortgesetzt werden kann.
5. Zählen Sie nur 1 DET für die Möglichkeit, eine Aktion durchzuführen, auch wenn es viele Methoden gibt, die denselben logischen Prozess anstoßen.
6. Zählen Sie kein DET für vom System gesuchte oder bearbeitete Felder, die in einem ILF gespeichert werden, wenn die Daten nicht die Systemgrenze überqueren.
7. Zählen Sie keine DETs für konstante Felder (Literale).
8. Zählen Sie keine DETs für Seitenzähler oder systemgenerierte Angaben, z.B. Systemvariable (Datum, Zeit, Seite x von xx).

Bestimmungsregeln für Transaktionen

FTRs/DETs	1–4 DETs	5–15 DETs	> 15 DETs
0–1 FTR	low	low	average
2 FTRs	low	average	high
> 2 FTRs	average	high	high

Tabelle 11.7: Komplexitätsgrade für EIs nach IFPUG 4.1 (Quelle: CPM/IFPUG)

FTRs/DETs	1–5 DETs	6–19 DETs	> 20 DETs
0–1 FTR	low	low	average
2–3 FTRs	low	average	high
> 3 FTRs	average	high	high

Tabelle 11.8: Komplexitätsgrade für EOs und EQs nach IFPUG 4.1 (Quelle: CPM/IFPUG)

Komplexitätsgrad	Ungewichtete Function Points		
	EI	EO	EQ
low	3	4	3
average	4	5	4
high	6	7	6

Tabelle 11.9: Ungewichtete Function Points für Transaktionen nach IFPUG 4.1 (Quelle: CPM/IFPUG)

11.5 Gewichtete Function Points ermitteln

Um die gewichteten Function Points zu ermitteln, wird zunächst der so genannte Systemmerkmal (VAF) und anschließend werden je nach Zähltyp die gewichteten Function Points berechnet

11.5.1 Ermittlung VAF

Zur Ermittlung des VAFs werden zunächst 14 allgemeine Systemmerkmale auf einer Skala von 0 (kein Einfluss) bis 5 (starker Einfluss) bewertet (14 Einflussgrade). Anschließend werden diese 14 Einflussgrade zum Gesamt-Einflussgrad (***TDI***, engl. ***Total degree of influence***) addiert. Der ***VAF (Value adjustment Factor)*** berechnet sich dann anhand folgender Formel:

VAF = (TDI * 0,01) + 0,65

Dies hat zur Folge, dass der VAF maximal den Wert 1,35 bzw. minimal den Wert 0,65 annehmen kann.

Die 14 allgemeinen Systemmerkmale sind laut IFPUG 4.1:

1. Datenkommunikation
2. Verteilte Verarbeitung
3. Leistungsfähigkeit
4. Begrenzte Kapazität
5. Transaktionsrate
6. Interaktive Dateneingabe
7. Benutzerfreundlichkeit
8. Interaktive Änderung
9. Komplexe Verarbeitung
10. Wiederverwendbarkeit
11. Installationshilfen
12. Betriebshilfen
13. Mehrfachinstallation
14. Änderungsfreundlichkeit

Falls eine der folgenden Zählregeln nicht exakt zutrifft, muss eine Annahme/Entscheidung getroffen werden, welcher Einflussgrad am ehesten zutrifft.

Datenkommunikation

Die Daten- oder Kontrollinformationen, die in der Anwendung benutzt werden, werden über Kommunikationseinrichtungen geschickt. Zu den Kommunikationseinrichtungen zählen lokal angeschlossene Terminals. Protokolle erlauben den Transfer oder Austausch von Informationen zwischen mehreren Systemen oder Einheiten. Alle Datenkommunikationsverbindungen verlangen eine Art von Protokoll.

Bewertung	**Beschreibung für Einflussgrad**
0	reine Batch-Verarbeitung oder reine PC-Anwendung
1	Batch-Verarbeitung, aber Dateneingabe oder Druckausgabe erfolgt an einem anderen Standort.

Bewertung	Beschreibung für Einflussgrad
2	Batch-Verarbeitung, aber Dateneingabe und Druckausgabe erfolgen an einem anderen Standort.
3	Interaktives Front-End zu einem Batch-Prozess oder Querysystem (Front-End: Vorverarbeitungssystem in Mehrsystemumgebung).
4	Mehr als ein Front-End (d.h. mehr Funktionalität), aber die Anwendung unterstützt nur einen Protokolltyp (z.B. TCP/IP).
5	Mehr als ein Front-End, aber die Anwendung unterstützt mehr als einen Protokolltyp.

Verteilte Verarbeitung

Verteilte Verarbeitung oder verteilte Datenhaltung sind eine Eigenschaft der Anwendung.

Bewertung	Beschreibung für Einflussgrad
0	Die Anwendung unterstützt keinen Datentransfer und keine Verarbeitung zwischen einzelnen Komponenten des Systems.
1	Die Anwendung bereitet Daten auf, die ein Endbenutzer mit Tabellenkalkulationsprogrammen o.Ä. weiter verarbeiten kann.
2	Die Daten werden für den Transfer aufbereitet, transferiert und in einer anderen Komponente des Systems verarbeitet (nicht Endbenutzer-Verarbeitung).
3	Verteilte Verarbeitung und Datentransfer sind interaktiv und nur in eine Richtung möglich.
4	Verteilte Verarbeitung und Datentransfer sind interaktiv und in beide Richtungen möglich.
5	Verarbeitungsfunktionen werden dynamisch auf der am besten geeigneten Komponente abgearbeitet.

Leistungsfähigkeit

Performance-Gesichtspunkte der Anwendung, vom Endbenutzer gefordert oder festgestellt, bezüglich des Antwortzeitverhaltens oder insgesamt, beeinflussen die Konzeption, die Entwicklung und die Wartung der Anwendung.

Bewertung	Beschreibung des Einflussgrads
0	Keine besonderen Anforderungen des Benutzers an die Leistungsfähigkeit
1	Performance- und Entwurfsanforderungen werden gestellt und geprüft, erfordern aber keine besonderen Aktionen.
2	Antwortzeiten, Durchsatz sind in Stoßzeiten kritisch. Für CPU-Ausnutzung wird kein besonderer Entwurf verlangt. Die Verarbeitung muss am nächsten Arbeitstag beendet sein.
3	Antwortzeiten und Durchsatz sind zu allen Geschäftszeiten kritisch. Für die CPU-Ausnutzung wird kein besonderer Entwurf verlangt. Anforderungen aus anderen Systemen bezüglich des Verarbeitungsendes müssen berücksichtigt werden.
4	Zusätzlich sind die Anforderungen an die Leistungsfähigkeit zwingend genug, um eine Analyse der Leistungsfähigkeit in der Entwurfsphase durchzuführen.
5	Zusätzlich werden Analysetools zur Ermittlung der Leistungsfähigkeit in der Entwurfs-, Entwicklungs- und/oder Implementierungsphase verwendet.

Begrenzte Kapazität

Ein stark ausgelasteter Rechner, der spezielle Design-Überlegungen erfordert, ist eine Eigenschaft der Anwendung, z.B. wenn der Endbenutzer die Anwendung auf einem bestehenden oder geplanten stark ausgelasteten Rechner einsetzen möchte.

Bewertung	Beschreibung des Einflussgrads
0	Keine expliziten oder impliziten operationalen Einschränkungen. Eine operationale Einschränkung wäre z.B., dass für eine Datenbank nur begrenzter Speicherplatz zur Verfügung steht.
1	Operationale Einschränkungen existieren, sind aber weniger restriktiv als für eine typische Anwendung. Besonderer Aufwand wird nicht benötigt, um die Einschränkungen einzuhalten.
2	Bezüglich Sicherheit oder Zeitrahmen müssen Überlegungen angestellt werden.
3	Ein besonderer Teil der Anwendung stellt spezielle Anforderungen an den Prozessor.

Bewertung	Beschreibung des Einflussgrads
4	Geforderte operationale Einschränkungen stellen spezielle Anforderungen an die Anwendung bezüglich des Hauptprozessors bzw. Coprozessors.
5	Zusätzlich gibt es spezielle Einschränkungen in den verteilten Komponenten des Systems.

Transaktionsrate

Die Transaktionsraten sind hoch und beeinflussen das Design, die Realisierung, die Einführung und Wartung.

Bewertung	Beschreibung des Einflussgrads
0	Keine Zeitspanne mit höchster Transaktionsrate erwartet.
1	Zeitspanne mit höchster Transaktionsrate erwartet (monatlich, viertel-, halbjährlich, jährlich).
2	Wöchentliche Zeitspanne mit höchster Transaktionsrate erwartet.
3	Tägliche Zeitspanne mit höchster Transaktionsrate erwartet.
4	Die erwartete Transaktionsrate ist hoch genug, um Performance-Analyse in der Entwurfsphase durchzuführen.
5	Die erwartete Transaktionsrate ist hoch genug, um zusätzlich noch Performance-Analysetools in der Entwurfs-, Entwicklungs- und/ oder Installationsphase anzuwenden.

Interaktive Dateneingabe

Online-Dateneingabe und -Kontrolle werden in der Anwendung zur Verfügung gestellt.

Bewertung	Beschreibung des Einflussgrads
0	Alle Transaktionen werden als Batch-Funktion verarbeitet.
1	1%–7% der Transaktionen sind interaktive Dateneingaben.
2	8%–15% der Transaktionen sind interaktive Dateneingaben.
3	16%–23% der Transaktionen sind interaktive Dateneingaben.
4	24%–30% der Transaktionen sind interaktive Dateneingaben.
5	Mehr als 30% der Transaktionen sind interaktive Dateneingaben.

Benutzerfreundlichkeit

Die zur Verfügung gestellten Online-Funktionen werden im Hinblick auf Benutzerfreundlichkeit konzipiert.

- Navigationshilfen (Funktionstasten, dynamisch generierte Menüs)
- Menüs
- Interaktive Hilfe/Dokumente
- Automatische Cursorsteuerung
- Scrolling
- Druckausgabe an einem anderen Standort (mit interaktiven Transaktionen)
- Vorbelegte Funktionstasten
- Interaktiv gestartete Batch-Jobs
- Selektierung von Daten am Bildschirm durch Cursor
- Häufiger Gebrauch von reverse video, highlighting, Farben u.Ä.
- Hardcopy-Benutzer-Dokumentation von interaktiven Transaktionen
- Mausunterstützung (-Interface)
- Popup-Fenster
- So wenig Eingaben wie nötig; um eine Geschäftsfunktion abzuwickeln
- 2-sprachige Unterstützung (4-mal zählen)
- Unterstützung von mehr als 2 Sprachen (6-mal zählen)

Bewertung	Beschreibung des Einflussgrads
0	Keine der obigen Möglichkeiten
1	1–3 der obigen Möglichkeiten
2	4–5 der obigen Möglichkeiten
3	6 oder mehr, aber keine speziellen Benutzeranforderungen an die Effizienz.
4	6 oder mehr, und die Benutzeranforderungen an die Effizienz sind stark genug, um den »menschlichen Faktor« in die Entwurfsüberlegungen mit einzubeziehen (z.B. Tastatureingaben minimieren, möglichst viele Voreinstellungen)
5	6 oder mehr, und die Benutzeranforderungen an die Effizienz sind stark genug, so dass spezielle Werkzeuge und Verfahren eingesetzt werden müssen, um das Erreichen der Vorgaben nachzuweisen.

Interaktive Änderung

Die Anwendung stellt ein Online-Update für ILFs zur Verfügung.

Bewertung	Beschreibung des Einflussgrads
0	Keine Online-Verarbeitung
1	Interaktive Änderung von ein bis drei Kontrollinformationsbeständen. Das Änderungsvolumen ist gering und die Rekonstruktion der Daten ist einfach.
2	Interaktive Änderungen von mehr als drei Kontrollinformationsbeständen. Das Änderungsvolumen ist gering und die Rekonstruktion der Daten ist einfach.
3	Interaktive Änderungen von größeren internen Datenbeständen.
4	Zusätzlich sind Schutzvorkehrungen gegen Datenverlust wichtig und werden speziell entworfen und implementiert.
5	Zusätzlich werden Kostenüberlegungen für große Änderungsvolumen in den Rekonstruktionsprozess einbezogen. Es werden weitgehend automatisierte Rekonstruktionsverfahren (Recovery) mit einem Minimum an manuellen Eingriffen bereitgestellt.

Komplexe Verarbeitung

Komplexe Verarbeitung ist eine Eigenschaft der Anwendung. Folgende Komponenten sind vorhanden:

- Anwendungsspezifische Sicherheitsbehandlung (Kontrollverfahren, Sicherheitsroutinen)
- Extensive logische Verarbeitung
- Extensive mathematische Verarbeitung
- Komplexe Verarbeitung, um vielfältige Eingabe/Ausgabe-Möglichkeiten zu behandeln, z.B. Multimedia oder Forderungen nach Geräteunabhängigkeit, Behandlung von Datenverlust oder abgebrochenen Edits, Dialogunterbrechungen an einem Geldautomaten o.Ä.
- Häufige Behandlung von Ausnahmen in unvollständigen Transaktionen, die noch einmal verarbeitet werden müssen, z.B. unvollständige Transaktionen an einem Geldautomaten, die wegen einer Netzstörung oder wegen fehlender Daten abgebrochen werden mussten

Bewertung	Beschreibung des Einflussgrads
0	Keine der oben genannten Kategorien
1	Eine der oben genannten Kategorien
2	Zwei der oben genannten Kategorien
3	Drei der oben genannten Kategorien
4	Vier der oben genannten Kategorien
5	Fünf der oben genannten Kategorien

Wiederverwendbarkeit

Die Anwendung und ihr Code wurden speziell entworfen und entwickelt, um zukünftig in anderen Anwendungen wiederverwendet werden zu können. Hiermit wird nicht der Grad von Reuse im aktuellen Projekt bewertet.

Bewertung	Beschreibung des Einflussgrads
0	Kein wiederverwendbarer Code aus anderen Anwendungen
1	Wiederverwendbarer Code aus anderen Anwendungen wird innerhalb der Anwendung benutzt.
2	Weniger als 10% der Anwendung erfüllt die Anforderungen von mehr als einem Benutzer (werden für zukünftige Wiederverwendung konzipiert).
3	10% oder mehr erfüllen die Anforderungen von mehr als einem Benutzer (werden für zukünftige Wiederverwendung konzipiert).
4	Die Anwendung wird besonders für Reuse zusammengestellt und/oder dokumentiert, um die Wiederverwendung zu erleichtern. Die Anwendung wird auf der Sourcecode-Ebene vom Benutzer angepasst.
5	Die Anwendung wird besonders für Reuse zusammengestellt und/oder dokumentiert, um die Wiederverwendung zu erleichtern. Anpassungen können vom Benutzer über Parameter-Pflege-Funktionen durchgeführt werden (z.B. Mehrwertsteuersatz in einem Buchhaltungsprogramm).

Installationshilfen

Konvertierungs- und Installationskomfort sind eine Eigenschaft der Anwendung. Ein Konvertierungs- und Installationsplan oder entsprechende Tools werden zur Verfügung gestellt und während der Systemtestphase getestet.

Bewertung	Beschreibung des Einflussgrads
0	Keine besonderen Anforderungen und kein besonderes Setup für die Installation wird verlangt.
1	Keine besonderen Anforderungen werden gestellt, aber ein besonderes Setup für die Installation wird verlangt.
2	Konvertierungs- und Installationsanforderungen werden vom Benutzer gestellt. Konvertierungs- und Installationseinfluss von Konvertierung auf das Projekt wird nicht als wesentlich erachtet.
3	Konvertierungs- und Installationsanforderungen werden vom Benutzer gestellt. Konvertierungs- und Installationanweisungen werden zur Verfügung gestellt und getestet. Der Einfluss von Konvertierung auf das Projekt wird als wesentlich erachtet.
4	Zusätzlich zu (2) werden automatische Konvertierungs- und Installationstools bereitgestellt und getestet.
5	Zusätzlich zu (3) werden automatische Konvertierungs- und Installationstools bereitgestellt und getestet.

Betriebshilfen

Robustheit ist eine Eigenschaft der Anwendung. Effektive Anlauf-, Backup- und Recovery-Prozeduren werden zur Verfügung gestellt und in der Systemtest-Phase getestet. Die Anwendung minimiert manuelle Eingriffe wie Magnetbandwechsel, Papierwechsel und direkte manuelle Eingriffe vor Ort.

Bewertung	Beschreibung des Einflussgrads
0	Außer den normalen Backup-Prozeduren werden keine weiteren Anforderungen gestellt.
1–4	Auswahl der Punkte aus der folgenden Liste, die auf die Anwendung zutreffen. Jeder Punkt hat den Wert 1 (außer besonders erwähnt). Effiziente Startup-, Backup- und Recovery-Funktionen werden bereitgestellt, aber manuelles Eingreifen ist notwendig. Effiziente Startup-, Backup- und Recovery-Funktionen werden bereitgestellt, aber kein manuelles Eingreifen ist notwendig (2 Punkte). Die Anwendung minimiert die Notwendigkeit, Bänder einzulegen. Die Anwendung minimiert die Notwendigkeit, Papier zu verteilen.
5	Die Anwendung wird für unbeaufsichtigten Betrieb entworfen, d.h., manuelles Eingreifen des Operators außer Start und Beenden der Anwendung ist nicht notwendig. Automatische Fehlerkorrektur ist ein Teil der Anwendung.

Mehrfachinstallation

Die Anwendung wurde speziell geplant und entwickelt, um in mehreren Organisationen an mehreren Orten eingesetzt zu werden.

Bewertung	Beschreibung des Einflussgrads
0	Keine Benutzeranforderung für mehr als eine Installation.
1	Die Notwendigkeit von mehreren Installationen wird beachtet und die Anwendung wird entworfen, um nur bei identischen Hard- und Software-Umgebungen zu arbeiten.
2	Die Notwendigkeit von mehreren Installationen wird beachtet und die Anwendung wird entworfen, um bereits bei ähnlichen Hard- und Software-Umgebungen zu arbeiten.
3	Die Notwendigkeit von mehreren Installationen wird beachtet und die Anwendung wird entworfen, um auch bei unterschiedlichen Hard- und Software-Umgebungen zu arbeiten.
4	Dokumentation und Unterstützungsplan werden bereitgestellt und getestet, um die Anwendung unter den Bedingungen von (1) oder (2) mehrfach zu installieren.
5	Dokumentation und Unterstützungsplan werden bereitgestellt und getestet, um die Anwendung unter den Bedingungen von (3) mehrfach zu installieren.

11

Änderungsfreundlichkeit

Bewertung	Beschreibung des Einflussgrads
0	Keine besonderen Benutzeranforderungen, Änderungen zu minimieren oder zu erleichtern.
1–5	Auswahl derjenigen Punkte aus der folgenden Liste, die auf die Anwendung zutreffen. Jeder Punkt hat den Wert 1 (außer besonders erwähnt). Es wird eine flexible Abfrage/Reportmöglichkeit zur Verfügung gestellt, die einfache Anfragen behandeln kann, z.B. Und-Logik oder Oder-Logik auf ein ILF bezogen. Es wird eine flexible Abfrage/Reportmöglichkeit zur Verfügung gestellt, die Anfragen mittlerer Komplexität behandeln kann, z.B. und/oder Logik auf mehr als ein ILF bezogen (2 Punkte). Es wird eine flexible Abfrage-/Reportmöglichkeit zur Verfügung gestellt, die Anfragen hoher Komplexität behandeln kann, z.B. und/oder Logikkombinationen auf mehr als ein ILF bezogen (3 Punkte).

Bewertung	Beschreibung des Einflussgrads
1–5 *(Forts.)*	Steuerdaten werden in Tabellen verwaltet, die vom Benutzer mit interaktiven Prozessen gepflegt werden, aber deren Änderungen erst am nächsten Arbeitstag wirksam werden. Steuerdaten werden in Tabellen verwaltet, die vom Benutzer mit interaktiven Prozessen gepflegt werden und deren Änderungen sofort wirksam werden (2 Punkte).

11.5.2 Berechnung der gewichteten Function Points

Function Points für ein Neuentwicklungsprojekt

Bei einer Neuentwicklung wird Funktionalität hinzugefügt. Darüber hinaus kann noch Funktionalität dadurch entstehen, dass eventuell vorhandene Altdaten konvertiert und in das neue System integriert werden müssen (Bestandsübernahmen). Abbildung 11.7 zeigt das bildlich.

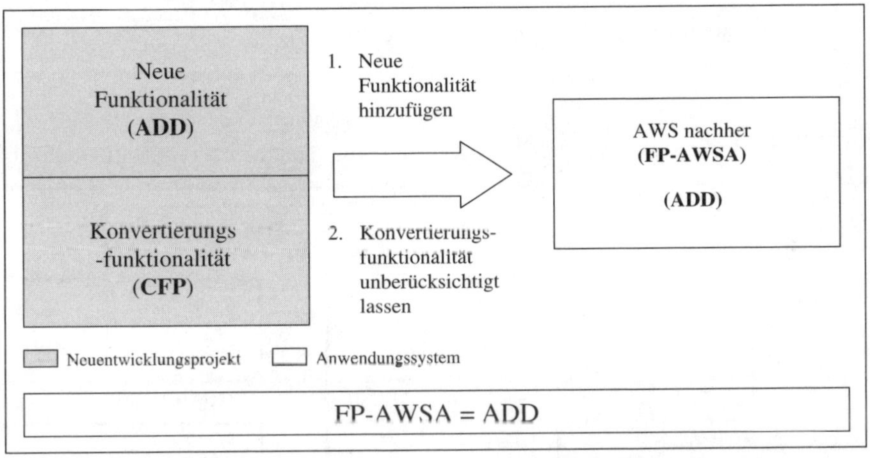

Abbildung 11.7: Function Points für ein Neuentwicklungsprojekt

Aus diesen zwei Größen werden die gewichteten Function Points eines Neuentwicklungsprojekts in Verbindung mit dem vorher berechneten Einflussfaktor nach folgender Formel berechnet:

DFP = (UFP + CFP) * VAF

wobei gilt:

DFP: Function-Point-Zählung eines Neuentwicklungsprojekts, (engl. Development FP).

UFP: Ungewichtete Function-Point-Zählung (engl. Unadjusted FP) für die Funktionen, die *nach* der Installation verfügbar sind.

CFP: Function-Point-Zählung der durch Bestandsübernahmen (engl. Conversion FP) hinzugefügten ungewichteten Function Points.

VAF: Einflussfaktor (engl. Value adjustment factor).

Da der VAF nur Werte zwischen 0,65 und 1,35 annimmt, kann er die Summe UFP+CFP um • 35 Prozent verändern.

Function Points für ein Weiterentwicklungsprojekt

Eine Weiterentwicklung verändert die Funktionalität einer Anwendung. Hierbei kann

- neue Funktionalität hinzugefügt werden
- bestehende Funktionalität verändert werden
- bestehende Funktionalität gelöscht werden
- Konvertierungsfunktionalität entstehen

Abbildung 11.8 zeigt das als Grafik.

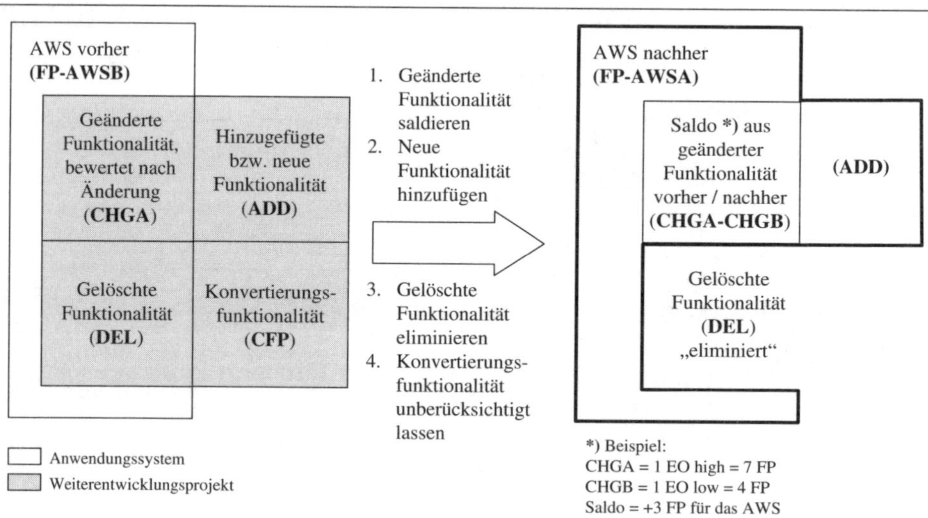

FP-AWSA = FP-AWSB + ADD – DEL + (CHGA-CHGB)

Abbildung 11.8: Function Points für ein Weiterentwicklungsprojekt

Da sich die Bewertung der 14 allgemeinen Systemmerkmale des Erweiterungsprojekts gegenüber denen des Basissystems geändert haben kann, werden zwei Einflussfaktoren (VAFA, VAFB) unterschieden. Die Function Points einer Weiterentwicklung werden dann wie folgt berechnet:

EFP = [(ADD+CHGA+CFP)*VAFA] + (DEL*VAFB)

wobei gilt:

EFP: Function-Point-Zählung des Weiterentwicklungsprojekts (engl. Enhancement FP).

ADD: Function-Point-Zählung der hinzugefügten ungewichteten Function Points (engl. Added FP).

CHGA: Ungewichtete Function Points, die durch Änderung an bestehender Funktionalität entstehen. Hierbei werden die Function Points *nach* der Änderung betrachtet (engl. Changed after).

CFP: Function-Point-Zählung der durch Bestandsübernahmen (engl. Conversion FP) hinzugefügten Funktionalität.

VAFA: Einflussfaktor *nach* der Erweiterung (engl. VAF after).

DEL: Ungewichtete Function Points, die durch Löschung von bestehender Funktionalität entstehen (engl. deleted FP).

VAFB: *vor* der Erweiterung (engl. VAF before).

Beispiele für Erweiterungen der Funktionalität sind:

- Eine Batch-Verarbeitung zum Datenaustausch mit einer anderen Anwendung entfällt (Löschen von Funktionalität).
- Der Benutzer verlangt zusätzliche Berichte aus dem System (Hinzufügen von neuer Funktionalität).
- Ein bereits zur Verfügung stehender Bericht soll um zwei Felder erweitert werden (Änderung von bestehender Funktionalität).

Function-Point-Prozentanteile bei Weiterentwicklung

Die ISBSG-Datenbank Release 6 vom April 2000 weist 40,7% (322 von 791 Projekten) Projekte vom Typ Weiterentwicklung auf. (In der Untersuchung vom Juni 2002 demgegenüber 50,2%, das sind 621 von 1.238 Projekten). Aus

Release 6 sind in Tabelle 11.10 weitere Einzelheiten zu finden (leider nicht mehr im Juni 2002):

Funktionalität	Hinzugefügt	Geändert	Gelöscht	Gesamt
Anzahl	207	98	31	216
EI %	30,2	39,9	43,4	32,7
EO %	32,6	30,9	22,0	32,0
EQ %	13,5	12,5	12,0	13,2
ILF %	16,0	14,8	10,1	15,6
EIF %	7,7	1,9	12,6	6,5

Tabelle 11.10: Function-Point-Prozentanteile für Weiterentwicklungsprojekte

In beiden Releases der ISBSG-Datenbank sind vergleichsweise Einzelheiten veröffentlicht, die in der folgenden Tabelle zusammengefasst wurden:

Funktionalität	Release 6		Juni 2002	
	Anzahl	Prozentanteil	Anzahl	Prozentanteil
Nur hinzugefügte Funktionen	116	53,7	143	31,5
Nur geänderte Funktionen	9	4,2	46	10,1
Hinzugefügte und geänderte Funktionen	60	27,8	183	40,3
Hinzugefügte und gelöschte Funktionen	2	0,9	5	1,1
Hinzugefügte, geänderte und gelöschte Funktionen	29	13,4	77	17,0
Gesamt	216	100,0	454	100,0

Tabelle 11.11: Analyse der Änderungen in Weiterentwicklungsprojekten

Function Points für ein Anwendungssystem

Hier muss unterschieden werden, ob die Anwendung erstmals erstellt (Initialisierung durch Neuentwicklungsprojekt) oder aber eine bestehende Anwendung erweitert wird (Aktualisierung durch ein Weiterentwicklungsprojekt). In beiden Fällen gilt, dass eventuelle Bestandsübernahmen (Konvertierungsfunktionalität) die Größe der Anwendung nicht beeinflussen. Somit

11

errechnen sich die Function Points einer Anwendung nach der Initialisierung durch ein Neuentwicklungsprojekt wie folgt:

AFP = ADD * VAF

wobei gilt:

AFP: Ungewichtete Function-Point-Zählung der Anwendung *nach* Initialisierung (engl. Application FP).

ADD: Ungewichtete Function Points, die durch das Neuentwicklungsprojekt (engl. Added FP) eingeführt wurden.

VAF: Einflussfaktor der Anwendung (engl. Value adjustment factor).

Wenn die bestehende Anwendung durch ein Erweiterungsprojekt aktualisiert wird, errechnen sich die Function Points dagegen folgendermaßen:

AFP = [(UFPB+ADD+CHGA) – (CHGB+DEL)] * VAFA

wobei gilt:

AFP: Ungewichtete Function-Point-Zählung der Anwendung *nach* Initialisierung (engl. Application FP).

UFPB: Ungewichtete Function-Point-Zählung der Anwendung *vor* der Erweiterung (engl. Unadjusted Function Point before).

ADD: Ungewichtete Function Points, die der Anwendung neu hinzugefügt werden (engl. Added FP).

CHGA: Ungewichtete Function Points, die durch Änderung an bestehender Funktionalität entstehen. Hierbei werden die Function Points *nach* der Änderung betrachtet (engl. Changed after).

CHGB: Ungewichtete Function Points, die durch Änderung an bestehender Funktionalität entstehen. Hierbei werden die Function Points *vor* der Änderung betrachtet (engl. Changed before).

DEL: Ungewichtete Function Points, die durch Löschung von bestehender Funktionalität entstehen (engl. Deleted FP).

VAFA: Einflussfaktor *nach* der Erweiterung (engl. VAF after).

Wartungsprojekte: Der Wartungsaufwand ist notwendiger Bestandteil der Weiterentwicklung eines Anwendungssystems. Es wird ausdrücklich darauf hingewiesen, dass ein reines Wartungsprojekt nach IFPUG 4.1 die Funktionalität einer Anwendung *nicht* verändert. Ist dies der Fall, so gilt das Projekt als Weiterentwicklung!

11.6 Management Summary

Die Function-Point-Methode unterscheidet zwischen drei Zähltypen: Neuentwicklungsprojekt, Weiterentwicklungsprojekt und Anwendungssystem.

Die Function-Point-Methode nach IFPUG 4.1 unterscheidet zwischen dem Umfang einer Zählung (Counting Scope) und einem Anwendungssystem.

Durch die Festlegung der Systemgrenze des zu zählenden Anwendungssystems wird bestimmt, welche Funktionalität dem eigenen Projekt und welche externen Anwendungen zugerechnet wird.

Grundsätzlich gilt, dass die Systemgrenze aus Benutzersicht festgelegt werden muss.

Da die Systemgrenze erheblichen Einfluss auf die Anwendungsfunktionalität hat, ist es unerlässlich, die Festlegung der Systemgrenze klar zu dokumentieren. Hierzu gehört auch die Niederschrift von eventuellen Annahmen, aufgrund derer die Grenze bestimmt worden ist.

In der Praxis hat sich herausgestellt, dass diese Abbildungen sehr gut als Architekturdiagramme in einem Anwendungssystematlas wiederverwendet werden können.

Zur Bestimmung der Funktionalität werden fünf Funktionstypen unterschieden:

- Datenbestände:
  - ILF: Daten, die innerhalb der Systemgrenzen gepflegt werden
  - EIF: Daten, die außerhalb der Systemgrenzen gepflegt werden
- Transaktionen
  - EI: Externe Eingabe
  - EO: Externe Ausgabe
  - EQ: Externe Abfrage

Äußerst wichtig ist, dass sowohl Datenbestände als auch Transaktionen ausschließlich aus Benutzersicht gesehen werden.

Die Hauptunterscheidung zwischen den drei Transaktionstypen erfolgt über die so genannte primäre Absicht.

Bei einem EI ist die primäre Absicht des Elementarprozesses, eine ILF zu pflegen oder das Systemverhalten zu ändern.

Beim EO oder EQ ist die primäre Absicht des Elementarprozesses, dem Anwender Informationen zu präsentieren.

Um die ungewichteten Function Points zu ermitteln, müssen sowohl *Datenbestände* als auch *Transaktionen* identifiziert und deren Komplexität bewertet werden.

Zur Ermittlung der gewichteten Function Points wird ein so genannter Einflussfaktor (VAF) durch Bewertung von 14 allgemeinen Systemmerkmalen bestimmt und anschließend je nach Zähltyp die gewichteten Function Points nach einer Formel berechnet.

12 Fallbeispiele zur Function-Point-Methode

12.1 Ein Function-Point-Kalkulator

12.1.1 Anforderungen

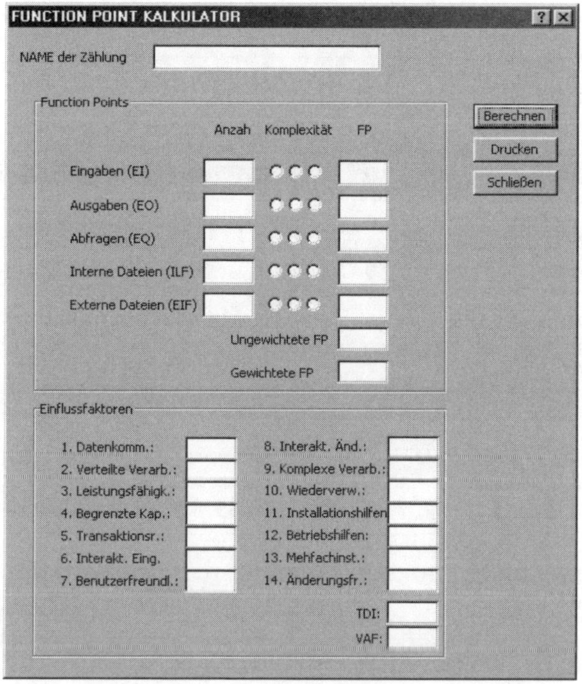

Abbildung 12.1: Function-Point-Kalkulator (Fallbeispiel)

Im einzigen Dialogfeld (siehe Abbildung 12.1) der Anwendung kann der Benutzer die Anzahl der Eingaben, Ausgaben, Abfragen sowie internen und externen Dateien eingeben und die jeweilige Komplexität auswählen. Nach Eingabe der 14 allgemeinen Systemmerkmale und Betätigen der Schaltfläche Berechnen werden die Ergebnisse berechnet und angezeigt. Die Betätigung der Schaltfläche Drucken erzeugt einen Ausdruck der aktuellen Zählung. Es können keine Daten abgespeichert werden und es erfolgt keine Fehlerbehandlung.

12.1.2 Ergebnis nach IFPUG 4.1

Beschreibung	Typ	DET	FTR/RET	Komplexität L/A/H	Anzahl	Ungew. FP
Berechnen	EO	35	0	A	1	5
Druck-Output	EO	35	0	A	1	5
					Summe ungewichtete Function Points	10 UFP
					VAF	0,71
					Gewichtete Function Points	**8 FP**

1. Datenkommunikation	0	8. Interaktive Änderung	0
2. Verteilte Verarbeitung	0	9. Komplexe Verarbeitung	0
3. Leistungsfähigkeit	0	10. Wiederverwendbarkeit	0
4. Begrenzte Kapazität	0	11. Installationshilfen	0
5. Transaktionsrate	0	12. Betriebshilfen	0
6. Interaktive Dateneingabe	5	13. Mehrfachinstallation	0
7. Benutzerfreundlichkeit	1	14. Änderungsfreundlichkeit	0
Summe	6	Summe	0
		Gesamtsumme	6
		VAF = 0,65 + (Gesamtsumme * 0,01)	0,71

12

Anmerkung: Gewichtete Function Points werden immer aufgerundet!

12.2 Eine Seminarverwaltung

Quelle: Beispiel angelehnt an: Balzert, Helmut: Lehrbuch der Software-Technik

12.2.1 Zielbestimmung

Die Firma *Teachware* soll durch das Produkt in die Lage versetzt werden, die von ihr veranstalteten Seminare rechnergestützt zu verwalten.

12.2.2 Produkteinsatz

Das Produkt dient zur Kunden- und Seminarverwaltung der Firma Teachware. Außerdem sollen verschiedene Anfragen beantwortet werden können.

Zielgruppe des Produktes sind die Mitarbeiter der Firma Teachware.

12.2.3 Produktdaten

LD10	Es sind relevante Daten über die Kunden zu speichern.
LD20	Falls ein Kunde zu einer Firma gehört, sind relevante Daten über die Firma zu speichern.
LD30	Es sind relevante Daten über Seminarveranstaltungen, Seminartypen und Dozenten zu speichern.
LD40	Bucht ein Kunde eine Seminarveranstaltung, sind entsprechende Buchungsdaten zu speichern.

12.2.4 Produktfunktionen

LF10	Ersterfassung, Änderung und Löschung von Kunden (Teilnehmer, Interessenten)
LF20	Benachrichtigung der Kunden (Anmeldebestätigung, Abmeldebestätigung, Änderungsmitteilungen, Werbung)
LF30	Ersterfassung, Änderung und Löschung von Seminarveranstaltungen und Seminartypen
LF40	Ersterfassung, Änderung und Löschung von Dozenten sowie Zuordnung zu Seminarveranstaltungen und Seminartypen
LF50	Ersterfassung, Änderung und Löschung von Seminarbuchungen
LF60	Erstellung von Rechnungen
LF70	Erstellung verschiedener Listen (Teilnehmerliste, Umsatzliste, Teilnehmerbescheinigungen)

12.2.5 Produktleistungen

LL10	Die Funktion LF60 darf nicht länger als 15 Sekunden Bearbeitungszeit benötigen, alle anderen Reaktionszeiten müssen unter 2 Sekunden liegen.
LL20	Anforderungen hinsichtlich Prozessorauslastung (Basis 486) sind definiert.

12.2.6 Qualitätsanforderungen

Produktqualität	sehr gut	gut	Durchschnitt	mäßig	nicht relevant
Funktionalität		X			
Wiederverwendung				X	
Benutzeroberfläche	X				
Installierbarkeit				X	
Änderungsfreundlichkeit				X	

12.2.7 Ergebnis nach IFPUG 4.1

Beschreibung	**Typ**	**DET**	**FTR/ RET**	**Komplexität L/A/H**	**Anzahl**	**Ungew. FP**
LD10 – Kundendaten	ILF	<20	2	L	1	7
LD20 – kein eigenständiges ILF, RET von LD 10	–		–	–	–	–
LD30 – 3 log. Dateien (S-Veranstaltung, S-Typ, Dozenten)	ILF	<50	1	L	3	21
LD40 – Buchungsdaten	ILF	<50	1	L	1	7
LF10 – Ersterfassung, Anm.: >15 Datenelemente	EI	>15	1	A	1	4
LF10 – Ändern Implizites Anzeigen	EI EQ	>15 < 20	1 1	A L	1 1	4 3
LF 10 – Löschen	EI	< 5	2	L	1	3
LF 20 – 4 getrennte Ausgaben, Annahme: mittlere Komplexität	EO	–	–	A	4	20
LF 30 – analog LF 10 für S-Veranstaltungen und S-Typen	EI EQ EI	>15 < 20 –	1 1 –	A L L	4 2 2	16 6 6
LF 40 – analog LF 10, aber zusätzlich für Dozenten und die Zuordnung von S-Veranstaltung und S-Typ	EI EQ EI	>15 < 20 –	1 1 –	A L L	4 2 2	16 6 6

Beschreibung	Typ	DET	FTR/ RET	Komplexität L/A/H	Anzahl	Ungew. FP
LF 50 – Kunden und S-Veranstaltungen verbinden, Anzeigen, Anlegen, Ändern, Löschen (*low*)	EI EI EQ	<16 <5 <16	2 2 2	A L A	2 1 1	8 3 4
LF 60 – Daten von Kunden, S-Veranstaltung und S-Typ enthalten, ca. 15 Felder	EO	15	3	A	1	5
LF 70 – analog LF 60	EO	15	3	A	3	15
Summe ungewichtete Function Points						160 UFP
VAF						0,91
Gewichtete Function Points						**146 FP**

1. Datenkommunikation	0	8. Interaktive Änderung	2
2. Verteilte Verarbeitung	0	9. Komplexe Verarbeitung	0
3. Leistungsfähigkeit	4	10. Wiederverwendbarkeit	1
4. Begrenzte Kapazität	3	11. Installationshilfen	1
5. Transaktionsrate	1	12. Betriebshilfen	1
6. Interaktive Dateneingabe	5	13. Mehrfachinstallation	2
7. Benutzerfreundlichkeit	5	14. Änderungsfreundlichkeit	1
Summe	18	Summe	8
		Gesamtsumme	26
VAF = 0,65 + (Gesamtsumme * 0,01)			0,91

13 Tools zur Aufwandschätzung

Eine Wissenschaft ist so reif wie ihre Messwerkzeuge. (Louis Pasteur)

Keine Methode findet in der Praxis die erforderliche Einsatzbreite, wenn dazu die Toolunterstützung fehlt. Deshalb ist der Einsatz von Tools zur Aufwandschätzung eine Investition, die sich für ein Unternehmen auf jeden Fall rentiert, auch wenn der Nutzen nicht konkret quantifizierbar ist. Trotzdem eine Warnung voraus:

»A fool with a tool still remains a fool!«.

Dieses geflügelte Wort (Ein Narr mit einem Tool bleibt immer noch ein Narr) weist darauf hin, dass vor dem Tooleinsatz Information und Ausbildung in Aufwandschätzung erforderlich ist. ***Die erste Erkenntnis in der Ausbildung ist meistens, dass das Tool die Denkarbeit nicht abnimmt.*** Das ist bei Aufwandschätztools so, denn die Projektleiter müssen die Schätzparameter bewerten, ebenso wie bei Projektplanungstools, die den Projektleitern auch ihre Planung nicht abnehmen können.

Ohne Sachverstand eingesetzte Tools liefern keine brauchbaren Ergebnisse. Speziell bei der Anwendung der Aufwandschätztools müssen kritisch die vorgenommenen Einstellungen des Tools (Customizing) und die Bewertung der Parameter geprüft werden, es muss auch berücksichtigt werden, dass Aufwandschätzung mit Ungenauigkeit zu tun hat. ***Schätzergebnisse mit Kommastellen gaukeln eine nicht vorhandene Genauigkeit vor und wiegen den Nutzer in trügerischer Sicherheit.*** Die Ergebnisse des Tools sind nur so gut wie die Informationen, mit denen die Aufwandschätzung mithilfe eines Tools durchgeführt wurde. Insofern sollten Aufwandschätzungen mit Tools auch parallel durch andere Schätzungen plausibilisiert werden. Werden dabei Abweichungen festgestellt, ergeben sich in der Regel lohnende Lerneffekte über das Schätzobjekt, der Schätzung zugrunde gelegte Prämissen, das Schätzumfeld oder die Bewertung der Schätzparameter.

13.1 Der Nutzen von Aufwandschätztools

Die Nutzenaspekte von Tools zur Aufwandschätzung sind vielfältig. Sie helfen dem Projektleiter, seine Aufgabe effizient durchzuführen und bieten darüber hinaus den Unternehmen folgenden ***strategischen Nutzen***:

- schnellere (rechnergestützte und damit aktuelle) Dokumentation
- Nachvollziehbarkeit und Transparenz
- Standardisierung
- Komplexitätsbewältigung

Damit unterstützen sie die Einsatzbreite von Aufwandschätzmethoden. Das ist ein Haupterfolgsfaktor für die Akzeptanz einer Methode.

Aufwandschätztools bieten dem Projektleiter ***operativen Nutzen*** durch die Unterstützung bei der Entwicklung von Plänen bezüglich

- der Projektgröße (Leistungsumfang)
- der Entwicklungsaufgaben (tasks, Vorgänge)
- der Projektkomplexität (Hierarchie, Gliederung)
- dem Personaleinsatz (Ressourcen)
- dem Zeitplan (Termine, Meilensteine)

Ganz konkret bieten einige Tools eine Integration zu Projektmanagementtools an (z.B. KnowledgePLAN zu MS Project). Damit helfen Tools, den Planungszeitraum zu verkürzen und die Planungsresultate zu verbessern.

Die hauptsächlichen Nutzenaspekte (Zeitersparnis, Qualitätsverbesserung und Effizienzsteigerung) ergeben sich also durch Einsparungen bei jedem IT-Projekt und summieren sich entsprechend in einem Unternehmen. Darüber hinaus entstehen Nebeneffekte, wie Akzeptanzsteigerung sowie verbesserte Transparenz, Standardisierung und eine Schätzkultur.

Der ***praktische Nutzen*** von Aufwandschätztools:

- reduzierte Planungszeit/schneller am Markt (time to market)
- verbesserte Planungsresultate/keine Marketingkosten wegen Terminverschiebungen
- effiziente Projektabwicklung/verbesserte Benutzerzufriedenheit, Vermeidung von Projektabbrüchen

- verbesserte Qualität der Software-Entwicklung/geringerer Wartungsaufwand
- Überblick über (Verwaltung von) eine(r) Vielzahl von Informationen

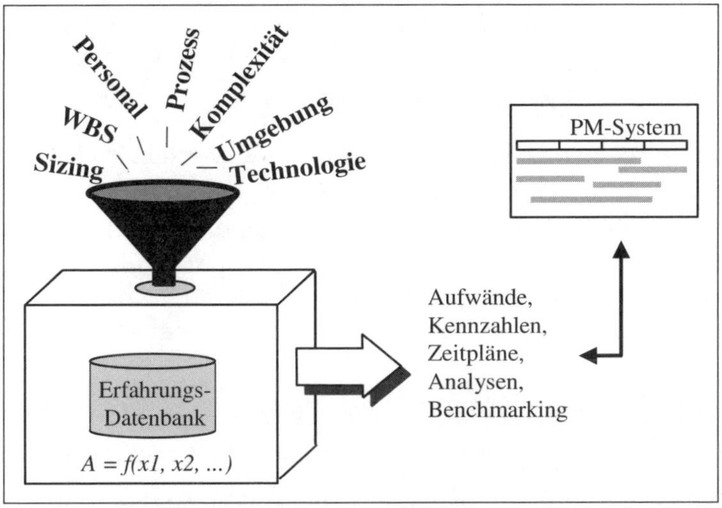

Abbildung 13.1: Toolgestützte Aufwandschätzung

Um den vollen Nutzen zu ernten, muss man die dem jeweiligen Tool zugrunde liegende Methode rigoros befolgen und genügend historische Projektdaten bezogen auf den Projektumfang sammeln.

13.2 Aufwandschätztools

Es gibt eine Vielzahl von Tools zur Aufwandschätzung (mehr als 60 in den USA, davon mehr als die Hälfte Function-Point-basiert), so dass hier kein vollständiger Überblick gegeben werden kann. Seit 1992 kam fast jeden Monat ein neues Software-Schätztool auf den Markt. Allein im Jahr 2000 wurden in den USA 50 Tools und in Europa 25 vermarktet. Viele dieser Tools sind black boxes und ihre Arbeitsweise wird als Betriebsgeheimnis der Verkäuferfirma gehütet. Häufig unterstützen die Tools eine bestimmte Methode. Daher sollen einige der bekannten Tools exemplarisch kurz vorgestellt werden. Das Messlabor der Universität Magdeburg (*http://ivs.cs.uni-magdeburg.de/sw-eng/agruppe/forschung/*) verfügt bereits über mehr als 30 CAME-Tools (CAME = Computer Assisted Software Measurement and Evaluation). Dazu wurde ein Fachbuch verfasst und eine nach Einsatzbereichen gegliederte Toolübersicht im Internet unter der o.a. URL veröffentlicht.

Weitere aktuelle Informationen findet der interessierte Leser im Internet unter *http://www.ispa cost.org/PEIwob/cover.htm* und beim Data & Analysis Center for Software (DACS): *http://www.dacs.dtic.mil*. Von hier aus gelangt man nach Cost Estimation *http://www.dacs.dtic.mil/databases/url/key.hts?keycode=4)* und von dort weiter nach Cost Estimating Software Tools (*http://www.dacs.dtic.mil/databases/url/key.hts?keycode=4:152&islowerlevel=1*).

Einige kleinere Tools, meist zur Kostenschätzung, werden im Internet kostenlos zum Download angeboten, so z.B. Construx, COSTAR, CostXpert, Softest, SoftCalc und REVIC – siehe die Zusammenstellung von Tools mit den entsprechenden URLs am Ende des Kapitels. Zur Orientierung vorab eine kleine ***Übersicht bekannter Tools***:

- ABT Project Workbench
- ADW – Application Development Workbench
- AMI Tool (Application of Metrics in Industry, GQM und CMMI, Frankreich)
- Artemis Views (Projektmanagement-Tool mit Schätzkomponente)
- Bachmann (Tool zur automatischen Function-Point-Zählung anhand des Fachkonzepts)
- Checkpoint for Windows (SPR), Vorgänger von KnowledgePLAN (Artemis)
  - Erfahrungsdaten aus ca. 7.000 Projekten
  - Branchenspezifische Erfahrungsdaten erhältlich, z.B. Versicherungen, Telekommunikation etc.
- Code Check (Language parsing, USA)
- COMET (CORBA Measurement Tool, Universität Magdeburg, Deutschland)
- COSAM (Customer Satisfaction Measurement, Universität Magdeburg, Deutschland)
- COSMOS (Cost Management with Software Metrics of Specification Tools, Niederlande)
- COSTAR (COCOMO II, USA)
  - Erfahrungsdaten aus ca. 8.000 Projekten
- DATRIX (Code Measurement for C, C++, Canada)
- DOCTOR HTML (Evaluation von Websites, USA)
- ESTIMACS, Planmacs, Superproject (Computer Associates)

- Function Point Workbench (Charismatek) – zur Verwaltung von Function-Point-Zählungen (kein Schätztool)
  - Unternehmensweite Function-Point-Datenbank
  - Schnittstelle zu Checkpoint und KnowledgePLAN
- LDRA Testbed, England
- LOGISCOPE (Verilog, Frankreich)
- Measurement Aglets (Universität Magdeburg, Deutschland)
- METKIT (Metrics Tool Kit, England)
- Metrics One (Rational, USA)
- MJAVA (incl. Chidamber/Kemerer-Metriken, Universität Magdeburg, Deutschland)
- MOOD (Metrics for OO Design, Portugal)
- PC-METRIC (Halstead- und McCabe-Maße, USA)
- Price S (Price Systems)
- Productivity Manager (PMG)
- Project Bridge und Project Management Workbench (Hoskyns)
- QUALMS (Quality Analysis and Measurement Tool, England)
- QSM (SLIM) – Quantitative Software Management
  - Methodik von Putnam
  - Erfahrungsdaten aus ca. 5.000 Projekten
- RMS (Reading Measuring System, Deutschland)
- SLIM Palm Tool (SLIM für den Palm-Handheld-Computer, Universität Magdeburg, Deutschland)
- SmallCritic (Smalltalk Measurement and Evaluation, Deutschland)
- Smalltalk Measure (Universität Magdeburg, Deutschland)
- S.M.A.R.T. Predictor (DDB Software Inc.)
- SoftCalc (Harry Sneed, Fa. Case Consult GmbH, Deutschland)
- SOFT-ORG (Deutschland)
- STW-METRIC (Software Test Workbench, USA)
- Synquest (Bootstrap, Schweiz)

- Texas Instruments (Tool zur automatischen Function-Point-Zählung anhand des Fachkonzepts)
- Understand for C++ (SciTools)
- Vfunctionpointer
- ZD-MIS (Zuse Drabe Measurement Information System, Deutschland)

Die Firma Bell Labs hat mehr als ein Dutzend Tools verglichen und dabei KnowledgePLAN ausgewählt, wobei COCOMO nahebei auf den zweiten Platz kam.

13.3 Der Einsatz von Aufwandschätztools

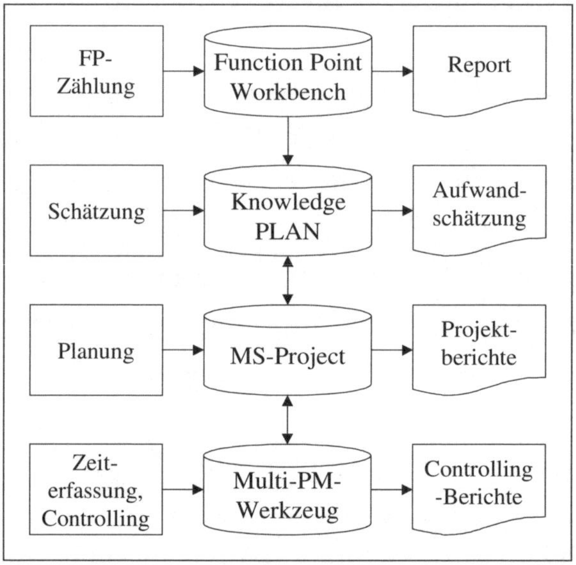

Abbildung 13.2: Beispiel einer integrierten Tool-Landschaft

In einem Großunternehmen sind z.B. die in Abbildung 13.2 gezeigten Tools im Rahmen eines integrierten Projektmanagementverfahrens (von der Umfangsmessung über Aufwandschätzung und Projektplanung bis hin zur Zeiterfassung) im Einsatz.

Capers Jones nennt im neuesten IFPUG-Buch folgende Größenordnungen für die Ausstattung von IT-Spezialisten mit Arbeitsmitteln:

- Software-Entwicklungsteams benötigen Tools mit insgesamt mehr als 50.000 Function Points.

- Projektleiter benötigen Tools mit insgesamt mehr als 30.000 Function Points.
- Qualitätssicherungsteams mit Toolunterstützung von mehr als 10.000 Function Points Umfang erreichen höhere Qualität als geringer ausgestattete.
- Projektleiter mit Toolunterstützung von mehr als 25.000 Function Points Umfang schätzen, planen und steuern ihre Projekte besser als geringer ausgestattete.
- Artemis Views und KnowledgePLAN haben beide einen funktionalen Umfang von ca. 3.500 Function Points

13.3.1 Eine Umfrage zum Tooleinsatz

Die AXA Service AG hat 2002 bei einer internationalen Umfrage nach dem Einsatz von Erfahrungsdatenbanken von 17 Unternehmen aus aller Welt folgende Rückmeldung bekommen:

Elf Unternehmen nutzen Erfahrungsdatenbanken, sechs nicht. Von den elf nutzen drei Access, eins Excel und je zwei Eigenentwicklungen bzw. historische Datensammlung und drei machten keine Angabe. Folgende Daten werden in den Erfahrungsdatenbanken gespeichert:

- Kennzahlen zu Projekten
- Projektstart und -ende
- Dauer in Monaten
- Ist-Zeit
- Function Points
- Informationen zu Projekten
- Projektleiter und Team
- Projekttyp
- Zielumgebung
- Programmiersprache
- Komplexität des Anwendungssystems
- Teamerfahrung
- Toolset

13

13.3.2 Die Anwendung von Aufwandschätztools

Allgemein erfolgt der Einsatz von Schätztools in folgenden sechs Schritten:

1. Messen des Projektumfangs
2. Auswahl der Projektaktivitäten (Work Breakdown Structure, WBS)
3. Schätzung des Mitarbeitereinsatzes
4. Aufwandschätzung
5. Kostenschätzung
6. Terminplanung

Die Schätztools verwenden dazu zwei unterschiedliche Strategien:

1. Micro Estimation (bottom up)
2. Macro Estimation (top down)

Micro Estimation geht von den einzelnen Projektaktivitäten aus und aggregiert die Teilschätzungen zu einem Gesamtwert. Deshalb ist diese Art der Schätzung komplexer als Macro Estimation. Der Vorteil ist, dass Fehler sich nur auf einzelne Aktivitäten auswirken. Da die Schätzungen beliebige Details des Projekts umfassen können, ist Micro Estimation der präzisere von den beiden Ansätzen.

Macro Estimation zielt auf die Aufwandschätzung kompletter Projekte. Wenn Aufwand und Dauer geschätzt sind, wird die Aufteilung auf Projektphasen vorgenommen. Macro Estimation ist einfacher durchzuführen, hat aber den Nachteil, dass sich Fehler auf alle Phasen auswirken. Deshalb ist Macro Estimation gut für schnelle Vorab-Schätzungen.

13

Die Schätztools benutzen drei fundamentale Zusammenhänge:

1. **Assignment scope:** Das ist der Umfang der Arbeit, für die ein Mitarbeiter zuständig ist.
2. **Produktionsrate:** Das ist der Umfang der Arbeit, die ein Mitarbeiter in einer bestimmten Zeit fertig stellen kann.
3. **Dauer:** Das ist der Aufwand für eine Aktivität geteilt durch die Anzahl der Mitarbeiter, die dafür zur Verfügung stehen.

Diese Zusammenhänge werden in den Schätztools normalerweise in folgender Reihenfolge in Schätzgleichungen eingesetzt:

1. Umfang geteilt durch assignment scope ergibt die Anzahl erforderlicher Mitarbeiter.
2. Umfang geteilt durch Produktionsrate ergibt den Aufwand.
3. Aufwand geteilt durch die Anzahl der Mitarbeiter ergibt die Dauer.

Diese Gleichungen sind zwar einfach aufgebaut, aber im praktischen Einsatz sehr schwierig zu handhaben, da die assignment scopes und Produktionsraten häufig nicht präzise genug bekannt sind, um brauchbare Resultate zu liefern. Der Wert eines Schätztools hängt deshalb davon ab, wie flexibel es verschiedene Schätzparameter berücksichtigen kann.

Durch ***Simulationen mit einem Schätztool*** bieten sich Möglichkeiten, anhand bestimmter Ziele den ***Einfluss einzelner Kriterien auf Kennzahlen*** (Schätzmetriken, Qualitätsmetriken, Dauer, Aufwand) durchzurechnen und dadurch die ***kritischen Erfolgsfaktoren für einzelne Ziele*** zu bestimmen. Das Expertensystem-basierte PC-Tool Checkpoint/KnowledgePLAN der Firma SPR bzw. Artemis z.B. liefert bei Schätzungen in einer ***Sensitivitätsanalyse*** eine Hitliste der Kriterien, die als Anhaltspunkte für Verbesserungsmaßnahmen dienen können.

Interessant ist ein Vergleich der Schätzgenauigkeit solcher Tools, den C. F. Kemerer an der Universität von Calgary durchgeführt hat. Dabei kam ESTIMACS (Function-Point-basiert) auf einen mittleren Fehler von 85%, COCOMO (LOC-basiert) auf 601% und SLIM (LOC-basiert) auf 701% bei Schätzungen in frühen Phasen des Software-Lebenszyklus. In einer Versicherung in Philadelphia wurden Aufwandschätzungen mit Checkpoint/KnowledgePLAN und dem S.M.A.R.T. Predictor der DDB Software Inc. verglichen und ergaben eine Varianz von weniger als 7% bezogen auf die geschätzten Kosten und Aufwände. Beide Schätzungen lagen auch nahe bei den tatsächlichen Werten bei Projektende.

Die Firmen Bachmann und Texas Instruments haben Tools entwickelt, die anhand des Fachkonzepts automatisch Function Points ermitteln. Solche Tools werden kritisch gesehen, da nicht sicherzustellen ist, dass die Zählung »aus Benutzersicht« gewährleistet ist. Außerdem fand die IFPUG bei einer Marktuntersuchung keine Software, die automatische Function-Point-Zählung nach den Regeln des CPM (Counting Practises Manual) durchführt.

13

Es gibt auch Tools, die automatisch den Code untersuchen und daraus Function Points berechnen. Diese Zählungen folgen ganz klar der IT-technischen Sicht und damit nicht der von der Function-Point-Methode geforderten Benutzersicht. Wenn der Code schon vorliegt, können auch LOCs gezählt werden – das wäre in diesem Fall eine mögliche Alternative.

13.4 Checkpoint for Windows (CKWIN)

Eines der bekanntesten und das am meisten verbreitete Schätztool ist Checkpoint for Windows (CKWIN). Das Nachfolgeprodukt heißt KnowledgePLAN. CKWIN ist ein wissensbasiertes Expertensystem der Herstellerfirma SPR (Software Productivity Research) aus Burlington, MA, das unter Berücksichtigung von ca. 220 Projektparametern auf Basis einer umfangreichen Projektdatenbank ***die Aufwandschätzung und Planung von IT-Projekten unterstützt.*** Die Datenbank umfasst ca. 6.700 IT-Projekte. Die Algorithmen, die Checkpoint/KnowledgePLAN verwendet, sind von empirisch gemessenen IT-Projekten abgeleitet.

SPR wurde 1985 von dem Buchautor ***Capers Jones*** gegründet, der ein hohes Ansehen auf dem Gebiet der Aufwandschätzung und Software-Messung hat. Seine Veröffentlichungen sind weit verbreitet. Insbesondere sein Buch *Applied Software Measurement* wird oft auch als die Bibel der Aufwandschätzung bezeichnet. Capers Jones hat 1998 KnowledgePLAN an die Firma Artemis verkauft. Der deutsche Vertrieb erfolgt durch die Firma Software Measurement Technology (SMT) in Hürth bei Köln (*http://www.ubt.de*, E-Mail: *info@ubt.de*).

13

Der Unterschied zwischen KnowledgePLAN und CKWIN lässt sich grob vereinfacht wie folgt darstellen:

KnowledgePLAN hat weniger Parameter als CKWIN, das heißt, die Aufwandschätzung kann schneller durchgeführt werden. Es ist integriert mit MS Project, das heißt, Pläne von MS Project können in KnowledgePLAN importiert werden und andererseits werden die Aufwandschätzungen von KnowledgePLAN in Form von MS-Project-Plänen als Work Breakdown Structure erstellt.

Checkpoint for Windows verwaltet mehr Schätzparameter als KnowledgePLAN und hat darüber hinaus einen komfortablen Benchmarking-Teil, in dem sich IT-Projekte miteinander vergleichen lassen, mit selbst zusammengestellten Portfolios, mit den Besten oder mit dem Durchschnitt aus der zugrunde liegenden Datenbank.

Tabelle 13.1 zeigt eine Übersicht über die Anzahl der derzeitigen Projektarten und -typen in der Wissensbasis von Checkpoint/KnowledgePLAN. Die ***Wissensbasis*** kann durch eigene abgeschlossene IT-Projekte mit dem Erstellen von ***Vorlagen*** (engl. templates) erweitert werden. Mehrere IT-Projekte können zu ***Portfolios*** beliebig zusammengestellt und dann auch zu Vergleichen herangezogen werden.

Project type	MIS	Out-source	Com-mercial	Systems	Military	Other	Total	Percent
New	470	51	150	848	61	372	2.063	60,54
Enhance-ment	1.128	85	278	1.554	147	419	3.632	53,78
Mainte-nance	282	34	128	424	37	140	1.058	15,67
Total	1.880	170	555	2.825	245	930	6.753	100,00

Tabelle 13.1: Übersicht über die Checkpoint/KnowledgePLAN-Projektdatenbank

13.4.1 Frühe Schätzung mit Checkpoint/KnowledgePLAN

Checkpoint/KnowledgePLAN erlaubt im Quick Estimate Mode eine frühe Schätzung anhand weniger Angaben zu den Einflussfaktoren auf Basis des zugrunde liegenden Expertenwissens von einigen tausend IT-Projekten. Die Abfragen von Checkpoint/KnowledgePLAN berücksichtigen auch einige der o.a. Umfeldfaktoren von IT-Projekten.

Als Input verlangt Checkpoint/KnowledgePLAN ein Sizing (Messen des Umfangs) sowie ***harte Daten*** und ***weiche Daten***. Beim ***Sizing*** ist auszuwählen, ob Function Points nach IFPUG 4.0 oder Release 3.0, SPR Function Points oder SPR Feature Points oder KLOCs als Projektumfang gemessen worden sind. Siehe hierzu auch den Abschnitt *Varianten der Function-Point-Methode*.

Eine frühe Schätzung der Function Points kann sich nur an den fachlichen Anforderungen selbst orientieren, soweit sie zu diesem frühen Zeitpunkt bekannt sind, oder kann aus ähnlichen IT-Projekten abgeleitet werden, deren Function Points bekannt sind. Die Function Points werden in Checkpoint/KnowledgePLAN verarbeitet und man erhält eine Produktivitätskennzahl mit der Einheit Function Point/Stunde (FP/h). Mit Hilfe dieses Wertes kann dann auf die voraussichtliche Dauer des IT-Projekts geschlossen werden.

Bei den ***harten Daten*** werden Angaben über Projektklassifikation, Projektziel(e), Programmiersprache(n) und die Aktivitäten der Projektarbeit gefordert. Die ***weichen Daten*** umfassen Angaben zu Personal, Technologie, Prozess der Software-Entwicklung und Projektumwelt. Checkpoint/KnowledgePLAN verwendet dabei vereinfachte McCabe-Komplexitätsfaktoren als Eingabeparameter.

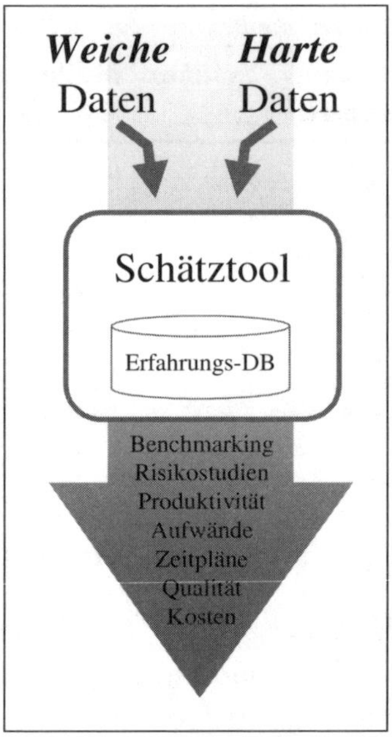

Abbildung 13.3: Schätzen eines IT-Projekts mit einem Expertensystem

Checkpoint/KnowledgePLAN ermittelt daraus auf Basis der Projektdatenbank u.a. Aufwände (gesamt, für das IT-Kernprojekt, den Fachbereich und das alles pro Phase), Kennzahlen zu Produktivität und Qualität, Zeitpläne und Kosten als Output.

Alles in allem sind dies ***ca. 220 Faktoren***, die laut Capers Jones eine ***zentrale Bedeutung für Qualität und Produktivität der Software-Entwicklung*** besitzen. Seiner Meinung nach geben harte Daten alleine keine Antwort auf die Frage, warum ein IT-Projekt besser als ein anderes durchgeführt worden ist. Erst die Kombination von weichen und harten Daten ist ein sinnvoller Ansatz.

Im praktischen Einsatz wurde festgestellt, dass Schätzungen früh im Software-Entwicklungsprozess erfolgen müssen, wenn die Schätzgenauigkeit verbessert und das Fehlermanagement besser gesteuert werden soll.

13.4.2 Input: harte Daten

Als harte Daten bezeichnet Capers Jones alle wirklich mess- bzw. bestimmbaren Größen. Hierzu gehören u.a. Angaben über:

- die Größe der Anwendung (Sizing)
- die Projektklassifikation
- die Projektziele
- die verwendeten Programmiersprachen
- die durchgeführten Tätigkeiten

Die ***Projektklassifikation*** beschreibt die Natur des IT-Projekts (Neu-, Weiterentwicklung oder Wartung), die generelle Abhängigkeit (Stand-alone-Programm, Modul- oder auch großes Programmsystem), die Projektklasse (Outsource- oder Inhouse-Projekt) und schließlich den Projekttyp (z.B. interaktive Datenbankapplikation). Diese Einstellungen benutzt Checkpoint/KnowledgePLAN, um den Anteil der Wissensbasis festzulegen, der die Schätzung des IT-Projekts am meisten beeinflusst.

Für die ***Projektziele*** stehen sechs Varianten zur Verfügung:

1. Standard: gleiche Mischung aus Zeit, Anzahl Mitarbeiter und Qualität
2. Kürzeste Projektlaufzeit unter dem Einsatz von mehr Mitarbeitern
3. Geringster Aufwand unter dem Einsatz von weniger Mitarbeitern
4. Höchste Qualität mit normaler Mitarbeiterzahl
5. Höchste Qualität in kürzester Projektlaufzeit
6. Höchste Qualität mit geringstem Aufwand

Durch das Verändern alleine des Parameters ***Projektziele*** und der anschließenden Analyse von Produktivität und Qualität lässt sich der Zusammenhang zwischen den ***Primärzielen,*** wie sie von Sneed im so genannten ***Teufelsquadrat*** dargestellt wurden, sehr schön ***simulieren.***

Für die Bewertung der im IT-Projekt verwendeten ***Programmiersprachen*** greift Capers Jones auf so genannte ***Language Level*** zurück. Ein Language Level ist laut IBM die Anzahl Assembler-Anweisungen, die man durchschnittlich benötigt, um z.B. eine COBOL-Anweisung nachzubilden (Assembler-Äquivalent). Checkpoint/KnowledgePLAN enthält eine Tabelle mit mehr als 600 Programmiersprachen und den dazugehörigen Bewertungen. Der Abschnitt *Methoden der Aufwandschätzung, Backfiring* zeigt einen Ausschnitt aus dieser Tabelle. Die

Firma SPR (ehemals Capers Jones) hält diese Tabelle (im Internet bestellbar) stets auf aktuellem Stand: *http://www.spr.com*.

Der Benutzer kann verschiedene Programmiersprachen sowie deren prozentualen Anteil angeben. Checkpoint/KnowledgePLAN errechnet daraus automatisch den resultierenden Wert für die Mischung der Programmiersprachen.

Die durchzuführenden Tätigkeiten des IT-Projekts werden in Checkpoint/KnowledgePLAN durch die so genannte ***Work Breakdown Structure (WBS)*** eingegeben. Hier kann man ankreuzen, ob eine Tätigkeit in dem zu schätzenden IT-Projekt ausgeführt werden soll oder nicht. Checkpoint/KnowledgePLAN unterscheidet hier vier verschiedene Ebenen der WBS:

1. Projekt
2. Phase
3. Aktivität
4. Tätigkeit

wobei *Projekt* die gröbste und *Tätigkeit* die feinste Abstufung darstellen. Die einzelnen Begriffe der WBS können über ein mitgeliefertes Konfigurationstool zwar übersetzt werden, die Zuordnung der Tätigkeiten zu den einzelnen Aktivitäten bzw. Phasen liegt dagegen fest. Dies stellt ein großes Manko dar, das erst im Nachfolgeprodukt ***KnowledgePLAN*** behoben wurde.

13.4.3 Input: weiche Daten

Im Gegensatz zu den harten Daten sind ***weiche Daten*** nur ordinal bewertbar, also vergleichbar mit der Bewertung von den Leistungen eines Schülers. Ähnlich dem Notenprinzip in der Schule verwendet Checkpoint/KnowledgePLAN für die Bewertung der weichen Daten folgende Bewertungsskala:

1 = sehr gut (engl. excellent)

2 = gut (engl. good)

3 = mittel (engl. average)

4 = ausreichend (engl. mediocre)

5 = schlecht (engl. poor)

Gerade dieser Bereich bereitet die meisten Schwierigkeiten, da eine ***ordinale Bewertung*** bekanntermaßen äußerst subjektiv ist. Darüber hinaus kann man sich fragen, ob der Abstand zwischen den Bewertungen 2 und 3 derselbe ist wie zwischen 4 und 5. Übertragen auf die Schule *wiegt* der Abstand zwischen der Note 1 und der Note 2 sicherlich nicht so schwer wie der zwischen der Note 4 und der Note 5. Andererseits ist es auch schwer, einem Projektleiter den Unterschied zwischen einer Bewertung von z.B. 3,7 und 3,8 plausibel zu erklären.

Um die ***projektübergreifende Konsistenz*** bei der Bewertung dieser Faktoren zu gewährleisten, erfolgt geschickterweise die Bewertung durch ein bis zwei Personen aus dem IT-Projekt und einem Mitarbeiter des Competence Centers. Capers Jones unterteilt die weichen Daten zur Bestimmung von Software-Qualität und -Produktivität in die vier Bereiche (siehe Abbildung 13.4):

1. Personal (engl. personel)
2. Technologie (engl. technology)
3. Prozess (engl. process)
4. Umwelt (engl. environment)

Die Eingaben zum ***Bereich Personal*** charakterisieren den so genannten Skill, also die Erfahrungen und Fähigkeiten der Mitarbeiter im Projektmanagement, des Entwicklungspersonals, der Benutzer und des Wartungs- und Instandhaltungspersonals. Unter ***Technologie*** werden die benutzten Software-Tools und Plattformen der Entwicklungsumgebung abgefragt.

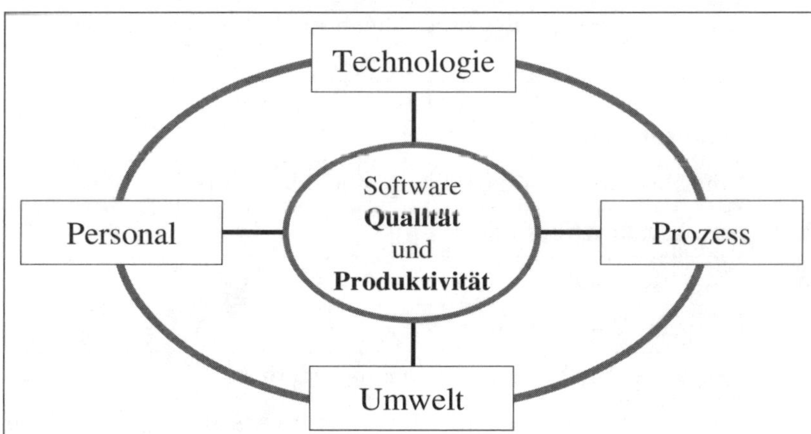

Abbildung 13.4: Qualität und Produktivität von Software

Die Faktoren des Bereichs ***Prozess*** decken die Entwicklungsmethoden, die Effektivität bei der Fehlerbehebung und den Qualitätssicherungsprozess ab und der Bereich ***Umwelt*** beschreibt schließlich noch die äußeren Einflussfaktoren auf das IT-Projekt. Hierzu gehören räumliche und geografische Faktoren sowie die Wartungsausstattung. Um einen Eindruck davon zu bekommen, wie eine Bewertung der weichen Daten in der Praxis aussieht, zeigt Tabelle 13.2 beispielhaft jeweils einen weichen Faktor mit dessen Bewertungsmöglichkeiten für die Bereiche ***Personal, Technologie, Prozess und Umwelt***.

Bereich Personal: Motivation des Projektteams	
Bewertung	Beschreibung
1	Das Projektteam ist hoch motiviert.
2	Der größte Teil des Teams ist motiviert.
3	Normale Einstellung und Motivation
4	Motivationsprobleme
5	Sehr schlechte Einstellung
Bereich Technologie: Stabilität der Entwicklungshardware	
Bewertung	Beschreibung
1	Stabile, hochkompatible Plattformen eines Herstellers
2	Einheitliche Plattform mit angepasster Kompatibilität
3	Hardware verschiedener Hersteller mit hoher gegenseitiger Kompatibilität
4	Hardware verschiedener Hersteller mit akzeptabler gegenseitiger Kompatibilität
5	Instabile, wechselnde, inkompatible Plattformen
Bereich Prozess: Testdurchführung	
Bewertung	Beschreibung
1	Separate Testabteilung sowie Entwickler- und Anwendertest
2	Separate Testabteilung sowie Entwicklertests
3	Formalisierbarer Test mit Abgleich der Ergebnisse gegen bekannte Kriterien
4	Test ohne Testziele oder Testkriterien
5	Gelegentlicher hastiger Test unter Zeitdruck

Tabelle 13.2: Bewertung der weichen Faktoren

13

Bereich Umwelt: Geräuschpegel und Störungen	
Bewertung	Beschreibung
1	Geringes Hintergrundgeräusch und wenige Störungen
2	Geringes Hintergrundgeräusch und häufige Störungen
3	Einiges an Hintergrundgeräusch und wenige Störungen
4	Einiges an Hintergrundgeräusch und häufige Störungen
5	Wesentliches Hintergrundgeräusch und häufige Störungen

Tabelle 13.2: Bewertung der weichen Faktoren *(Forts.)*

Als ein weiteres Feature bietet Checkpoint/KnowledgePLAN eine ***Risiko- und Nutzenbewertung*** des zu schätzenden IT-Projekts an. Die Bewertung der Faktoren erfolgt nach demselben Schema wie bei den genannten vier Bereichen. Die Ergebnisse dieser so genannten Spezialfaktoren (engl. special factors) werden nicht zur eigentlichen Schätzung herangezogen, sondern nach Beantwortung des Fragenkatalogs kann ein eigener Report erstellt werden, die so genannte ***Riskstudie***. Abbildung 13.5 zeigt eine Portfoliodarstellung aus dieser Riskstudie, die den Risiko- und Nutzengehalt eines durchschnittlichen IT-Projekts veranschaulicht.

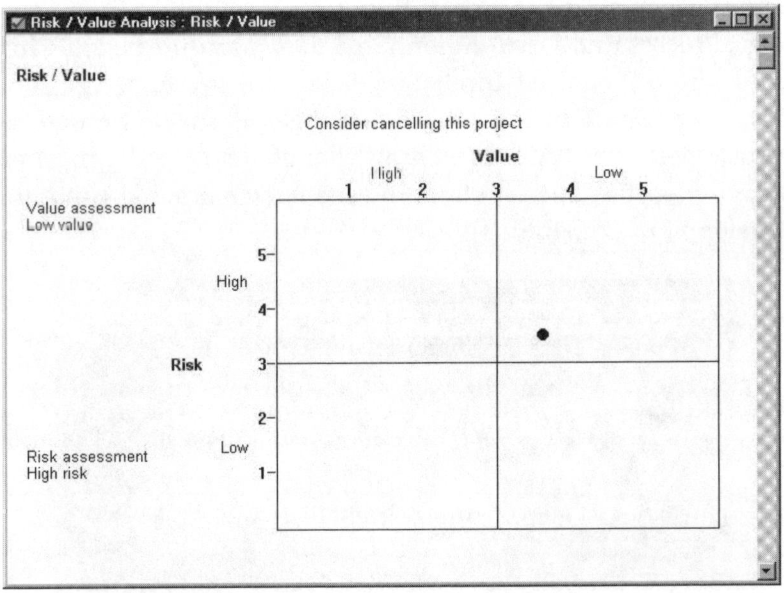

Abbildung 13.5: Risiko eines IT-Projekts bei Checkpoint

Liegt der Punkt in der linken unteren Ecke des linken unteren Quadrats, handelt es sich um ein lohnenswertes IT-Projekt, da das Risiko niedrig und der Nutzen hoch ist, liegt er dagegen in der rechten oberen Ecke des rechten oberen Quadrats, so sollte man dieses IT-Projekt überdenken, da bei einem hohen Risiko wenig Nutzen entsteht.

13.4.4 Schätzmodi

Checkpoint/KnowledgePLAN unterscheidet ***drei Schätzmodi***:

1. Grobe Schätzung (engl. ***quick estimate***)
2. Detaillierte Schätzung (engl. ***detailed estimate***)
3. Messmodus (engl. ***measurement mode***)

Der erste Modus dient einer ersten ***groben Schätzung zu Projektbeginn***, zu einem Zeitpunkt also, an dem noch relativ wenig über das IT-Projekt bekannt ist. Dementsprechend wenig wird auch als Eingabe verlangt. Die hierzu benötigten Angaben (required input: Projektbeschreibung, -klassifikation, -ziele, -komplexität, Function Sizing) sowie die verwendeten Programmiersprachen (Menüpunkt Input|Required Input) zeigt Abbildung 13.6.

Bei einer ***detaillierten Schätzung*** im Modus detailed estimate werden dann zusätzlich Angaben zu den weichen Faktoren (Menüpunkt Input|Personnel, Technology, Process und Environment) und den auszuführenden Tätigkeiten (Menüpunkt Input|Required Input|Task Selection) verlangt (vgl. Abbildung 13.6). Zusätzlich können noch Einschränkungen definiert werden, wie z.B. die maximale Seitenzahl für ein Benutzerhandbuch oder die maximale Anzahl von logischen Testfällen im Systemtest o.Ä. (Menüpunkt Input|Required Input|Development Constraints).

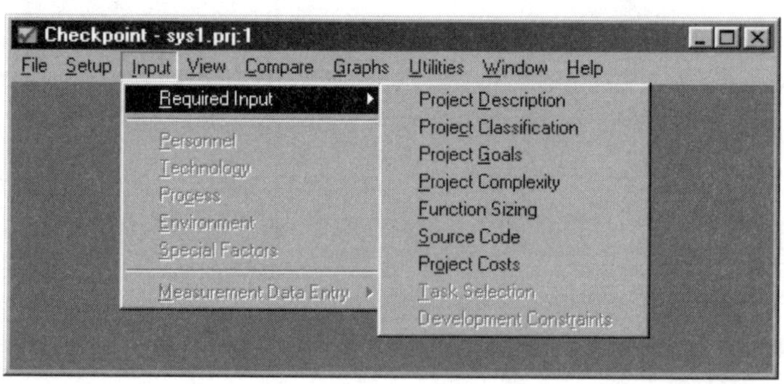

Abbildung 13.6: Checkpoint/KnowledgePLAN-Menü INPUT

Der letzte, so genannte ***Messmodus***, erlaubt schließlich die Rückkopplung von bereits ermittelten Ist-Werten, so dass mit zunehmendem Projektfortschritt noch präzisere Schätzungen möglich werden. Hierzu wird zu den in der Task Selection ausgewählten Tätigkeiten jeweils der Ist-Wert eingetragen (Menüpunkt Input|Measurement Data Entry). Dies können sowohl Aufwände als auch Seitenzahlen oder eine Anzahl von Testfällen sein. Diese Funktionalität von Checkpoint/KnowledgePLAN ist allerdings fehlerbehaftet und kann daher nicht sinnvoll eingesetzt werden.

13.4.5 Ergebnisse

Nach Eingabe des je nach Schätzmodus geforderten Inputs kann man das Gesamtergebnis der Schätzung über den Menüpunkt View|Totals abrufen. Abbildung 13.7 zeigt die Bildschirmausgabe vom Ergebnis eines Beispielprojekts mit den im Folgenden beschriebenen Informationen.

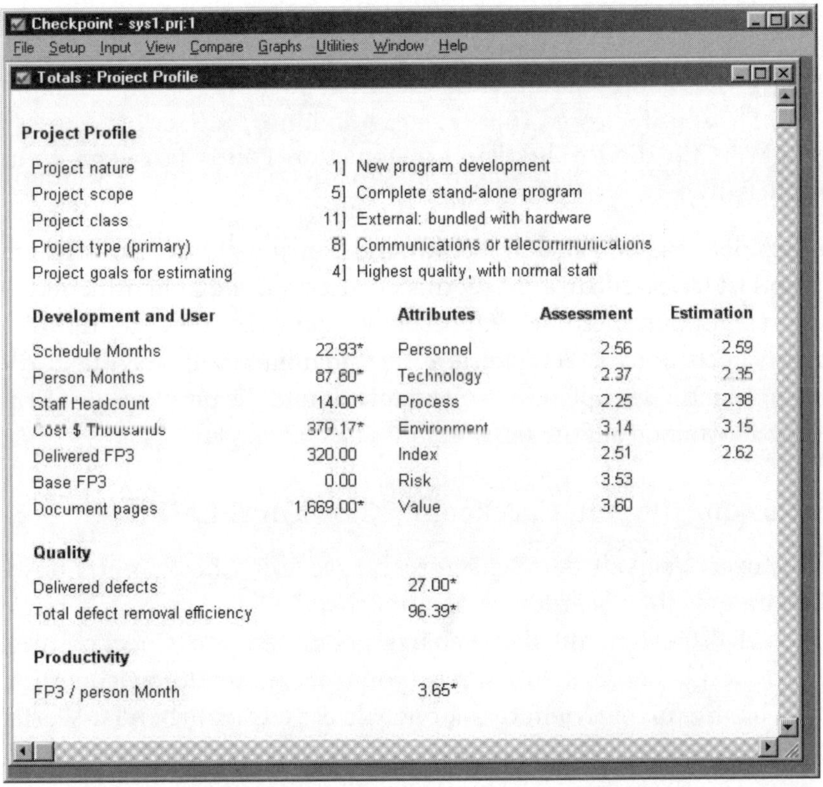

Abbildung 13.7: Ergebnis der Aufwandschätzung von Checkpoint/KnowledgePLAN

1. Informationen über die wesentlichen ***Eingabedaten***. Unter Project Profile werden u.a. noch mal die Projektklassifikation und das Projektziel dargestellt. Unter Attributes finden sich die Durchschnittswerte der Hauptbereiche der weichen Faktoren.
2. Eine Aufstellung der folgenden ***Schätzdaten*** für Entwickler und Benutzer:
   - Projektlaufzeit (Schedule Months)
   - Projektaufwand (Person Months)
   - Mitarbeiteranzahl (Staff Headcount)
   - Kosten (Cost $ Thousands)
   - die ausgelieferte Funktionalität (Delivered Function Points)
   - die Funktionalität des Basissystems (Base Function Points)
   - der Umfang der erstellten Dokumentation (Document Pages)
3. Eine Aufstellung über die ***Qualität*** mit den folgenden Angaben:
   - Fehler, die an den Benutzer ausgeliefert werden (Delivered defects)
   - Effektivität der Fehlerbehebung in Prozent (Total defect removal efficiency)
4. Einen Wert für die Produktivität in Function Points pro Personenmonat (Productivity).

Die Einheit der Angaben zu den ***Aufwänden*** (Personenstunden, -tage, -monate oder -jahre) ist frei wählbar, außerdem stellt dieses Dialogfeld nur eine Zusammenfassung der gesamten Schätzergebnisse dar. Über den Menüpunkt View lassen sich noch weitaus detailliertere Informationen z.B. auch über die Verteilung der Mitarbeiter über die Projektlaufzeit und die prozentuale Verteilung des Gesamtaufwands auf die einzelnen Phasen anzeigen.

13.4.6 Customizing von Checkpoint/KnowledgePLAN

Um die Zuverlässigkeit der Schätzergebnisse mit Checkpoint/KnowledgePLAN zu untersuchen, werden vorab zunächst die Ist-Werte von bereits fertig gestellten IT-Projekten mit den Schätzergebnissen von Checkpoint/KnowledgePLAN verglichen. Die Ergebnisse von Checkpoint/KnowledgePLAN liegen dabei häufig um ein Vielfaches höher als die tatsächlichen Ist-Werte. Dies hat im Wesentlichen die beiden folgenden Ursachen:

1. Die berichteten Istdaten waren unvollständig.
2. Der Industriestandard von Checkpoint/KnowledgePLAN entspricht nicht dem jeweiligen Unternehmensstandard.

Die von Projektleitern berichteten Aufwände enthalten in der Regel nur den ***IT-Kernprojektaufwand***, das heißt, der Fachbereichaufwand (Benutzer) wurde in der Regel gar nicht erfasst. Zudem sind unbezahlte Überstunden eigentlich nie dokumentiert worden. Somit sollte man annehmen, dass diese »tatsächlichen« Werte wahrscheinlich zu niedrig angesetzt sind.

Das zweite Problem ist die Tatsache, dass Checkpoint/KnowledgePLAN ohne besondere Anpassung die Schätzungen auf Basis des ***amerikanischen Industriestandards*** durchführt. IT-Projekte, die auf dieser Basis geschätzt werden, enthalten insbesondere bei der Dokumentation und dem Test für deutsche Verhältnisse viel zu hohe Werte. So sind z.B. fünfstellige Seitenzahlen für die Dokumentation keine Seltenheit.

Hieraus ergibt sich zwangsläufig, dass das Tool vor dem Einsatz entsprechend kalibriert werden muss (Customizing). Dies geschieht bei Checkpoint/KnowledgePLAN über ein ***Vorlagenkonzept*** (engl. template), das dem von Textverarbeitungsprogrammen vergleichbar ist. Die Standardvorlage des Tools repräsentiert den Industriestandard.

Darüber hinaus kann der Benutzer eigene Vorlagen mit ***unternehmenstypischen Einstellungen*** erstellen. Vorlagen können sowohl aus einem einzigen IT-Projekt als auch aus einem Projektportfolio entwickelt werden. Wird bei der Erstellung der Portfolios darauf geachtet, dass die darin enthaltenen IT-Projekte möglichst homogen sind (d.h. nach Möglichkeit keine Host- und PC-Projekte mischen), erzielt man mit Portfolios brauchbarere Vorlagen als bei der Erstellung einer Vorlage aus einem einzelnen IT-Projekt.

Nach Beenden eines IT Projekts sollten die ***Istdaten*** komplett rückgekoppelt und das entsprechende Template jeweils durch die neuen Daten aktualisiert werden. Somit werden die Schätzungen mit der Zeit immer genauer.

Ein zusätzliches Problem beim Customizing stellt das so genannte ***Time Accounting*** dar. Großunternehmen gehen in der Regel von 75%-Produktivität aus, die 25% Ausfall stehen für Urlaub, Bildung und nicht direkt dem IT-Projekt zuzuordnenden Ausfallzeiten (Krankheit, Abteilungsmeetings, Personalgespräche etc.). Checkpoint/KnowledgePLAN sieht nun aber so ein (eigentlich

13

typisches) Accounting-Modell gar nicht vor. Ohne Änderungsmöglichkeit rechnet Checkpoint/KnowledgePLAN intern immer mit zwölf Monaten pro Personenjahr. Die Einsparung kann nur bei den Produktivstunden oder -tagen erfolgen. Dies hat zur Folge, dass die Personenmonate des Tools unter dem Menüpunkt Time Accounting an die Nettoarbeitszeiten des Unternehmens angepasst werden müssen.

13.4.7 Simulationen mit Checkpoint/KnowledgePLAN

Eine Möglichkeit, Checkpoint/KnowledgePLAN sinnvoll für Simulationen einzusetzen, sind Fragen zur Prozessverbesserung, z.B. wie sich Projektlaufzeiten verkürzen lassen, um den schleichenden Funktionszuwachs und die Projektkomplexität zu reduzieren. ***Kriterien*** dafür sind als Einflussmöglichkeiten auf die Projektlaufzeit aufzufassen. Jedoch führen Kriterien erst zur Verkürzung der Projektlaufzeit, wenn entsprechende Maßnahmen zur Verbesserung des jeweiligen Kriteriums gefunden worden sind.

Mit Checkpoint/KnowledgePLAN sind, durch die Eingabe unterschiedlicher Parameter, in geeigneter Weise Simulationen möglich. Deswegen heißt das konkrete Ziel der Simulationen, die effektivsten Attribute (Parameter) bezüglich der Projektdauer am Beispiel eines »typischen« IT-Projekts zu ermitteln. Dafür bietet sich folgendes Vorgehen an, das exemplarisch durchgeführt wurde:

Als Erstes wird für das Simulationsprojekt die Sensitivitätsanalyse aktiviert, um von Checkpoint/KnowledgePLAN die Parameter zu erhalten, die noch bei entsprechender Veränderung eine Laufzeitverkürzung ermöglichen. Mit der ***Sensitivitätsanalyse*** zeigt Checkpoint/KnowledgePLAN zu den Projektzielen Laufzeit, Aufwand, Produktivität und Qualität jeweils die 16 stärksten Parameter. Somit werden die Parameter aufgelistet, die auf das entsprechende Ziel – unabhängig der aktuellen Parameterbewertung – die stärksten Auswirkungen haben. Für die Untersuchung ist lediglich das Projektziel *Laufzeit* von Relevanz.

Danach sind diese Parameter ***sukzessive und einzeln um eine Bewertungseinheit verbessert,*** in Tabellen dokumentiert und anschließend wieder zurückgesetzt worden. Für die Bewertung der Attribute verwendet Checkpoint/KnowledgePLAN eine Skala von 1 bis 5. Dabei ergibt eine Bewertung zwischen 1,00 und 2,99 eine positive und zwischen 3,01 und 5,00 eine negative Auswirkung auf die Schätzergebnisse. Der Defaultwert N/A (Not Applicable) und die Bewertung 3,00 entsprechen dem Industriedurchschnitt. Jedoch besteht auch die Möglichkeit, die Parameter mit Einhundertstelnoten zu bewerten, was wegen der Einschätzungsproblematik und den geringfügigen Auswirkungen wenig Sinn macht. In Einzelfällen kann die Vergabe von halben »Nachkomma-Noten«, wie z.B. 3,5 verständlich sein.

Die jeweiligen Parameter um 1 erhöht		Zielgrößen: Dauer		Zeitverkürzung				Aufwand		Anzahl Mitarbeiter		Qualität: Fehleranzahl bei Auslieferung		Fehlerentfernungsrate	
PARAMETER		Std.	Zeit	Std.		Zeit		Std.	Zeit	Std.	Zeit	Std.	Zeit	Std.	Zeit
		(Tage)	(Tage)	(Tage)	(%)	(Tage)	(%)	(PM)	(PM)	(#)	(#)	(#)	(#)	(%)	(%)
1	Grundeinstellung	914	616			298	32,60	852,7	835,1	86	138	1255	1235	78,8	78,6
	Individual Office Environment	843	577	71	7,77	337	36,87	807,7	791,4	86	141	1255	1335	78,8	78,6
2	Development Personnel Experience	864	591	50	5,47	323	35,34	773,4	756,0	86	132	1188	1263	78,6	78,3
3	Office Noise and Interruption Environment	880	597	34	3,72	317	34,68	828,8	811,6	86	141	1255	1335	78,8	78,6
4	Project Organization Structure	886	594	28	3,06	320	35,01	845,3	828,2	86	138	1255	1335	78,8	78,6
5	Product Memory Utilization Restrictions	890	604	24	2,63	310	33,92	836,5	819,7	86	138	1255	1335	78,8	78,6
6	Product Performance/Execution Speed Restrictions	890	604	24	2,63	310	33,92	836,5	819,7	86	138	1255	1335	78,8	78,6
7	Development Personnel Tool and Method Experience	890	604	24	2,63	310	33,92	837,4	820,3	86	138	1255	1335	78,8	78,6
8	Tool, Equipment and Supplies	891	604	23	2,52	310	33,92	838,4	821,2	86	138	1255	1335	78,8	78,6
9	Functional Novelty	895	606	19	2,08	308	33,70	825,8	808,0	86	145	1186	1260	78,5	78,3
10	New Data Complexity	898	596	16	1,75	318	34,79	774,2	759,0	84	138	1161	1240	77,8	77,6
11	New Code Complexita	903	596	11	1,20	318	34,79	731,7	714,4	79	130	1051	1127	76,5	76,3
12	New Problem Complexity	903	596	11	1,20	318	34,79	731,7	714,4	79	130	1051	1127	76,5	76,3
13	Design Automation Environment	917	611	-3	-0,33	303	33,15	815,5	795,3	86	135	1119	1178	77,5	77,0

Abbildung 13.8: Simulationsergebnisse

Die ***schrittweise Variation der Parameter*** aus der Sensitivitätsanalyse ergab für ein typisches IT-Projekt nach der Zeitverkürzung sortiert die in Abbildung 13.8 enthaltenen Werte.

Die wichtigsten Werte gemäß Zielsetzung sind in der ***Spalte Zeitverkürzung*** enthalten. Dabei bezieht sich die Zeitverkürzung mit dem Ziel Standard (Std.) und Zeit jeweils auf die Grundeinstellung mit der Dauer von 914 Tagen. Das Projektziel Standard aus der Grundeinstellung des Simulationsprojekts steht für die Standardeinstellung der Projektziele Zeit, Mitarbeiter und Qualität. Damit jedoch eine bessere Zeitverkürzung erreichbar ist, wurde zusätzlich das Projektziel alternativ auf Zeit gesetzt. Es wird absolut in Tagen und prozentual die mögliche Zeitverkürzung des IT-Projekts aufgrund der entsprechenden Parametermodifizierung für das Ziel Standard und Zeit aufgeführt. Konkret bedeutet dies, das IT-Projekt in der kürzesten Zeit mit mehr Mitarbeitern fertig zu stellen. So verdeutlicht Abbildung 13.8, dass mit Hilfe der Zielvariation – Standard durch Zeit ersetzt – bei der Grundeinstellung bereits eine ***Zeitverkürzung von 32,60% ohne Parametermodifikation*** möglich ist.

Für eine bessere Beurteilung potenzieller Auswirkungen und zum Erkennen möglicher »Ausreißer« sind auch die Zielgrößen Aufwand in Personenmonaten (PM), Anzahl Mitarbeiter und die Qualität berücksichtigt worden. Ferner ist die Qualität in Fehleranzahl bei Auslieferung und Fehlerentfernungsrate aufgeteilt. Es ist eine große prozentuale Fehlerentfernungsrate anzustreben. Ebenso ist eine geringe Fehleranzahl bei Auslieferung der Software positiv zu bewerten. Zur Umrechnung der Personentage in Personenmonate für den Aufwand wurden die Personentage durch 20 dividiert. Diese Umrechnung war erforderlich, weil Checkpoint/KnowledgePLAN das Ergebnis nur in einer einheitlichen Dimension anzeigt. Entweder wird die Dauer *und* der Aufwand in Tagen oder beide Schätzergebnisse in Monaten geliefert.

Bei der Parametermodifizierung wegen des Vorschlags aus der ***Sensitivitätsanalyse*** ist aufgefallen, dass mit drei von den 16 Parametern keine Verbesserung der Laufzeit möglich ist, da diese bereits die bestmögliche Einstellung mit 1 besitzen.

Die Reihenfolge der Parameter ist absteigend. Dies bedeutet, dass zuerst der Parameter 1 mit der besten Zeitverkürzung aufgeführt ist; als Letztes der schlechteste Parameter 13, der aus bisher unerklärlichen Gründen zu einer Projektverlängerung von drei Tagen bei dem Projektziel Standard führte.

Die Auswertung von Abbildung 13.8 ist einfacher, als es auf den ersten Blick aussieht. ***Beispiel:*** Mit dem stärksten Parameter 1 kann die Projektlaufzeit mit dem Projektziel Zeit um 36,87% bei gleich bleibender Qualität verkürzt werden, jedoch steigt dann die Anzahl der benötigten Mitarbeiter auf 141 an.

Als Nächstes erfolgte die Summierung der einzelnen Parameter. Anschließend wurden die Parameter einzeln und hiernach summenmäßig auf 1 verbessert. Sämtliche Simulationen sind in analogen Tabellen dokumentiert worden. Deren Vorstellung würde allerdings den Rahmen dieses Berichts »sprengen«.

Mit der ***Weaknessansicht*** bietet Checkpoint/KnowledgePLAN eine zweite Möglichkeit zur Verbesserung des IT-Projekts. Es erscheinen die Schwächen des IT-Projekts. Konkret sind dies Attribute, die zwischen 3,50 und 5,00 bewertet worden sind. Nun wurden erneut die Parameter einzeln und summenmäßig modifiziert.

Durch die Simulationen ist deutlich geworden, dass es viele Möglichkeiten gibt, um die Projektlaufzeit von IT-Projekten zu verkürzen. Jedoch zeigen sich einige Parameter ganz deutlich, z.B. die Involvierung der Anwender, die durch den Fachbereich (FB) im Unternehmen vertreten werden. Aufgrund der Modifikation dieses einen Parameters könnte mit höherer Mitarbeiterzahl (138 statt 86) bereits eine Projektlaufzeitverkürzung von 32,60% bei gleich bleibender Qualität erzielt werden.

Diese Untersuchungen zeigen, dass Tools häufiger für Simulationen eingesetzt werden sollten. Das gilt auch für Projektplanungstools. Leider wird im Tagesgeschäft jedoch noch viel zu wenig Gebrauch von den Simulationsmöglichkeiten mit Tools gemacht und dadurch ein wichtiges Hilfsmittel für den Projekterfolg außer Acht gelassen.

13.5 KnowledgePLAN

KnowledgePLAN ist das Nachfolgeprodukt zu Checkpoint. Es ist ***integriert mit MS Project*** einzusetzen, so dass die Work Breakdown Structure dem MS-Project-Plan entspricht. Das wird von KnowledgePLAN in beide Richtungen (von und zu MS Project) geprüft, je nachdem, ob man die Schätzung von KnowledgePLAN an MS Project exportiert oder die Work Breakdown Structure von MS Project importiert.

Diesem Vorteil gegenüber Checkpoint steht der Nachteil entgegen, dass einige Benchmarking-Eigenschaften von Checkpoint nicht in KnowledgePLAN zur Verfügung stehen. Somit bietet sich die Möglichkeit, KnowledgePLAN den Projektleitern für die bequeme Aufwandschätzung zur Verfügung zu stellen und die Schätzungen im Competence Center mit Checkpoint zu einer ***unternehmensweiten Schätzdatenbank*** zu zentralisieren.

Die Schätzung mit KnowledgePLAN geschieht ansonsten wie bei Checkpoint beschrieben.

13.6 Weitere Tools

13.6.1 Tabellenkalkulationsblätter

Für die Function-Point Methode wurden schon sehr früh Tabellenkalkulationsblätter angelegt, in denen die Ergebnisse einer Zählung übersichtlich dargestellt werden konnten. Auf der Homepage eines Verfassers steht ebenfalls eins bereit: (*http://www.gm.fh-koeln.de/~bundschu/dokumente/fupo.htm*).

In dem Function-Point-Buch von Robert Hürten sind ebenfalls einige Tabellenkalkulationsblätter für die Aufwandschätzung veröffentlicht. Mit Makroprogrammierung und VBA (Visual Basic for Applications) lassen sich aus solchen Tabellenkalkulationsblättern leicht kleinere Anwendungen realisieren.

13.6.2 PC-CALC

Interessant ist das Tool PC-CALC von Harry Sneed, Fa. Case Consult GmbH, (ehemals SES: Software Engineering Service GmbH). Es unterstützt vier Aufwandschätzmethoden: Data-Point-Methode, Function-Point-Methode, COCOMO und Component Analysis. Hier werden vier Aufwandschätzungen durchgeführt, da die Aussage eines einzigen Verfahrens als zu unsicher erachtet wird. Der Anwender kann dann die Schätzergebnisse miteinander vergleichen und bewerten. Das setzt natürlich voraus, dass er in allen vier Schätzmethoden ausgebildet ist und die Schätzung jeweils mit der entsprechenden Methode durchgeführt wird. Der Vorgänger von PC-CALC war das Tool SoftCalc, das Mitglieder der DASMA kostenlos vom Mitgliedsbereich der DASMA Homepage herunterladen können.

13.6.3 Die Function Point Workbench (FPW)

Die Function Point Workbench ist in den USA und Australien sehr verbreitet. Europa hat noch Nachholbedarf, obwohl die nord- und westeuropäischen Länder den deutschsprachigen Ländern bezüglich der Schätzthematik voraus sind. Die Function Point Workbench wurde von der Fa. Charismatek Software Metrics Pty Ltd in Australien entwickelt und wird in Deutschland von der Fa. SMT in Hürth bei Köln vertrieben (siehe Abschnitt *Internetadressen von Tools*).

Die Function Point Workbench ist in C++ geschrieben und benutzt die Paradox Engine, um die Paradox-Datenbank zu verwenden. Die FPW hilft bei der Dokumentation einer Zählung des Anwendungsumfangs durch Function Points nach der internationalen Norm ***IFPUG 4.1 und 4.0***. Die Dokumentation der Zählung kann mit Reports ausgewertet werden. Über eine ***Schnittstelle zu Checkpoint/KnowledgePLAN*** können die Function Points zur Aufwandschätzung weiterverwendet werden.

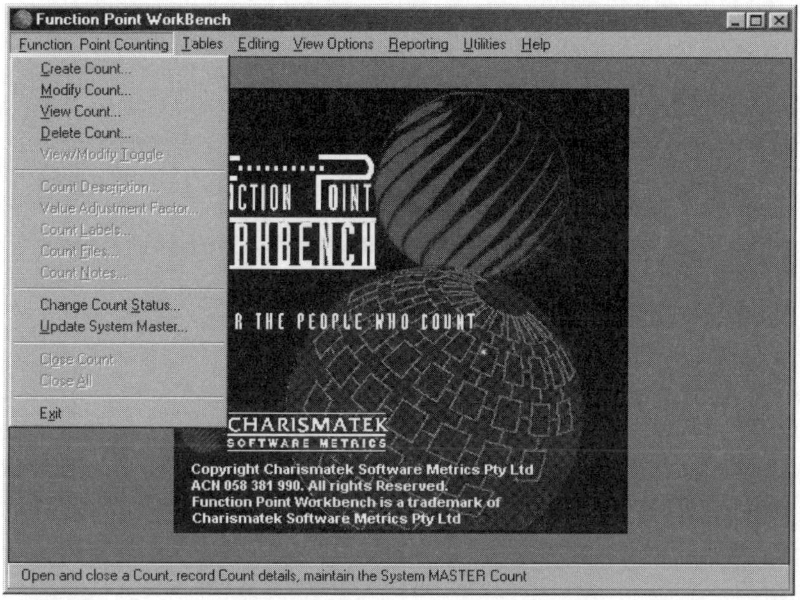

Abbildung 13.9: Function Point Workbench

Die FPW wird zur Unterstützung der Strukturierung der Zählung und zur strukturierten Dokumentation auf Anwendungs-, Projekt- und Phasenebene auf Basis der IFPUG-Norm 4.1 und 4.0 eingesetzt. Sie enthält eine eingebettete Methode zur geführten Zählung von Function Points und ermöglicht die Wiederverwendung vorhandener Zählungen in folgenden IT-Projekten. Die Ausgabe von Berichten ist in grafischer oder Textform möglich. Mit Import/Export kann eine Zählung in/aus eine(r) anderen FPW-Datenbank importiert/exportiert werden. Export to Checkpoint erstellt eine Schnittstellendatei, die von Checkpoint/KnowledgePLAN importiert werden kann.

Ungewohnt ist die Datenbankhaltung unter Paradox. Dadurch ist eine Zählung auf mehr als 20 Datenbestände verteilt. Ein einfaches Kopieren der Datenbank genügt deshalb nicht, um eine Zählung von einem Verzeichnis in ein anderes zu übertragen; dazu muss stets ein Export bzw. Import über den Menüpunkt Utilities durchgeführt werden (Copy Database to bzw. ... from).

Abbildung 13.10 und Abbildung 13.11 zeigen als Beispiel ein Hierarchiediagramm mit Report und die Klassifizierung einer Transaktion in der Function Point Workbench.

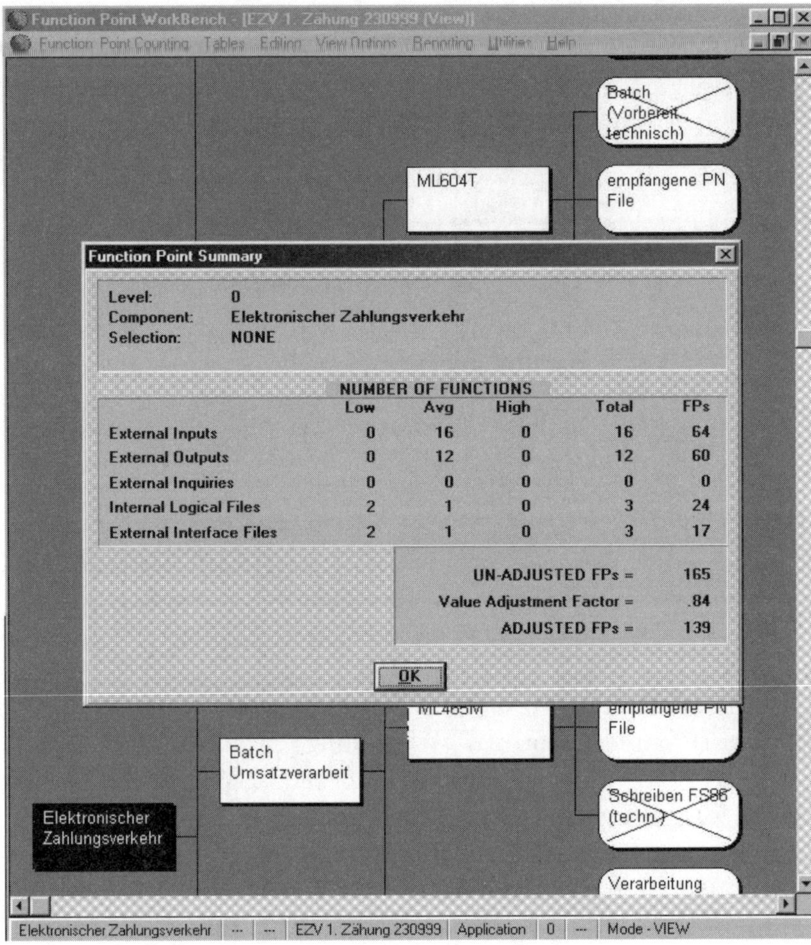

Abbildung 13.10: Function-Point-Workbench-Hierarchiediagramm mit Report

Das zu dokumentierende System wird in der Function Point Workbench in einer Baumstruktur per Drag&Drop eingegeben (siehe Abbildung 13.10). Die Wurzel des Baums ist das System als Ganzes, und als Blätter finden sich schließlich die Transaktionen. Somit wird der einzelne Geschäftsvorfall aus Benutzersicht am unteren Ende des Strukturbaums dokumentiert. Eine sehr nützliche Eigenschaft ist die Möglichkeit, Zählungen für beliebige Teile des Baums durchführen zu können.

So ist es zum Beispiel nach Eingabe der Systemstruktur sofort möglich, die Funktionalität eines Teilsystems zu bestimmen. Dies ist insbesondere dann hilfreich, wenn die Funktionalität einer Änderung bei einem Weiterentwicklungsprojekt bestimmt werden muss. Das hat beim praktischen Einsatz die Erkenntnis gebracht, dass auch der funktionale Umfang kleiner Wartungsaufträge fast ohne Aufwand in Functions Points gemessen und dokumentiert werden kann.

Ebenso können automatisch die Geschäftsvorfälle (Transaktionen) in einer Liste oder gruppiert angezeigt werden. Alle Auswertungen können in Form von Papier, Excel-Tabellen oder HTML generiert werden. Damit erhält der Anwender automatisch Grundlagendokumentation für Aufwandschätzung, Programmierung, Testfallermittlung, Weiterentwicklung sowie Einarbeitungsdokumentation für neue Mitarbeiter.

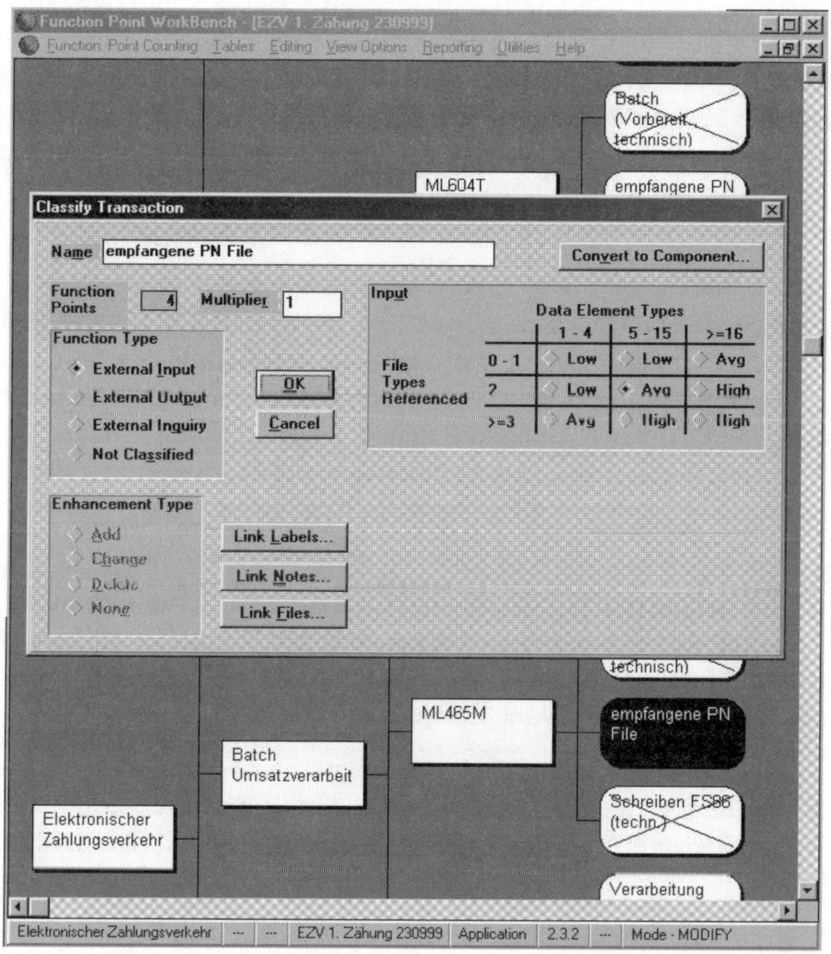

Abbildung 13.11: FPW-Klassifizierung einer Transaktion

13

Ein weiterer Vorteil ist die Möglichkeit, ***Zählungen exportieren*** und diesen Export in das zur Aufwandschätzung einsetzbare Expertensystem Checkpoint/KnowledgePLAN bzw. KnowledgePLAN importieren zu können.

Die Einsatz der Function Workbench ist bereits im Fachbereich möglich, der damit seine Geschäftsvorfälle definieren, modellieren und dokumentieren kann. Diese können einem Projekt zugeordnet, beschrieben und gruppiert werden und ihnen können Felder und Dateien zugeordnet werden. Fachbereich und IT-Anwendungsentwicklung können die Vorfälle gemeinsam bearbeiten. Durch die Möglichkeit, einen Entwicklungszustand einzufrieren und in verschiedenen Phasen zu archivieren, kann die Definition eines Fachkonzept abgestimmt und vereinbart werden, ebenso wie Veränderungen erkannt und abgestimmt werden und daraufhin Zielvereinbarungen getroffen werden können. Die Function Point Workbench hilft somit, die Qualität der Anwendungsentwicklung zu verbessern, ermöglicht Frühwarnungen, hilft Missverständnisse zu vermeiden und fördert die Zusammenarbeit zwischen Fachbereich und IT-Anwendungsentwicklung.

13.6.4 Visual FunctionPointer (VFP)

Visual FunctionPointer ist eine Client/Server-Anwendung zur Dokumentation von Function-Point-Zählungen nach dem internationalen Standard IFPUG 4.1. Dadurch wird der komplette Lebenszyklus der betrachteten Anwendungssysteme in IFPUG Function Points dokumentiert. Der Nutzer hat also sowohl einen Überblick über die funktionale Größe seiner Entwicklungsprojekte als auch aller Anwendungssysteme in Produktion.

Die Anwendung ist aus der Praxis der Function-Point-Zählungen heraus entstanden. Für gelegentliche Schätzungen reichten die Excel-Formulare (vgl. auch Anhang) absolut aus. Für eine kontinuierliche und lückenlose Dokumentation der Funktionalität der betrachteten Anwendungssysteme wurde jedoch eine komfortablere Lösung notwendig.

In einer VFP-Datenbank können alle Anwendungssysteme nach IFPUG 4.1 einfach und übersichtlich abgelegt werden. Somit ist der Funktionsumfang aller Systeme jederzeit abrufbar und vor allem einheitlich dokumentiert.

Sollten mehrere Unternehmens- und/oder Anwendungssystembereiche vorliegen, kann auch jeder Bereich in einer eigenen Zähldatenbank abgelegt werden.

Zählungen können zwischen diesen Zähldatenbanken kopiert oder verschoben werden.

Die Erfassung erfolgt einfach und intuitiv in einer Baumdarstellung, wie Windows-Benutzer dies vom Explorer bereits gewohnt ist.

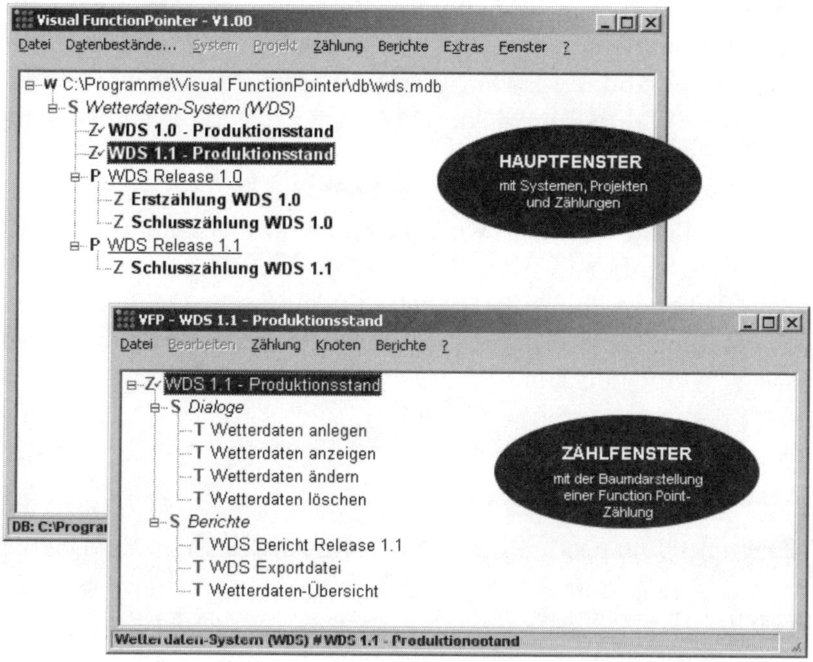

Abbildung 13.12: Haupt- und Zählfenster beim Visual FunctionPointer

Durch die einfache und intuitive Art der Eingabe und Darstellung ist der Visual FunctionPointer gut dazu geeignet, bereits in einer sehr frühen Phase eines Projektes gemeinsam mit dem Fachbereich die notwendigen Funktionalitäten zunächst grob zu dokumentieren, um diese anschließend sukzessive weiter zu verfeinern.

13

Übersichtliche Berichte

Zusätzlich zu einer einseitigen Zählübersicht, die auf einen Blick die wesentlichen Ergebnisse der Function-Point-Zählung darstellt (vgl. Abbildung 13.13), werden noch die folgenden Berichte angeboten, die weitere Details der Zählung ausgeben, z.B.:

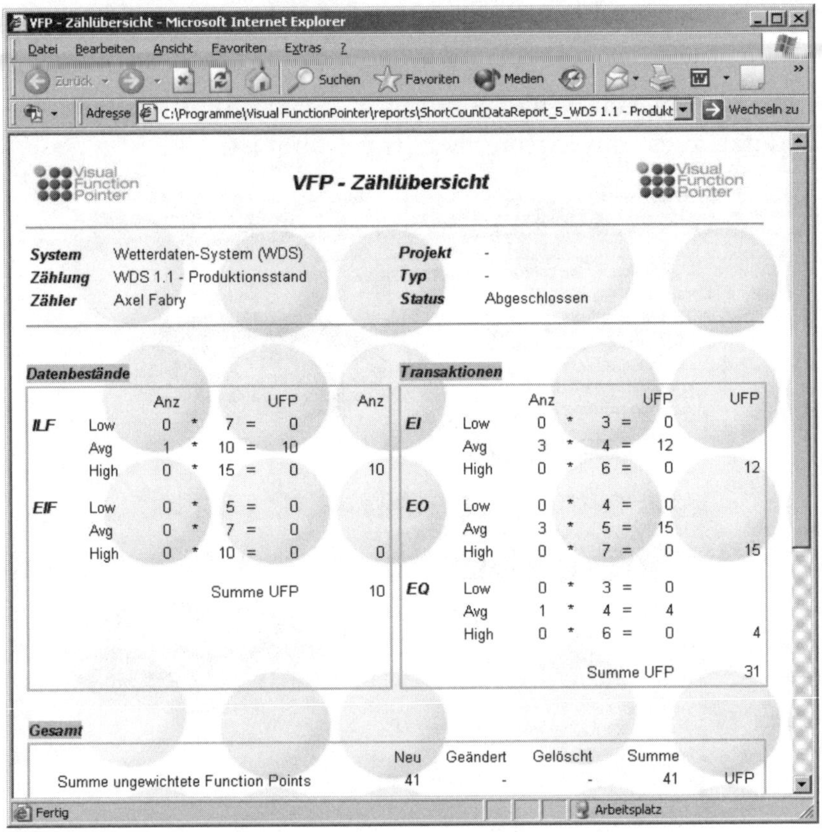

Abbildung 13.13: Visual FunctionPointer – Zählübersicht

- Übersicht über die allgemeinen Daten einer Zählung (Abbildung 13.14)
- Liste mit allen Datenbeständen einer Zählung (Abbildung 13.15)
- Liste mit allen Transaktionen einer Zählung, entspricht der Ausgabe des Zählbaums in der Gliederungsansicht wie im VFP-Zählfenster angezeigt (Abbildung 13.16)
- Detailbericht zur Zählung (Abbildung 13.18)
- Gesamtübersicht über die aktuelle Zähldatenbank
  - Gesamtübersicht Systeme, Projekte, Zählungen (Abbildung 13.20)
  - Übersicht Datenbestände inkl. Verwendung in den unterschiedlichen Systemen und Zählungen (Abbildung 13.17)
  - Alle Zählungen in der Datenbank (Abbildung 13.19)

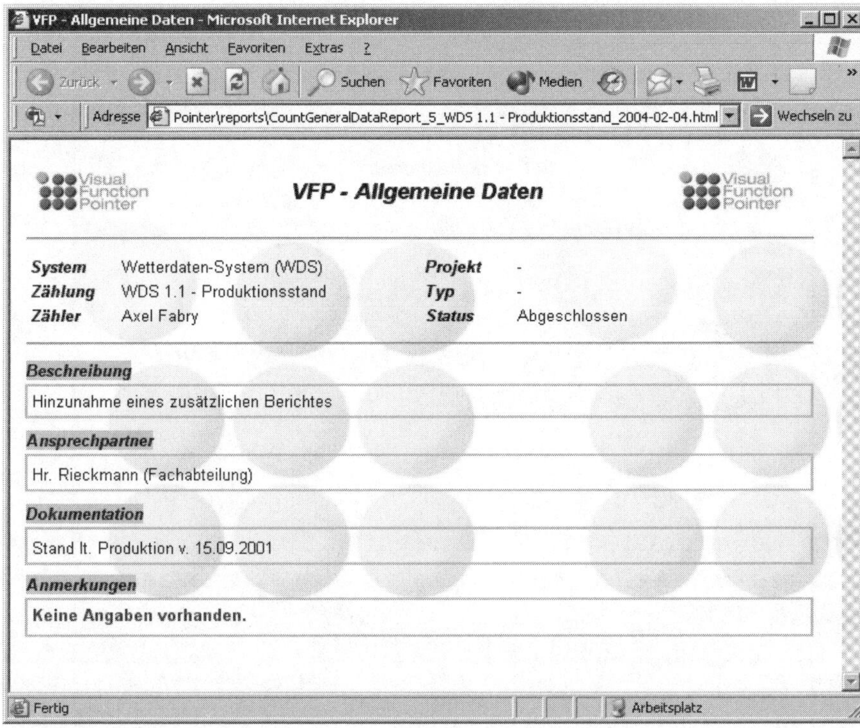

Abbildung 13.14: Visual FunctionPointer – Übersicht allgemeine Daten

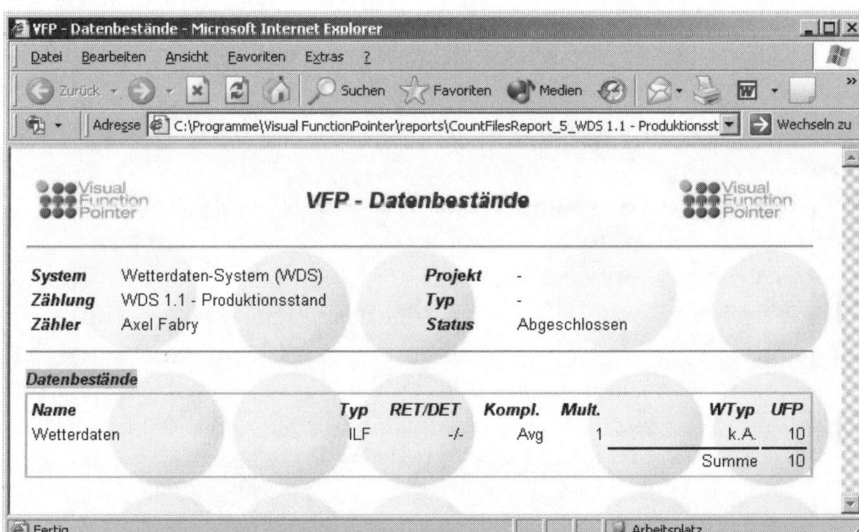

Abbildung 13.15: Visual FunctionPointer – Übersicht Datenbestände

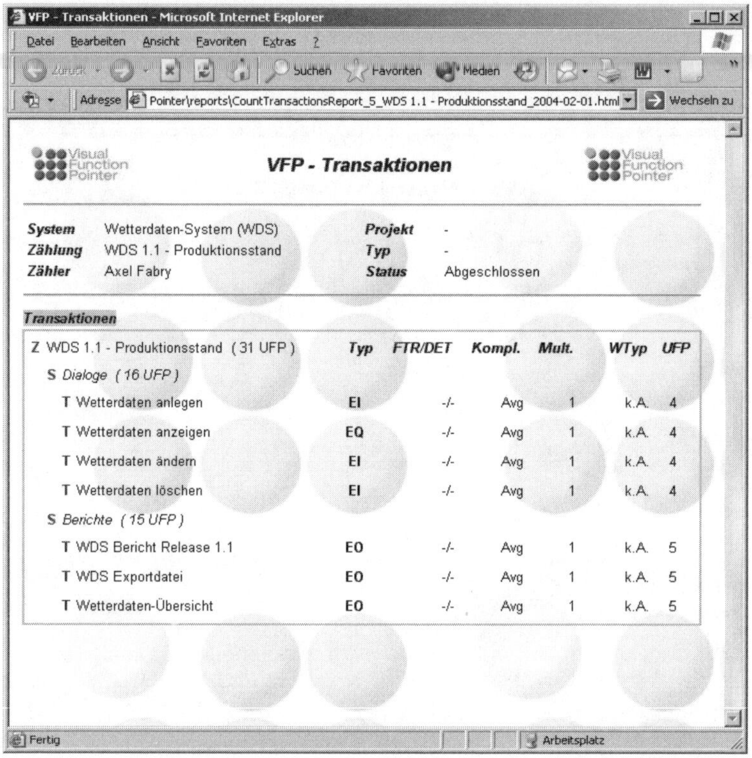

Abbildung 13.16: Visual FunctionPointer – Übersicht Transaktionen

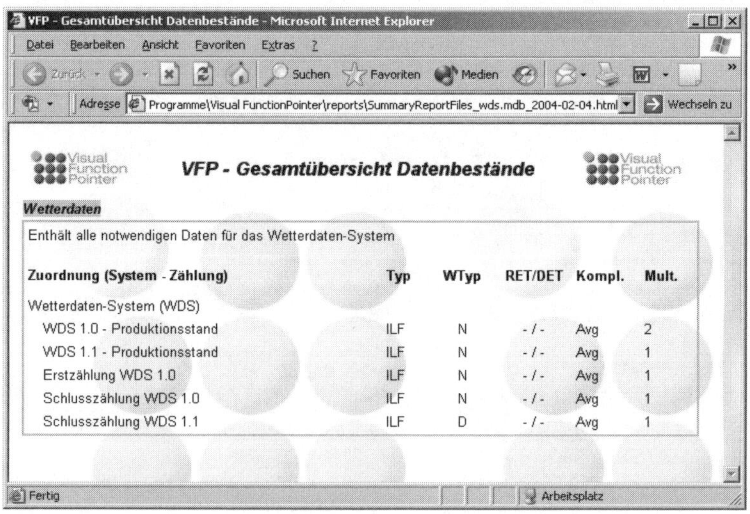

Abbildung 13.17: Visual FunctionPointer – Gesamtübersicht Datenbestände

13

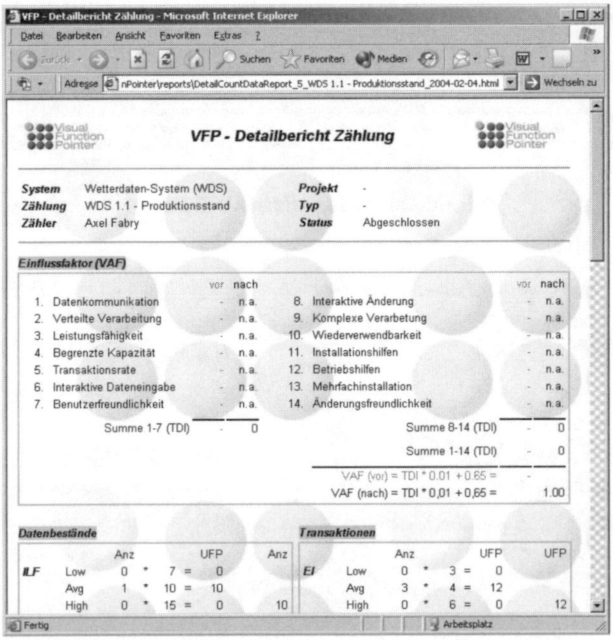

Abbildung 13.18: Visual FunctionPointer – Detailbericht Zählung

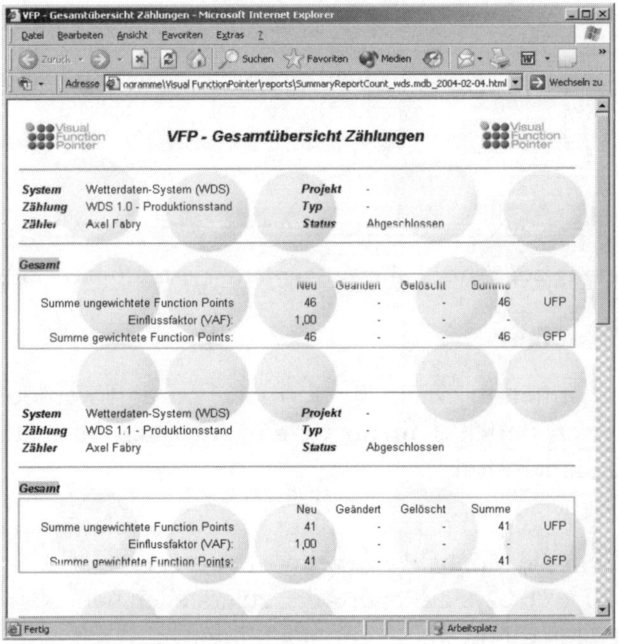

Abbildung 13.19: Visual FunctionPointer – Gesamtübersicht Zählungen

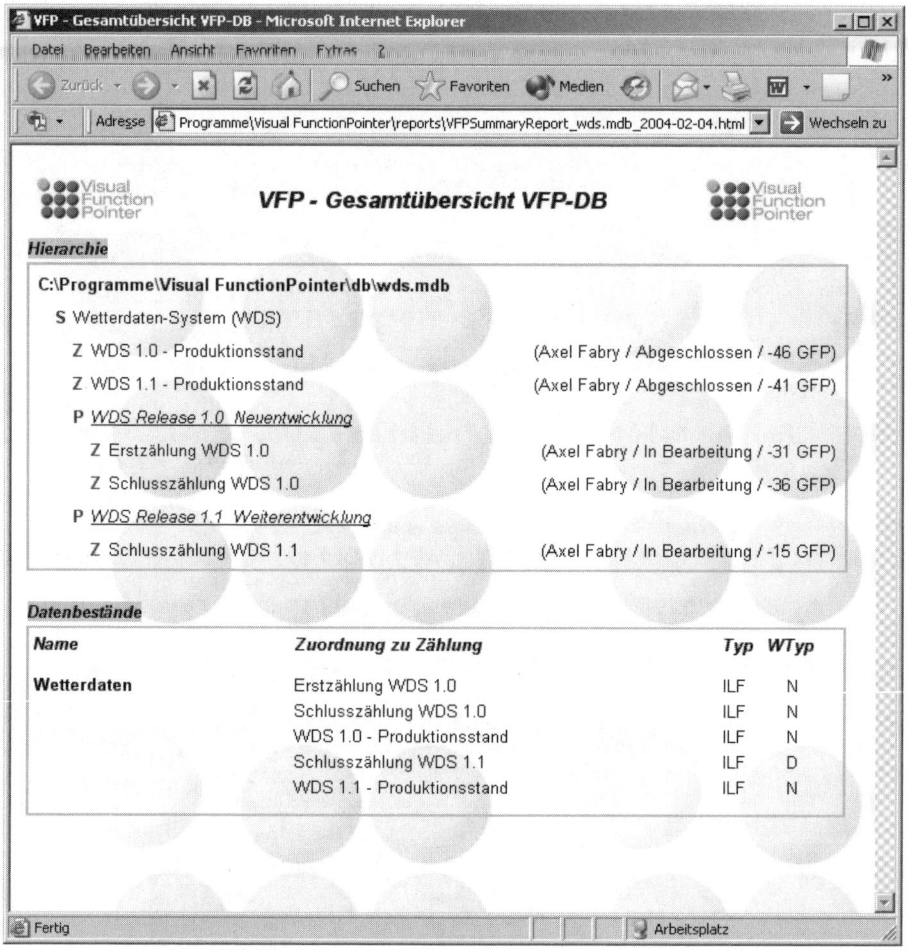

Abbildung 13.20: Visual FunctionPointer – Gesamtübersicht VFP-DB

Offene Schnittstellen

Die Zähldaten können in einem Textformat exportiert werden, so dass über die fest definierten Berichte hinaus weitere Analysen über MS Excel (Pivottabellen o.Ä.) möglich sind.

Darüber hinaus erfolgt die Datenablage in einer relationalen Datenbank. Hierdurch besteht die Möglichkeit, weitere benutzerspezifische Berichte über MS Access, MS Excel, Crystal-Reports etc. zu erstellen oder aber die Daten mit diesen Werkzeugen direkt weiter aufzubereiten.

Um Benutzern der Charismatek Function Point Workbench den Umstieg zu erleichtern, können mit Hilfe des VFP Import Utilties Zählungen aus der Function Point Workbench direkt in den Visual FunctionPointer importiert werden.

Weitere Infos und eine ***kostenlose Demoversion*** zu diesem Werkzeug sind unter *www.vfunctionpointer.de* zu finden.

13.7 Tools für objektorientierte Metriken und Aufwandschätzung

13.7.1 Ein Tool für Kosten- und Aufwandschätzung von OO-Software-Projekten

K. Jantzen stellte im Informatik Spektrum der GI (Gesellschaft für Informatik e.V.) im Februar 2003 das Schätztool ***Tassc:Estimator*** (*www.tassc-solutions.com*) für die Kosten- und Aufwandschätzung objektorientierter, webbasierter oder komponentenbasierter Software-Projekte vor. Auch Projektrisiken können bewertet werden. Das Tool kann entweder allein stehend oder als AddIn, z.B. von Rational Rose oder Together, eingesetzt werden. Deren Systemmodelle können in Tassc:Estimator importiert werden. Mit Tassc:Estimator kann man Eingabedaten für MS Project erzeugen. Wie bei allen Tools ist ein Customizing vor dem Einsatz erforderlich.

Grundlage einer Schätzung sind Use Cases, Klassen, Subsysteme, Schnittstellen, Komponenten, Scripts, Web-Pages, die jeweils mit verschiedenen Qualifikatoren bewertet werden. Ein Use Case z.B. hat die Qualifikation *Größe, Komplexität, Wiederverwendbarkeit* und *Wiederverwendung*. Deren Werte werden aus einer vier- oder fünfstelligen Skala geschätzt.

Daneben fließen zahlreiche andere Parameter, wie z.B. die Sprache und Produktivitätskennzahlen, in die Aufwandschätzung ein. Dabei wird zwischen Software-Aufwand und Produktionstätigkeiten unterschieden. Zur Ermittlung des Fertigstellungstermins und der Kosten sind Angaben über das verfügbare Budget und über die Anzahl und die Qualifikation der beteiligten Mitarbeiter im Team erforderlich.

Einer der Autoren hat bei der zweiten mit Tassc:Estimator durchgeführten Schätzung eine Überschätzung von 20% festgestellt.

13.7.2 Tools für objektorientierte Qualitätsmetriken

Die ISO/IEC Norm 9126 definiert folgende sechs Qualitätsmerkmale eines Software-Produkts:

- Funktionalität
- Zuverlässigkeit
- Brauchbarkeit
- Effizienz
- Wartbarkeit
- Portabilität

Alain A. April und Dhiya Al-Shurougi haben Java- und C++-Quellcode-Tools zur Qualitätsmessung von objektorientierter Software untersucht und vier davon in die engere Auswahl genommen:

- CodeCheck
- Datrix
- Insure++
- Logiscope

Insure++ visualisiert den Programmablauf und arbeitet als Compiler, ist also kein statisches Analysetool. Es zielt stattdessen auf Fehler im Bereich Speicherverletzung, Speicherverlust und Speicherzuordnung. Die anderen drei können für statische Analysen und Regelprüfungen eingesetzt werden.

13

Logiscope besteht grundsätzlich aus drei Komponenten, einem Audit-Modul für die Analyse von Qualität und Struktur, einem Regelprüfer zur Kontrolle der Einhaltung von Programmierregeln sowie einem Testprüfer zur Messung des Test-Deckungsgrads. Neben anderen Programmiersprachen werden ADA, C, C++ und Java unterstützt.

Logiscope bietet die Möglichkeit der statischen und dynamischen Programmanalyse. Bei der dynamischen Programmanalyse werden während des laufenden Programms permanent Informationen in eine Datei geschrieben, die hinterher zur Messung des Test-Deckungsgrads und zur Testfallerstellung sowie zur Feststellung des Teststatus ausgewertet werden können.

Das Qualitätsmodell von Logiscope liefert, der Sprache C++ angepasst, Auswertungen auf der Programmebene, der Klassenebene und der Funktionsebene.

Die beiden Autoren berichten, dass bei der Untersuchung keine Metrik gefunden werden konnte, mit der sich das Qualitätsmerkmal Brauchbarkeit (Teilmerkmale: Verständlichkeit, Lernbarkeit, Anwendbarkeit, Attraktivität) messen lässt.

Tabelle 13.3 zeigt die Metriken der vier Tools und ihre Zuordnung zu vier der o.a. Qualitätsmerkmalen.

Tool	**Metrik**	**ISO/IEC-9126-Qualitätsmerkmale**			
		Zuverlässigkeit	**Effizienz**	**Wartbarkeit**	**Portabilität**
Insure++	I/O-Fehler	Ja			
	Speicherverletzung	Ja			
	Speicherverlust	Ja			
	Speicherzuordnung		Ja		
	Programmoptimierung		Ja		
Logiscope	Direkte Rekursion		Ja	Ja	
	Indirekte Rekursion		Ja	Ja	
	Mittlere Kopplung zwischen Objekten			Ja	
	Kopplung zwischen Klassen			Ja	
	Kopplung zwischen Objekten			Ja	
Datrix	Klassenattribute			Ja	
	Klassenmethoden			Ja	
	Klassenvererbungskopplung			Ja	
	Klassendokumentation			Ja	
	Dateienkopplung			Ja	
	Kopplung zwischen Routinen			Ja	
	Dimension und Komplexität von Routinen			Ja	

Tabelle 13.3: Tools und objektorientierte Qualitätsmerkmale

Tool	Metrik	ISO/IEC-9126-Qualitätsmerkmale			
		Zuverlässigkeit	Effizienz	Wartbarkeit	Portabilität
Datrix *(Forts.)*	Programmierregeln von Routinen			Ja	
	Testbarkeit von Routinen			Ja	
CodeCheck	Initialisierung von Array, Structure und Union				Ja
	Bitfields-Standards				Ja
	Kommentare in Makrodefinitionen				Ja
	Führende Blanks in eingeschlossenen Dateinamen				Ja
	Lex_nonstandard				Ja
	Lex_trigraph				Ja
	Nested Name Tags				Ja
	Systemvariable				Ja
	Blanks in Preprozessorbefehlen				Ja

Tabelle 13.3: Tools und objektorientierte Qualitätsmerkmale *(Forts.)*

Diese Quellcode-Analysetools liefern also eine große Zahl von Metriken, die direkt für die Dokumentation, Strukturierung und Verbesserung von (Standard-)Software eingesetzt werden können.

Exemplarisch sind hier zwei Zusammenhänge zwischen den o.a. Metriken und Qualitätsmerkmalen kommentiert:

Eine starke Kopplung, speziell zwischen Routinen und globalen Variablen, zeigt immer an, dass die Komponenten nicht unabhängig voneinander sind. Das beeinträchtigt unmittelbar die Wartbarkeit.

Die Vererbungskopplung zeigt unmittelbar, ob das objektorientierte Konzept der Vererbung genutzt wird, und wenn ja, wie gut. Das gilt ebenso für die Verwendung von Rekursionen.

13.8 Internetadressen von Tools

Diese Übersicht erhebt natürlich keinen Anspruch auf Vollständigkeit und Aktualität – für Risiken und Nebenwirkungen übernehmen die Verfasser keine Haftung!

Tool	Firma	URL
CAME	Universität Magdeburg, Software Measurement Laboratory	*http:/ivs.cs.uni-magdeburg.de/sw-eng/agruppe/forschung*
Checkpoint	Software Productivity Research (SPR), Burlington, MA	*http://www.spr.com*
Construx Cost Estimation Software	Construx Software Builders Inc.	*http://www.construx.com*
CostXpert	Marotz Inc., Jamul, CA	*http://www.marotz.com* E-Mail: *info@marotz.com*
Estimacs	Computer Associates	*http://www.cai.com* E-Mail: *edan01@cai.com (Frau A. Edel)*
FPTool	Fa. DürrComSoft, München	*http://www.duerr-comsoft.de* E-Mail: *peter.duerr@duerr-comsoft.de*
Function Point Workbench (FPW)	Charismatek Software Metrics Pty Ltd. (Australien), in Deutschland: Software Measurement Technology GmbH (SMT), Kalscheurener Str. 19 (Atelier 40), 50354 Hürth	*http://www.ubt.de* E-Mail: *info@ubt.de*
Knowledge-PLAN	Software Measurement Technology GmbH (SMT), Kalscheurener Str. 19 (Atelier 40), 50354 Hürth	*http://www.ubt.de* E-Mail: *info@ubt.de*
PC CALC	Case Consult GmbH, Flachstr. 13, 65197 Wiesbaden	E-Mail: *harry.sneed@caseconsult.com*
PriceS (Price Estimating Suite)	Price, Mount Laurel, NJ	*http://www.pricesystems.com* E-Mail: *webmaster@pricesystems.com*

Tool	Firma	URL
SLIM	QSM, McLean, Virginia, Europa: Amsterdam	*http://www.qsm.com* E-Mail: *mike_ross@qsm.com*
Tassc:Estimator	Tassc Software Solutions, East Kilbride, Scotland	*http://www.tassc-solutions.com* *http://www.jantzen-software.de/optimize.htm*
Venturi	ISBSG	*http://www.isbsg.org*
Visual Function-Pointer	Axel Fabry u. Andreas Rieckmann GbR	*http://www.vfunctionpointer.de*

13.9 Management Summary

Eine Wissenschaft ist so reif wie ihre Messwerkzeuge. (Louis Pasteur)

Keine Methode findet in der Praxis die erforderliche Einsatzbreite, wenn dazu die Toolunterstützung fehlt.

»A fool with a tool still remains a fool!«

Die erste Erkenntnis in der Ausbildung ist meistens, dass das Tool die Denkarbeit nicht abnimmt.

Ohne Sachverstand eingesetzte Tools liefern keine brauchbaren Ergebnisse.

Schätzergebnisse mit Kommastellen gaukeln eine nicht vorhandene Genauigkeit vor und wiegen den Nutzer in trügerischer Sicherheit.

13

Die hauptsächlichen Nutzenaspekte (Zeitersparnis, Qualitätsverbesserung und Effizienzsteigerung) ergeben sich also durch Einsparungen bei jedem IT-Projekt und summieren sich entsprechend in einem Unternehmen. Darüber hinaus entstehen Nebeneffekte, wie Akzeptanzsteigerung sowie verbesserte Transparenz, Standardisierung und eine Schätzkultur.

Micro Estimation geht von den einzelnen Projektaktivitäten aus und aggregiert die Teilschätzungen zu einem Gesamtwert.

Macro Estimation zielt auf die Aufwandschätzung kompletter Projekte. Wenn Aufwand und Dauer geschätzt sind, wird die Aufteilung auf Projektphasen vorgenommen.

Durch ***Simulationen mit einem Schätztool*** bieten sich Möglichkeiten, anhand bestimmter Ziele den ***Einfluss einzelner Kriterien auf Kennzahlen*** (Schätzmetriken, Qualitätsmetriken, Dauer, Aufwand) durchzurechnen und dadurch die ***kritischen Erfolgsfaktoren für einzelne Ziele*** zu bestimmen.

Checkpoint/KnowledgePLAN erlaubt im Quick Estimate Mode eine frühe Schätzung anhand weniger Angaben.

Im praktischen Einsatz wurde festgestellt, dass Schätzungen früh im Software-Entwicklungsprozess erfolgen müssen, wenn die Schätzgenauigkeit verbessert und das Fehlermanagement besser gesteuert werden soll.

Durch das Verändern allein des Parameters ***Projektziele*** und der anschließenden Analyse von Produktivität und Qualität lässt sich der Zusammenhang zwischen den Primärzielen, wie sie von Sneed im so genannten ***Teufelsquadrat*** dargestellt wurden, sehr schön ***simulieren***.

> *Eine Möglichkeit, Checkpoint/KnowledgePLAN sinnvoll für Simulationen einzusetzen, sind Fragen zur Prozessverbesserung.*

Mit Checkpoint/KnowledgePLAN sind, durch die Eingabe unterschiedlicher Parameter, in geeigneter Weise Simulationen möglich.

Durch die Simulationen ist deutlich geworden, dass es viele Möglichkeiten gibt, um die Projektlaufzeit von IT-Projekten zu verkürzen.

Die ISBSG (siehe Abschnitt *Software-Metriken, Wichtige IT-Metrik-Organisationen*) bietet zur Erfassung von IT-Projekten, die an der Benchmarking-Studie teilnehmen sollen, kostenlos das Tool Venturi im Internet an.

Die FPW wie auch der Visual FunctionPointer unterstützen die Dokumentation einer Messung des Anwendungsumfangs durch Function Points nach der internationalen Norm ***IFPUG 4.1***. Die Dokumentation der Zählung kann mit vielfachen Reports ausgewertet werden.

A Anhang

A.1 Function-Point-Formulare

A.1.1 Ein Tabellenkalkulationsblatt für Function-Point-Zählungen

Projekt-Akronym	Projektname:	Devisenpositionen	Zähltyp (Dev, Enh, Appl.):	Appl.	Datum
DP	Projektkontakt:	Manfred Bundschuh	Projekttyp (Dev, Enh, Appl.)	Appl.	12.05.2000
	Metrikverantw.:	Axel Fabry	Reviewer: Hans Klein		

		Anzahl		Gewicht		Ergebnis	Summe
ILF (4,3%)	Low	4	x	7	=	28	
	Avg	0	x	10	=	0	
	High	0	x	15	=	0	**28**
EIF (1,5%)	Low	2	x	5	=	10	
	Avg	0	x	7	=	0	
	High	0	x	10	=	0	**10**
EI (26,3%)	Low	0	x	3	=	0	
	Avg	43	x	4	=	172	
	High	0	x	6	=	0	**172**
EO (55,7%)	Low	0	x	4	=	0	
	Avg	73	x	5	=	365	
	High	0	x	7	=	0	**365**
EQ (3,1%)	Low	0	x	3	=	0	
	Avg	5	x	4	=	20	
	High	0	x	6	=	0	**20**

Ungewichtete Function Points (UFP): **595**

Einflussfaktor = (TDI/100) + 0,65 (VAF): **1,10**

Gewichtete Function Points (AFP): **655**

Allgemeine Systemmerkmale (GSC):

1. Data Communications	3
2. Distributed Functions	4
3. Performance	1
4. Heavily Used Configuration	2
5. Transaction Rate	4
6. On-Line Data Entry	3
7. End User Efficiency	5
8. On-Line Update	3
9. Complex Processing	2
10. Reusability	3
11. Installation Ease	4
12. Operational Ease	4
13. Multiple Sites	2
14. Facilitate Change	5
TDI:	45

Verteilung:

%	ILF	EIF	EI	EO	EQ
Add	-	-	-	-	-
Chg	04,71	01,68	28,91	61,34	03,36
Del	-	-	-	-	-
Conv.	-	-	-	-	-

Abbildung A.1: Tabellenkalkulationsblatt zur Function-Point-Zählung

A.1.2 Ein Beispiel-Logbuch für eine Function-Point-Zählung

Organisatorisches

Zähler:	Fr. Mustermann Hr. Mustermeier
Ansprechpartner Anwendung	Fr. Schmitz Hr. Müller

Dokumentation (Input) für die Zählung

An Dokumentation für die Zählung standen die folgenden Dokumente zur Verfügung:

- Innerhalb der Function Point Workbench wurde auf der »1. Zählung 05.2001« aufgesetzt. Nach dieser Prüfung und Überarbeitung ist die »Korrektur der Zählung 05.2001« entstanden.
- In der Visio-Datei *ZAR.VSD* wurden die Systemgrenzen ZAR aktualisiert.
- Dieses Logbuch diente als Grundlage und wurde überarbeitet.
- Im Word-Dokument *ZAR-Applications.doc* sind alle ZAR-Applications mit Laufzyklus und Jobs aufgeführt (z.B. jede erzeugte PMS-Liste stellt einen fachlichen EO dar).
- Das Datenmodell in der Version 3.4 lt. Case Tool xyz wurde herangezogen.

Architektur, Grenzen

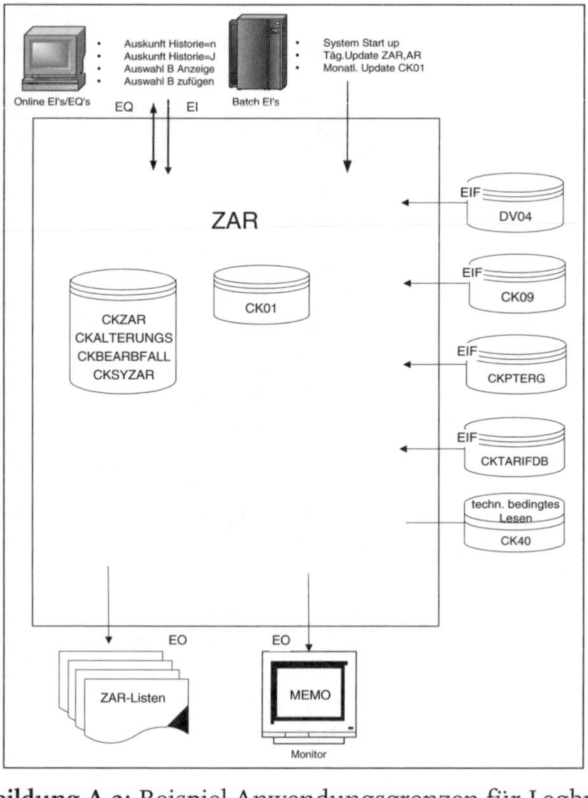

Abbildung A.2: Beispiel Anwendungsgrenzen für Logbuch

Hinweise zur Zählung

Die folgenden Ausführungen sind nur illustrativ gedacht:

- Die Log-Datei aus Online wurde als EI gezählt. Im Batch wurden Listen teilweise durchgestrichen eingezeichnet, um zu symbolisieren, dass die Listen nur einmal gezählt werden. Siehe auch FP LINK NOTES zu den Listen.
- Die OPC-Application CK72B#SPLIT, die im Herbst 2003 realisiert wurde, hat aus fachlicher Sicht keine neuen Funktionen. Auf die Darstellung dieser OPC-Application innerhalb der Function Point Application ZAR wurde daher verzichtet.

Eine Zusammenführung der Function Point Applications ZAR und AR scheint sinnvoll:

- Beide Systeme pflegen die gleichen Datenbanken, diese werden dadurch in beiden Systemen als ILF gezählt. Aber eine Datenbank sollte nur von einem System gepflegt und als ILF gewertet werden (nach IFPUG 4.0)
- Auf Applications mit weniger als 200 Function Points führen Benchmarkvergleiche zu größeren Abweichungen und sind daher nicht so aussagefähig – laut Metriken Competence Center. Auch die vielen Daumenregeln sind mit Vorsicht anzuwenden (aktuell hat ZAR 129 gewichtete FPs und AR hat ebenfalls 129 gewichtete FPs).

Ergebnisse

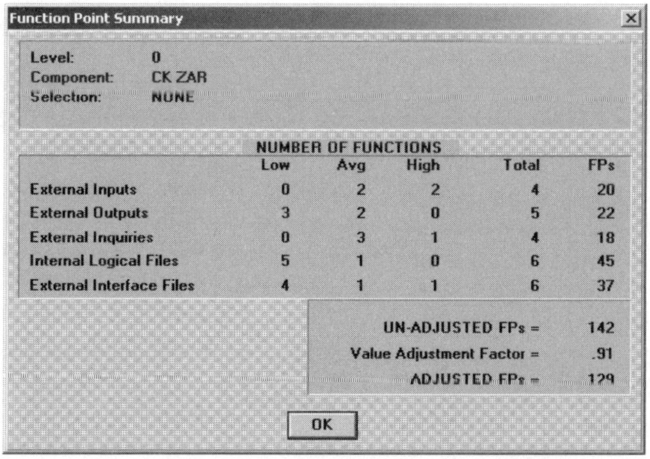

Abbildung A.3: Beispiel Zählergebnis für Logbuch

A.2 Checklisten

Das Tabellenkalkulationsblatt A.1 und alle Checklisten dieses Anhangs finden Sie zum Download unter *www.mitp.de/0864*.

A.2.1 Eine Checkliste zum Kickoff einer Function-Point-Zählung

Notwendige Dokumentation	**Mögliche Quellen**	**Bemerkungen**
Überblick/Charakterisierung der Anwendung	*z.B. Projekthandbuch; Intranet*	Im Mittelpunkt steht die Frage, *welche Benutzer(gruppen)* die Anwendung *wie* verwenden.
Architektur der Anwendung/ Systemumgebung	*z.B. Kontextdiagramm, Übersichtsbild*	Wichtig sind vor allem die Schnittstellen.
Datenmodell	*z.B. UDM; Data Dictionary; Segmentkatalog; EAR; DB2-Katalog ...*	Ist kein Datenmodell vorhanden, muss das physische Datenbankmodell herangezogen werden. Überlegt werden muss, ob es außerhalb der Datenbank noch weitere fachliche Datenbestände gibt (z.B. VSAM-Dateien etc.).
Funktionalität (online und Batch)	*Funktionenmodell; Liste der Geschäftsvorfälle (GeVo)*	Die GeVo-Liste (oberste Gliederung der Fachlichkeit) liefert oft auch Hinweise für Teilprojektdefinitionen.
Online-Funktionalität	*Direktes Betrachten der Masken Benutzerhandbuch*	Die Granularität der Function-Point-Zählung zielt auf »fachliche Elementarprozesse« ab (z.B. Neuanlage, Änderung etc.); als Anhaltspunkt dienen die Menüs bzw. die Funktionstasten.

Notwendige Dokumentation	Mögliche Quellen	Bemerkungen
Batch-Teile	*Funktionenmodell; Benutzerhandbuch*	Die Batch-Teile der Anwendung müssen konsequenterweise wiederum aus fachlich-logischer Sicht aufgeführt werden; hilfreich ist z.B. die Analyse des Batch-Teils nach Ergebnistypen, z.B.: – Outputverarbeitung, Drucke (Listen, Serienbriefe ...) – Schriftgut für Aktionen – Datenträger (z.B. Bundesamt für Versicherungswesen; GDV-Daten; Partnerunternehmen); Nachsendeaufträge – jährliche Anpassungen – Bestandspflege, Konsolidierungsläufe Zusätzlich kann eine zeitliche Betrachtung helfen, um die fachliche Vollständigkeit des Batch-Teils bei der FP-Zählung sicherzustellen: welche Batch-Funktionen laufen täglich, monatlich, jährlich etc.

Aus den bisherigen Erfahrungen müssen für die Zählung eines Projektes mindestens 1,5 bis 2 Tage eingeplant werden; das setzt jedoch von allen Beteiligten eine entsprechende Vorbereitung voraus. Empfohlen wird, die Zählung zu zweit an einem Laptop zu machen; große Runden sind nicht effizient.

Der ***Ansprechpartner*** für die Zählung sollte über das Anwendungssystem aus ***fachlich-konzeptioneller*** Sicht detailliert Bescheid wissen; programmtechnisches Detailwissen ist nicht relevant; notwendig ist jedoch ein Verständnis hinsichtlich ***Datenmodell*** des Arbeitsgebietes.

Hauptkriterium bei der Vorbereitung auf die Zählung ist die Zusammenstellung der notwendigen Dokumentation.

A.2.2 Eine Checkliste zur Prüfung einer Function-Point-Zählung nach IFPUG 4.1

Verantwortlich für die FP-Zählung (fachlich und für die Durchführung)	
Anwendungssystem-Nr., -Bezeichnung/Abteilung	
Projekt-Nr., -Bezeichnung	
Phase/Zeitpunkt (Studie, Fachkonzept, Aktualisierung, Nachkalkulation)	
Art der Zählung (Projekt: Neu-, Weiterentwicklung, Migration; Anwendungssystem: Basiszählung, Erweiterung)	
Datum der FP-Zählung	
Datum der Überprüfung	

	Voraussetzungen für die FP-Zählung		
	Prüfkriterien	**o.k.**	**Nicht o.k.**
1.1	Hat der Mitarbeiter, der die FP-Zählung durchführt, eine FP-Schulung besucht?	o	o
	Oder		
1.2	Hat dieser Mitarbeiter eine intensive Beratung von einem Mitarbeiter des Competence Centers bekommen?	o	o
	Begründung (nur bei Nicht o.k. oder Frage trifft nicht zu):		
2.1	Ist der Mitarbeiter, der die FP-Zählung durchführt, ein Projektmitglied?	o	o
	Begründung (nur bei Nicht o.k. oder Frage trifft nicht zu):		
2.2	War das Projektteam bei der FP-Zählung beteiligt?	o	o
	Begründung (nur bei Nicht o.k. oder Frage trifft nicht zu):		

	Voraussetzungen für die FP-Zählung		
	Prüfkriterien	**o.k.**	**Nicht o.k.**
3.1	Beschäftigt sich der Mitarbeiter, der die FP-Zählung durchführt, länger als ein Jahr mit dem Altsystem?	o	o
3.2	War die Aufgabe »Function-Point-Zählung« im Projekt geplant?	o	o
	Begründung (nur bei Nicht o.k. oder Frage trifft nicht zu):		
4.1	Liegt eine in der Function Point Workbench dokumentierte FP-Zählung vom Altsystem vor? Ablageort:	o	o
	Oder		
4.2	Gibt es schriftliche Unterlagen über das Altsystem? Ablageort:	o	o
	– Maskendokumentation	o	o
	– Transaktionsdokumentation	o	o
	– Schnittstellendokumentation	o	o
	– Datenbankdokumentation	o	o
	– Outputdokumentation (z.B. Druckdokumentation)	o	o
	Oder		
4.3	Liegen Kenntnisse über das Altsystem durch dokumentierte Interviews vor?	o	o
	Begründung (nur bei Nicht o.k. oder Frage trifft nicht zu):		
5.1	Ist das Logbuch der Function-Point-Zählung auf aktuellem Stand? Ablageort:	o	o
	Begründung (nur bei Nicht o.k. oder Frage trifft nicht zu):		

	Voraussetzungen für die FP-Zählung		
	Prüfkriterien	**o.k.**	**Nicht o.k.**
5.2	Sind die Annahmen, Randbedingungen und offenen Punkte festgehalten worden?	o	o
	Begründung (nur bei Nicht o.k. oder Frage trifft nicht zu):		
6.1	Ist die Bestandsübernahme (Migration), wenn es sie gibt, gezählt und gesondert ausgewiesen worden?	o	o
	Begründung (nur bei Nicht o.k. oder Frage trifft nicht zu):		
6.2	Sind die extern vergebenen Anteile, wenn es sie gibt, gezählt und gesondert ausgewiesen worden?	o	o
	Begründung (nur bei Nicht o.k. oder Frage trifft nicht zu):		

	Vorgehen bei der FP-Zählung		
	Prüfkriterien	**o.k.**	**Nicht o.k.**
1.	Wurde die FP-Zählung nach IFPUG 4.1 vorgenommen?	o	o
	Begründung (nur bei Nicht o.k. oder Frage trifft nicht zu):		
2.	Gibt es eine Übersicht über die Systemgrenze und deren Datenflüsse? Ablageort:	o	o
	Begründung (nur bei Nicht o.k. oder Frage trifft nicht zu):		
3.	Sind anhand der Systemgrenze und deren Datenflüsse die EIs, EOs und EQs bestimmt?	o	o

	Vorgehen **bei der FP-Zählung**		
	Prüfkriterien	**o.k.**	**Nicht o.k.**
	Begründung (nur bei Nicht o.k. oder Frage trifft nicht zu):		
4.	Gibt es eine Übersicht über die Datenbestände?	o	o
	Begründung (nur bei Nicht o.k. oder Frage trifft nicht zu):		
5.	Sind anhand der Datenbestände die ILFs und EIFs bestimmt?	o	o
	Begründung (nur bei Nicht o.k. oder Frage trifft nicht zu):		
6.	Sind die Function Points der EIs, EOs, EQs, ILFs und EIFs richtig ermittelt (Problem Weiterentwicklung)?	o	o
	Begründung (nur bei Nicht o.k. oder Frage trifft nicht zu):		
7.	Sind die 14 Systemmerkmale gemäß dem Hausstandard gewichtet worden?	o	o
	Begründung (nur bei Nicht o.k. oder Frage trifft nicht zu):		
8.	Hat sich der VAF geändert?	o	o
	Begründung (nur bei Nicht o.k. oder Frage trifft nicht zu):		
9.	Sind die 14 Systemmerkmale mit den Qualitätsmerkmalen abgeglichen worden?	o	o
	Begründung (nur bei Nicht o.k. oder Frage trifft nicht zu):		
10.	Sind die 14 Systemmerkmale konsistent zueinander?	o	o

	Vorgehen **bei der FP-Zählung**		
	Prüfkriterien	**o.k.**	**Nicht o.k.**
	Begründung (nur bei Nicht o.k. oder Frage trifft nicht zu):		
11.	Haben sich die Anforderungen zur letzten FP-Zählung geändert?	o	o
	Begründung (nur bei Nicht o.k. oder Frage trifft nicht zu):		
12.	Sind die Ergebnisse im Vergleich mit anderen Projekten ähnlicher Art plausibel (SPR-Methode, Anzahl Dialoge * 10, Daumenregeln, FP-Prognose)?	o	o
	Begründung (nur bei Nicht o.k. oder Frage trifft nicht zu):		
13.	Haben sich die Anforderungen (bei Aktualisierung) zur letzten Function-Point-Zählung geändert?	o	o
	Begründung (nur bei Nicht o.k. oder Frage trifft nicht zu):		

	Dokumentation **der FP-Zählung**		
	Prüfkriterien	**o.k.**	**Nicht o.k.**
1.1	Ist die FP-Zählung in der Function Point Workbench nachvollziehbar dokumentiert? Ablageort:	o	o
	Begründung (nur bei Nicht o.k. oder Frage trifft nicht zu):		
1.2	Ist die Description in der Function Point Workbench komplett ausgefüllt?	o	o
	Begründung (nur bei Nicht o.k. oder Frage trifft nicht zu):		

	Dokumentation der FP-Zählung		
	Prüfkriterien	**o.k.**	**Nicht o.k.**
2.	Stimmt die Anzahl der EIs, EOs, EQs, ILFs und EIFs aus der Übersicht über die Systemgrenzen und Datenbestände mit der in der Function Point Workbench dokumentierten überein?	o	o
	Begründung (nur bei Nicht o.k. oder Frage trifft nicht zu):		
3.	Liegen die Mitschriften der FP-Zählung vor? Ablageort:	o	o
	Begründung (nur bei Nicht o.k. oder Frage trifft nicht zu):		
4.	Sind die Annahmen, die der FP-Zählung zugrunde liegen, dokumentiert worden?	o	o
	Begründung (nur bei Nicht o.k. oder Frage trifft nicht zu):		
5.	Sind die Werte im Vergleich mit anderen Projekten ähnlicher Art plausibel?	o	o
	Begründung (nur bei Nicht o.k. oder Frage trifft nicht zu):		
6.	Stimmen die Prozentanteile der EIs, EOs, EQs, ILFs, EIFs mit dem hausinternen Durchschnitt uberein?	o	o
	Begründung (nur bei Nicht o.k. oder Frage trifft nicht zu):		

Gibt es noch offene Fragen, die geklärt werden müssen:			
Nr.	**Frage**	**Wer**	**Mit wem**

	Name	Unterschrift
Durchgeführt am:		
Geprüft am:		
Freigegeben am:		

A.2.3 Eine Checkliste zur Nachkalkulation von IT-Projekten

Verantwortlich für die Nachkalkulation (fachlich und für die Durchführung)	
Projektbezeichnung/Abteilung	
Art des Projekts (Neu-, Weiterentwicklung, Migration)	
Entwicklungsplattform (Host, PC, C/S, Data Warehouse, Web)	
Datum der Nachkalkulation	
Datum der Überprüfung	

	Function-Point-Dokumentation		
	Prüfkriterien	**Ja**	**Nein**
1.	Liegt in der Function Point Workbench eine aktuelle abschließende Function-Point-Zählung vor?	o	o
	Begründung (nur bei Nein):		
2.	Liegt neben dieser abschließenden Zählung noch der Function-Point-Wert aus der Spezifikationsphase bzw. die Approximation aus der Studie vor?	o	o
	Begründung (nur bei Nein):		
3.	Wurde untersucht, wie sich der Umfang des Projekts im Zeitverlauf geändert hat (requirements creep) – insbesondere Vergleich: Wert nach dem Fachkonzept: ausgelieferter Umfang?	o	o
	Begründung (nur bei Nein):		

	Vergleich Aufwandschätzung vs. Ist-Aufwand		
	Prüfkriterien	**Ja**	**Nein**
1.	Wurde die ursprüngliche Aufwandschätzung mit dem jetzigen tatsächlichen Ist-Aufwand verglichen?	o	o
	Begründung (nur bei Nein):	o	o
2.	Wurde die Abweichung zur ursprünglichen Schätzung analysiert und Maßnahmen mit dem Competence Center für zukünftige Schätzungen ähnlicher Projekte besprochen?	o	o
	Begründung (nur bei Nein):		
3.	Ist die Checkpoint/KnowledgePLAN-Datei vollständig bearbeitet (wurde insbesondere die Bewertung der weichen Faktoren und der Projektklassifikation zu Projektende aktualisiert?) und wurde die Datei an das Competence Center übergeben?	o	o
	Begründung (nur bei Nein):		

	Analyse der Ist-Zeiten des Projekts		
	Prüfkriterien	**Ja**	**Nein**
1.	Sind die Aufzeichnungen im Zeiterfassungssystem konsolidiert und abgeschlossen?	o	o
	Begründung (nur bei Nein):		
2.	Wurde eine Auswertung der Aufwandverteilung (IT-Kernaufwand, Schnittstellenaufwand, Supportaufwand, Fachabteilungsbeteiligung) vorgenommen? Wie sind die Prozentanteile?	o	o
	Begründung (nur bei Nein):		

	Analyse der Ist-Zeiten des Projekts		
	Prüfkriterien	**Ja**	**Nein**
3.	Wurde eine Auswertung der Aufwandverteilung nach Phasen (Studie Spezifikation, ...) vorgenommen? Wie sind die Prozentanteile?	o	o
	Begründung (nur bei Nein):		

	Qualitätssicherung, Wiederverwendung		
	Prüfkriterien	**Ja**	**Nein**
1.	Liegt eine Statistik aller bisher aufgetretenen Fehler und Mängel vor und sind diese dokumentiert?	o	o
	Begründung (nur bei Nein):		
2.	Wurde analysiert, mit wie vielen Fehlern pro Jahr in der Wartung noch zu rechnen ist?	o	o
	Begründung (nur bei Nein):		
3.	Wurden im Projekt entwickelte Checklisten, Verfahren, Prozesse etc. aus Gründen der Wiederverwendung zentralen Abteilungen präsentiert?	o	o
	Begründung (nur bei Nein):		
4.	Wurden im Projekt entwickelte Programme, Konzepte etc. aus Gründen der Wiederverwendung zentralen Abteilungen präsentiert?	o	o
	Begründung (nur bei Nein):		

	Qualitätssicherung, Wiederverwendung		
	Prüfkriterien	**Ja**	**Nein**
5.	Wurden im Projekt entwickelte Checklisten, Verfahren, Prozesse, Programme, Konzepte etc. aus Gründen der Wiederverwendung den Ressortmitarbeitern geeignet kommuniziert (Intranet, Projektpräsentation, Firmenzeitung, ...)?	o	o
	Begründung (nur bei Nein):		

	Kennzahlen des Projekts		
	Prüfkriterien	**Ja**	**Nein**
1.	Wurde die Gesamtproduktivität des Projekts in Function Points pro Personenmonat berechnet? Wie hoch war diese?	o	o
	Begründung (nur bei Nein):		
2.	Wurde die Entwicklungsgeschwindigkeit des Projekts in Function Points pro Projekttag (nach Kalender) berechnet? Wie hoch war diese?	o	o
	Begründung (nur bei Nein):		
3.	Wurde die Kosteneffizienz des Projekts in Euro pro Function Point berechnet? Wie hoch war diese?	o	o
	Begründung (nur bei Nein):		
4.	Wurden die Kosten nach folgenden Kriterien analysiert? Kosten interner Mitarbeiter, Kosten externer Mitarbeiter Kosten zentraler Stellen (Rechenzentrum, Verwaltung, ...) Kosten zugekaufter Tools, Software-Packages etc.	o	o
	Begründung (nur bei Nein):		

	Kennzahlen des Projekts		
	Prüfkriterien	**Ja**	**Nein**
5.	Wurde die Termintreue [abs(Ist-Tage – Plan-Tage)] des Projekts untersucht? (Plan-Tage laut Budget bzw. Projektplan) Welche Abweichung ergab die Berechnung?	o	o
	Begründung (nur bei Nein):		
6.	Wurde die vorläufige Fehlerrate (Anzahl bisheriger Fehler pro Function Point) errechnet? Wie groß ist sie?	o	o
	Begründung (nur bei Nein):		

Nachbetrachtung des Projekts	
Hier sollten die wichtigsten Probleme, Krisen des Projekts (Umfang ca. drei bis sieben Themen) analysiert und nachbetrachtet werden, um Präventiv- und Verbesserungspotenzial für die Zukunft abzuleiten	
Problem, Krisensituation:	
Ergriffene Maßnahmen:	
Wirksamkeit dieser Maßnahmen:	
Bewertung aus heutiger Sicht und zukunftsgerichtetes Resümee:	

Gibt es noch offene Fragen, die geklärt werden müssen?			
Nr.	**Frage**	**Wer (mit wem)**	**Termin**

	Name	**Unterschrift**
Durchgeführt am:		
Geprüft am:		
Freigegeben am:		

A.2.4 Eine Checkliste zur Qualitätssicherung der Aufwandschätzung

Verantwortlich für die Aufwandschätzung (fachlich und für die Durchführung)	
Projekt-Nr., -Bezeichnung/Abteilung	
Phase/Zeitpunkt (Studie, Fachkonzept, Nachkalkulation)	
Art des Projekts (Neu-, Weiterentwicklung, Migration)	
Entwicklungsplattform (Host, PC, C/S, Data Warehouse, Web)	
Datum der Aufwandschätzung	
Datum der Überprüfung	

	***Voraussetzungen* für die Aufwandschätzung**		
	Prüfkriterien	**o.k.**	**Nicht o.k.**
1.1	Hat der Mitarbeiter, der die Aufwandschätzung durchführt, eine Checkpoint/KnowledgePLAN-Schulung besucht?	o	o
	Oder		
1.2	Hat dieser Mitarbeiter eine intensive Beratung von einem Mitarbeiter des Competence Centers bekommen?	o	o
	Begründung (nur bei Nicht o.k. bzw. Frage trifft nicht zu):		
2.	Ist der Mitarbeiter, der die Aufwandschätzung durchführt, ein Projektmitglied?	o	o
	Begründung (nur bei Nicht o.k. bzw. Frage trifft nicht zu):		
3.	Liegt nach Ende Fachkonzept eine geprüfte FP-Zählung vor?	o	o
	Begründung (nur bei Nicht o.k. bzw. Frage trifft nicht zu):		

	Vorgehen **bei der Aufwandschätzung** **Prüfkriterien**	**o.k.**	**Nicht o.k.**
1.	Ist das Logbuch der Aufwandschätzung auf aktuellem Stand? Ablageort:	o	o
	Begründung (nur bei Nicht o.k. oder Frage trifft nicht zu):		
2.	Ist der Zeitpunkt der Schätzung dokumentiert?	o	o
	Begründung (nur bei Nicht o.k. oder Frage trifft nicht zu):		
3.	Sind die Annahmen, Randbedingungen und offenen Punkte festgehalten worden?	o	o
	Begründung (nur bei Nicht o.k. oder Frage trifft nicht zu):		
4.	Ist das richtige Template für das Projekt genommen worden? Welches?	o	o
	Begründung (nur bei Nicht o.k. oder Frage trifft nicht zu):		
5.	Ist der richtige Schätzmodus (Quick, Detailed Estimate) gewählt worden?	o	o
	Begründung (nur bei Nicht o.k. oder Frage trifft nicht zu):		
6.	Stimmen die Setup-Einstellungen (Time Accounting)?	o	o
	Begründung (nur bei Nicht o.k. oder Frage trifft nicht zu):		

	Vorgehen bei der Aufwandschätzung		
	Prüfkriterien	**o.k.**	**Nicht o.k.**
7.	Sind die harten Faktoren gewichtet und ist die Gewichtung plausibel?	o	o
	Begründung (nur bei Nicht o.k. oder Frage trifft nicht zu):		
8.	Sind die weichen Faktoren gewichtet und ist die Gewichtung plausibel?	o	o
	Begründung (nur bei Nicht o.k. oder Frage trifft nicht zu):		
9.	Ist eine Änderung an den Voraussetzungen für die harten Faktoren zur letzten Aufwandschätzung in dieser berücksichtigt?	o	o
	Begründung (nur bei Nicht o.k. oder Frage trifft nicht zu):		
10.	Ist eine Änderung an den Voraussetzungen für das Personal zur letzten Aufwandschätzung in dieser berücksichtigt?	o	o
	Begründung (nur bei Nicht o.k. oder Frage trifft nicht zu):		
11.	Ist eine Änderung an den Voraussetzungen für die Technologie zur letzten Aufwandschätzung in dieser berücksichtigt?	o	o
	Begründung (nur bei Nicht o.k. oder Frage trifft nicht zu):		

	Vorgehen bei der Aufwandschätzung **Prüfkriterien**	**o.k.**	**Nicht o.k.**
12.	Ist eine Änderung an den Voraussetzungen für den Prozess zur letzten Aufwandschätzung in dieser berücksichtigt?	o	o
	Begründung (nur bei Nicht o.k. oder Frage trifft nicht zu):		
13.	Ist eine Änderung an den Voraussetzungen für die Umgebung zur letzten Aufwandschätzung in dieser berücksichtigt?	o	o
	Begründung (nur bei Nicht o.k. oder Frage trifft nicht zu):		
14.	Ist eine Änderung an den Voraussetzungen für die Risiken zur letzten Aufwandschätzung in dieser berücksichtigt?	o	o
	Begründung (nur bei Nicht o.k. oder Frage trifft nicht zu):		
15.	Wurde eine Sensitivity Analysis durchgeführt?	o	o
	Begründung (nur bei Nicht o.k. oder Frage trifft nicht zu):		
16.	Wurde ein Compare zu einer anderen Version durchgeführt?	o	o
	Begründung (nur bei Nicht o.k. oder Frage trifft nicht zu):		
17.	Sind die Ist-Werte dokumentiert?	o	o
	Begründung (nur bei Nicht o.k. oder Frage trifft nicht zu):		

	Dokumentation der Aufwandschätzung		
	Prüfkriterien	**o.k.**	**Nicht o.k.**
1.	Ist die Aufwandschätzung mit Checkpoint/KnowledgePLAN vorgenommen worden?	o	o
	Begründung (nur bei Nicht o.k. oder Frage trifft nicht zu):		
2.	Ist die für die Aufwandschätzung zutreffende Version anhand der Versionsbeschreibung in Checkpoint/Knowledge-PLAN erkennbar?	o	o
	Begründung (nur bei Nicht o.k. oder Frage trifft nicht zu):		
3.	Liegen die Unterlagen (Gesamtaufwand, Projektdauer) aus der Excel-Mappe für die Aufwandsverteilung vor?	o	o
	Begründung (nur bei Nicht o.k. oder Frage trifft nicht zu):		
4.	Sind die Werte im Vergleich zu anderen Projekten ähnlicher Art plausibel?	o	o
	Begründung (nur bei Nicht o.k. oder Frage trifft nicht zu):		

Gibt es noch offene Fragen, die geklärt werden müssen?			
Nr.	**Frage**	**Wer**	**mit Wem**

	Name	**Unterschrift**
Durchgeführt am:		
Geprüft am:		
Freigegeben am:		

B Literaturverzeichnis

Abran, A., Dumke, R., Desharnais, J., Ndyaje, I., Kolbe, C., A Strategy for a Credible & Auditable Estimation Process Using the ISBSG International Data Repository, in Dumke et al.: Software Measurement and Estimation, Shaker Verlag, Aachen, 2002, S. 246–258

Abran, A., Nguyenkim, H., Measurement of the maintenance process from a demand based perspective, in: Journal of Software Maintenance and Evolution: Research and Practise, 1993, 5: pp. 63–90

Abran, A., Robillard, PN., Function point analysis: An empirical study of ist measurement processes, in: IEEE Transactions on Software Engineering, 1996: 22(12), pp. 895–903

Abran, A., Silva, I., Primera, L., Field studies using functional size measurement in building estimation models for software maintenance, in: Journal of Software Maintenance and Evolution: Research and Practise, 2002, 14: pp. 1–34

Albrecht, A. J., Measuring Application Development Productivity, Proceedings of Joint SHARE, GUIDE, and IBM Application Development Symposium, White Plains, New York, October 1979, pp. 83–93

Antoniol, G., Calzolari, F. et al., Adapting Function Points to Object Oriented Information Systems, in: Proceedings of CAiSE '98, 1998

April, A. A., Al-Shurougi, D., Software Product Measurement for Supplier Evaluation, in: Proceedings of the FESMA Conference 2000, Madrid

ASMA, Sizing in Object-Oriented Environments, Australian Software Metrics Association, Victoria, Australia, 1994

Ayers. M., Critical Success Factors for Developing and Implementing a Contractual Metrics Program, in: IFPUG, IT Measurement – Practical Advice from the Experts, Addison-Wesley Pearson Education Inc., Indianapolis, 2002, ISBN 0-2017-4158-X, pp. 445–454

Azzouz, S., Abran, A., A Proposed Measurement Role in the Rational Unified Process and its Implementation with ISO 19761: COSMIC-FFP, In: Proceedings of the Software Measurement European Forum 2004 (SMEF2004), Rome, Istituto di Ricerca Internationale S.r.l., Milano, 28.–30.1.2004, S. 356–368, ISBN 8-8866-7433-3

Basili, V., Caldiera, G., Rombach, H.. Goal question metric paradigm, in: Encyclopedia of Software Engineering, J.J. Marciniak, Editor, 1994, John Wiley & Sons, New York, pp. 528–532

Bayer, S., Tolomei, V., The Role of Functional Metrics in B2B E-Commerce Project Success, in: IFPUG, IT Measurement – Practical Advice from the Experts, Addison-Wesley Pearson Education Inc., Indianapolis, 2002, ISBN 0-2017-4158-X, pp. 655–676

Beckett, D. and Llorence, P. C., Metrics in Support of Estimating in a Large Software Services Company, in: IFPUG, IT Measurement – Practical Advice from the Experts, Addison-Wesley Pearson Education Inc., Indianapolis, 2002, ISBN 0-2017-4158-X, pp. 323–336

Beyers, C. P., Estimating Software Development Projects, in: IFPUG, IT Measurement – Practical Advice from the Experts, Addison-Wesley Pearson Education Inc., Indianapolis, 2002, ISBN 0-2017-4158-X, pp. 337–362

Bierfert, H., Verinnerlichung als Start und Ziel von Metriken – SW-Metriken zwischen Akzeptanz und Relevanz, in: Dumke, R. R. (Hrsg.): Software-Metriken in der Praxis, Tagungsband des DASMA Software Metrik Kongresses Metrikon 2001, Shaker Verlag, Aachen, 2002, ISBN 3-8322-0470-9

Boehm, B. W., Characteristics of Software Quality, Amsterdam, 1978

Boehm, B. W., Wirtschaftliche Softwareproduktion, Prentice Hall, N.Y., 1986

Boehm, B. W., et al., Software Cost Estimation with COCOMO II, Englewood Cliffs, NJ, Prentice Hall, 2000

Briand, L. C., El Emam, K., Bomarius, F., COBRA: A Hybrid Method for Software Cost Estimation, Benchmarking, and Risk Assessment, in: Proceedings of the 20th International Conference on Software Engineering, April 1998, pp. 390–399

Brooks, F., The Mythical Man Month, Addison Wesley, Reading, MA, 1995 (dt. Vom Mythos des Mann-Monats, Bonn, 2003, mitp, ISBN 3-8266-1355-2)

Büren, G., Bundschuh, M., Dumke, R. (Hrsg.): Software-Messung in der Praxis – Tagungsband des DASMA Software Metrik Kongresses METRIKON 2003, Shaker Verlag, Aachen, 2003, ISBN 3-8322-2146-8

Büren, G., Hopf, H-G., Softwaremetriken als notwendige Voraussetzung für Projektcontrolling in der Software-Entwicklung, in: Software-Metriken in der Praxis, Tagungsband des DASMA Software Metrik Kongresses Metrikon 2001, Shaker Verlag, Aachen 2002, ISBN 3-8322-0470-9

Buglione, L., Abran, A., The Software Measurement Body of Knowledge, in: Proceedings of the Software Measurement European Forum 2004 (SMEF2004), Rome, Istituto di Ricerca Internationale S.r.l., Milano, 28.–30.1.2004, S. 84–94, ISBN 8-8866-7433-3

Bundschuh, M., Aufwandschätzung als Voraussetzung für die Projektplanung, in: Bernecker, M., Eckrich, K., Handbuch Projektmanagement, R. Oldenbourg Verlag, München, 2003, ISBN 3-4862-7444-9, S. 239–259

Bundschuh, M., Die Function Point Methode im praktischen Einsatz bei Softwareprojekten, in: Schelle et al., Projekte erfolgreich managen, BDU, 13. Aktualisierungs- und Ergänzungslieferung, November 1999

Bundschuh, M., Estimation of Maintenance Tasks, in: Dumke, R. et. al., Software Measurement and Estimation – Proceedings of the 12th International Workshop on Software Measurement, 2002, Shaker Verlag, Aachen, 2002, ISBN 3-8322-0765-1, pp. 125–136

Bundschuh, M., Function Point Prognosis, in: Metrics News, Vol, 3, Nr. 2, December 1998

Bundschuh, M., Function Point Prognosis Approved, in: Metrics News, Vol, 7, Nr. 1, July 2002

Bundschuh, M., Software Measurement and -Metrics in external Enterprises, in: Metrics News, Vol, 7, Nr. 2, December 2002

Bundschuh, M., Peetz, W., Siska, R., Aufwandschätzung mit der Function Point Methode, TüV Rheinland GmbH, Köln, 1991, ISBN 3-8858-5982-3

Card, D., What makes a Software Measure Successful, in: American Programmer, September 1991

Cartwright, M., Shepperd, M., Building Predictive Models from Object-Oriented Metrics, in: Proceedings of the 8th ESCOM Conference, Berlin, 1997, pp. 51–55

Catherwood, B., Sood, M., Armour, F., Continued Experiences Measuring Object Oriented System Size, in: Proceedings of the 8th ESCOM Conference, Berlin, 1997, pp. 56–61

Chidamber, S. R., Kemerer, C. F., A Metrics Suite for Object Oriented Design, MIT Sloan School of Management, 1993

Chidamber, S. R., Kemerer, C. F., A Metrics Suite for Object Oriented Design, IEEE Transactions on Software Engineering, Vol. 20, No. 6, June 1994, pp. 476–493

Clark, E., Tracking Software Progress, in: IFPUG, IT Measurement – Practical Advice from the Experts, Addison-Wesley Pearson Education Inc., Indianapolis, 2002, ISBN 0-2017-4158-X, pp. 223–236

Coley, D., Considerations for getting Maximum Benefit from an Enterprise-Wide Metrics Repository, in: IFPUG, IT Measurement – Practical Advice from the Experts, Addison-Wesley Pearson Education Inc., Indianapolis, 2002, ISBN 0-2017-4158-X, pp. 455–462

Combes, H., Peeters, B., van Huysduynen, M.H., Proceedings of the 1998 FESMA Conference, Antwerpen, 6.–8.5.1998, ISBN 9-0760-1903-7

Cowderoy, A. (Editor), Proceedings of the 1997 ESCOM Conference, Berlin, 26.–28.5.1997

Crosby, P. B., Quality is Free, Mentor Books, New York, NY, 1979

Curtis, B., Krasner, H., Shen, V.Y., Iscoe, N., On Building Software Proces Models Under the Lamppost, ICSE 1987, pp. 96–105

Da Silveira, M. L. B., EDS Brazil Metrics Program: Measuring for Improvement, in: IFPUG, IT Measurement – Practical Advice from the Experts, Addison-Wesley Pearson Education Inc., Indianapolis, 2002, ISBN 0-2017-4158-X, pp. 85–96

Dekkers, C. A., How and When Can Functional Size Fit with a Measurement Program?, in: IFPUG, IT Measurement – Practical Advice from the Experts, Addison-Wesley Pearson Education Inc., Indianapolis, 2002, ISBN 0-2017-4158-X, pp. 161–169

Dekkers, T., (Erweiterte) Funktionalgrößen Meßmethoden sind auch in Verbesserungsprojekten anwendbar, in: Software-Messung in der Praxis, Tagungsband des DASMA Software Metrik Kongresses Metrikon 2003, 10.–11. November 2003, Neu-Ulm. Shaker Verlag, Aachen, 2003, S. 55–67, ISBN 3-8322-2146-8

DeMarco, T., Controlling Software Projects, Prentice Hall, Englewood Cliffs, NJ, 1982, ISBN 0-9170-7232-4

DeMarco, T., Why Does Software Cost So Much? And other puzzles of the information age, Dorset House, New York, NY, 1995, ISBN 0-9326-3334-X (dt. Warum ist Software so teuer? ... und andere Rätsel des Informationszeitalters, Carl Hanser Verlag, München Wien, 1997, ISBN 3-4461-8902-5)

DeMarco, T., Lister, T., Peopleware, Dorset House, New York, NY, 1987, ISBN 0-9326-3305-6

Doyle, J., Standardizing a SLOC Counting Tool to Support ISO and CMM Requirements, in: IFPUG, IT Measurement – Practical Advice from the Experts, Addison-Wesley Pearson Education Inc., Indianapolis, 2002, ISBN 0-2017-4158-X, pp. 569–576

Dreger, J. B., Function Point Analysis, Prentice Hall, Englewood Cliffs, NJ, 1989

Dueck, G.; Ein Indikatorenhoch über Deutschland! Starke Triebwinde, in: Informatik Spektrum, Band 26, Heft 1, Februar 2003, S. 39–44

Dumke, R., Softwareentwicklung nach Maß – Schätzen – Messen – Bewerten, Vieweg, Wiesbaden, 1992

Dumke, R., Abran, A., Software Measurement – Current Trends in Research and Practice, Deutscher Universitäts Verlag, Wiesbaden, 1999, ISBN 3-8244-6876-X

Dumke, R., Bundschuh, M., (Hrsg.): Software-Metriken in der Praxis – Tagungsband des DASMA Software Metrik Kongresses METRIKON 2002, Shaker Verlag, Aachen, 2002, ISBN 3-8322-0470-9

Dumke, R., Foltin, E., Koeppe, R., Winkler, A., Softwarequalität durch Meßtools, Vieweg, Wiesbaden, 1996

Dumke, R., Zuse, H. (Hrsg.), Theorie und Praxis der Softwaremessung, Deutscher Universitäts Verlag, Wiesbaden, 1994, ISBN 3-8244-2061-9

Dumke, R. et al., Software Measurement and Estimation – Proceedings of the 12th International Workshop on Software Measurement, 2002, Shaker Verlag, Aachen, 2002, ISBN 3-8322-0765-1

Ebert, C., Dumke, R., Software-Metriken in der Praxis, Springer, Berlin, 1996, ISBN 3-5406-0372-7

Ebert, C., Dumke, R., Bundschuh, M., Schmietendorf, A., Best Practices in Software Measurement – How to Use Metrics to Improve Project and Process Performance, Springer Verlag, 2004

End, W., Gotthardt, H., Winkelmann, R., Softwareentwicklung, 4. Auflage, Berlin München, 1984

Estol, C., Measurements Necessary to Support an IT Balanced Scorecard: IT Indicators, in: IFPUG, IT Measurement – Practical Advice from the Experts, Addison-Wesley Pearson Education Inc., Indianapolis, 2002, ISBN 0-2017-4158-X, pp. 473–489

Fenton, N., Software Metric: A rigorous Approach, London, Chapmann & Hall, 1991

Fenton, N., Software Quality Assurance and Measurement, International Thomson Computer Press, Boston, MA, 1997, ISBN 1-8503-2174-4

Fetcke, T., Abran, A., Nguyen, T., Function Point Analysis for the OO-Jacobson Method: A Mapping Approach, in: Proceedings of the FESMA Conference 1998, Antwerp, pp. 395–402

Foltin, E., Schmietendorf, A., Estimating the Cost of Carrying out Tasks Relating to Performance Engineering, in: Dumke, R., Abran, A. (Eds.), New Approaches in Software Measurement, Proceedings of the 10th International Workshop IWSM 2000, Springer, Berlin, 201, pp. 55–72, ISBN 3-5404-1727-3

Fralliciardi, L., Measuring the Usability of E-Commerce Applications, in: IFPUG, IT Measurement – Practical Advice from the Experts, Addison-Wesley Pearson Education Inc., Indianapolis, 2002, ISBN 0-2017-4158-X, pp. 677–687

Galorath, D. G., Effectively Utilizing Software Metrics: Project Metrics, in: IFPUG, IT Measurement – Practical Advice from the Experts, Addison-Wesley Pearson Education Inc., Indianapolis, 2002, ISBN 9-780201-741582, pp. 237–254

Gantner, T., Schneider, K., Zwei Anwendungen von GQM: Ähnlich, aber doch nicht gleich, in: Software-Messung in der Praxis, Tagungsband des DASMA Software Metrik Kongresses Metrikon 2003, 10.–11. November 2003, Neu-Ulm, Shaker Verlag, Aachen, 2003, S. 19–33, ISBN 3-8322-2146-8

Garmus, D., Enhanced Estimation: On Time, Within Budget, in: IFPUG, IT Measurement – Practical Advice from the Experts, Addison-Wesley Pearson Education Inc., Indianapolis, 2002, ISBN 9-780201-741582, pp. 363–375

Garmus, D., Herron, D., Measuring the Software Process, Yourdon Press, Prentice Hall, Englewood Cliffs, NJ, 1995, ISBN 0-1334-9002-5

Goldensen, D., Jarzombek, J., Rout, T., Measurement and Analysis in Software Process Improvement, in: IFPUG, IT Measurement – Practical Advice from the Experts, Addison-Wesley Pearson Education Inc., Indianapolis, 2002, ISBN 9-780201-741582, pp. 577–604

Goldfarb, S., Introduction to Metrics in Outsourcing, in: IFPUG, IT Measurement – Practical Advice from the Experts, Addison-Wesley Pearson Education Inc., Indianapolis, 2002, ISBN 9-780201-741582, pp. 519–535

Grady, R. B., Practical Software Metrics for Project Management and Process Improvement, Prentice Hall, Englewood Cliffs, NJ, 1992, ISBN 0-1372-0384-5

Großjohann, R., Über die Bedeutung des Function-Point-Verfahrens in rezessiven Zeiten, in: Dumke, R., Zuse, H. (Hrsg.), Theorie und Praxis der Softwaremessung, S. 20–34, Deutscher Universitäts Verlag, Wiesbaden, 1994, ISBN 3-8244-2061-9

Gupta, R., Gupta, S. K., Object Point Analysis, in: IFPUG 1996 Fall Conference, Dallas, Texas, 1996

Hamann, D., Beitz, A., Müller, M., Solingen, R. van, Using FAME Assessments to Define Measurement Goals in: Reiner Dumke, Alain Abran (Eds.), New Approaches in Software Measurement, Proceedings of the 10th International Workshop, IWSM 2000, Berlin, Germany, October 2000, Springer Verlag, Berlin, 2001, pp. 220–232, ISBN 3-5404-1727-3

Hall, T., Baddoo, N., Wilson, D., Measurement in Software Process Improvement Programmes: An Empirical Study, in: Reiner Dumke, Alain Abran (Eds.), New Approaches in Software Measurement, Proceedings of the 10th International Workshop, IWSM 2000, Berlin, Germany, October 2000, Springer Verlag, Berlin, 2001, pp.73–82, ISBN 3-5404-1727-3

Halstead, M. H., Elements of Software Science, Elsevier North-Holland, New York, NY, 1977

Heemstra, F. J., Software cost estimation, in: Information Software Technology, 1992, vol. 34, no. 10, pp. 627–639

Henderson-Sellers, B., Object-Oriented Metrics – Measures of Complexity, Prentice Hall, Englewood Cliffs, NJ, 1996, ISBN 0-1323-9872-9

Herrmann, O., Kalkulation von Softwareentwicklungen, München Wien, 1983

Hindel, B., Qualität ist meßbar: Software-Metriken, in: Design & Elektronik, Nr. 24 vom 26.11.1996, S. 50–55

Höglund, M., Project Metrics Using Effort Metrics For Tracking, in: IT Measurement – Practical Advice from the Experts, Addison-Wesley Pearson Education Inc., Indianapolis, 2002, ISBN 9-780201-741582, pp. 255–269

Hongxing, L., What Can Function Point Analysis Do to Support CMM?, in: IFPUG, IT Measurement – Practical Advice from the Experts, Addison-Wesley Pearson Education Inc., Indianapolis, 2002, ISBN 9-780201-741582, pp. 605–611

Hürten, R., Function-Point Analysis – Theorie und Praxis, Expert, Renningen-Malmsheim, 1999, ISBN 3-8169-1676-7

Hufschmidt, B., Software Balanced Scorecards: The Icing on the Cake, in: IFPUG, IT Measurement – Practical Advice from the Experts, Addison-Wesley Pearson Education Inc., Indianapolis, 2002, ISBN 9-780201-741582, pp. 493–502

Humphrey, W. S., Managing the Software Process, Addison-Wesley, Reading, MA, 1989

IFPUG, Counting Practices Manual, Release 4.1, IFPUG, Westerville, OH, 1999

IFPUG, IT Measurement – Practical Advice from the Experts, Addison-Wesley Pearson Education Inc., Indianapolis, 2002, ISBN 9-780201-741582

Iorino, T., IFPUG Function Point Analysis in a UML Framework, in: Proceedings of the Software Measurement European Forum 2004 (SMEF2004), Rome, Istituto di Ricerca Internationale S.r.l., Milano, 28.–30.1.2004, S. 150–159, ISBN 8-8866-7433-3

ISBSG, Practical Project Estimation, ISBSG, Warrandyte, Victoria, 2001, ISBN 0-9577-2011-4

ISBSG, Software Project Estimation – A Workbook for Macro-Estimation of Software Development Effort and Duration, ISBSG, Melbourne, Victoria, 1999, ISBN 0-9577-2010-6

ISBSG, The Benchmark, Release 5, ISBSG, Warrandyte, Victoria, 1998

ISBSG, The Benchmark, Release 6, ISBSG, Warrandyte, Victoria, 2000, ISBN 0-9577-2016-5

ISBSG, The Benchmark, Release 8, ISBSG, Warrandyte, Victoria, 2004, ISBN 0-9577-2018-1

ISBSG, The Software Metrics Compendium, ISBSG, Warrandyte, Victoria, 2002, ISBN 0-9577-2012-2

Jantzen, K., Kosten- und Aufwandsschätzung von Softwareprojekten – Projektschätzung mit Tassc:Estimator, in: Informatik Spektrum, Band 26, Heft 1, Februar 2003, S. 47–52

Jeffery, R., Software Models, Metrics, and Improvement, in: Proceedings of the 8th ESCOM Conference, Berlin, 1997, pp. 6–11

Jones, C., Applied Software Measurement, McGraw-Hill, New York, 1996, ISBN 0-0703-2826-9

Jones, C., Assessment and Control of Software Risks, Prentice Hall, Englewood Cliffs, NJ, 1994, ISBN 0-1374-1406-4

Jones, C., Estimating and Measuring Object-Oriented Software, Technical Report, Software Productivity Research Inc., Burlington, MA

Jones, C., Estimating Software Coasts, McGraw-Hill, New York, 1998

Jones, C., How Software Estimation Tools work, Technical Report, Software Productivity Research Inc., Burlington, MA, April 6, 2002

Jones, C., Patterns of Software Systems Failure and Success, International Thomson Computer Press, Boston, MA, 1995, ISBN 1-8503-2804-8

Jones, C., Programming Productivity, McGraw-Hill, New York, 1986, ISBN 0-0700-32811-0

Jones, C., Software Quality, International Thomson Computer Press, Boston, MA, 1997, ISBN 1-8503-2867-6

Jones, C., The Expanding Roles of Function Point Metrics in: IFPUG, IT Measurement – Practical Advice from the Experts, Addison-Wesley Pearson Education Inc., Indianapolis, 2002, ISBN 9-780201-741582, pp. 3–30

Jones, J., Metrics in E-Commerce: Function Point Analysis and Component-Based Software Measurement, in: IFPUG, IT Measurement – Practical Advice from the Experts, Addison-Wesley Pearson Education Inc., Indianapolis, 2002, ISBN 9-780201-741582, pp. 689–714

Kan, S. H., Metrics and Models in Software Quality Engineering, Addison Wesley, Reading, MA, 1995, ISBN 0-2016-3339-6

Kemerer, C. F., Reliability of Function Point Measurement: A Field Experiment, in Communications of the ACM (CACM), 36(2), 1993, S. 85–87

Kindler, A., von Schneyder, W., Aufwandschätzung von Projekten – zwischen Fehlanzeige und Perfektion, in: Software-Messung in der Praxis, Tagungsband des DASMA Software Metrik Kongresses Metrikon 2003, 10.–11. November 2003, Neu-Ulm. Shaker Verlag, Aachen, 2003, S. 107–119, ISBN 3-8322-2146-8

Kitchenham, B., Software Metrics, Blackwell Publ., Cambridge, MA, 1996

Kitchenham, B., The Certainty of Uncertainty, Proceedings of the European Software Measurement Conference (FESMA) 1998, S. 17 ff., Technologisch Instituut, Antwerp, Belgium, ISBN 9-0760-1903-7

Landmesser, J. A., Enhanced Estimation, in: IFPUG, IT Measurement – Practical Advice from the Experts, Addison-Wesley Pearson Education Inc., Indianapolis, 2002, ISBN 9-780201-741582, p. 379

Lederer, A. L., Prasad, J., Information systems software cost estimating: A current assessment, in: Journal of Information Technology, 1993, no. 8, pp. 22–33

Lorenz, M., Object Oriented Software Development – Practical Guide, Prentice Hall, Englewood Cliffs, 1993

Low, G. C., Jeffery, J. R., Function Points in the Estimation and Evaluation of the Software Process, IEEE Transactions on Software Engineering, 16(1), 1990, S. 64–71

Lubashevsky, A., An Early Estimation of Software Reliability Based on the Size Estimation and the Software Process Assessment of Large Telecom Systems, in: IFPUG, IT Measurement – Practical Advice from the Experts, Addison-Wesley Pearson Education Inc., Indianapolis, 2002, ISBN 9-780201-741582, pp. 171–182

Magiera, E., Comparison of Function Point Analysis and COSMIC-FFP for Web-Applications, in: Proceedings of the Software Measurement European Forum 2004 (SMEF2004), Rome, Istituto di Ricerca Internationale S.r.l., Milano, 28.–30.1.2004, S. 369-376, ISBN 8-8866-7433-3

Mah, M., IT Organization, Benchmark Thyself, in: IFPUG, IT Measurement – Practical Advice from the Experts, Addison-Wesley Pearson Education Inc., Indianapolis, 2002, ISBN 9-780201-741582, pp. 31–51

Marthaler, V., Keim, S., Establishing Central Support for Software Sizing Activities in a Large Organization, in: IFPUG, IT Measurement – Practical Advice from the Experts, Addison-Wesley Pearson Education Inc., Indianapolis, 2002, ISBN 9-780201-741582, pp. 183–196

Maxwell, K. D., Software Development Productivity, in: Advances in Computers, Vol 58, Elsevier Science, ISBN 0-1201-2158-1

Maxwell, K. D., Applied Statistics for Software Managers, Prentice Hall, Upper Saddle River, 2002

McCabe, T. J., A Complexity Measure, IEEE Transactions on Software Engineering Vol. SE-1, No. 3 (1976), S. 312–327 ff.

Melton, A (Editor), Software Measurement, Thomson Computer Press, Boston, MA, 1996, ISBN 1-8503-2178-7

Meli, R., Early and Quick Function Point Analysis from Summary User Requirements to Project Management, in: IFPUG, IT Measurement – Practical Advice from the Experts, Addison-Wesley Pearson Education Inc., Indianapolis, 2002, ISBN 9-780201-741582, pp. 417–441

Meli, R., Santillo, L., Function Point Estimation Methods: A Comparative Overview, in: Proceedings of the FESMA Conference 1999, Amsterdam, ISBN 90-76019-07-X, pp. 271–286

Morris, P., Function Points as Part of a Measurement Program, in: IFPUG, IT Measurement – Practical Advice from the Experts, Addison-Wesley Pearson Education Inc., Indianapolis, 2002, ISBN 9-780201-741582, pp. 197–220

Moses, J., Farrow, M., A Consideration of the Variation in Development Effort Consistency Due to Function Points, in: Proceedings of the Software Measurement European Forum 2004 (SMEF2004), Rome, Istituto di Ricerca Internationale S.r.l., Milano, 28.–30.1.2004, S. 247–256, ISBN 8-8866-7433-3

Muller, M., Abran, A. (Editors), Metrics in Software Evolution, R. Oldenbourg, München, 1995, ISBN 3-4862-3589-3

NESMA, Function Point Analysis for Software Enhancement, Guidelines Version 1.0, 2002, *http://www.nesma.org*

Nevalainen, R., Peeters, B., Poels, G. van Huysduynen, M.H., Proceedings of the 1999 FESMA Conference, Amsterdam, 4.–8.10.1999

Noth, T., Kretzschmar, M., Aufwandschätzung von DV-Projekten, Springer, Berlin 1984, ISBN 3-5401-2904-9

Pace, D., Calavaro, G., Cantone, G., Function Point and UML: State of the Art and Evaluation Model, in: Proceedings of the Software Measurement European Forum 2004 (SMEF2004), Rome, Istituto di Ricerca Internationale S.r.l., Milano, 28.–30.1.2004, S. 138–149, ISBN 8-8866-7433-3

Pastor, O., Abrahao, S. M., Molina, J. C., Torres, I., A FPA-like Measure for Object-Oriented Systems from Conceptual Models, in: Reiner Dumke and Alain Abran (Eds.): Current Trends in Software Measurement, Proceedings of the IWSM 2001, Shaker Publisher 2001

Punter, T., Software Messen und Bewerten mit GQM Light, in: Software-Messung in der Praxis, Tagungsband des DASMA Software Metrik Kongresses Metrikon 2003, 10.–11. November 2003, Neu-Ulm. Shaker Verlag, Aachen, 2003, S. 35–44, ISBN 3-8322-2146-8

Putnam, L. H., Myers, W., Measures for Excellence – Reliable Software On Time, Within Budget, Yourdon Press – Prentice Hall, Englewood Cliffs, NJ, 1992, ISBN 0-1356-7694-0

Putnam, L. H., Myers, W., The Core of Software Planning, in: IFPUG, IT Measurement – Practical Advice from the Experts, Addison-Wesley Pearson Education Inc., Indianapolis, 2002, ISBN 9-780201-741582, pp. 53–65

Reifer, D. J., Web Development: Estimating Quick-to-Market Software, in: IEEE Software, November/December 2000, pp. 54–67

Rosner, P., Hall, T., Mayer, T., Measuring Object-Orientedness: The Invocation Profile, in: Dumke, R., Abran, A. (Eds.), New Approaches in Software Measurement, Proceedings of the 10th International Workshop IWSM 2000, pp. 18–28, Springer, Berlin, ISBN 3-5404-1727-3

Rubin, H., Software Benchmark Studies For 1995, Howard Rubin Associates, Pound Ridge, NY, 1995

Rubin, H., Work Output Measurement: IT Work Units, in: IFPUG, IT Measurement – Practical Advice from the Experts, Addison-Wesley Pearson Education Inc., Indianapolis, 2002, ISBN 9-780201-741582, pp. 67–82

Ruhe, M., The Accuracy and Early Effort Estimation of Web Applications, Diplomarbeit, Universität Kaiserslautern, Fachbereich Informatik, August 2002

Russac, J., Cheaper, Better, Faster: A Measurement Program That Works, in: IFPUG, IT Measurement – Practical Advice from the Experts, Addison-Wesley Pearson Education Inc., Indianapolis, 2002, ISBN 9-780201-741582, pp. 147–158

Salvador, R. J., Ligitation: The Product of Not Practicing Function Point Metrics, in: IFPUG, IT Measurement – Practical Advice from the Experts, Addison-Wesley Pearson Education Inc., Indianapolis, 2002, ISBN 9-780201-741582, pp. 537–551

Santillo, L., ESE: Enhanced Software Estimation, in: IFPUG, IT Measurement – Practical Advice from the Experts, Addison-Wesley Pearson Education Inc., Indianapolis, 2002, ISBN 9-780201-741582, pp. 391–406

Santillo, L., Size & Estimation of Data Warehouse Systems, in: Proceedings of the FESMA Conference 2001, Heidelberg, pp. 315–326

Schmietendorf, A., Dumke, R., Kostenverteilung im IT-Life Cycle, in: Software-Messung in der Praxis, Tagungsband des DASMA Software Metrik Kongresses Metrikon 2003, 10.–11. November 2003, Neu-Ulm. Shaker Verlag, Aachen, 2003, S. 121–134, ISBN 3-8322-2146-8

Shackelton, S. K.,: Keeping a Well-Balanced Scorecard, in: IFPUG, IT Measurement – Practical Advice from the Experts, Addison-Wesley Pearson Education Inc., Indianapolis, 2002, ISBN 9-780201-741582, pp. 503–516

Sirma, E., Ist-Analyse des Benchmarking im IT-Ressort eines Versicherungsunternehmens, Diplomarbeit, Fachhochschule Köln, Fachbereich Informatik, Campus Gummersbach, Juli 2003, 2. Preis beim Diplomarbeitenpreis der DASMA im November 2003, *http://www.dasma.org*

Sneed, H. M., Aufwandschätzung für Web-basierte Informationssysteme und die Struktur der Softwareindustrie, in: Wirtschaftsinformatik, Nr. 3, 2002, S. 202–205

Sneed, H. M., Schätzung der Entwicklungskosten von objektorientierter Software, in: Informatik Spektrum 19, S. 133–140, Springer Verlag, 1996

Sneed, H. M., Software-Qualitätssicherung für kommerzielle Anwendungssysteme, R. Müller, 1983

Software Productivity Consortium, The Software Measurement Guidebook, Thomson Computer Press, Boston, MA, 1996, ISBN 1-8503-2195-7

Standish Group, CHAOS Report, 25.3.2003

Symons, C. R:, Software Sizing and Estimating, Mark II Function Point Analysis, John Wiley & Sons, Chichester, 1991, ISBN 0-4719-2985-9

Thaller, G. E., Software Metriken, Heinz Heise, Hannover, 1994, ISBN 3-8822-9038-2

Theden, P., Kennzahlen für Qualitätstechniken, 11.6.2003, *http://www.symposion.de/qw/qw_09.htm*

Uemura, T., Kusumoto, S., Inoue, K., Function Point Measurement Tool for UML Design Specification, in: Proceedings of the METRICS '99, Florida, USA, 1999, pp. 62–69

UKSMA, Measuring Software Maintenance and Support, Version 0.5, Draft, July 1st, 2001, *http://www.uksma.co.uk*

UKSMA, MK II Function Point Analysis Counting Practices Manual, Version 1.3.1, *http://www.uksma.co.uk*, 1998

UQAM, Full Function Points Measurement Manual, Version 2.0, *http://saturne.info.uqam.ca/recherche/index.html*, 1999

Vergilio, S. R., Chaves, L. B., Object Oriented Software Metrics and the Testing Activity: Some Empirical Results, in: Proceedings of the FESMA Conference 2000, Madrid

Vogelezang, F., Dekekrs, T., One year experience with COSMIC FFP, in: Proceedings of the Software Measurement European Forum 2004 (SMEF2004), Rome, Istituto di Ricerca Internationale S.r.l., Milano, 28.–30.1.2004, S. 346–355, ISBN 8-8866-7433-3

Vollmann, S., Aufwandschätzung im Software Engineering, IWT, Vaterstetten bei München, 1990, ISBN 3-8832-2277-1

Weinberg, Dr. G., Quality Software Management (mehrere Bände), Dorset House, New York, NY, 1992, ISBN 0-9326-3322-6

Weller, E. F., Applying Statistical Process Control to Software, in: IFPUG, IT Measurement – Practical Advice from the Experts, Addison-Wesley Pearson Education Inc., Indianapolis, 2002, ISBN 9-780201-741582, pp. 629–651

Whitmire, S. A., Applying Function Points to Object-Oriented Software Models, in: Keynes, J., Software Engineering Productivity Handbook, McGraw-Hill, 1992, pp. 229–244

Wittmann, W., Unternehmung und unvollkommene Information, Köln, Opladen, 1959

Wolle, B., Analyse von ABAP- und JAVA-Anwendungen im Hinblick auf die Software-Wartung, in: Software-Messung in der Praxis, Tagungsband des DASMA Software Metrik Kongresses Metrikon 2003, 10.–11. November 2003, Neu-Ulm. Shaker Verlag, Aachen, 2003, S. 45–54, ISBN 3-8322-2146-8

Wolverton, R. W., The Cost of Developing Large-Scale Software, IEEE Transactions on Computers Vol. C-23, No. 6, June 1974, pp. 615–636

Woodward, S. M., Using Project Metrics to More Efficiently Manage Projects, in: IFPUG, IT Measurement – Practical Advice from the Experts, Addison-Wesley Pearson Education Inc., Indianapolis, 2002, ISBN 9-780201-741582, pp. 271–292

Xenos, M., Stavrinoudis, D., Zikouli, K., Christodoulakis, D., Object-Oriented Metrics – A Survey, in: Proceedings of the FESMA Conference 2000, Madrid

Zuse, H., Software Complexity – Measures and Methods, DeGruyter, Berlin, New York, 1991

Zuse, H., A Framework for Software Measurement, DeGruyter, Berlin, New York, 1997, ISBN 3-1101-5587-7

Abbildungsverzeichnis

Tabellenverzeichnis

Index

D

E

F

G

N

Q

R

S

X

Z